普通高等教育“十一五”国家级规划教材

全国高等学校计算机教育研究会“十四五”规划教材

天津大学“十四五”规划教材

计算机系列教材

程序设计算法基础

喻　梅　于瑞国　主　编
李雪威　赵满坤　副主编

清华大学出版社
北　京

内容简介

本书主要介绍程序设计的基础算法、基础数据结构、搜索、图论、高级数据结构、网络流、动态规划算法、分治、数学、字符串及计算几何，共 11 章，较为全面地覆盖了程序设计与算法入门及提高所需掌握的基础算法。本书详细介绍了算法概念与流程，并通过例题讲解加深读者对算法的理解。书中所有例题均给出解题思路及程序源代码，便于读者学习和参考。

本书适用于程序设计算法的各阶段学习者，书中算法由浅入深，循序渐进。本书也是计算机及相关专业程序设计、数据结构、算法设计与分析等课程的辅助教材，还可供程序设计竞赛训练、计算机编程爱好者阅读参考。

图书在版编目(CIP)数据

程序设计算法基础 / 喻梅，于瑞国主编. —北京：清华大学出版社，2023.7
计算机系列教材
ISBN 978-7-302-61856-0

Ⅰ. ①程… Ⅱ. ①喻… ②于… Ⅲ. ①电子计算机－算法理论－高等学校－教材 ②程序设计－高等学校－教材 Ⅳ. ①TP301.6 ②TP311.1

中国版本图书馆 CIP 数据核字 (2022) 第 173498 号

责任编辑： 张瑞庆 薛 阳
封面设计： 常雪影
责任校对： 申晓焕
责任印制： 杨 艳

出版发行： 清华大学出版社
网　　址： http://www.tup.com.cn, http://www.wqbook.com
地　　址： 北京清华大学学研大厦 A 座　　**邮　　编：** 100084
社 总 机： 010-83470000　　**邮　　购：** 010-62786544
投稿与读者服务： 010-62776969, c-service@tup.tsinghua.edu.cn
质量反馈： 010-62772015, zhiliang@tup.tsinghua.edu.cn
课件下载： http://www.tup.com.cn, 010-83470236
印 装 者： 三河市铭诚印务有限公司
经　　销： 全国新华书店
开　　本： 185mm×260mm　　**印　　张：** 27.5　　**字　　数：** 780 千字
版　　次： 2023 年 7 月第 1 版　　**印　　次：** 2023 年 7 月第 1 次印刷
定　　价： 79.90 元

产品编号：093854-01

前　　言

本书主要包括程序设计中的基础算法、基础数据结构、搜索、图论、高级数据结构、网络流、动态规划、分治、数学、字符串与计算几何等 11 章。书中代码均使用 C++ 语言编写，主要介绍程序设计算法、数据结构等内容的相关知识。本书章节经过精心设计，书中内容按照算法的难易程度进行组织，考虑了知识之间的前后依赖顺序，尽可能保证内容的连续性与难度递进的合理程度，意在使读者能够更容易地了解和掌握程序设计基础算法。

本书每章知识点的介绍分为理论知识、例题讲解、习题推荐三部分。读者可通过阅读知识点的基本概念和理论的介绍，了解相关的理论知识；通过对例题讲解的学习和思考，加深对算法核心思想的理解；通过习题推荐的练习，掌握和巩固所学算法，培养编程思想，提高分析问题、解决问题的能力。本书注重基础算法的介绍，使初学者能够快速入门，并且对程序设计及算法产生兴趣，为后续进阶学习打下坚实基础。

参与编写本书的人员均为天津大学程序设计竞赛代表队教练组教师、现役及退役队员，在编写过程中参考了大量的文献，结合二十多年的教学和参赛经验，对本书的内容进行了撰写，并对书中例题源程序代码进行评测。

参与本书构思、撰写、审稿的人员还有：于健、徐天一、高洁、刘志强、傅旭洲、田原、范一隆、王艺达、施浩森、李雨寒、孟繁辰、陈奕池、郑致远、袁雪凝、杨鸣宇、李皓民、李睿智、何志凌、陈严宽、樊兴宇、朱睿涵。

在本书的出版过程中，得到了清华大学出版社的大力支持，在此表示衷心感谢。

由于时间仓促，编者水平有限，书中难免有不当之处，敬请读者批评指正。

作　者

2023 年 3 月

目　录

第 1 章　基础算法

本章介绍几个程序设计中最基础、最常见的算法，这些算法的思想简单明确，初学者首先应当掌握这些算法思想。大部分情况下，这些算法作为其他算法思想中的一部分，或者配合其他算法一起求解问题。

1.1　枚　　举

枚举算法是在程序设计中最为常见的一个算法，其核心在于枚举所有的可能性，找到可行解。枚举算法通常是将问题可能的答案一一列举，根据问题要求判断答案是否可行，保留可行解，舍弃不可行解，最终得出答案。

在实际生活中，枚举法十分常用。例如，询问一年中有 31 天的月份，就需要枚举 1~12 月每月的天数；询问考 90 分以上的科目，就需要枚举所有科目的分数；询问含热量低的食物，就需要枚举所有常见的食物进行比较……

在程序设计中，枚举算法也有着十分重要的作用。对于解题而言，经典的百钱买百鸡问题、解方程问题等，在数据范围较小时均可以使用枚举算法；对于很多数据范围较大的题目，自行枚举满足题意的、在较小范围内的所有答案，再通过假设、归纳，得出一般性的规律，能够使解题更加快速、高效。

注：在程序设计竞赛中有程序运行时间限制，所以需要合理选择枚举范围、方式，从而提高程序运行效率。

例题讲解

【例题 1.1】乘法表

题目描述

考虑一个 n 行 n 列的表，第 i 行第 j 列的元素的值为 $i \times j$，且行和列的序号从 1 开始。

给出一个正整数 x，计算该数 x 在表中出现的次数。

输入一行数据，包括两个数 n 和 x（$1 \leqslant n \leqslant 10^5, 1 \leqslant x \leqslant 10^9$），分别表示表格的行列数以及需要在表中查找的数。

输出一个数字，即 x 在表中出现的次数。

输入输出样例

Input	Output
6 12	4

样例解释

该表格如图1.1所示，出现 12 的位置标粗。

题目来源

Codeforces 577A　*https://codeforces.com/problemset/problem/577/A*

解题思路

首先考虑最简单的枚举思路：将表格每个位置上的值都计算出来，然后依次查找 x 是否出现。这样的枚举思路很清晰，但是其时间复杂度是 $O(n^2)$，显然这么做会超时，所以需要对该方法进行优化。

考虑到乘法表上某一行的每个数必定不同，故一行只可能最多出现一次 x，且 x 一定是该行的行号的倍数。于是可以枚举每一行，计算该行的行号 i 是否为 x 的因数，且其列数 x/i 小于或等于 n。如此一来，时间复杂度降为 $O(n)$，可以轻松解决该题。

1	2	3	4	5	6
2	4	6	8	10	**12**
3	6	9	**12**	15	18
4	8	**12**	16	20	24
5	10	15	20	25	30
6	**12**	18	24	30	36

图 1.1 样例解释

参考代码

```cpp
#include <bits/stdc++.h>//万能头文件
using namespace std;
int n, x;
int main(){
    cin >> n >> x;
    int ans = 0;
    for (int i = 1; i <= n; i ++){
        if ((x % i == 0) && (x / i <= n)) ans ++;
    }
    cout << ans << endl;
    return 0;
}
```

【例题 1.2】猜数字

题目描述

猜数字游戏是 gameboy 最喜欢的游戏之一。游戏的规则是这样的：计算机随机产生一个四位数，然后玩家猜这个四位数是什么。每猜一个数，计算机都会告诉玩家猜对几个数字，其中有几个数字在正确的位置上。

比如计算机随机产生的数字为 1122。如果玩家猜 1234, 因为 1,2 这两个数字同时存在于这两个数中，而且 1 在这两个数中的位置是相同的，所以计算机会告诉玩家猜对了两个数字，其中一个在正确的位置。如果玩家猜 1111, 那么计算机会告诉他猜对了两个数字，其中有两个在正确的位置。

现在给你一段 gameboy 与计算机的对话过程，根据这段对话确定这个四位数是什么。

输入数据有多组。每组的第一行为一个正整数 $N(1 \leqslant N \leqslant 100)$，表示在这段对话中共有 N 次问答。在接下来的 N 行中，每行三个整数 A, B, C。gameboy 猜这个四位数为 A，然后计算机回答猜对了 B 个数字，其中 C 个在正确的位置上。当 $N = 0$ 时，输入数据结束。

每组输入数据对应一行输出。如果根据这段对话能确定这个四位数，则输出这个四位数；若不能，则输出 "Not sure"。

输入输出样例

Input	Output
6 4815 2 1 5716 1 0 7842 1 0 4901 0 0 8585 3 3 8555 3 2 2 4815 0 0 2999 3 3 0	3585 Not sure

题目来源

HDU 1172 *http://acm.hdu.edu.cn/showproblem.php?pid=1172*

解题思路

这道题如果从正面入手，分析每次猜测得到的信息对结果进行限制，显然是非常烦琐的。但想到四位数总共也不到 10^4 个，而数据最多有 100 组，所以可以采用枚举的方法。对每个枚举的四位数进行 N 次判断，如果这个数全部符合，则它就有可能是计算机产生的那个数。如果有多个这样的数，显然不能确定。

参考代码

```
#include <bits/stdc++.h>
using namespace std;
int n, a[110], b[110], c[110];
int ans, num;
bool check(int x, int y) {
    //四位数x是否符合第y次问答的结果
    int s[4], t[4], pa=a[y], pb=b[y], pc=c[y];
    for(int i = 3; i >= 0; i--)
        s[i] = x % 10, x /= 10, t[i] = pa % 10, pa /= 10;

    //检查过程
    int correct_num = 0, correct_pos = 0;
    for(int i = 0; i < 4; i++)
        if(s[i] == t[i]) correct_pos++;//在正确位置上的个数
    for(int i = 0; i < 4; i++)
        for(int j = 0; j < 4; j++)
            if(t[j] == s[i]) {
                correct_num++;//猜对的数字个数
                t[j] = -1;//防止同一个数字被使用多次
                break;
            }
    return correct_num == pb && correct_pos == pc;
}
int main(){
    while(cin >> n && n) {//该组有n次问答
        for(int i = 1; i <= n; i++)
            cin >> a[i] >> b[i] >> c[i];
        num = 0;
        //枚举范围内的每个值，判断是否符合条件
        for(int i = 1000; i < 10000 && num < 2; i++) {
            bool flag = true;
            for(int j = 1; j <= n; j++)
                if(!check(i, j)) {
                    flag = false;
                    break;
                }
            if(flag) num++, ans = i;
        }
        if(num == 1) cout << ans << endl; //有且只有一组符合
        else cout << "Not sure" << endl;
    }
    return 0;
}
```

习题推荐

- **Codeforces 724B** Batch Sort　*http://codeforces.com/problemset/problem/724/B*
- **HDU 4379** The More The Better　*http://acm.hdu.edu.cn/showproblem.php?pid=4379*
- **HDU 6463** 超级无敌简单题　*http://acm.hdu.edu.cn/showproblem.php?pid=6463*
- **Codeforces 1291C** Mind Control　*http://codeforces.com/problemset/problem/1291/C*
- **POJ 1753** Flip Game　*http://poj.org/problem?id=1753*

1.2 模　　拟

模拟就是用计算机来模拟题目中要求的操作，按照题目给出的十分明确的规则对输入数据处理，并按照输出规则输出。这类题目通常需要仔细阅读题面，标注出关键语句，避免出现信息遗漏。思考所有需要注意的细节，编写代码时需层次分明，并加上适当的注释辅助阅读代码。

模拟题有着以下非常鲜明的三点特征。

(1) 题目描述较长，主要是为了清晰地描述题目定义的规则（也有题目因使用公认的规则而描述较短，如大数的四则运算等）。

(2) 基本不涉及高深的算法，也不需要对题目本身进行较深入的思考。

(3) 代码量大，细节较多，出现错误不易排查。

例题讲解

【例题 1.3】幻方

题目描述

幻方是一个 3×3 的正方形，其中每个元素都是 1~9 中的一个数字，每个数字正好出现一次。在一个幻方中有 4 个不同的 2×2 的子正方形，从左上到右下按先行后列顺序分别标记为 1~4，且这些 2×2 的子正方形可以旋转。如果顺时针旋转该子正方形 90°，使用字母“C”表示；如果逆时针旋转该子正方形 90°，使用字母“R”表示。

输入的第一行为一个整数 $T(1 \leqslant T \leqslant 100)$，表示测试用例的数量。

每个测试用例的第 1 行为一个整数 $n(1 \leqslant n \leqslant 100)$，表示旋转次数。紧接着的 3 行表示 3×3 的幻方，其中 1~9 的每个数字恰好出现一次，表示幻方的初始状态。

接下来的 n 行描述了旋转的顺序，例如，1C 表示第一个子正方形顺时针旋转 90°，测试数据保证输入有效。

对于每个测试用例，输出旋转 n 次后的 3×3 的幻方。

输入输出样例

Input	Output
1 2 123 456 789 1C 4R	413 569 728

题目来源

HDU 6401　*http://acm.hdu.edu.cn/showproblem.php?pid=6401*

解题思路

由于题目的数据范围很小，所以解决该题可以直接模拟 n 次旋转过程。

参考代码

```
#include <bits/stdc++.h>
using namespace std;
char a[3][3];
void rotate(char num,char direction){
    int x,y;//旋转的子矩阵左上角坐标
    switch (num){
        case '1':
            x = 0, y = 0;
            break;
        case '2':
            x = 0, y = 1;
            break;
```

```
        case '3':
            x = 1, y = 0;
            break;
        case '4':
            x = 1, y = 1;
            break;
    }
    if (direction == 'C'){
        char tmp = a[x][y];
        a[x][y] = a[x + 1][y];
        a[x + 1][y] = a[x + 1][y + 1];
        a[x + 1][y + 1] = a[x][y + 1];
        a[x][y + 1] = tmp;
    }else{
        char tmp = a[x][y];
        a[x][y] = a[x][y + 1];
        a[x][y + 1] = a[x + 1][y + 1];
        a[x + 1][y + 1] = a[x + 1][y];
        a[x + 1][y] = tmp;
    }
}
int main(){
    int T;
    cin >> T;
    while (T--){
        int q;
        cin >> q;
        for (int i = 0; i < 3; i++)
            for (int j = 0; j < 3; j++)
                cin >> a[i][j];
        char num,dir;
        while (q--){
            cin >> num >> dir;
            rotate(num, dir);//执行旋转操作
        }
        for (int i = 0; i < 3; i++){
            for (int j = 0; j < 3; j++)
                cout << a[i][j];
            cout<< endl;
        }
    }
    return 0;
}
```

【例题 1.4】糖豆人

题目描述

糖豆人是最近很火的一款游戏。糖豆人有一个项目叫作登山比拼，玩家将在穿越许多障碍后到达目的地。到达目的地后，他们需要夺取王冠。但是王冠在上下移动，只有当王冠不高于 h 米时，玩家才可以抓住它。

现在，有 n 名选手参加了登山比拼。比赛开始时，王冠的高度为 0 米，然后王冠以 1 米/秒的速度向上移动，当高度为 H 米时，王冠会立即以 1 米/秒的速度向下移动，直到高度降低到 0 米，然后反复向上移动和向下移动。

第 i 个玩家到达目的地的时间是 x_i。当某个玩家到达目的地时，如果王冠的高度大于 h 米，他会在原地等待，否则他将立即跳起来争抢王冠。但是，由于网络不好，每个玩家都有一个延迟时间 c_i。假设一个玩家在 t 秒抢到皇冠，系统将确定他抢到皇冠的时刻是 $(t+c_i)$ 秒。

第一个夺得王冠的选手将获胜。如果多个玩家同时抢冠，赢家是序号较小的玩家。

给你所有玩家的到达时间 x_i 和延迟时间 c_i，请计算出谁将是最终的赢家。

输入包含多组样例。

第一行为一个整数 $T(1 \leqslant T \leqslant 20)$，表示测试数据的组数，每组测试数据格式如下。

第一行包括三个整数 $n, h, H(1 \leqslant n \leqslant 2 \times 10^5, 1 \leqslant h \leqslant H \leqslant 300)$。第二行包括 n 个数 $x_1, x_2, \cdots, x_n(1 \leqslant x_i \leqslant 2 \times 10^5)$，表示第 i 个玩家的到达时间。第三行包括 n 个数 $c_1, c_2, \cdots, c_n(1 \leqslant c_i \leqslant 2 \times 10^5)$，表示第 i 个玩家的延迟时间。

对于每组测试数据，打印出获胜者的序号。

输入输出样例

Input	Output
2 4 2 5 3 6 1 9 6 4 2 3 3 1 2 1 2 3 4 5 6	3 1

题目来源

Codeforces Gym 102801D *https://codeforces.com/gym/102801/problem/D*

解题思路

首先确定题目的关键信息:

(1) 王冠在 $0 \sim H$ 米上下来回移动，移动速度为 1 米/秒。

(2) 王冠只有在小于或等于 h 米时才能被抓取。

(3) 玩家抓取成功后有网络延迟时间。

(4) 如果到达时间相同，则序号小的玩家获胜。

这样，就可以将每个玩家的最终结束时间 (由三部分时间组成：到达时间、等待时间和延迟时间) 计算出来，最终模拟该过程即可。

注：需要注意王冠运动方向的判断。此外，由于输入数据量大，使用 cin 和 cout 会超时，需要使用 scanf 和 printf。

参考代码

```
#include <bits/stdc++.h>
using namespace std;
int n, h, H;
struct node{
    int x, c;
};
node a[200010];
int main(){
    int T;
    scanf("%d", &T);
    while (T --){
        scanf("%d%d%d", &n, &h, &H);
        for (int i = 1; i <= n; i ++)
            scanf("%d", &a[i].x);
        for (int i = 1; i <= n; i ++)
            scanf("%d", &a[i].c);
        int min_t = 2e6 + 10, min_pos = 2e6 + 10;
        for (int i = 1; i <= n; i ++){
            int f = (a[i].x / H) % 2;//0-up
            int d = 0;
            if (f == 0)
                d = a[i].x % H;
            else
                d = H - a[i].x % H;
            int jump_t = a[i].x + a[i].c;
            if (d > h){
                if (f == 1)
                    jump_t += d - h;
                else
                    jump_t += (H - d) + (H - h);
```

```
            }
            if (jump_t == min_t && i < min_pos)
                min_pos = i;
            if (jump_t < min_t){
                min_pos = i;
                min_t = jump_t;
            }
        }
        printf("%d\n", min_pos);
    }
    return 0;
}
```

习题推荐

- **Codeforces 268A** Game　*https://codeforces.com/problemset/problem/268/A*
- **Codeforces 1216A** Prefixes　*https://codeforces.com/problemset/problem/1216/A*
- **Codeforces 1200A** Hotelier　*https://codeforces.com/problemset/problem/1200/A*
- **POJ 1029** False coin　*http://poj.org/problem?id=1029*
- **POJ 1083** Moving Tables　*http://poj.org/problem?id=1083*
- **POJ 2271** HTML　*http://poj.org/problem?id=2271*
- **POJ 1002** 487-3279　*http://poj.org/problem?id=1002*

1.3　递　　归

递归就是在程序运行过程中，某个函数或过程自己调用自己，通过重复将问题分解为同类子问题并解决问题的一种方法。

例如，假设你坐在教室的最后一排，你需要知道第一排同学的姓名且不能走动，那么你可以询问前一排的同学：“第一排的同学姓名是什么?”；随后，前一排的同学又继续重复该过程，直到第一排的同学回答：“我叫小明”，并将此信息逐个往回传递，最终传到你的耳中。这个询问的过程就是在不断递归调用“询问”函数。

又例如，斐波那契数列：$1,1,2,3,5,8,\cdots$，如果使用 Fib(n) 表示数列第 n 项，那么除了基本情况 $\mathrm{Fib}(1)=1,\mathrm{Fib}(2)=1$ 以外，当 $n\geqslant 3$ 时，有 $\mathrm{Fib(n)}=\mathrm{Fib(n-1)}+\mathrm{Fib(n-2)}$ 成立，这个式子就是递归式，int Fib(int) 即为递归函数。

必备条件

递归算法的必备条件有以下两点。

(1) 子问题与原始问题内容相同，且更为简单。

(2) 不能无限制地调用自身，需要有出口结束递归过程。

算法流程

以直接递归为例，大部分递归程序采用以下算法形式实现。

算法 1.1　直接递归

```
function Recursion()
    ···
    if ··· then
        ···
        return
    end if
    ···
    Recursion()
    ···
end function
```

例题讲解

【例题 1.5】汉诺塔问题

题目描述

汉诺塔（Hanoi Tower），又称河内塔，源于印度的一个古老传说。

大梵天创造世界的时候做了三根金刚石柱子，在一根柱子上从下往上按照大小顺序摞着 64 片黄金圆盘。大梵天命令婆罗门把圆盘从下面开始按大小顺序重新摆放在另一根柱子上，并且规定任何时候，在小圆盘上都不能放大圆盘，且在三根柱子之间一次只能移动一个圆盘。

现在假设三个柱子标号为 A、B、C，在第一个柱子上有 n 个圆盘，从上到下的第 i 个圆盘的半径为 i 且标号为 i。现在输入 n，请打印出移动的过程。

输入输出样例

Input	Output
3	Move 1 From A to C Move 2 From A to B Move 1 From C to B Move 3 From A to C Move 1 From B to A Move 2 From B to C Move 1 From A to C

解题思路

首先，由于最终的目标是将 A 柱上的圆盘全部转移到 C 柱上，那么 B 柱相当于一个中转站。定义函数 hanoi(n, x, y, z) 表示将 x 柱上前 n 个盘子经 y 柱中转后移动到 z 柱上。那么答案自然是 hanoi(n, 'A', 'B', 'C')。

现在需要考虑这个函数具体的实现方法。首先，由于移动的最下面的圆盘无法放在比它小的圆盘上，所以需要把其上面的所有圆盘全部移动至中转盘后（hanoi(n − 1, x, z, y)），再将其移动到目的盘（move 操作），最后将中转盘上的圆盘移动至目的盘上（hanoi(n − 1, y, x, z)），才能完成任务。

此时，关于递归函数的实现过程就完成了。注意，需要设置递归的结束条件。

参考代码

```
#include <bits/stdc++.h>
using namespace std;
void move(int id, char from, char to){
    cout << "Move " << id << " From " << from << " to " << to << endl;
}
void hanoi(int n, char x, char y, char z){
    if (n == 0) return;
    hanoi(n - 1, x, z, y);
    move(n, x, z);
    hanoi(n - 1, y, x, z);
}

int main(){
    int n;
    cin >> n;
    hanoi(n, 'A', 'B', 'C');
    return 0;
}
```

【例题 1.6】放苹果

题目描述

把 M 个同样的苹果放在 N 个同样的盘子里，允许有的盘子空着不放，问共有多少种（用 K 表示）不同的分法？应当注意，5，1，1 和 1，5，1 是同一种分法。

输入的第一行是测试数据的数目 $t(0 \leqslant t \leqslant 20)$。以下每行均包含两个整数 M 和 N，以空格分开，$1 \leqslant M, N \leqslant 10$。

对输入的每组数据 M 和 N，用一行输出相应的方案数 K。

输入输出样例

Input	Output
1 7 3	8

题目来源

POJ 1664　*http://poj.org/problem?id=1664*

解题思路

定义 $f(m,n)$ 表示有 m 个苹果，n 个盘子的方案数。

首先，当 $m<n$ 时，一定有 $f(m,n)=f(m,m)$ 成立，因为此时无论如何放置，一定有 $n-m$ 个盘子未放苹果。

其次，当 $m\geqslant n$ 时，$f(m,n)$ 由两部分组成：$f(m,n-1)$ 表示至少有一个盘子为空；$f(m-n,n)$ 表示每个盘子都至少有一个苹果，则 $f(m,n)=f(m,n-1)+f(m-n,n)$。

最终确定递归出口。当 $n=1$ 时，盘子数为 1，方案数只能是 1；当 $m=0$ 时，无苹果可放置，无论 n 取多少全部盘子均为空，方案数为 1。

参考代码

```
#include <iostream> //POJ不支持万能头文件
using namespace std;
int m, n;
int f(int m, int n) {//递归函数
    if(n == 1 || m == 0){
        return 1;
    }
    if(m < n) {
        return f(m, m);
    }else {
        return f(m, n - 1) + f(m - n, n);
    }
}
int main(){
    int T;
    cin >> T;
    while (T --){
        cin >> m >> n;
        cout << f(m, n) << endl;
    }
    return 0;
}
```

习题推荐

- **Codeforces 743B** Chloe and the sequence　*https://codeforces.com/problemset/problem/743/B*
- **Codeforces 897C** Nephren gives a riddle　*https://codeforces.com/problemset/problem/897/C*
- **POJ 2663** Tri Tiling　*http://poj.org/problem?id=2663*

1.4　分治基础

分治，即“分而治之”。它的核心思想是将一个复杂的问题分成若干个相同或相似的子问题，最终子问题可以简单地求解，再将子问题的解合并，得到最终的解。

对于一个规模为 n 的问题，若该问题可容易地解决（如 n 较小）则直接解决，否则将其分解为 k 个规模较小的子问题，这些子问题互相独立且与原问题形式相同，递归地解这些子问题，然后将各子问题的解合并得到原问题的解。这种算法设计策略叫作分治法。

如果原问题可分割成为 k 个子问题，$1 < k \leqslant n$ 且这些子问题都可解，并可利用这些子问题的解求出原问题的解，那么这种分治法就是可行的。由分治法产生的子问题往往是原问题的较小模式，这就为使用递归技术提供了方便。在这种情况下，反复应用分治手段，可使子问题与原问题类型一致而其规模却不断缩小，最终使子问题缩小到很容易直接求解。

特征

能用分治算法解决的问题一般具有如下特征。

(1) 该问题规模缩小到一定程度后可以较容易解决。

(2) 该问题可以分解为若干规模较小的相同问题，子问题的解合并即为该问题的解。

(3) 子问题的解是独立的，即子问题之间不存在公共的子问题。

应用

分治算法有许多应用，例如，一些排序算法（归并排序、快速排序），树分治（点分治、边分治），快速傅里叶变换，Strassen 矩阵乘法等。

注：本章介绍较为基础的分治算法，进阶的分治算法详见第 8 章。

复杂度

分治法通过将问题划分为规模最小的子问题，递归地解决划分后的子问题，再将结果合并，从而高效地解决问题。复杂度一般为 $O(\log n)$。

基本步骤

分治法的基本步骤如下。

(1)（分解）把一个大问题分解成多个小问题。

(2)（解决）分别解决每个小问题。

(3)（合并）把小问题的解组合起来。

例题讲解

【例题 1.7】蜘蛛牌

题目描述

蜘蛛牌是 Windows XP 操作系统自带的一款纸牌游戏，游戏规则是：只能将牌拖到比它大 1 的牌上面（A 最小，K 最大），如果拖动的牌上有按顺序排好的牌时，那么这些牌也跟着一起移动，游戏的目的是将所有的牌按同一花色从小到大排好，简单起见，我们的游戏只有同一花色的 10 张牌，从 A 到 10，且随机地在一行上展开，编号为 1~10，把第 i 号上的牌移到第 j 号牌上，移动距离为 $\text{abs}(i-j)$，现在你要做的是求出完成游戏的最小移动距离。

第一个输入数据是 T，表示数据的组数。每组数据有一行，10 个输入数据，数据的范围是 $[1, 10]$，分别表示 $A \sim 10$，且保证每组数据都是合法的。

对应每组数据输出最小移动距离。

输入输出样例

Input	Output
1 1 2 3 4 5 6 7 8 9 10	9

题目来源

HDU 1584 *http://acm.hdu.edu.cn/showproblem.php?pid=1584*

解题思路

本题需要计算将 1（A）$\sim$ 10 叠放到一起的最小移动距离，该问题可以分解成两部分：计算将数字 1~k 叠放到一起的最小移动距离、计算将数字 $(k+1)$~10 叠放到一起的最小移动距离。最终答案即为这两部分的答案加上将数字 k 叠放至数字 10 的移动距离，答案的最小值即为最终结果。

需要注意的是，由于是递归过程，各分解部分内又会重复进行分解，所以若某分解部分的数字总数为 1 个时，直接返回 0。

参考代码

```
#include <bits/stdc++.h>
using namespace std;
int pos[11];//记录每个数字的位置

int cal(int s, int t){
    int best = 1e9;
    for (int i = s; i < t;i ++){
        best = min(best, cal(s, i) + cal(i + 1, t) + abs(pos[i] - pos[t]));
        //分治过程
    }
    if (s == t) best = 0;
    return best;
}

int main(){
    int T;
    cin >> T;
    while (T --){
        for (int i = 1; i <= 10; i ++){
            int x;
            cin >> x;
            pos[x] = i;
        }
        cout << cal(1, 10) << endl;
    }
    return 0;
}
```

【例题 1.8】平面上最近点对问题

题目描述

给出二维平面上的 n 个点，求最近的两个点之间距离的一半。

本题为多组测试样例。对于每组样例，第一行为一个整数 $N(2 \leqslant N \leqslant 100\,000)$，表示点数。接下来的 N 行，每行包括两个实数 x 和 y，表示点的横坐标和纵坐标。

当 $N = 0$ 时输入结束。

每组数据输出一个数，为该组样例中的最近点对距离的一半，保留两位小数。

输入输出样例

Input	Output
2 0 0 1 1 2 1 1 1 1 3 -1.5 0 0 0 0 1.5 0	0.71 0.00 0.75

题目来源

HDU 1007　*http://acm.hdu.edu.cn/showproblem.php?pid=1007*

解题思路

采用分治的思想，把 n 个点按 x 坐标排序，分成左右两个部分，对每个部分分别求最近点对的距离，然后进行合并。

对于两个部分求得的最近距离 d，合并过程应当检查宽为 $2d$ 的带状区间是否有两个点分属于两个集合且距离小于 d，带状区间如图1.2所示，虚线两侧为分治的左右部分。

一般情况下，这个带状区域内最多可能有 n 个点，合并时间最坏情况下为 $O(n^2)$。但是，对于某一侧的任一点，与其相距 d 以内的点应当在一个圆内，如图1.3所示。

当该点正好落于左右两部分的分界线上（即点在虚线上）时，在某一侧可以恰好划分出来一个 $d \times 2d$ 的方形区域，如图1.4所示。

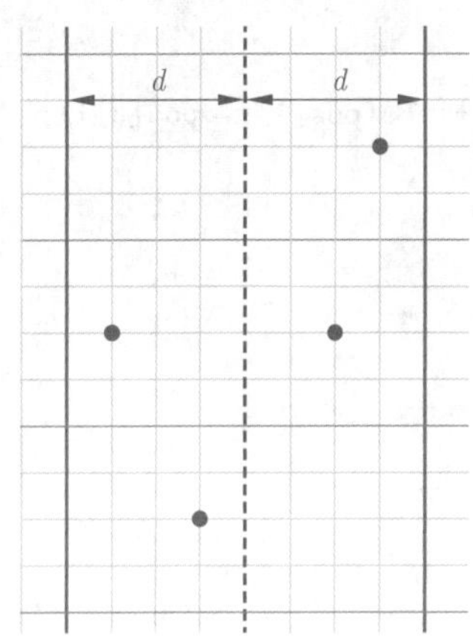

图 1.2 带状区域示例

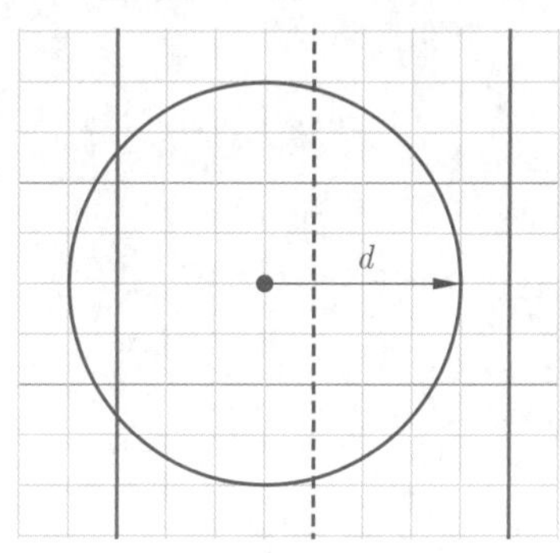

图 1.3 任意点的可行解的范围

将该区域划分成 6 块，每个部分为 $2d/3 \times d/2$。若存在两个点属于同一个区域内，那么其最长距离为对角线的长度 $5d/6 < d$，如图1.5所示。

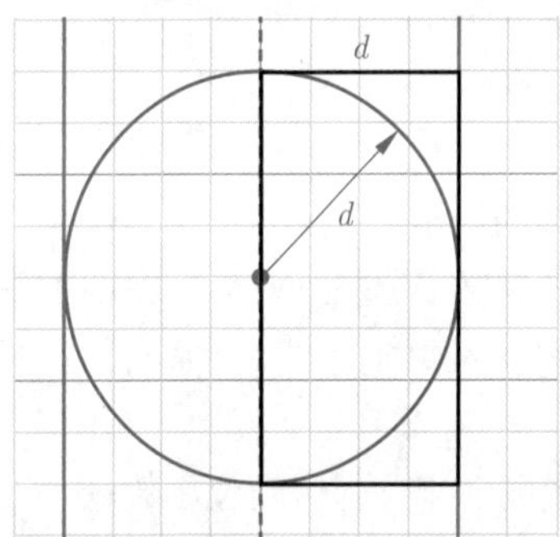

图 1.4 可行解区域的极限情况

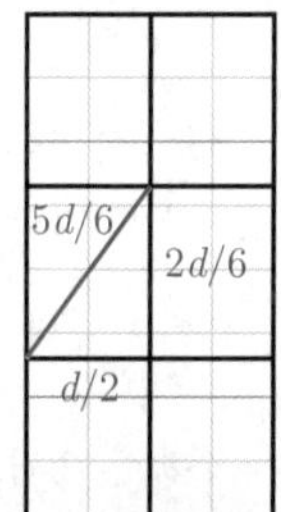

图 1.5 对可行解区域的划分

由鸽巢原理，该侧最多存在 6 个点满足两两距离大于或等于 d。先将带状区间的点按 y 坐标排序，然后线性扫描，这样合并的时间复杂度为 $O(n\,log\,n)$，几乎为线性了。

参考代码

```
#include <bits/stdc++.h>
using namespace std;

double MAX = 1e10;
int a,b,n; //a,b返回的是最近的点的编号，从0开始
struct Node {
    double x, y;
    int key;
}
ar[100005],br[100005];
bool cmpx(Node a, Node b) { //按x坐标比较
    return a.x < b.x;
}
bool cmpy(Node a, Node b) { //按y坐标比较
    return a.y < b.y;
```

```
}
double min(double a, double b) { //求两个数的最小值
    return a < b ? a : b;
}
double dis(Node a, Node b) { //求两个点之间的距离
    return sqrt(pow(a.x - b.x, 2) + pow(a.y - b.y, 2));
}
double cal(int s, int e) {
    int mid, i, j, tail = 0;
    double d;
    if(s == e) return MAX; //该部分只有一个点
    mid = (s + e) / 2;
    d=min(cal(s, mid), cal(mid + 1, e)); //分治过程求得的两侧最小距离d
    for(i = mid; i >= s && ar[mid].x - ar[i].x < d; i--) {
        br[tail++] = ar[i];
    }
    for(i = mid + 1; i < e && ar[i].x - ar[mid].x < d; i++) {
        br[tail++] = ar[i];
    }
    sort(br, br + tail, cmpy); //对矩形内的点按照y坐标排序

    for(i =0 ; i < tail; i++) { //考虑矩形内的任意两个点的距离
        for(j = i + 1; j < tail && br[j].y - br[i].y < d; j++) {
            if(d > dis(br[i], br[j])) { //找到更小的距离，则更新结果
                a = min(br[i].key, br[j].key);
                b = br[i].key + br[j].key - a;
                d = min(d, dis(br[i], br[j]));
            }
        }
    }
    return d;
}
int main(){
    scanf("%d",&n);
    while(n){
        for(int i = 0; i < n; i ++) { //输入n个点
            ar[i].key = i + 1;
            scanf("%lf %lf", &ar[i].x, &ar[i].y);
        }
        sort(ar, ar+n, cmpx); //按照x坐标排序
        double d=cal(0, n);
        printf("%.2lf\n",d / 2.0);
        scanf("%d",&n);
    }
    return 0;
}
```

二分法、三分法

二分法　在一个单调有序的集合或函数中查找一个解，每次将当前查找空间分为两部分，判断解在哪个部分中并调整查找空间的上下界，直到找到目标元素。每次二分后都将舍弃一半的查找空间，因此效率很高。

例如，A 心里想一个 1 ~ 100 的数让 B 猜，A 只能回答大了、小了或相等，在这种假设下，如何降低询问次数？如果从 1 问到 100，这样最多需要问 100 次，平均 50 次，时间复杂度是 $O(n)$；如果先问 50，再根据回答继续提问（大了则问 25，小了则问 75），这样每次将范围缩小到上次询问范围的一半，时间复杂度是 $O(\log n)$，大大减少了提问次数。这就是二分法的一个简单运用。

三分法　三分法用于求解凸性函数的极值问题。二分法适用于单调函数，当需要求凸性函数的极值点时，三分法便可以派上用场。使用二分法不能判断函数极值点在哪一部分，而三分法将区间分成三部分，可以明确地判断一定不在哪一部分，每次要舍弃三分之一的查找空间，效率也很高。

在实际中，有些问题很难直接求其最优解，但它符合单调性或凸性，对于给定的一个解，很容易求得这个解是否可行或者这个解的花费，一般这样的问题就需要用到二分或三分的思想快速求解。

在实际解题过程中，二分法更常用，算法流程如下。

算法 1.2 二分法

输入: $[x, y]$ 表示初始范围
输出: ans 表示答案

```
function Dichotom(x, y)
    l ← x
    r ← y
    ans ← 0
    while l <= r do
        mid ← (l + r)/2
        if mid 位置满足某个条件 then
            ans ← mid
            根据单调性修改 l 或 r 的值
        else
            根据单调性修改 l 或 r 的值
        end if
    end while
    return ans
end function
```

例题讲解

【例题 1.9】你能解这个方程吗？

题目描述

现在有一个方程：$8x^4 + 7x^3 + 2x^2 + 3x + 6 = Y$。你能得出一个 0~100 的实数解吗?

第一个输入数据是 $T(1 \leqslant T \leqslant 100)$，表示数据的组数。

接下来的每行有一个数 $Y(\text{fabs}(Y) \leqslant 10^{10})$。

如果有满足的解，则输出（保留四位小数），否则输出“No solution!”。

输入输出样例

Input	Output
2 100 -4	1.6152 No solution!

题目来源

HDU 2199 *http://acm.hdu.edu.cn/showproblem.php?pid=2199*

解题思路

首先需计算函数 $f(x) = 8x^4 + 7x^3 + 2x^2 + 3x + 6$ 的单调性。对其求导，得 $f'(x) = 32x^3 + 21x^2 + 4x + 3$，当 $x = 0$ 时，$f'(x) = 3$。由于 $g(x) = 32x^3 + 21x^2 + 4x$ 在 $x > 0$ 时显然有 $g(x) \geqslant 0$ 成立，所以在 $x > 0$ 时，$f'(x) > 0$ 恒成立。因此在 $x > 0$ 时，$f(x)$ 是单调函数。

得出单调性后，此题便可以通过二分法来求解。通过二分 x 的取值，逐渐逼近最终答案。

参考代码

```cpp
#include<bits/stdc++.h>
using namespace std;

double getans(double x){
    return 8 * pow(x, 4) + 7 * pow(x, 3) + 2 * pow(x, 2) + 3 * x + 6;
}
int main(){
    int T;
    scanf("%d", &T);
    while(T --){
```

```
        double Y;
        scanf("%lf", &Y);
        if(Y >= getans(0) && Y <= getans(100)){
            double l = 0, r = 100, ans;
            while(r - l > 1e-8){//实数比较
                double mid=(l + r) / 2;
                if(getans(mid) > Y){
                    r = mid - 1e-9;
                    ans = mid;
                }else{
                    l = mid + 1e-9;
                }
            }
            printf("%.4lf\n",ans);
        }
        else{
            printf("No solution!\n");
        }
    }
}
```

【例题 1.10】 三分求极值

题目描述

在直角坐标系中有一条抛物线 $y = ax^2 + bx + c$ 和一个点 $P(x_0, y_0)$，求点 P 到抛物线的最短距离 d。

输入 1 行：5 个整数 a, b, c, x_0, y_0。前 3 个数构成抛物线的参数，后两个数 x_0, y_0 表示 P 点坐标。$-200 \leqslant a, b, c, x_0, y_0 \leqslant 200$。

输出 1 行：1 个实数 d，保留 3 位小数 (四舍五入)。

输入输出样例

Input	Output
2 8 2 -2 6	2.437

题目来源

hihoCoder 1142　*http://hihocoder.com/problemset/problem/1142*

解题思路

设抛物线上的点坐标为 (x, y)，抛物线上任意点到 P 点距离为：

$$f(x, y) = \sqrt{(X - x_0)^2 + (Y - y_0)^2}$$

当抛物线上的点在对称轴 $x = -2a/b$ 左侧时，对于左侧的抛物线上的所有点 $-\text{INF} < x \leqslant -2a/b$ 与 P 点之间的距离函数满足单峰性质；右侧同理。所以只需要对左右分别三分，最终取最小值即可。注意，考虑曲线非二次函数的情况。

参考代码

```
#include<bits/stdc++.h>
using namespace std;
const int INF = 0x3f3f3f3f;
double eps = 0.000001;
double a, b, c, x_0, y_0;

double cal(double X) {
    double Y = a * X * X + b * X + c;
    return (X - x_0) * (X - x_0) + (Y - y_0) * (Y - y_0);
}

int main() {
    scanf("%lf%lf%lf%lf%lf", &a, &b, &c, &x_0, &y_0);
    if(a == 0.0) {
        printf("%.3lf\n", fabs((b * x_0 - y_0 + c) / sqrt(b * b + 1.0)));
```

```
        return 0;
    }
    double L = -10000000.0, R = -b / (2 * a);
    while(R - L >= eps) {
        double mid1 = L + (R - L) / 3;
        double mid2 = R - (R - L) / 3;
        if(cal(mid1) >= cal(mid2)) L = mid1;
        else R = mid2;
    }
    double ans1 = sqrt(cal(R));

    L = -b / (2 * a), R = 10000000.0;
    while(R - L >= eps) {
        double mid1 = L + (R - L) / 3;
        double mid2 = R - (R - L) / 3;
        if(cal(mid1) >= cal(mid2)) L = mid1;
        else R = mid2;
    }
    double ans2 = sqrt(cal(R));

    printf("%.3lf\n", min(ans1, ans2));
    return 0;
}
```

习题推荐

- **HDU 4004** The Frog's Games *http://acm.hdu.edu.cn/showproblem.php?pid=4004*
- **Codeforces 768B** Code For 1 *http://codeforces.com/contest/768/problem/B*
- **Codeforces 750C** New Year and Rating *http://codeforces.com/contest/750/problem/C*
- **Codeforces 526F** Pudding Monsters *http://codeforces.com/contest/526/problem/F*

1.5 贪　心

贪心算法是指从问题的初始状态出发，通过若干次的贪心选择而得出最优值（或较优解）的一种解题方法。

从“贪心”一词可以看出，贪心策略总是做出在当前看来是最优的选择。也就是说，贪心策略并不是从整体上加以考虑，它所做出的选择只是在某种意义下的局部最优解，而许多问题自身的特性决定了该题运用贪心策略可以得到最优解或较优解。

注：很多时候贪心算法并不一定能得出最优解，但是可以通过贪心算法对答案范围进行估计然后选择其他算法进行解题。

特点

贪心选择性质：所谓贪心选择性质是指应用同一策略，将原问题变为一个相似的、但规模更小的子问题，而后的每一步都是当前看似最佳的选择。这种选择依赖于已做出的选择，但不依赖于未做出的选择。从全局来看，运用贪心策略解决的问题在程序的运行过程中无回溯过程。

例如，动态规划算法也可以满足局部最优解，但是贪心策略比动态规划时间效率更高，占用内存空间更少，编写程序更简单。

例题讲解

【例题 1.11】英雄

题目描述

每个英雄有两个属性：生命值（HP）和每次攻击造成的伤害（DPS）。现在你需要使用你的英雄（拥有无限 HP 和 1 DPS）去攻击若干英雄。

为了简化问题，假设游戏是回合制的。在每一回合中，你可以选择一个敌方英雄进行攻击，他的 HP 降低 1。同时，所有未死亡的敌方英雄都会攻击你的英雄，并且你的英雄的 HP 会降低未死亡敌人的 DPS 的总和。如果一个英雄的 HP 等于（或小于）零，那么他将在此回合后死亡，并且在接下来的回合中无法攻击。

尽管你的英雄拥有无限 HP，但你希望选择一个最佳策略，以最小的 HP 损失杀死所有敌方英雄。

每个测试用例的第一行包含敌方英雄数量 $N(1 \leqslant N \leqslant 20)$。然后紧接着 N 行，每行包含两个整数 DPS_i 和 HP_i，它们是每个英雄的 DPS 和 HP$(1 \leqslant \text{DPS}_i, \text{HP}_i \leqslant 1000)$。

每次测试输出一行，表示最小 HP 损失。

输入输出样例

Input	Output
1 10 2 2 100 1 1 100	20 201

题目来源

HDU 4310　*http://acm.hdu.edu.cn/showproblem.php?pid=4310*

解题思路

为了使 HP 损耗最小，应将 DPS 高或 HP 低的敌人先消灭。假设有两个敌人，第一个敌人 HP=h_1，DPS=d_1，第二个敌人 HP=h_2，DPS=d_2。如果先将第一个敌人消灭，需要耗费的生命值为 $\text{Cost}_1 = h_1 \times (d_1 + d_2) + h_2 \times d_2$；如果先将第二个敌人消灭，需要耗费的生命值为 $\text{Cost}_2 = h_2 \times (d_1 + d_2) + h_1 \times d_1$。假设 $\text{Cost}_1 > \text{Cost}_2$，那么有 $h_1 \times (d_1 + d_2) + h_2 \times d_2 > h_2 \times (d_1 + d_2) + h_1 \times d_1$。化简得 $d_2/h_2 > d_1/h_1$。所以，先消灭第几个敌人能使生命值损耗降低，只需通过上述比值进行比较即可。同理，3 个人乃至 n 个人均可使用此结论进行推广。

这样就可以指定一个贪心策略：先消灭“性价比”高的敌人，“性价比”则为上式所定义的 DPS/HP，由此便可以成功解决该题。

参考代码

```cpp
#include <bits/stdc++.h>
using namespace std;
struct node{
    int hp, dps;
}a[30];
bool cmp(node x, node y){
    return (1.0 * x.dps / x.hp) > (1.0 * y.dps / y.hp);
}
int main(){
    int n;
    while (cin >> n){
        for (int i = 1; i <= n; i++)
            cin >> a[i].hp >> a[i].dps;
        sort(a + 1, a + 1 + n, cmp);
        int ans = 0,round = 0;
        for (int i = 1; i <= n; i++){
            round += a[i].hp;
            ans += round * a[i].dps;
        }
        cout << ans << endl;
    }
    return 0;
}
```

【例题 1.12】游戏预测

题目描述

假设 M 个人（包括你）玩一种特殊的纸牌游戏。开始时，每个玩家都会收到 N 张牌。牌的点数范围是 $1 \sim M \times N$ 的正整数，且无两张牌具有相同的点数。在一个回合中，每个玩家选择一张牌与其他玩家选择的牌比较。拥有最大点数的牌的玩家赢得该回合，然后下一轮开始。在 N 回合之后，当所有玩家的牌都已打出后，赢得最多回合的玩家就是游戏的获胜者。

给定你自己初始的手牌，编写一个程序来计算在整个游戏过程中你至少可以赢得的最大回合数。

输入包含一些测试用例。每个测试用例的第一行包含两个整数 $m(2 \leqslant m \leqslant 20)$ 和 $n(1 \leqslant n \leqslant 50)$，分别代表玩家数量和每个玩家在游戏开始时收到的纸牌数量。接下来一行包含 n 个正整数，代表你初始的手牌及其点数。

输入 m 和 n 为 0 时代表输入终止。

对于每个测试用例，输出一行，其中包含测试用例编号，然后是你在游戏中至少会赢得的回合数。

输入输出样例

Input	Output
2 5 1 7 2 10 9 6 11 62 63 54 66 65 61 57 56 50 53 48 0 0	Case 1: 2 Case 2: 4

题目来源

POJ 1323 *http://poj.org/problem?id=1323*

解题思路

下面以第一组样例为例说明贪心策略。首先用一个 bool 数组记录哪些牌是自己的手牌。

10	9	8	7	6	5	4	3	2	1
T	T	F	T	F	F	F	F	T	T

当自己要出的牌是 10 或 9 时，由于对手的牌都比自己的要小，此时必胜；当自己要出的牌是 7 时，显然某个对手手上有一张比 7 大的牌 8，此时不能保证自己必胜。所以，只需要从大到小扫描一遍，记录牌的 bool 数组。若还有比当前大的牌，则将该牌打出；若此时对手手上没有比当前还大的牌，就能赢下该局。

参考代码

```
#include <iostream>
#include <cstring>
using namespace std;
bool card[1100];
int m, n;
int main(){
    int t = 0;
    while (cin >> m >> n && m && n){
        memset(card, 0, sizeof card);
        for (int i = 1, x; i <= n; i++){
            cin >> x;
            card[x] = true;
        }
        int ans = 0, large = 0;
        for (int i = m * n; i >= 1; i--){
            if (card[i]){
                if (large == 0) ans++;else large--;
            }else large++;
        }
        cout << "Case " << ++t << ": " << ans << endl;
    }
    return 0;
}
```

【例题 1.13】田忌赛马

题目描述

田忌和齐王赛马，胜一场可以获得 200 金，负一场损失 200 金，平局无得无失。现在给出每方拥有马的数量、田忌的每匹马的速度、齐王的每匹马的速度。求出田忌最多可以赢得多少金。

输入包含多组数据。每组数据的第一行为一个正整数 $n(n \leqslant 1000)$，表示每方有多少匹马；第二行为 n 个整数，表示田忌每匹马的速度；第三行 n 个整数，表示齐王每匹马的速度。当 n 为 0 时表示输入数据结束。

每组样例输出一行，表示田忌可以赢多少金。

输入输出样例

Input	Output
3 92 83 71 95 87 74 2 20 20 20 20 2 20 19 22 18 0	200 0 0

题目来源

POJ 2287　*http://poj.org/problem?id=2287*

解题思路

很有名的田忌赛马故事，上马对中马、中马对下马这种策略就是一种贪心策略。本题稍微复杂一些，贪心时要充分利用每匹马的战斗力，每匹马都尽量战胜对方速度大的马（就是实力比较接近，又能取胜），完全无法获胜的马去消耗对方的最高战力。

参考代码

```
#include<iostream>
#include<algorithm>
using namespace std;
int n;
int a[1000], b[1000];
bool cmp(int x, int y){
    return x > y;
}
int main(){
    while(cin >> n && n) {
        for(int i = 0; i < n; i++)
            cin >> a[i];
        for(int i = 0; i < n; i++)
            cin >> b[i];
        int t, ans = 0;
        sort(a, a + n, cmp);
        sort(b, b + n, cmp);

        //1:田忌,2:齐王,r:最差的马下标,l:最好的马下标
        int l1 = 0, l2 = 0, r1 = n - 1, r2 = n - 1;
        while(l1 <= r1) {
            if(a[l1] > b[l2]) {
                //当前田忌最好的马比齐王最好的马更好
                ans += 200;
                l1++; //用最好的马对齐王最好的马，赢
                l2++;
            }
```

```
            else if(a[l1] < b[l2]) {
                //当前田忌最差的马不如齐王最差的马
                ans -= 200;
                r1--; //用最差的马对齐王最好的马，输
                l2++;
            }
            else if(a[l1] == b[l2] && a[r1] > b[r2]) {
                //当前最好的马相同，但最差的马比齐王最差的马好
                ans += 200;
                r1--; //用最差的马对齐王最差的马，赢
                r2--;
            }
            else if(a[l1] == b[l2] && a[r1] <= b[r2]) {
                //当前田忌最差的马不比齐王最差的马好
                if(a[r1] < b[l2]) ans -= 200;
                r1--;
                l2++;
            }
        }
        cout << ans << endl;
    }
    return 0;
}
```

习题推荐

- **HDU 2570** 迷瘴 *http://acm.hdu.edu.cn/showproblem.php?pid=2570*
- **HDU 1735** 字数统计 *http://acm.hdu.edu.cn/showproblem.php?pid=1735*
- **HDU 1009** FatMouse' Trade *http://acm.hdu.edu.cn/showproblem.php?pid=1009*

1.6 排　　序

排序算法是一种将一组特定的数据按某种顺序进行排列的算法，使用过程中常常根据算法的稳定性（稳定性是指相等的元素经过排序之后相对顺序是否发生了改变）、时间复杂度衡量算法是否高效。

本节主要介绍在算法竞赛中常用的排序算法，且以升序为例。

选择排序

算法原理 每次在未排序的序列中找到最小的元素，并将其与未排序的第一个元素进行交换，则此时已排序的序列长度加 1，未排序序列的序列长度减 1，重复以上步骤，直到数列有序。

稳定性 选择排序是一种不稳定的排序算法。

时间复杂度 最优时间复杂度、平均时间复杂度和最坏时间复杂度均为 $O(n^2)$。

参考代码

```
void SelectionSort(int* a, int len){
    for (int i = 0; i < len - 1; i++){
        int minn = i;//minn记录最小元素的序号
        for (int j = i + 1; j < len; j++){
            if (a[j] < a[minn])
                minn = j;
        }
        swap(a[i], a[minn]);
    }
}
```

插入排序

算法原理 每次从未排序数列中取出一个元素，将该元素插入已排序数列的适当位置，重复该步骤，直到数列有序。

稳定性 插入排序是一种稳定的排序算法。

时间复杂度　平均时间复杂度为 $O(n^2)$。序列为正序时是最优状态，时间复杂度为 $O(n)$。序列为逆序时是最坏状态，时间复杂度为 $O(n^2)$。

参考代码

```
void InsertSort(int* a, int len){
    for (int i = 1; i < len; i++){
        int now = a[i], j = i - 1;//now为当前需要插入的元素
        while (j >= 0 && now < a[j]){
            a[j + 1] = a[j];
            j--;
        }
        a[j + 1] = now;
    }
}
```

冒泡排序

算法原理　每次检查相邻两个元素，如果前后元素为逆序，则交换二者。每一轮交换至未排序数列的末端后，最后的一个元素必定是当前未排序的元素中最大的数，那么此时该元素也必定是已排序的元素中最小的数。继续进行上述操作，除了每轮的最后一个元素，直到数列有序。

稳定性　冒泡排序是一种稳定的排序算法。

参考代码

```
void BubbleSort(int* a, int len){
    for (int i = 0; i < len - 1; i++){
        for (int j = 0; j < len - 1 - i; j++){
            if (a[j] > a[j + 1])
                swap(a[j], a[j + 1]);
        }
    }
}
```

快速排序

算法原理　算法工作原理为分治，算法分为以下三个过程。

(1) 挑选基准值：从数列中挑出一个元素作为基准。

(2) 对数列分区：重新排序数列，比基准值小的元素放在其前，反之放在其后。操作结束后，该基准值则位于该区间的“中间”位置。

(3) 递归分区：将左右分区继续重复上述操作，直到数列有序。

稳定性　快速排序是一种不稳定的排序算法。

时间复杂度　最优时间复杂度和平均时间复杂度为 $O(n\log n)$，最坏时间复杂度为 $O(n^2)$。

示例代码 1——每次取最左位置为基准

```
void QuickSort1(int* a, int l, int r){
    int i = l, j = r, base = a[l];//base为基准值
    if (l < r){
        while (i != j){
            while (j > i && a[j] >= base) j--;
            a[i] = a[j];//此时a[j]位置空出
            while (j > i && a[i] <= base) i++;
            a[j] = a[i];//此时a[i]位置空出
        }
        a[i] = base;//将基准值放入此“中间”位置
        /* 递归 */
        QuickSort1(a, l, i - 1);
        QuickSort1(a, i + 1, r);
    }
}
```

示例代码 2——每次取中间位置为基准

```
void QuickSort2(int* a, int l, int r){
    int mid = a[(l + r) / 2];//基准值
    int i = l, j = r;
    do{
        while (a[i] < mid) i++;
        while (a[j] > mid) j--;
        if (i <= j) { //将mid左右不符合顺序的两个值交换位置
            swap(a[i], a[j]);
            i++;
            j--;
        }
    } while (i <= j);
    /* 递归 */
    if (j > l) QuickSort2(a, l, j);
    if (i < r) QuickSort2(a, i, r);
}
```

归并排序

算法原理 归并排序算法工作原理也为分治，算法分为以下三个过程。

(1) 划分：将数列划分成两部分。

(2) 递归排序：递归地对两个子序列进行归并排序。

(3) 合并：将两个子序列合并。

稳定性 归并排序是一种稳定的排序算法。

时间复杂度 最优时间复杂度、平均时间复杂度和最坏时间复杂度均为 $O(n\log n)$。

参考代码

```
void Merge(int* a, int l, int mid, int r){
    int i = l, j = mid + 1, k = 1;
    int* tmp = new int[r - l + 2];//临时数组
    /* 第二步，排序 */
    while (i <= mid && j <= r){
        if (a[i] < a[j]) tmp[k++] = a[i++];
        else tmp[k++] = a[j++];
    }
    /* 第三步，合并两数组*/
    while (i <= mid) tmp[k++] = a[i++];
    while (j <= r) tmp[k++] = a[j++];
    /* 将合并后的数组放回原数组中 */
    k = 1;
    for (int i = l; i <= r; i++) a[i] = tmp[k++];
    delete[] tmp;
}
void MergeSort(int* a, int l, int r){
    int mid = (l + r) / 2;
    if (l < r){
        /* 第一步，划分 */
        MergeSort(a, l, mid);
        MergeSort(a, mid + 1, r);
        /* 第二、三步，排序、合并 */
        Merge(a, l, mid, r);
    }
}
```

堆排序

算法原理 堆排序是利用堆数据结构所设计的排序算法。堆是一个完全二叉树的结构，并满足：子节点的元素的值恒大于（或小于）它父节点元素的值（是否可以等于根据实际需要决定）。使用大根堆（每个节点的值都大于或等于子节点的值）用于升序排序；使用小根堆（每个节点的值都小于或等于子节点的值）用于降序排序。

堆排序大致过程如下（以升序为例）。

(1) 将数列中的所有数放在一棵完全二叉树上。

(2) 对堆进行维护，使其符合大根堆的性质。

(3) 堆顶元素即为当前堆中最大值。将堆顶元素弹出堆，并将堆中最后一个元素放至堆顶（可以理解为将堆顶元素和堆尾元素交换，同时树的节点数减 1）。

(4) 不断重复 (2) 和 (3) 步骤，直到堆中元素全部弹出。

稳定性　堆排序是一种不稳定的排序算法。

时间复杂度　最优时间复杂度、平均时间复杂度和最坏时间复杂度均为 $O(n\log n)$。

参考代码

```
void Heapify(int* a, int rt, int num){
    int lson = rt * 2 + 1, rson = rt * 2 + 2;
    int large_v = rt;

    if (lson <= num && a[lson] > a[large_v]) large_v = lson;
    if (rson <= num && a[rson] > a[large_v]) large_v = rson;
    /* 若不满足堆的条件，交换后自顶向下维护子树 */
    if (large_v != rt){
        swap(a[rt], a[large_v]);
        Heapify(a, large_v, num);
    }
}
void HeapSort(int* a, int len){//根节点为0号节点
    /* 从第一个非叶子节点开始自底而上维护初始堆 */
    for (int i = len / 2 - 1; i >= 0; i--)
        Heapify(a, i, len - 1);

    /* 交换堆顶和堆尾元素，并自顶向下维护 */
    for (int i = len - 1; i > 0; i--){
        swap(a[0], a[i]);
        Heapify(a, 0, i - 1);
    }
}
```

第 2 章 基础数据结构

数据结构是计算机存储与组织数据的方式。根据具体问题选择恰当的数据结构可以提升程序的效率。掌握数据结构的相关内容可以拓宽思路，达到快速切入题目并解决问题的效果。作为后续算法的前置内容，本章要求熟练掌握基础数据结构的相关内容，并有自己的思考和理解。由于动态维护数据结构的更新操作效率较低，本章以数据结构的静态实现为主。

2.1 栈和队列

栈（stack）是一种后进先出（LIFO）的线性表。栈只能在表尾进行插入与删除操作，表尾的数据称作栈顶（top）。入栈操作（push）指从表尾向栈内添加数据，出栈操作（pop）指从表尾删除数据。入栈、出栈操作均可以在 $O(1)$ 时间内完成。同时，C++ 的 STL 提供了栈的模板，基本操作如表2.1所示。

表 2.1 C++ STL 栈模板

操　作	含　义
stack<int> s	定义元素类型为 int 类型的栈 s
s.empty()	判断栈是否为空
s.size()	返回栈中元素的个数
s.pop()	弹出栈顶元素
s.push(x)	将 x 压入栈中
s.top()	返回栈顶元素
...	...

队列（queue）是一种先进先出（FIFO）的线性表。队列只允许在表的前端（front）进行删除操作（pop），在表的后端（rear）进行插入操作（push）。入队、出队操作均可以在 $O(1)$ 时间内完成。同时，C++ 的 STL 提供了队列的模板，基本操作如表2.2所示。

表 2.2 C++ STL 队列模板

操　作	含　义
queue<int> q	定义元素类型为 int 类型的队列 q
q.empty()	判断队列是否为空
q.size()	返回队列中元素的个数
q.pop()	将队首元素弹出队列
q.push(x)	将 x 放入队列尾部
q.front()	返回队首元素
...	...

注：栈和队列也可以使用数组模拟实现。

单调栈与单调队列

单调栈与单调队列分别指用栈和队列维护的满足严格单调性的序列。

单调栈的出栈与一般栈的出栈操作相同。不同的是入栈操作：以单调上升的栈为例，当前元素入栈前，需要对栈顶元素进行大小判断。若栈顶元素大于当前元素，则执行出栈操作，直至栈顶元素小于当前元素，再将当前元素入栈。在求解问题的过程中，单调栈可以用于求某一元素左（右）边第一个比它大（小）的值。

而对于单调队列，入队前需要检查入队后的队列是否满足单调性特征，如果不满足则不入队，继续判断下一元素。单调队列的出队操作则需要考虑题目中范围的限制，将超过范围的队首元素出队。在求解问题的过程中，单调队列可以用于维护某个范围内的最值。

例题讲解

【例题 2.1】网页导航

题目描述

标准 Web 浏览器包含在最近访问的页面之间前后移动的功能。实现这些功能的一种方法是使用两个栈跟踪通过前后移动可以到达的页面。在这个问题中，程序需要支持以下命令。

BACK：将当前页面推到前向栈的顶部。从后向堆栈的顶部弹出页面，使其成为新的当前页面。如果后向栈为空，则忽略该命令。

FORWARD：将当前页面推到后向栈的顶部。从前向栈的顶部弹出页面，使其成为新的当前页面。如果前向栈为空，则忽略该命令。

VISIT : 将当前页面推到后向栈的顶部，并使指定的 URL 成为新的当前页面，同时前向栈被清空。

QUIT：退出浏览器。

假设浏览器的网页最初在 URL：http://www.acm.org/上。

输入是一系列命令。命令关键字 BACK、FORWARD、VISIT 和 QUIT 都是大写的。URL 中没有空格，最多 70 个字符。数据保证任何时候都没有问题，实例需要每个堆栈中超过 100 个元素。输入 QUIT 命令结束。

对于除 QUIT 以外的每个命令，如果不忽略该命令，则在该命令执行后输出当前停留页面的 URL；否则输出 Ignored。QUIT 命令不会产生任何输出。

输入输出样例

Input	Output
VISIT http://acm.b.edu/	http://acm.b.edu/
VISIT http://acm.a.edu/acmicpc/	http://acm.a.edu/acmicpc/
BACK	http://acm.b.edu/
BACK	http://www.acm.org/
BACK	Ignored
FORWARD	http://acm.b.edu/
VISIT http://www.ibm.com/	http://www.ibm.com/
BACK	http://acm.b.edu/
BACK	http://www.acm.org/
FORWARD	http://acm.b.edu/
FORWARD	http://www.ibm.com/
FORWARD	Ignored
QUIT	

题目来源

POJ 1028 *http://poj.org/problem?id=1028*

解题思路

按照题目要求创建两个栈进行模拟即可。参考代码使用数组进行栈的实现，也可以使用 STL 中的 stack 实现。

参考代码

```
#include <iostream>
#include <string>
using namespace std;
string backs[110],fors[110];
int main(){
    int bt = 0, ft = 0;
```

```
    string s, url;
    string nowu = "http://www.acm.org/";
    while (cin >> s){
        if (s == "BACK"){
            if (bt == 0){
                cout << "Ignored" << endl;
            }else{
                fors[++ft] = nowu;
                nowu = backs[bt--];
                cout << nowu << endl;
            }
        }
        if (s == "FORWARD"){
            if (ft == 0){
                cout << "Ignored" << endl;
            }else {
                backs[++bt] = nowu;
                nowu = fors[ft--];
                cout << nowu << endl;
            }
        }
        if (s == "VISIT"){
            cin >> url;
            backs[++bt] = nowu;
            nowu = url;
            ft = 0;
            cout << nowu << endl;
        }
        if (s == "QUIT"){
            break;
        }
    }
    return 0;
}
```

【例题 2.2】滑动窗口

题目描述

给定一个大小为 n（$n \leqslant 10^6$）的数组。有一个大小为 k 的滑动窗口，它从数组的最左边移动到最右边。你只能在窗口中看到 k 个数字。每次滑动窗口向右移动一个位置。你的任务是确定滑动窗口位于每个位置时，窗口中的最大值和最小值。

输入由两行组成。第一行包含两个整数 n 和 k，它们是数组和滑动窗口的长度。第二行有 n 个整数。

输出包括两行。第一行分别从左到右给出了窗口中每个位置的最小值。第二行给出了相应的最大值。

输入输出样例

Input	Output
8 3 1 3 -1 -3 5 3 6 7	-1 -3 -3 -3 3 3 3 3 5 5 6 7

题目来源

POJ 2823 *http://poj.org/problem?id=2823*

解题思路

以寻找窗口最大值为例，在一个窗口中，如果后进入的元素值大于原窗口中的值，原窗口的值将永远不会对后续窗口最大值产生影响。因此有后续影响的窗口中的值单调递减，故使用单调队列：当入队元素大于队尾元素时删掉队尾元素，同时注意将过期的队首元素删除。

参考代码

```
#include <cstdio>
#define N 1000010
using namespace std;
int a[N], q[N];
int main(){
    int n, k;
    scanf("%d%d", &n, &k);
    for (int i = 0; i < n; i ++ ) scanf("%d", &a[i]);
    int hh = 0, tt = -1;
    for (int i = 0; i < n; i ++ ){
        if (hh <= tt && i - k + 1 > q[hh]) hh ++ ;
        while (hh <= tt && a[q[tt]] >= a[i]) tt -- ;
        q[ ++ tt] = i;
        if (i >= k - 1) printf("%d ", a[q[hh]]);
    }
    puts("");
    hh = 0, tt = -1;
    for (int i = 0; i < n; i ++ ){
        if (hh <= tt && i - k + 1 > q[hh]) hh ++ ;
        while (hh <= tt && a[q[tt]] <= a[i]) tt -- ;
        q[ ++ tt] = i;
        if (i >= k - 1) printf("%d ", a[q[hh]]);
    }
    puts("");
    return 0;
}
```

习题推荐

- **Codeforces 320D** Psychos in a Line　*https://codeforces.com/problemset/problem/320/D*
- **CodeForces 631C** Report　*https://codeforces.com/problemset/problem/631/C*
- **CodeForces 251A** Points on Line　*https://codeforces.com/problemset/problem/251/A*

2.2　堆

若一棵二叉树满足树上的每个节点的值总是大于或等于（或小于或等于）其所有子节点的值，则这棵树称为大根堆（或小根堆）。堆中每一个子树也是堆。堆支持插入、删除、查询等操作，适用范围较广。图2.1展示了一个大根堆。

基本操作

堆的基本操作包括：堆的创建、插入元素、堆的维护、查询并删除堆顶元素等。

堆的创建

堆可用数组实现。规定数组下标从 1 开始，则下标为 1 的元素为堆的根节点。对于下标为 i 的节点，其左孩子节点的下标为 $2\times i$，其右孩子节点的下标为 $2\times i+1$。自底向上地对数组进行维护，使其满足堆的性质。

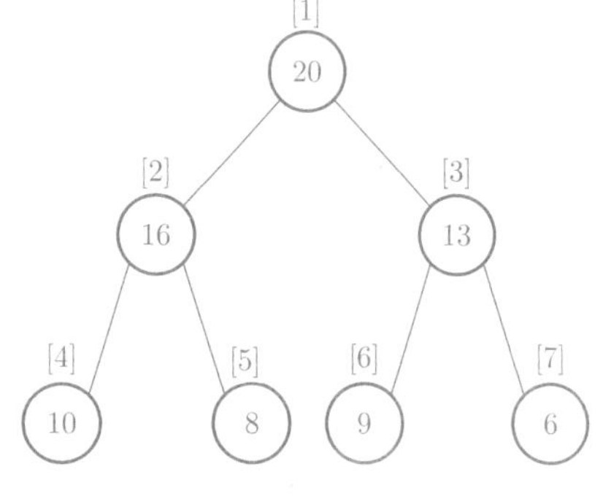

图 2.1　大根堆

```
/*将长度为len的数组arr建立为堆*/
void createHeap(int arr[], int len) {
    int k, tmp;
    for(int i = len / 2; i > 0; i--){ //自底向上进行调整
        tmp = arr[i];
        k = i;
        for(int j = i * 2;j <= len;j *= 2){
            if(j < len && arr[j] < arr[j + 1])
```

```
            j++;
            if(tmp > arr[j]) break;
            arr[k] = arr[j];
            k = j;
        }
        arr[k] = tmp;
    }
}
```

插入元素

首先将待插入元素插入堆数组的尾部，再从插入元素的位置开始自下而上按照堆的规则更新。以大根堆为例，若当前节点的值大于其父节点的值，则交换这两个节点的值并继续向上更新其父节点，直到更新至根节点。

```
/*将val值插入目前有currSize个节点的堆中*/
void insert(int arr[], int currSize, int val){
    arr[++currSize] = val;
    int tmp = currSize;//记录当前插入元素的ID
    while(tmp > 1){
        if(arr[tmp] > arr[tmp / 2]){
            swap(arr[tmp], arr[tmp / 2]);//交换两节点值
            tmp /= 2;
        }
        else break;
    }
}
```

堆的维护

堆具有一定的性质，对堆进行修改操作时可能违背堆的性质，故需要维护操作来维护堆的性质。以大根堆为例，当下标为 curr 的元素进行修改后，需要对堆进行更新。若 curr 值大于其父节点的值，则交换 curr 和它父节点的值，并递归维护 curr 的父节点；若它的值小于其任一子节点，则交换 curr 和它子节点的值，并递归维护 curr 的子节点。

最坏的情况是从根节点到叶子节点都需要递归更新。设二叉树节点数量为 n，则二叉树高度为 $O(\log n)$，因而维护操作最坏复杂度为 $O(\log n)$。

```
/*更新时一般从根节点开始更新*/
void update(int arr[], int curr, int currSize){
    int index=curr;
    if(2*curr<currSize && arr[2*curr]>arr[index])
        index=2*curr; //比较左子节点
    if(2*curr+1<currSize && arr[2*curr+1]>arr[index])
        index=2*curr+1; //比较右子节点
    if(index!=curr){
        swap(arr[curr],arr[index]);
        update(arr,index,currSize); //向下递归更新
    }
}
```

查询并删除堆顶元素

查询堆顶元素操作即返回根节点的元素值即可，查询后常见情况为删除堆顶元素。当堆顶元素删除后，堆的性质不再满足，需要使用维护操作维护堆。具体操作为：将数组最后一个元素调至堆顶，再从顶向下维护堆。

```
/*查询并删除堆顶元素，同时进行维护*/
int heapDelete(int arr[], int currSize){
    int val = arr[1]; //根元素即为堆顶元素
    arr[1] = arr[currSize--];
    update(arr, 1, currSize);
    return val; //返回查询元素
}
```

优先队列

C++ 中的 STL 中的优先队列（priority queue）是先进先出的数据结构。在优先队列中，每个元素被赋予优先级，当访问元素时，拥有最高优先级的元素先出队。优先队列通常采用堆来实现，该部分需要引用 queue 库。基础操作如表2.3所示。

表 2.3　C++ STL 优先队列模板

操　作	含　义
priority_queue<int> heap	定义一个 int 类型的堆 heap（默认为大根堆）
heap.empty()	判断堆是否为空
heap.size()	返回堆中元素的数量
heap.top()	返回堆顶元素
heap.push(x)	将 x 插入堆中
heap.pop()	将堆顶元素删除
...	...

例题讲解

【例题 2.3】合并果子

题目描述

在一个果园里，多多已经将所有的果子打了下来，而且按果子的不同种类分成了不同的堆。多多决定把所有的果子合成一堆。

每一次合并，多多可以把两堆果子合并到一起，消耗的体力为两堆果子的重量之和。可以看出，所有的果子经过 $n-1$ 次合并之后，就只剩下一堆了。多多在合并果子时总共消耗的体力等于每次合并所耗体力之和。

因为还要花大力气把这些果子搬回家，所以多多在合并果子时要尽可能地节省体力。假定每个果子重量都为 1，并且已知果子的种类数和每种果子的数目，你的任务是设计出合并的次序方案，使多多耗费的体力最少，并输出这个最小的体力耗费值。

输入共两行。第一行是一个整数 n（$1 \leqslant n \leqslant 10^4$），表示果子的种类数。第二行包含 n 个整数，用空格分隔，第 i 个整数 a_i（$1 \leqslant a_i \leqslant 2 \times 10^4$）是第 i 种果子的数目。

输出一个整数，也就是最小的体力耗费值。输入数据保证这个值小于 2^{31} 。

输入输出样例

Input	Output
3 1 2 9	15

样例解释

有 3 种果子，数目依次为 1，2，9。可以先将 1、2 堆合并，新堆数目为 3，耗费体力为 3。接着，将新堆与原先的第 3 堆合并，又得到新的堆，数目为 12，耗费体力为 12。所以多多总共耗费体力 $= 3 + 12 = 15$。可以证明 15 为最小的体力耗费值。

题目来源

Luogu P1090　*https://www.luogu.com.cn/problem/P1090*

解题思路

使用贪心算法，每次取两堆数目最小的果子合并，重复合并 $n-1$ 次就是最优答案。可以用建立哈夫曼树的方法证明其正确性：每堆果子对于最终答案的贡献是自身数量乘上在哈夫曼树中的深度，故数量小的果子深度高而数量大的果子深度低时取得最优解。

选择用堆维护上述过程：建立一个小顶堆，合并操作就是两次取出并删除小顶堆的堆顶元素，并将这两个堆顶元素相加后重新放入小顶堆，最后小顶堆的唯一元素即为答案。时间复杂度为 $O(\log n)$。本题数据规模较小，也可用 STL 库中的优先队列对程序简化。

参考代码

```
#include <bits/stdc++.h>
using namespace std;
int heap[30005];
void update(int arr[], int curr, int currSize){
    int index=curr;
    if(2*curr<=currSize && arr[2*curr]<arr[index])
        index=2*curr; //比较左子节点
    if(2*curr+1<=currSize && arr[2*curr+1]<arr[index])
        index=2*curr+1; //比较右子节点
    if(index!=curr){
        swap(arr[curr],arr[index]);
        update(arr,index,currSize); //向下递归更新
    }
    return ;
}
int heapDelete(int arr[], int currSize){
    int val=arr[1]; //根元素即为堆顶元素
    arr[1]=arr[currSize--];
    update(arr,1,currSize);
    return val; //返回查询元素
}
void insert(int p) { //将数插入堆中
    if(p==1) return;
    if(heap[p]<heap[p/2]) {
        swap(heap[p],heap[p/2]);
        insert(p/2);
    }
}
int main() {
    int tot=0,n;
    cin>>n;
    for(int i=1; i<=n; ++i) {
        cin>>heap[i];
        insert(i);//输入后放入堆中
    }
    for(int i=1; i<=n-1; ++i) {
        int d=heapDelete(heap,n-i+1);
        d+=heapDelete(heap,n-i);
        heap[n-i]=d;
        insert(n-i);//放回
        tot+=d;//更新答案

    }
    cout<<tot;
    return 0;
}
```

习题推荐

- **POJ 1456** Supermarket *http://poj.org/problem?id=1456*
- **POJ 2442** Sequence *http://poj.org/problem?id=2442*
- **POJ 1442** Black Box *http://poj.org/problem?id=1442*

2.3 并 查 集

并查集是一种特殊的树形数据结构，用于处理不相交集合 (Disjoint Sets) 的合并以及查询问题。其上主要定义了以下两种操作。

(1) Find(x)，即查询操作，查询元素 x 属于哪个集合。

(2) Union(x,y)，即合并操作，把包含元素 x、y 的集合合并。

在并查集中，属于同一集合的元素组成一棵树，元素所属集合使用元素所在的树的根来表示。可以维护一个数组 f，用 $f[x]$ 表示元素 x 的父亲节点，根节点在数组中的值设为其本身。

对于任意元素 x，若 $f[x]=x$，Find(x) 操作即返回 x 本身，否则递归地查询 x 的父亲节点所属的集合，返回 Find($f[x]$)；如图2.2所示，假设希望查找 5 号元素所在的集合，首先判断 $f[5]$ 的值是否为其本身，发现 $f[5]=3$，于是递归地查询 $f[3]$、$f[2]$，直至 $f[1]=1$，查询结束，Find(5) 返回 1。

Union(x,y) 操作为将 y 所在的树的根的父亲节点设为 x，即将 f[Find(y)] 的值设置为 x。如图2.3所示，假设希望合并 5 号元素与 9 号元素所在的集合，则首先需要找到 5 号元素及 9 号元素所在树的根节点，然后将 9 号元素所在树的根节点的父亲节点设为 5 号元素所在树的根节点，即将 $f[8]$ 的值置为 1，就完成了两个集合的合并。

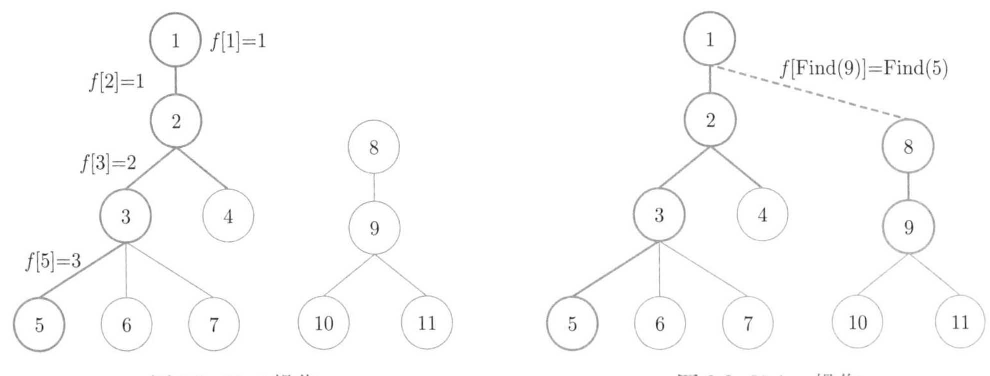

图 2.2　Find 操作　　　图 2.3　Union 操作

参考代码

```
//定义一个大小为SIZE的并查集
int f[SIZE];

//并查集的初始化：父节点设为自己
for(int i = 1; i <= n; i ++){
    f[i] = i;
}

//Find操作：查询x所属的集合
int Find(int x){
    if(f[x] == x) return x;
    return Find(f[x]);
}

//Union操作：合并x、y所在的集合
void Union(int x, int y){
    f[Find(y)] = Find(x);
}
```

路径压缩

读者可能已经注意到，当树退化成单分支树的时候，并查集查找路径是很长的。为了提高查询效率，引入路径压缩。如图2.4所示，在每次执行 Find 操作时将递归访问过的每个点的 f 值都更新为根节点。采用路径压缩后，Find 操作的最坏时间复杂度为 $O(m\log n)$[1]。

[1]Tarjan R E, Van L J. Worst-case analysis of set union algorithms. Journal of the ACM (JACM),1984, 31(2): 245-281.

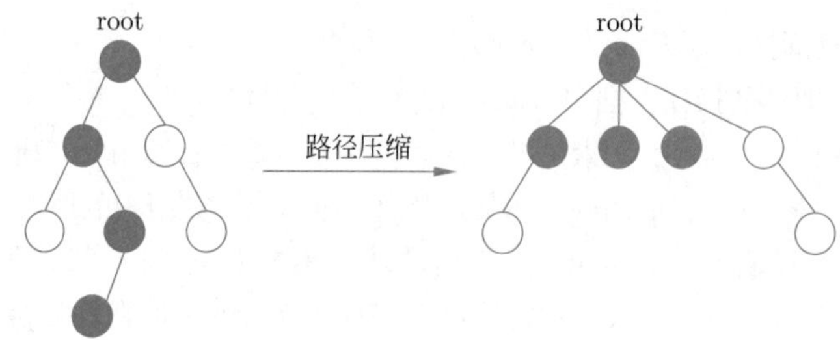

图 2.4 路径压缩

路径压缩的代码实现也很简单，只需要对 Find 操作的实现做出如下修改。

```
//包含路径压缩的Find操作：查询x所属的集合
int Find(int x){
    if(f[x] == x) return x;
    return f[x] = Find(f[x]);
}
```

带权并查集

并查集存储了元素之间的关系，而当两个元素之间的关系可以量化时，则需要使用带权并查集来维护元素之间的关系。带权并查集需要在普通并查集的基础上维护数组 d。对于元素 x，$d[x]$ 表示 x 到其父节点 $f[x]$ 之间的边权。在路径压缩更新 f 值的同时，也需要相应地更新 d 数组中对应的值。带权并查集的实现细节可以参考例题2.5。

例题讲解

【例题 2.4】畅通工程

题目描述

某省调查城镇交通状况，得到现有城镇道路统计表，表中列出了每条道路直接连通的城镇。省政府“畅通工程”的目标是使全省任何两个城镇间都可以实现交通 (但不一定有直接的道路相连，只要互相间接通过道路可达即可)。问最少还需要建设多少条道路？

输入包含若干测试用例。每个测试用例的第 1 行给出两个正整数，分别是城镇数目 $N(N < 1000)$ 和道路数目 M；随后的 M 行对应 M 条道路，每行给出一对正整数，分别是该条道路直接连通的两个城镇的编号。为简单起见，城镇从 1 到 N 编号。

对于每组测试用例输入一行，包含一个整数，表示最少需要建设的道路数。

注意：两个城市之间可以有多条道路相通。当 N 为 0 时，输入结束，该用例不被处理。

输入输出样例

Input	Output
4 2 1 3 4 3 0	1

样例解释

有 4 个城市，其中 1 号城市和 3 号城市，4 号城市和 3 号城市都相连，只有 2 号城市不相连，只需要把 2 号城市连接即可。所以输出为 1。

题目来源

HDU 1232 *http://acm.hdu.edu.cn/showproblem.php?pid=1232*

解题思路

互相连通的城市应该归属于同一个集合，则最终只需要输出集合的个数 −1。可以用并查集维护城市间的连通性，通过计算 $f[x] = x$ 的元素个数得出不同集合的个数。

参考代码

```
#include <bits/stdc++.h>
using namespace std;
int f[1005];
int Find(int x){
    if(f[x] == x) return x;
    return f[x] = Find(f[x]);
}
void Union(int x, int y){
    f[Find(y)] = Find(x);
}
int main(){
    int n, m;
    while(cin >> n){
        if(n == 0) break;
        scanf("%d", &m);
        for(int i = 1; i <= n; i ++) f[i] = i;//初始化并查集
        for(int i = 1, x, y; i <= m; i ++){
            scanf("%d%d", &x, &y);
            Union(x, y);
        }
        int ans = 0;
        for(int i=1;i<=n;++i){
            if(f[i] == i) ans ++;
        }
        ans --;
        cout << ans << endl;
    }
    return 0;
}
```

【例题 2.5】食物链

题目描述

动物王国中有三类动物 A,B,C，这三类动物的食物链构成了有趣的环形。A 吃 B，B 吃 C，C 吃 A。

现有 N 个动物，以 1～N 编号。每个动物都是 A,B,C 中的一种，但并不知道它到底是哪一种。

有人用两种说法对这 N 个动物所构成的食物链关系进行描述：第一种说法是“1 X Y”，表示 X 和 Y 是同类；第二种说法是“2 X Y”，表示 X 吃 Y。

此人对 N 个动物，用上述两种说法，一句接一句地说出 K 句话，这 K 句话有的是真的，有的是假的。当一句话满足下列三条之一时，这句话就是假话，否则就是真话。

(1) 当前的话与前面的某些真的话冲突，就是假话。

(2) 当前的话中 X 或 Y 比 N 大，就是假话。

(3) 当前的话表示 X 吃 X，就是假话。

你的任务是根据给定的 $N(1 \leqslant N \leqslant 5 \times 10^4)$ 和 K 句话 $(0 \leqslant K \leqslant 10^5)$，输出假话的总数。

输入的第一行是两个整数 N 和 K，以一个空格分隔。

以下 K 行每行是三个正整数 D,X,Y，两数之间用一个空格隔开，其中 D 表示说法的种类。

若 D=1，则表示 X 和 Y 是同类；若 D=2，则表示 X 吃 Y。

输出包含一个整数，表示假话总数。

输入输出样例

Input	Output
100 7 1 101 1 2 1 2 2 2 3 2 3 3 1 1 3 2 3 1 1 5 5	3

样例解释

第一句因 X 超过 N 故为假话，第四句话因出现 X 吃 X 故为假话，第六句话因为与第五句真话相冲突故为假话，所以一共有 3 句假话。

题目来源

POJ 1182 *http://poj.org/problem?id=1182*

解题思路

考虑使用带权并查集维护动物之间的关系，初始每种动物分别单独位于一个集合。

若一句话内的两种动物不在同一个集合，则合并两种动物所在的集合；否则判断其是否与前面的真话产生矛盾。

对于任意处于同一集合的两种动物 X 和 Y，定义其到集合根节点的路径权值和分别为 R_{X} 和 R_{Y}，需要满足以下性质：

(1) X 和 Y 为同类，当且仅当 $R_{\mathrm{X}} - R_{\mathrm{Y}} \equiv 0 (\mathrm{mod}\ 3)$。

(2) X 吃 Y，当且仅当 $R_{\mathrm{X}} - R_{\mathrm{Y}} \equiv 1 (\mathrm{mod}\ 3)$。

(3) X 被 Y 吃，当且仅当 $R_{\mathrm{X}} - R_{\mathrm{Y}} \equiv 2 (\mathrm{mod}\ 3)$。

注意，合并两个集合后，新的集合同样需要满足以上性质。

参考代码

```
#include <cstdio>
const int N = 50005;
int f[N], d[N], n, k, opt, x, y, ans;
//初始化并查集
void init(){
    for(int i = 1; i <= n; i ++) f[i] = i, d[i] = 0;
}
//寻找父节点同时更新边权
int Find(int x){
    if(f[x] == x) return x;
    int root = Find(f[x]);
    d[x] = (d[x]+d[f[x]])%3; //更新边权
    f[x] = root; //路径压缩
    return f[x];
}
//对于每句话进行真假判断
bool check(int opt, int x, int y){
    //如果动物编号大于N或出现自己吃自己则为假话
    if(x>n || y>n || (opt==2&&x==y)) return false;
    int a = Find(x), b = Find(y);
    //如果两种动物尚未位于同一个集合则为真话
    if(a != b) return true;
    //如果两种动物已经位于同一个集合,则通过边权判断是否和前面的真话冲突
    return (d[x]-d[y]+3)%3 == opt-1;
}
//并查集合并操作
void Union(int opt, int x, int y){
    int fx = Find(x), fy = Find(y);
    if(fx == fy) return;
    f[fx] = fy;
    //需要满足( (d[x] + d[dx] - d[y]) - (opt - 1) ) % 3 == 0
    d[fx] = (3-d[x]+d[y]+(opt-1))%3;
}

int main(){
    scanf("%d%d", &n, &k);
    ans = 0;
    init();
```

```
    while(k --){
        scanf("%d%d%d", &opt, &x, &y);
        if(check(opt, x, y)) Union(opt, x, y);//如果是真话则需要维护并查集
        else ++ ans;//如果是假话则假话数量加一
    }
    printf("%d\n", ans);
    return 0;
}
```

习题推荐

- **HDU 3172** Virtual Friends *https://vjudge.net/problem/HDU-3172*
- **POJ 1703** Find them, Catch them *http://poj.org/problem?id=1703*
- **POJ 1988** Cube Stacking *http://poj.org/problem?id=1988*
- **HDU 3635** Dragon Balls *https://vjudge.net/problem/HDU-3635*

2.4 前缀和与差分

前缀和是指给定序列前 n 项的和。对于一维数组而言，其前缀和就是数学上数列的前 n 项和。差分是前缀和的逆运算，对于一给定序列，其差分序列的前缀和序列就是其本身。

前缀和与差分是维护区间最简单的方式。对于一维数组，前缀和可通过 $O(n)$ 的预处理在 $O(1)$ 的时间内完成单点查询和区间和的查询，但单点修改与区间修改的花费仍是 $O(n)$ 的。差分可以在 $O(1)$ 的时间内完成单点修改与区间修改，但要花费 $O(n)$ 的时间进行单点查询与区间查询。合理使用前缀和与差分可以高效地维护区间。

一维前缀和

对于数列 arr，其前缀和数组的通项公式定义为 $c[i]=\sum\limits_{x=1}^{i}\text{arr}[x]$，递推式如下：

$$c[i]=c[i-1]+\text{arr}[i]$$

得出前缀和数组后，arr 数组 l 到 r 区间内元素的和即为 $c[r]-c[l-1]$。

$$\text{sum}(l,r)=\sum_{i=l}^{r}\text{arr}[i]=c[r]-c[l-1]$$

二维前缀和

对于矩阵 arr，其前缀和数组定义为 $c[i][j]=\sum\limits_{x=1}^{i}\sum\limits_{y=1}^{j}\text{arr}[x][y]$。即从矩阵左上角 ($(1,1)$ 位置) 到 (i,j) 位置长方形矩阵内元素的和。根据容斥原理，递推式应为

$$c[i][j]=c[i-1][j]+c[i][j-1]-c[i-1][j-1]+\text{arr}[i][j]$$

得出前缀和数组后，以 (x_1,y_1) 为左上角、(x_2,y_2) 为右下角的子矩阵内的元素和即为

$$c[x_2][y_2]-c[x_1-1][y_2]-c[x_2][y_1-1]+c[x_1-1][y_1-1]$$

差分

对于数列 arr，其差分数组 b 定义为

$$b[i]=\text{arr}[i]-\text{arr}[i-1]$$

显然，对于该数组，有如下性质：

$$\text{arr}[i]=\sum_{x=1}^{i}b[x]$$

$$\sum_{x=1}^{i}\text{arr}[x]=\sum_{x=1}^{i}\sum_{y=1}^{x}b[y]=\sum_{x}^{i}(i-x+1)b[x]$$

得出差分数组 b 后，将 arr 数组 $[l,r]$ 内每个数加上 k，只需对数组 b 做如下操作：

$$b[l]=b[l]+k,\ b[r+1]=b[r+1]-k \tag{2.1}$$

当修改操作完成后，再对差分数组求前缀和，就能得到修改后的 arr 数组。其正确性可以分区间讨论。

(1) 数列从 arr$[l]$ 处开始修改，故对于小于 l 的区间没有影响。

(2) 由差分定义，求和时对于 l 和 r 之间的每个数都增加了 k。

(3) $b[r+1]-k$ 求前缀和时会抵消 $b[l]+k$ 的影响，故大于 r 的区间不受影响。

例题讲解

【例题 2.6】激光炸弹

题目描述

一种新型的激光炸弹，可以摧毁一个边长为 m 的正方形内的所有目标。现在地图上有 n 个目标，用整数 x_i,y_i 表示目标在地图上的位置，每个目标都有一个价值 v_i。激光炸弹的爆破范围是边长为 m 的正方形，且边与坐标轴平行。若目标位于爆破正方形的边上，该目标不会被摧毁。现在你的任务是计算一颗炸弹最多能炸掉地图上总价值为多少的目标。

输入的第一行为整数 n 和整数 m，接下来的 n 行，每行有 3 个整数 x,y,v，表示一个目标的坐标与价值。

输出仅有一个正整数，表示一颗炸弹最多能炸掉地图上总价值为多少的目标 (结果不会超过 32 767)。

保证 $1\leqslant n\leqslant 10^4, 0\leqslant x_i,y_i\leqslant 5\times 10^3, 1\leqslant m\leqslant 5\times 10^3, 1\leqslant v_i<100$。

输入输出样例

Input	Output
2 1 0 0 1 1 1 1	1

题目来源

Luogu P2280 *https://www.luogu.com.cn/problem/P2280*

解题思路

题目数据范围较小，可以用二维数组存储每个点的价值，并求出价值的二维前缀和。然后遍历所有边长为 m 的正方形，根据前缀和计算价值和，即可求出最大值。

参考代码

```
#include<bits/stdc++.h>
using namespace std;
const int N = 5005;
int s[N][N], n, m, x, y, v, tmp;
int main() {
    cin >> n >> m;
    while(n --){
        cin >> x >> y >> v;
        s[x+1][y+1] = v;
    }
    for(int i = 1; i <= 5002; i ++){
        for(int j = 1; j <= 5002; j ++)
            s[i][j] = s[i-1][j]+s[i][j-1]-s[i-1][j-1]+s[i][j];//计算前缀和
    }
    int ans = 0;
    for(int i = m; i <= 5002; i ++){
        for(int j = m; j <= 5002; j ++){
            tmp = s[i][j]-s[i-m][j]-s[i][j-m]+s[i-m][j-m];//更新答案
            ans = max(ans, tmp);
```

```
        }
    }
    cout << ans << endl;
}
```

【例题 2.7】借教室

题目描述

现有 n 天的借教室信息，第 i 天学校有 r_i 个教室可供租借。共有 m 份订单，每份订单用三个正整数描述，分别为 d_j、s_j、t_j，表示某租借者需要从第 s_j 天到第 t_j 天租借教室(包括第 s_j 天和第 t_j 天)，每天需要租借 d_j 个教室。

需要按照订单的先后顺序依次为每份订单分配教室。如果在分配的过程中遇到一份订单无法完全满足，则需要停止教室的分配，通知当前申请人修改订单。这里的无法满足指从第 s_j 天到第 t_j 天中有至少一天剩余的教室数量不足 d_j 个。

求是否会有订单无法完全满足？如果有，需要通知哪一个申请人修改订单。

输入第一行包含两个正整数 n,m，表示天数和订单的数量。第二行包含 n 个正整数，其中第 i 个数为 r_i，表示第 i 天可用于租借的教室数量。接下来有 m 行，每行包含三个正整数 d_j, s_j, t_j，表示租借的数量，租借开始、结束分别在第几天。每行相邻的两个数之间均用一个空格隔开。天数与订单均用从 1 开始的整数编号。

如果所有订单均可满足，则输出一行，包含一个整数 0。否则(订单无法完全满足)输出两行，第一行输出一个负整数 -1，第二行输出需要修改订单的申请人编号。

保证 $1 \leqslant n$，$m \leqslant 10^6$，$0 \leqslant r_i, d_j \leqslant 10^9$。

输入输出样例

Input	Output
4 3 2 5 4 3 2 1 3 3 2 4 4 2 4	-1 2

样例解释

当第二个人要租借教室时，第三天的教室仅剩 2 个，不能满足其要求，所以需要有人修改订单且修改人为第二个人。

题目来源

Luogu P1083 *https://www.luogu.com.cn/problem/P1083*

解题思路

本题需要维护一个数组，每次租借教室即进行区间减法，题目的答案是最早出现小于 0 的数。具体解法是用差分来维护数组，用二分法处理天数，判断是否会有小于 0 的数出现。

对算法进行复杂度分析：二分法的时间复杂度为 $O(\log n)$，每次差分修改与求和的时间复杂度均为 $O(n)$，故总时间复杂度为 $O(n \log n)$。

参考代码

```
#include <bits/stdc++.h>
using namespace std;
int a[1000007], c[1000007], num[1000007], from[1000007], to[1000007];
int n, m;
int main() {
    scanf("%d%d", &n, &m);
    for(int i = 1; i <= n; i ++) scanf("%d", &a[i]);
    for(int i = 1; i <= m; i ++) scanf("%d%d%d", &num[i], &from[i], &to[i]);
    bool cc = false;
    for(int i = 1; i <= m; i ++) { //求差分数组
```

```
        c[from[i]] += num[i];
        c[to[i]+1] -= num[i];
    }
    for(int i = 1; i <= n; i ++) { //用差分数组求前缀和得到原数组
        c[i] += c[i-1];
        if(c[i] > a[i]) { //出现教室不够的情况
            cc = true;
            break;
        }
    }
    if(cc == 0) {
        printf("0");
    } else {
        printf("-1\n");
        int l = 1, r = m;
        while(l != r) {//如果不能的话就二分天数，求首先出现不够的人编号
            memset(c, 0, sizeof(c));
            int mid = (l+r)/2;
            bool flag = 0;
            for(int i = 1; i <= mid; i ++) {
                c[from[i]] += num[i];
                c[to[i]+1] -= num[i];
            }
            for(int i = 1; i <= n; i ++) {
                c[i] += c[i-1];
                if(c[i] > a[i]) { //答案在所求区间内
                    flag = 1;
                    break;
                }
            }
            if(flag == 1) r = mid; //更新二分区间
            else l = mid+1;
        }
        printf("%d", l);
    }
    return 0;
}
```

习题推荐

- **HDU 1556** Color the ball *http://acm.hdu.edu.cn/showproblem.php?pid=1556*
- **Luogu 1387** 最大正方形 *https://www.luogu.com.cn/problem/P1387*
- **HDU 6514** Monitor *http://acm.hdu.edu.cn/showproblem.php?pid=6514*

2.5 树状数组

树状数组（Binary Indexed Trees，二进制索引树），其初衷是解决数据压缩里的累积频率（Cumulative Frequency）的计算问题，现多用于高效维护数列的前缀和。

核心思想

(1) 树状数组中的每个元素是原数组中的一个或者多个连续元素的和。

(2) 在进行连续求和操作时，只需要将树状数组中某几个元素进行求和。

(3) 在对某一个元素进行修改时，只需要修改树状数组中某几个元素的和。

基本结构及特性

树状数组的基本结构如图2.5所示。

(1) a 数组表示原数组，c 数组表示树状数组。

(2) c 数组中每一个元素都由若干个 c 中的元素和一个 a 中的元素相加所得。例如：

$$c[8] = c[4] + c[6] + c[7] + a[8]$$

(3) 如果数字 i 的二进制表示中末尾有 k 个连续的 0，则 $c[i]$ 是 a 数组中连续 2^k 个元素的和，即 $c[i] = a[i-2^k+1] + a[i-2^k+2] + \cdots + a[i]$。

(4) c 中元素 i 的父节点是比 i 大的，最近的且末尾连续 0 比其多的节点。

(5) c 中元素 i 的前驱节点是比 i 小的，最近的且末尾连续 0 比其多的节点。

(6) 如果需要求出 a 数组前 i 项的前缀和，即将 c 数组中第 i 项和其所有前驱节点相加，即

$$\begin{aligned}\text{Sum}_i =& c[i] + c[i-2^{k_1}] + c[i-2^{k_1}-2^{k_2}] \\ &+ \cdots + c[i-\sum 2^{k_j}]\end{aligned}$$

其中，k_j 表示 i 的二进制表示中从低位到高位第 j 个 1 出现的数位（下标从 0 开始）。

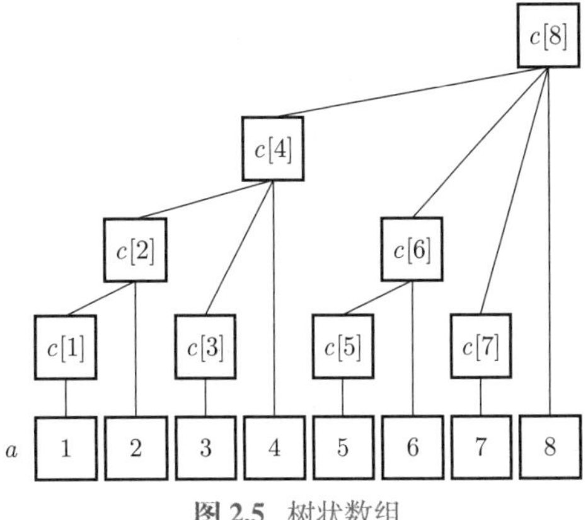

图 2.5　树状数组

基本操作

lowbit() 函数

lowbit() 函数用来求一个数最低数位为 1 的位置 k，并返回 2^k 的值。这个函数可以求解上文中前缀和使用到的 2^{k_j}。

```
int lowbit(int x){
    return x&(-x);
}
```

单点修改

对于 $a[x]$ 的修改操作，需要将该节点和其所有父节点共同更新，使用 lowbit() 函数即可达到这一目的。单点修改的时间复杂度为 $O(\log n)$。

```
void add(int x, int k){
    for (int i = x; i <= n; i += lowbit(i)) c[i] += k;
}
```

求解前缀和

对于求前缀和操作，只需要将该节点和其所有前驱节点进行求和即可，利用 lowbit() 函数即可达到这一目的。求解前缀和的时间复杂度为 $O(\log n)$。

注：l 至 r 的区间和为 $\text{sum}(r) - \text{sum}(l+1)$。

```
int sum(int x){
    int res = 0;
    for (int i = x; i; i -= lowbit(i)) res += c[i];
    return res;
}
```

例题讲解

【例题 2.8】楼兰图腾

题目描述

相传很久以前这片土地上（比楼兰古城还早）生活着两个部落，一个部落崇拜尖刀（$\vee$），一个部落崇拜铁锹（$\wedge$），他们分别用 $\vee$ 和 $\wedge$ 的形状来代表各自部落的图腾。

西部 314 在楼兰古城的下面发现了一幅巨大的壁画，壁画上被标记了 n 个点，经测量发现这 n 个点的水平位置和竖直位置是两两不同的。

西部 314 认为这幅壁画所包含的信息与这 n 个点的相对位置有关，因此不妨设坐标分别为 $(1,y_1),(2,y_2),\cdots,(n,y_n)$，其中，$y_1$~$y_n$ 是 1~n 的一个排列。西部 314 打算研究这幅壁画中包含着多少个图腾。

(1) 如果三个点 $(i, y_i), (j, y_j), (k, y_k)$ 满足 $1 \leqslant i < j < k \leqslant n$ 且 $y_i > y_j, y_j < y_k$，则称这三个点构成 $\vee$ 图腾。

(2) 如果三个点 $(i, y_i), (j, y_j), (k, y_k)$ 满足 $1 \leqslant i < j < k \leqslant n$ 且 $y_i < y_j, y_j > y_k$，则称这三个点构成 $\wedge$ 图腾。

西部 314 想知道，这 n 个点中两个部落图腾的数目。因此，你需要编写一个程序来求出 $\vee$ 的个数和 $\wedge$ 的个数。

输入输出样例

Input	Output
5 1 5 3 2 4	3 4

题目来源

AcWing 241 *https://www.acwing.com/problem/content/description/243/*

解题思路

从左到右遍历数组，统计 i 点左侧所有比 i 点的值大的数的个数 Greaterleft$[i]$ 和比 i 点的值小的数的个数 Lowerleft$[i]$；再从右到左遍历数组，统计 i 点右侧所有比 i 点的值大的数的个数 Greaterright$[i]$ 和比 i 点的值小的数的个数 Lowerright$[i]$，最终 $\vee$ 为 Greaterleft$[i] \times$ Greaterright$[i]$，且 $\wedge$ 为 Lowerleft$[i] \times$ Lowerright$[i]$。

可以使用树状数组维护比它小的数与比它大的数的个数：遍历过的数存在，值为 1；未遍历过的数不存在，值为 0。比它小的数的个数即为前缀和，比它大的数的个数即为后缀和。

参考代码

```
#include <bits/stdc++.h>
using namespace std;
typedef long long LL;
const int N = 200010;
int n;
int a[N];
int tr[N];
int Greater[N], lower[N];
int lowbit(int x){
    return x & -x;
}
void add(int x, int c){
    for (int i = x; i <= n; i += lowbit(i)) c[i] += c;
}
int sum(int x){
    int res = 0;
    for (int i = x; i; i -= lowbit(i)) res += c[i];
    return res;
}
int main(){
    scanf("%d", &n);
    for (int i = 1; i <= n; i ++ ) scanf("%d", &a[i]);
    for (int i = 1; i <= n; i ++ ){
        int y = a[i];
        Greater[i] = sum(n) - sum(y);
        lower[i] = sum(y - 1);
        add(y, 1);
    }
    memset(tr, 0, sizeof tr);
    LL res1 = 0, res2 = 0;
    for (int i = n; i; i -- ){
        int y = a[i];
        res1 += Greater[i] * (LL)(sum(n) - sum(y));
        res2 += lower[i] * (LL)(sum(y - 1));
```

```
        add(y, 1);
    }
    printf("%lld %lld\n", res1, res2);
    return 0;
}
```

习题推荐

- **POJ 3321** Apple Tree　*http://poj.org/problem?id=3321*
- **POJ 1195** Mobile phones　*http://poj.org/problem?id=1195*
- **Luogu P1966** 火柴排队　*https://www.luogu.com.cn/problem/P1966*
- **Luogu P3586** LOG　*https://www.luogu.com.cn/problem/P3586*

2.6　线　段　树

线段树（Segment Tree）是一种二叉搜索树。线段树的每一个节点对应着一个区间 $[L, R]$，叶子节点对应的是一个单位区间，即 $L == R$。对于一个非叶子节点 $[L, R]$，它的左儿子所表示的区间为 $[L, (L+R)/2]$，右儿子表示的区间为 $[(L+R)/2+1, R]$。根据定义，线段树是一棵平衡二叉树，它的叶子节点数目为 n，即整个区间的长度。

以维护长度为 10 的整数数组为例，线段树的结构如图2.6所示。

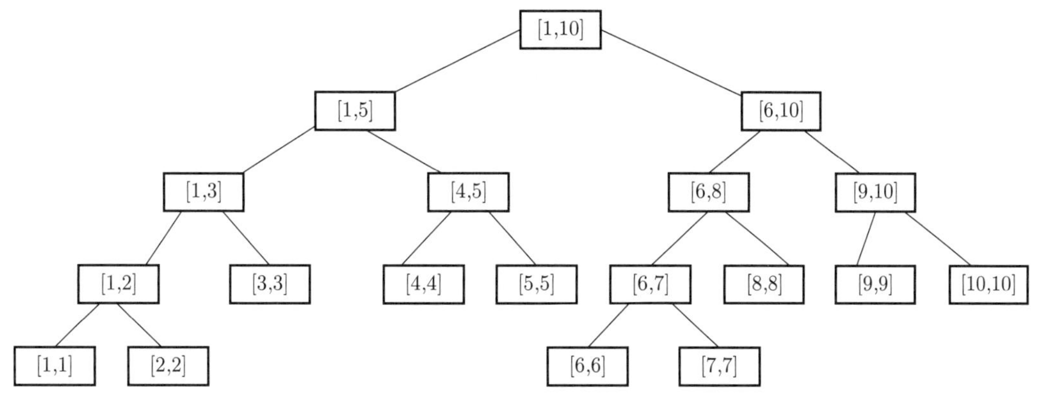

图 2.6　线段树的结构

按照从上到下、从左到右的顺序，将所有节点编号为 $1, 2, 3, \cdots$。如果当前节点的编号为 p，控制的区间为 $[s, t]$，则它的子节点编号分别为 $2p$ 与 $2p+1$，控制的区间为 $[s, (s+t)/2]$，$[(s+t)/2+1, t]$。

通常线段树用来解决与区间有关的问题，如区间最值问题、区间累加问题等，这些问题都具有可并性。此外，线段树还可用来辅助维护区间的有关信息。因为线段树是一棵平衡二叉树，它的高度为 $\log n$ 级别，所以与线段树有关操作的时间复杂度较低，效率较高。

基本操作

下面以维护区间和为例，对线段树的基本操作进行讲解。

声明部分

(1) 若区间长度为 n，线段树的节点个数为 $2^{\lceil \log n \rceil + 1}$。需要注意的是，该边界不需要严格计算出结果，通常线段树大小定义成 $4n$ 即可。

(2) 由于涉及线段树的问题对时间复杂度要求较高，故可以使用位运算代替乘除操作，提高效率。

(3) 对于节点 rt，可以在程序开头对左右儿子的序号进行提前定义，分别定义为 $\mathrm{ls} = \mathrm{rt} << 1$，$\mathrm{rs} = \mathrm{rt} << 1 + 1$，可以提升代码的易读性与简洁性。

(4) 对于线段树的定义，一般定义成结构体形式，既利于维护多个信息，又可以减少函数参数量。

```
#define maxn 100007
#define ls rt << 1 //左儿子
#define rs rt << 1 + 1 //右儿子
int a[maxn];//原数组
struct SegTree{
    int l, r, sum;//l: 区间左端点, r: 区间右端点, sum: 区间和
}T[maxn << 2];
```

建树操作

初始对 $[1,n]$ 区间进行建树。设对每个区间 $[l,r]$ 进行建树操作时，维护该节点区间信息的编号为 rt，那么首先将区间左右端点存储至线段树中。若当前区间长度为 1 时（$l=r$），区间和即为 $a[l]$（或 $a[r]$）的值，并退出当前递归过程；否则对 rt 节点的左右儿子 ls 和 rs 进行递归建树。子节点建树操作完成后，使用向上更新操作（pushup）更新区间和。

```
void build(int l, int r, int rt){
    T[rt].l = l, T[rt].r = r; //存储左右端点
    T[rt].sum = 0; //初始化
    if (l == r){//区间长度为1时，该点为叶子节点
        T[rt].sum = a[l];
        return;
    }
    int mid = (l + r) >> 1;
    build(l, mid, ls); //递归建立左子树
    build(mid + 1, r, rs); //递归建立右子树
    pushup(rt); //向上更新操作
}
```

向上更新操作

当某个节点的左右子树均更新完毕后，需要使用该操作对该节点进行维护与更新。

```
void pushup(int rt){
    T[rt].sum = T[ls].sum + T[rs].sum;//更新区间和
}
```

单点修改操作

对于 $a[\text{pos}]$ 增加 val 的修改操作，若该节点是叶子节点且恰好表示 $[\text{pos},\text{pos}]$ 的值时，则对线段树更新；否则遍历左右子树，直到满足条件。最后向上更新操作更新区间的和。

```
void add(int pos, int val, int rt){
    if (T[rt].l == T[rt].r && T[rt].l == pos){//叶子节点且为该位置
        T[rt].sum += val;
        return;
    }
    int mid = (T[rt].l + T[rt].r) >> 1;
    if (pos <= mid) add(pos, val, ls);
    else add(pos, val, rs);
    pushup(rt);//向上更新
}
```

区间查询操作

对于 $[l,r]$ 区间的查询操作，若节点 rt 表示的区间被该区间覆盖，则直接返回该节点表示的区间的值即可，否则需要递归当前节点的左右子树进行上述操作，最后累加返回答案。注意，左右子树的区间不能有重叠，也不能有遗漏。

```
int query(int l, int r, int rt){
    if (l <= T[rt].l && T[rt].r <= r) //区间被[l,r]覆盖
        return T[rt].sum;
    int mid = (T[rt].l + T[rt].r) >> 1;
    int ans = 0;
```

```
    if (l <= mid) ans += query(l,r,ls);
    if (r > mid) ans += query(l,r,rs);
    return ans;
}
```

"懒"操作

大多数情况下，线段树需要维护对一段区间进行修改后的信息，此时如果仅使用单点修改对区间更新，最坏时间复杂度可以达到 $O(n\log n)$。在引入"懒"操作后，可以使其时间复杂度降低到约 $O(\log n)$。

"懒"操作指当更新的区间完全覆盖线段树一个节点代表的区间时，就可以仅对该节点进行更新，并且做上懒惰标记，表示这个节点更新过，对这个节点的子节点暂时不再更新，尽管这个节点的子节点代表的区间一定也在更新范围内。

若后续操作有关于这个区间或者子区间的更新或查询，则一定会查询到带有懒惰标记的这个区间，当该区间被更新过，而它的子区间还没有被更新（懒惰标记），就把这个标记传递给子区间，然后继续更新或查询该节点的子区间。

声明部分

在线段树结构体中引入懒惰标记，同时在建树操作中需要对懒惰标记进行初始化。

```
struct SegTree{
    int l, r, sum;//l: 区间左端点, r: 区间右端点, sum: 区间和
    int lazy; //懒惰标记
}T[maxn << 2];
```

区间修改操作

对于 $[l,r]$ 区间的数均加上 val 的修改操作，若节点 rt 表示的区间被该区间覆盖，则对该节点维护的信息进行更新，同时将做上懒惰标记；否则先进行向下更新操作（pushdown），再递归当前节点的左右子树进行上述操作。注意，左右子树的区间不能有重叠，也不能有遗漏。

```
void update(int l, int r, long long val, int rt){
    if (l <= T[rt].l && T[rt].r <= r){//区间被[l,r]覆盖
        T[rt].sum += (T[rt].r - T[rt].l + 1) * val;
        T[rt].lazy += val;//更新懒惰标记
        return;
    }
    pushdown(rt);
    int mid = (T[rt].l + T[rt].r) >> 1;
    if (l <= mid) update(l, r, val, ls);
    if (r > mid) update(l, r, val, rs);
    pushup(rt);
}
```

向下更新操作

若该节点做上了懒惰标记，则将左右儿子进行更新，并将懒惰标记传递给左右儿子。

注：上文的区间更新操作也需要在递归求和前进行该操作，类似于区间修改操作中的用法，本书不再重复给出示例代码。

```
void pushdown(int rt){
    if (T[rt].lazy){//如果懒惰标记的值不为0则更新
        T[ls].sum += (T[ls].r - T[ls].l + 1) * T[rt].lazy;
        T[rs].sum += (T[rs].r - T[rs].l + 1) * T[rt].lazy;
        /* 懒惰标记传递 */
        T[ls].lazy += T[rt].lazy;
        T[rs].lazy += T[rt].lazy;
        T[rt].lazy = 0;
    }
}
```

例题讲解

【例题 2.9】线段树

题目描述

已知一个数列，你需要进行下面三种操作：

(1) 将某区间每个数乘上 x。

(2) 将某区间每个数加上 x。

(3) 求出某区间所有数的和。

输入的第一行包含三个整数 n，m，p，分别表示该数列数字的个数、操作的总个数和模数 $(n \leqslant 10^5, m \leqslant 10^5)$。第二行包含 n 个用空格分隔的整数，其中第 i 个数字表示数列第 i 项的初始值。

接下来 m 行每行包含若干个整数，表示一个操作，具体如下。

操作 1：格式为 $1\ x\ y\ k$，含义为将区间 $[x,y]$ 内每个数乘上 k。

操作 2：格式为 $2\ x\ y\ k$，含义为将区间 $[x,y]$ 内每个数加上 k。

操作 3：格式为 $3\ x\ y$，含义为输出区间 $[x,y]$ 内每个数的和对 p 取模所得的结果。

输出包含若干行整数，即为所有操作 3 的结果。

输入输出样例

Input	Output
5 5 38 1 5 4 2 3 2 1 4 1 3 2 5 1 2 4 2 2 3 5 5 3 1 4	17 2

题目来源

Luogu P3373 *https://www.luogu.com.cn/problem/P3373*

解题思路

线段树是经典模板题，需要注意的是，本题的区间修改有乘积操作，需要加法懒惰标记和乘法懒惰标记的更新，并对答案进行取模。

参考代码

```
#include <bits/stdc++.h>
#define maxn 100007
#define ls rt << 1
#define rs rt << 1 | 1
using namespace std;
int n, m;
long long p;
long long a[maxn];
struct node{
    long long mul, add;
}lazy[maxn << 2];
struct nodes{
    long long l, r, s;
}T[maxn << 2];

void pushup(int rt){
    T[rt].s = (T[ls].s + T[rs].s) % p;
}

void build(int l, int r, int rt){
    T[rt].l = l;T[rt].r = r;
    T[rt].s = 0;
    lazy[rt].add = 0;lazy[rt].mul = 1;
```

```
    if (l == r){
        T[rt].s = a[l] % p;
        return;
    }
    int mid = (l + r) >> 1;
    build(l, mid, ls);
    build(mid + 1, r, rs);
    pushup(rt);
}
void pushdown(int rt){
    T[ls].s = (T[ls].s * lazy[rt].mul) % p;
    T[ls].s = (T[ls].s + ((T[ls].r - T[ls].l + 1) * lazy[rt].add) % p) % p;
    T[rs].s = (T[rs].s * lazy[rt].mul) % p;
    T[rs].s = (T[rs].s + ((T[rs].r - T[rs].l + 1) * lazy[rt].add) % p) % p;

    lazy[ls].mul = (lazy[ls].mul * lazy[rt].mul) % p;
    lazy[rs].mul = (lazy[rs].mul * lazy[rt].mul) % p;

    lazy[ls].add = (lazy[rt].add + lazy[ls].add * lazy[rt].mul) % p;
    lazy[rs].add = (lazy[rt].add + lazy[rs].add * lazy[rt].mul) % p;
    lazy[rt].add = 0;
    lazy[rt].mul = 1;
}
void add(int l, int r, long long num, int rt){
    if (l <= T[rt].l && T[rt].r <= r){
        T[rt].s = (T[rt].s + (T[rt].r - T[rt].l + 1) * num) % p;
        lazy[rt].add = (lazy[rt].add + num) % p;
        return;
    }
    pushdown(rt);
    int mid = (T[rt].l + T[rt].r) >> 1;
    if (l <= mid) add(l, r, num, ls);
    if (r > mid) add(l, r, num, rs);
    pushup(rt);
}
void mul(int l, int r, long long num, int rt){
    if (l <= T[rt].l && T[rt].r <= r){
        T[rt].s = (T[rt].s * num) % p;
        lazy[rt].add = (lazy[rt].add * num)%p;
        lazy[rt].mul = (lazy[rt].mul * num)%p;
        return;
    }
    pushdown(rt);
    int mid = (T[rt].l + T[rt].r) >> 1;
    if (l <= mid) mul(l, r, num, ls);
    if (r > mid) mul(l, r, num, rs);
    pushup(rt);
}
long long query(int l, int r, int rt){
    if (l <= T[rt].l && T[rt].r <= r){
        return (T[rt].s % p);
    }
    pushdown(rt);
    int mid = (T[rt].l + T[rt].r) >> 1;
    long long ans = 0;
    if (l <= mid) ans = (ans + query(l, r, ls)) % p;
    if (r > mid) ans = (ans + query(l, r, rs)) % p;
    return ans;
}
int main(){
    cin >> n >> m >> p;
    for (int i = 1; i <= n; i++) cin >> a[i];
    build(1, n, 1);
    for (int i = 1; i <= m; i++){
        int opt;
        cin >> opt;
```

```
        long long k;
        switch (opt){
            case 1:{
                int x, y;
                cin >> x >> y >> k;
                k %= p;
                mul(x, y, k, 1);
                break;
            }
            case 2:{
                int x, y;
                cin >> x >> y >> k;
                k %= p;
                add(x, y, k, 1);
                break;
            }
            case 3:{
                int x,y;
                cin >> x >> y;
                cout << query(x, y, 1) << endl;
                break;
            }
        }
    }
    return 0;
}
```

习题推荐

- **POJ 3264** Balanced Lineup *http://poj.org/problem?id=3264*
- **POJ 2528** Mayor's posters *http://poj.org/problem?id=2528*
- **HDU 5726** GCD *https://acm.hdu.edu.cn/showproblem.php?pid=5726*
- **HDU 4027** Can you answer these queries? *https://acm.hdu.edu.cn/showproblem.php?pid=4027*
- **Codeforces 242E** XOR on Segment *https://codeforces.com/problemset/problem/242/E*

2.7 ST 表

ST 表（Sparse Table，稀疏表）是基于倍增和预处理思想的数据结构，主要用于处理区间最小值/最大值查询（Range Maximum/Minimum Query, RMQ）问题。ST 表预处理的时间复杂度为 $O(n\log n)$，查询的时间复杂度为 $O(1)$，不支持修改操作。

以求区间最大值为例，设 $l \leqslant v \leqslant u \leqslant r$，如果已知区间 $[l,u]$ 和区间 $[v,r]$ 的最大值，就可以得到区间 $[l,r]$ 的最大值，即使有重叠部分，也就是说，区间最大值是一个具有“可重复贡献”性质的问题。同时，可以注意到任何一个区间都可以用两个长度均为 2^k 的区间拼接出来，只需要其中一个区间在左端，另一个区间在右端即可。所以，将所有长度为 2^k 的区间的最大值求出，便可以将任意一个区间的答案求解出来。

ST 表的预处理

定义数组 $f[i][j]$ 表示区间 $[i,i+2^j-1]$ 的最大值，容易得到递推关系：

$$f[i][j]=\begin{cases}a[i] & j=0\\ \max(f[i][j-1],f[i+(1<<(j-1))][j-1] & j\neq 0\end{cases} \tag{2.2}$$

参考代码

```
int f[maxn][21], a[maxn];
void init(int n){
    for(int i=1;i<=n;i++) f[i][0] = a[i];
    for(int j=1;j<=lg[n];j++)
        for(int i=1;i+(1<<j)-1)<=n;i++)
            f[i][j] = max(f[i][j-1],f[i+(1<<(j-1))][j-1]);
}
```

ST 表的查询

对于查询，将查询的区间 $[l,r]$ 分成两个部分：$[l,l+2^s-1]$ 与 $[r-2^s+1,r]$，其中，$s=\log(r-l+1)$，易知 $l+2^s-1\geqslant r-2^s+1$。由于 ST 表处理的问题具有“可重复贡献”的性质，故重叠不会对区间最大值产生影响。同时这两个区间完全覆盖了区间 $[l,r]$，可以保证答案的正确性。为降低单次查询复杂度，还可以预处理出 $\log x$ 的结果：$\lg[x]=\lg[x/2]+1$。

参考代码

```
int query(int l,int r){
    int j = lg[r-l+1];
    return min(f[l][j], f[r-(1<<j)+1][j]);
}
```

例题讲解

【例题 2.10】数列区间最大值

题目描述

输入 N 个数字，M 个询问，每次给出两个数字 X、Y，要求说出 $X\sim Y$ 这段区间内的最大数。其中，$1\leqslant N\leqslant 10^5$，$1\leqslant M\leqslant 10^6$，$1\leqslant X\leqslant Y\leqslant N$，数列中的数字均小于 2^{31}。

输入输出样例

Input	Output
10 2 3 2 4 5 6 8 1 2 9 7 1 4 3 8	5 8

题目来源

AcWing 1270　*https://www.acwing.com/problem/content/1272/*

解题思路

本题不涉及修改操作，且查询的次数较多。由于 ST 表在大量查询的情况下会有较优的表现，故选择 ST 表来解决。

参考代码

```
#include<iostream>
#include<cmath>
#define max(a, b) a > b ? a : b
const int space = 1e5 + 7;
int dp[space][34];
int lenth[34];
int log_2[33];
int N, M;
int main()
{
    lenth[0] = 1;
    for (int i = 1; i < 31; i++)lenth[i] = lenth[i - 1] << 1;
    scanf("%d %d", &N, &M);
    for (int i = 1; i <= N; i++)scanf("%d", &dp[i][0]);
    for (int idx = 1; lenth[idx] <= N; idx++)
        for (int now = 1; now + lenth[idx] <= N + 1; now++)
            dp[now][idx] = max(dp[now][idx - 1],
            dp[now + lenth[idx - 1]][idx - 1]);
    while (M--)
    {
        int left, right;
        scanf("%d %d", &left, &right);
        int k = right - left + 1;
        k = log(k) / log(2);
        printf("%d\n", max(dp[left][k], dp[right - lenth[k] + 1][k]));
    }
    return 0;
}
```

习题推荐

- **Codeforces 1548B** Integers Have Friends *https://codeforces.com/contest/1548/problem/B*
- **SCOI 2007** 降雨量 *https://loj.ac/p/2279*

2.8 分　块

分块是一种实用性高、灵活性强且较易实现的方法。分块的基本思想是通过对原数据的适当划分，并在划分后的每一个块上预处理部分信息，从而较一般的暴力算法取得更优的时间复杂度。本节将介绍几种分块的重要思想，并通过一些例题简单介绍分块在一些序列维护或询问问题中的应用。

分块方法

设数组长度为 n，对其分块，并选取连续的 H 个元素为一块。若 H 能够整除 n，那么能恰好分成 $\frac{n}{H}$ 块，分别编号 $[1, \frac{n}{H}]$；若不能整除，将最后 $n\%H$ 个元素划分为一块，编号为 $[1, \lfloor\frac{n}{H}\rfloor + 1]$。

通常情况下，为了平衡两种操作的复杂度，H 取值为 $\sqrt{n}$ 时达到最优复杂度，这也是分块算法也被称为根号算法的原因。

由此得出部分引理：

引理 2.1

分块的方法可选取连续 H 个元素为一块，最后一块不足 H 个元素也按照一块计算，块内第一个元素为关键点，则块的数目不超过 $\lfloor\frac{n}{H}\rfloor + 1$。♡

引理 2.2

查询 $[L, R]$ 的信息，完整的块的数量不会超过 $\lfloor\frac{n}{H}\rfloor$，单独的点的数量不会超过 $2 \times H$。♡

直接分块

直接分块即按照要求分块并维护信息，将序列直接进行划分，解决一些简单的修改、查询操作。序列分块是最简单最常见的例子。

例如，单点修改和区间查询的问题。可以采用分块策略，记录每一个块内的总和，修改时对单独的点和块进行修改，查询时只需要查询完整的块和单独的点，最终复杂度为 $O(n\sqrt{n})$。

小区间维护数据结构

小区间维护数据结构是在每个小块内进行一些数据结构的维护，或者使用其他算法。

例如，多次查询 $[L, R]$ 区间中严格小于 p 的数的个数 k，并在查询结束后将 $a[p]$ 修改为 k。可以将序列分块，块内排序，查询时在每个完整的块内二分查找 p，剩余的单点可以暴力枚举，修改时只需最多 $\sqrt{n}$ 次交换即可使块内有序，复杂度为 $O(n\sqrt{n}\log\sqrt{n})$。

分类维护与询问

分类维护与询问通常按照数据的大小分类讨论，将询问、修改等操作分成大于 H 的部分和不大于 H 的部分，结合两种暴力的方法，难度低，易实现。这类题目通常以下面的形式出现。

(1) 出现次数大于 $\sqrt{n}$ 次的数的个数不会超过 $\sqrt{n}$。

(2) 每次跳超过 $\sqrt{n}$ 距离跳的次数不会超过 $\sqrt{n}$。

(3) 度数大于 $\sqrt{m}$ 的点不会超过 $\sqrt{m}$ 个。

分类维护与询问是分块中的常用策略，本节将通过例题进行讲解。

预处理

预处理是指维护一个数据集合时，在所有询问操作之前对数据进行一些处理提前记录附加信息，在询问时利用已处理的信息提高时间效率。

例如，多次询问 $[L,R]$ 中出现恰好 k 次的数的数目。

首先提出引理：

引理 2.3

对于任意的两个区间 $[L_1,R_1],[L_2,R_2]$，如果记录了在区间 $[L_1,R_1]$ 中 1~n 中每个数的出现次数以及出现次数为 1~n 的数的个数，那么可以在 $O(|L_1-L_2|+|R_1-R_2|)$ 的复杂度内将信息转换为 $[L_2,R_2]$ 这个区间的信息。♡

对于出现次数超过 $\sqrt{n}$ 的数，首先预处理出这些数出现次数的前缀和，时空复杂度均为 $O(n\sqrt{n})$，查询时可在 $O(\sqrt{n})$ 的复杂度下判断这些数的出现次数是否等于 k。

对于出现次数小于 $\sqrt{n}$ 的数，可以预处理出每个块出现次数为 1 ~n 的数的个数和每个数的出现次数的前缀和，复杂度为 $O(n\sqrt{n})$，那么可以在 $O(1)$ 的复杂度下得到完整的两个块之间的答案，再利用引理 $O(\sqrt{n})$ 时间得到查询区间的答案。

离线统计

有些数据处理不要求对每次询问即时得到答案，而是一次性给出大量询问，没有修改，记录下所有的查询，并对其进行一定排序，得到答案后统一输出，这就是离线算法，这类算法常见的代表就是莫队算法。莫队算法将在 2.9 节详细讲解。

升单项降整体

序列统计问题基本上都是修改与询问一起的，所以两者复杂度的平衡就很重要。如果修改的次数很多，那就要考虑适当提升查询复杂度的同时降低修改的复杂度；如果查询的次数很多，就要降低查询的复杂度，使两者总体复杂度平衡，以达到整体复杂度最优。

定期重建

定期重建实际上就是对操作序列分块，每个操作块完成后就更新当前状态，在查询时根据上次更新的状态和当前块内修改对当前的影响计算答案。

例题讲解

【例题 2.11】数列分块入门

题目描述

给出一个长为 n 的数列，以及 n 个操作，操作涉及区间加法，询问区间内小于某个值 x 的元素个数。

输入的第一行为一个整数 n。

第二行输入 n 个数字，第 i 个数字为 a_i，以空格隔开。

接下来输入 n 行询问，每行输入四个数字 opt、l、r、c，以空格隔开。

若 opt $=0$，表示将位于 $[l,r]$ 的数字都加 c。

若 opt $=1$，统计位于 $[l,r]$ 且小于 c^2 的数字的个数。

对于每次询问，输出一行一个数字表示所求元素个数。

输入输出样例

Input	Output
4 1 2 2 3 0 1 3 1 1 1 3 2 1 1 4 1 1 2 3 2	3 0 2

解题思路

可采用分块方法，先将数列分成若干个块，对于每个块在内部排序。对于查询操作，在每个块内可以二分查询，未成块的元素可以枚举；对于修改操作，在每个块内可以通过标记更改，未成块的元素可以枚举更改，更改后需要重新排序。

参考代码

```
#include<bits/stdc++.h>
using namespace std;
int n,len, a[50010], b[50010], addv[50010];
vector<int> v[510];
void Sort(int x){//对第x块进行排序
    v[x].clear();
    for(int i=(x-1)*len+1;i<=min(x*len,n);i++)
        v[x].push_back(a[i]);
    sort(v[x].begin(), v[x].end() );
}
void modify(int l,int r,int c){//修改函数
    for(int i=l;i<=min(b[l]*len,r);i++) //未成块元素枚举修改
        a[i]+=c;
    Sort(b[l]);//修改后排序
    if(b[l]!=b[r]){ //未成块元素枚举修改
        for(int i=(b[r]-1)*len+1;i<=r;i++) a[i]+=c;
        Sort(b[r]);//修改后排序
    }
    for(int i=b[l]+1;i<b[r];i++) //成块元素更改标记修改
        addv[i]+=c;
}
void query(int l,int r,int c){//查询函数
    int ret=0;
    for(int i=l;i<=min(b[l]*len,r);i++) //未成块元素枚举查询
        if(a[i]+addv[b[l]]<c) ret++;
    if(b[l]!=b[r]){
        for(int i=(b[r]-1)*len+1;i<=r;i++) //未成块元素枚举查询
            if(a[i]+addv[b[r]]<c) ret++;
    }
    for(int i=b[l]+1;i<b[r];++i){//成块元素二分查询
        int tag=c-addv[i];
        ret+=lower_bound(v[i].begin(),v[i].end(),tag)-v[i].begin();
    }
    printf("%d\n",ret);
}
int main(){
    scanf("%d",&n);
    len=sqrt(n);
    for(int i=1;i<=n;++i){
        scanf("%d",&a[i]);
        b[i]=(i-1)/len+1;//b数组记录每个元素所属分块
        v[b[i]].push_back(a[i]);
    }
    for(int i=1;i<b[n];++i)
        sort(v[i].begin(),v[i].end());
    int opt,l,r,c;
    for(int i=1;i<=n;++i){
        scanf("%d%d%d%d",&opt,&l,&r,&c);
        if(opt==0) modify(l,r,c);
        else query(l,r,c*c);
    }
    return 0;
}
```

【例题 2.12】Time to Raid Cowavans

题目描述

给一个长为 n 的数列，以及 q 次询问，每次询问给出 (a,b)，计算 $\sum_{i=0}^{\lfloor\frac{n-a}{b}\rfloor}(a+i\times b)$。

输入的第一行为一个整数 $n(1\leqslant n\leqslant 3\times 10^5)$，表示有 n 个数。

第二行输入 n 个数字，第 i 个数字为 $w_i(1\leqslant w_i\leqslant 10^9)$ ，以空格隔开。

第三行输入一个整数 $q(1\leqslant q\leqslant 3\times 10^5)$，表示有 q 个询问。

接下来输入 q 行询问，每行输入两个数 a、b，以空格隔开。

对于每次询问，输出一行一个数字表示计算结果。

输入输出样例

Input	Output
4 2 3 5 7 3 1 3 2 3 2 2	9 3 10

题目来源

Codeforces 103D　*https://codeforces.com/problemset/problem/103/D*

解题思路

采用分块方法，对数列进行分块。首先读入所有询问，将询问按 b 从小到大排序。对于每个询问：

(1) 当 $b<\sqrt{n}$ 时，对于每一个 b 通过动态规划预处理出数组 $\mathrm{sum}[i]$，即以 i 为起点间隔为 b 的序列和，对于每个询问可以在 $O(1)$ 时间内完成查询，故复杂度为 $O(n\sqrt{n})$。

(2) 当 $b\geqslant\sqrt{n}$ 时，枚举求出答案，复杂度为 $O(m\sqrt{n})$。

所以总体复杂度为 $O((m+n)\sqrt{n})$。

参考代码

```
#include<bits/stdc++.h>
#define ll long long
using namespace std;
const int N=3e5+5;
ll w[N],sum[N],ans[N];
struct node{
    int a,b,id;
}b[N];
bool cmp(node n1,node n2){return n1.b<n2.b;}
int main()
{
    int n,q;
    scanf("%d",&n);
    int bound=sqrt(n);
    for(int i=1;i<=n;++i) scanf("%lld",&w[i]);
    scanf("%d",&q);
    for(int i=1;i<=q;++i){
        b[i].id=i;
        scanf("%d%d",&b[i].a,&b[i].b);
    }
    //对询问进行排序
    sort(b+1,b+1+q,cmp);
    b[0].b=0;
    //离线处理询问
    for(int i=1;i<=q;++i){
        if(b[i].b<bound) {
```

```
            if(b[i].b==b[i-1].b)
                ans[b[i].id]=sum[b[i].a];
            else {
                for(int j=n;j>=1;--j)
                    if(j+b[i].b>n)
                        sum[j]=w[j];
                    else
                        sum[j]=sum[j+b[i].b]+w[j];
                ans[b[i].id]=sum[b[i].a];
            }
        }
        else {
            ans[b[i].id]=0;
            for(int j=b[i].a;j<=n;j+=b[i].b)
                ans[b[i].id]+=w[j];
        }
    }
    for(int i=1;i<=q;++i)
        printf("%lld\n",ans[i]);
    return 0;
}
```

习题推荐

- **HNOI2010** 弹飞绵羊 *https://www.luogu.com.cn/problem/P3203*
- **Luogu 2801** 教主的魔法 *https://www.luogu.com.cn/problem/P2801*
- **Luogu 4168** 蒲公英 *https://www.luogu.com.cn/problem/P4168*
- **SDOI2017** 相关分析 *https://www.luogu.com.cn/problem/P3707*
- **HDU 6756** Finding a MEX *https://acm.hdu.edu.cn/showproblem.php?pid=6756*

2.9 莫队算法

莫队算法是一种离线算法，其普通算法由莫涛归纳总结，故命名为莫队算法。

对于一个长度为 n 的序列上的多个区间 $[l,r]$ 进行询问时，如果可以 $O(B)$ 的复杂度将该答案拓展到 $[l-1,r]$、$[l,r+1]$、$[l+1,r]$、$[l,r-1]$，且能在 $O(C)$ 的复杂度内查询出当前答案，那么利用莫队算法，可以离线地在 $O(n\sqrt{n}B+nC)$ 内求出整个问题的解，通常情况下有 $B=1,C=1$ 或者 $B=1,C=\sqrt{n}$ 等几种情况。

时间复杂度

为了简化时间复杂度分析，设区间长度 n 与区间询问数量 m 同阶。

莫队算法的第一步是离线的处理询问，对于询问区间 $[l,r]$，以 l 所在的块号为第一关键字排序，r 为第二关键字升序或降序排序。这一步的时间复杂度为 $(O\sqrt{n}\cdot\sqrt{n}\log\sqrt{n}+n\log n)$。

莫队算法的第二步是对于分块好的区间进行暴力查询，对于询问的区间 $[l,r]$，在第一步中，已将每个区间内按照 r 排序，对于每一块的 r 的查询时间为 $O(n)$，对于所有 $\sqrt{n}$ 个区间，时间复杂度为 $O(n\sqrt{n})$。对于 l，整个区间 $[1,n]$ 是按照 l 的升序排序的，在某一块移动时，时间复杂度为 $O(\sqrt{n}\cdot(l_{\max}-l_{\min}))$，整个区间 $[1,n]$ 的时间复杂度为 $O(\sqrt{n}\cdot(l_{\max_n}-l_{\min_n}+l_{\max_{n-1}}-l_{\min_{n-1}}+\cdots+l_{\max_2}-l_{\min_2}+l_{\max_1}-l_{\min_1})$，由于前一块的 l 最大值小于后一块 l 的最小值，所以整个时间复杂度严格小于 $O(\sqrt{n}\cdot(l_{\max_n}-l_{\min_1}))$，严格小于 $O(n\sqrt{n})$。

区间移动顺序

由一个区间移动到四个相邻的区间共有 4! 种移动顺序，而其中很多顺序是错误的，很多顺序是等价的。建议用以下三种移动顺序：①$l-$, $r+$, $l+$, $r-$；②$l-$, $r+$, $r-$, $l+$；③$l-$, $r-$, $r+$, $r+$。请读者思考其余移动顺序可能存在的问题。

参考代码

```
struct query {
    int l, r, id;
    bool operator<(const query &x) const {//排序方式是重点
        if (l / maxn != x.l / maxn) return l < x.l;
        return (l / maxn) & 1 ? r < x.r : r > x.r;
    }
}querys[N];
void solve() {
    BLOCK_SIZE = int(ceil(pow(n, 0.5)));//区间长度为sqrt(n)上取整
    sort(querys, querys + m);
    for (int i = 0; i < m; ++i) {
        const query &q = querys[i];
        while (l > q.l) move(--l, 1);
        while (r < q.r) move(r++, 1);
        while (l < q.l) move(l++, -1);
        while (r > q.r) move(--r, -1);
        ans[q.id] = nowAns;
    }
}
```

例题讲解

【例题 2.13】小 Z 的袜子

题目描述

作为一个生活散漫的人，小 Z 每天早上都要耗费很久从一堆五颜六色的袜子中找出一双来穿。终于有一天，小 Z 再也无法忍受这恼人的找袜子过程，于是他决定听天由命……。

具体来说，小 Z 把这 N 只袜子从 1 到 N 编号，然后编号 L 到 R。尽管小 Z 并不在意两只袜子是不是完整的一双，甚至不在意两只袜子是否一左一右，他却很在意袜子的颜色，毕竟穿两只不同色的袜子会很尴尬。

你的任务便是告诉小 Z，他有多大的概率抽到两只颜色相同的袜子。当然，小 Z 希望这个概率尽量高，所以他可能会询问多个 (L, R) 以方便自己选择。

然而数据中有 $L = R$ 的情况，请特判这种情况，输出 0/1。

输入输出样例

Input	Output
6 4 1 2 3 3 3 2 2 6 1 3 3 5 1 6	2/5 0/1 1/1 4/15

题目来源

Luogu P1494　*https://www.luogu.com.cn/problem/P1494*

解题思路

设当前考虑的颜色编号为 k，$\text{cnt}[k]$ 表示 k 出现的次数，ans 代表可行的配对方案，每次移动更新答案 ans。如果增长区间则 $\text{ans}+=\text{cnt}[k]$，如果缩短区间则 $\text{ans}-=\text{cnt}[k]$。对于修改和查询操作都是 $O(1)$ 的，所以时间复杂度为 $O(n\sqrt{n})$。

参考代码

```
#include <bits/stdc++.h>
typedef long long ll;
using namespace std;
const int N = 5e5+10;
int n, m, maxn;
int c[N];
ll sum;
```

```
int cnt[N];
ll ans1[N], ans2[N];
struct query{
    int l,r,L,R,id;
    bool operator < (const query x) const {
      if(l/maxn!=x.l/maxn) return l<x.l;
      return r<x.r;
    }
}a[N];
void add(int i) {
    sum += cnt[i];
    cnt[i]++;
}
void del(int i) {
    cnt[i]--;
    sum -= cnt[i];
}
ll gcd(ll a, ll b) { return b ? gcd(b, a % b) : a; }
int main() {
    cin >> n >> m;
    maxn = sqrt(n);
    for (int i = 1; i <= n; i++) scanf("%d", &c[i]);
    for (int i = 0; i < m; i++) scanf("%d%d", &a[i].l, &a[i].r), a[i].id = i;
    sort(a, a + m);
    for (int i = 0, l = 1, r = 0; i < m; i++) {
      if (a[i].l == a[i].r) {
        ans1[a[i].id] = 0, ans2[a[i].id] = 1;
        continue;
      }
      while (l > a[i].l) add(c[--l]);
      while (r < a[i].r) add(c[++r]);
      while (l < a[i].l) del(c[l++]);
      while (r > a[i].r) del(c[r--]);
      ans1[a[i].id] = sum;
      ans2[a[i].id] = (ll)(r - l + 1) * (r - l) / 2;
  }
  for (int i = 0; i < m; i++) {
      if (ans1[i] != 0) {
        ll g = gcd(ans1[i], ans2[i]);
        ans1[i] /= g, ans2[i] /= g;
      } else
        ans2[i] = 1;
      printf("%lld/%lld", ans1[i], ans2[i]);
      puts("");
  }
  return 0;
}
```

【例题 2.14】 zoto

题目描述

给定一个数组 f_x。对于每个 i （$1 \leqslant i \leqslant n$），使用 xOy 平面内的点 $(i, f_x[i])$ 描述它。对于 m 个询问，请回答在这个长方形内有多少个不同的 y 坐标。

输入输出样例

Input	Output
1 4 2 1 0 3 1 1 0 4 3 1 0 4 2	3 2

题目来源

HDU 6959　*https://acm.hdu.edu.cn/showproblem.php?pid=6959*

解题思路

首先来看一个子问题：给定一个数组，初始所有位置全是 0，每次单点加 1 或减 1，强制规定修改的复杂度为 $O(1)$，询问区间内有多少个位置不为 0？考虑 2.8 节讲的分块，使用两个数组 num[i] 和 sum[i] 分别维护第 i 位置上的值，以及第 i 块内值不为 0 的位置个数。那么每次单点修改只需要修改 num[i] 和 sum[i/max$n$] 两个元素的值，然后查询的时候需要在 $O(\sqrt{n})$ 复杂度内去查询区间所覆盖的完整块的值以及区间两端单独的点的值 (单独的点可以没有)。这是一个修改复杂度 $O(1)$、查询复杂度 $O(\sqrt{n})$ 的做法。

这道题用莫队算法去维护询问的区间，即 x 坐标。$y(f_x)$ 维度作为单点值就变成了上述子问题。这样的复杂度是 $O(n\cdot\sqrt{n}\cdot 1+m\cdot 1\cdot\sqrt{n})$ 的，原因是莫队单次修改时 $O(\sqrt{n})$ 的复杂度乘上值域上复杂度为 $O(1)$ 的修改，莫队单次查询时 $O(1)$ 的复杂度乘上值域查询时 $O(\sqrt{n})$ 的复杂度。

参考代码

```
#include <bits/stdc++.h>

using namespace std;
const int N = 1e5+10;
int a[N],sum[N],ans[N],num[N];
int m,n,maxn;
struct query{
    int l,r,L,R,id;
    bool operator < (const query x) const {
      if(l/maxn!=x.l/maxn) return l<x.l;
      return r<x.r;
    }
}q[N];

void add(int y){
    ++num[y];
    if(num[y]==1){
      sum[y/maxn]++;
    }
}
void del(int y){
    --num[y];
    if(num[y]==0){
      sum[y/maxn]--;
    }
}
int calc (int x){
    int now = 0;
    for(int i=0;i<x/maxn;i++){
      now+=sum[i];
    }
    for(int i=x/maxn*maxn;i<=x;i++){
      now+=(num[i]>=1);
    }
    return now;
}

void ac(){
    memset(num,0,sizeof num);
    memset(sum,0,sizeof sum);
    cin >> n >> m;
    maxn = sqrt(n);
    for(int i=1;i<=n;i++){
      cin >> a[i];
    }
    for(int i=1;i<=m;i++){
```

```
        cin >> q[i].l >> q[i].L >> q[i].r >> q[i].R;
        q[i].id = i;
    }
    sort(q+1,q+1+m);
    int pl = q[1].l; int pr = q[1].r;
    for(int i= pl;i<=pr;i++){
        add(a[i]);
    }
    ans[q[1].id] = calc(q[1].R)-calc(q[1].L-1);
    for(int i=2;i<=m;i++){
        while(pl>q[i].l) pl--,add(a[pl]);
        while(pr>q[i].r) del(a[pr]),pr--;
        while(pl<q[i].l) del(a[pl]),pl++;
        while(pr<q[i].r) pr++,add(a[pr]);

        ans[q[i].id] = calc(q[i].R)-calc(q[i].L-1);
    }
    for(int i=1;i<=m;i++) cout << ans[i] << endl;
}
int main(){
    ios::sync_with_stdio(false);cin.tie(0);
    int t;cin >> t;
    for(int i=1;i<=t;i++) ac();
    return 0;
}
```

习题推荐

- **HDU 4467** Graph *https://acm.hdu.edu.cn/showproblem.php?pid=4467*
- **HDU 4638** Group *https://acm.hdu.edu.cn/showproblem.php?pid=4638*

第3章 搜　　索

搜索是一种通过穷举所有可能的解的状态，来求得题目所求的解或者最优解的方法。在搜索过程中必须确保不会重复搜索已经搜索过的状态，否则会导致冗余的搜索过程甚至搜索无法终止。同时也要考虑总的状态数是否在可接受范围内，否则会导致无法在给定时空复杂度内完成问题的求解。

然而有时看起来因为状态数太多而无法进行搜索的题目，也可以通过各种优化的方法求出解，如剪枝。剪枝，即在搜索的过程中有意避开那些虽然也属于可达状态但绝对不会是所求解的情况，以减少总的需搜索的状态数，达到在时限要求内求出解的方法。

借助搜索解题，首先需要表示出问题的状态空间，即问题所描述的初始状态、可达状态以及终结状态，并确定它们之间的转移条件。其次需要提出一个合理的搜索方式，这个搜索方式必须保证可以到达所有可能的状态，并且不会导致同一状态的重复搜索。最后需要估计该做法是否在题目所给定的时间和空间限定之内求出解，如果超过了限定是否可以通过剪枝或者改变搜索方式等方法来优化算法，达到符合限制条件的目的。

3.1 深度优先搜索

深度优先搜索（Depth First Search，DFS）一般都使用递归来完成，因此其代码长度更加短小，在程序设计中更受青睐，一些普通的搜索题常常使用深度优先搜索的方式来完成。然而，递归的使用常常使得代码更易出错。若不能很好地理解搜索方式，及时停止递归，就会造成不必要的麻烦。

算法实现

DFS 的实现类似于树的先序遍历。选定起点后，沿着某一条路径尽可能深地搜索其分支。对于每次搜索到达的点 v，如果与点 v 相连的所有路径中有一条路径未被搜索到，则沿该路径继续搜索；否则回溯到搜索过程中第一次发散到点 v 的前一个节点。如果还存在未发现的点，则继续从该点进行搜索。重复以上步骤，直到找到最优解。

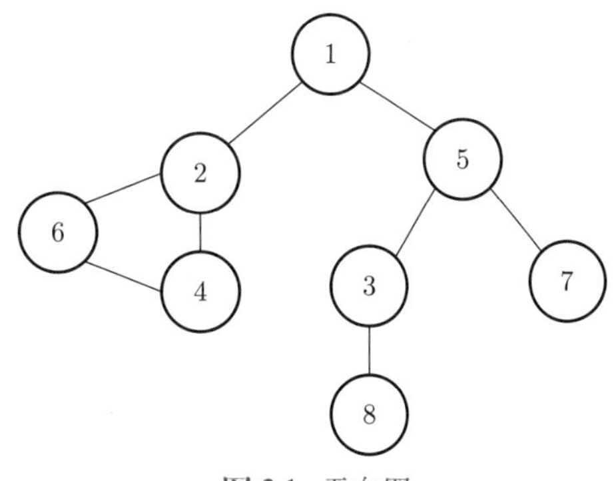

图 3.1 无向图

示例 以图3.1为例，对该图进行深度优先搜索，假设起始点为 1 号节点。

首先沿着序号小的 2 号节点进行搜索，其次是 4 号、6 号节点。当搜索到 6 号节点后，由于与 6 号节点相连的 2 号节点已经在之前被搜索过，所以不重复搜索 2 号节点。此时执行回溯操作，回溯到 1 号节点后，对 5 号节点进行搜索，其次是 3 号、8 号节点。由于 8 号节点不与其他未被搜索的点相连，故回溯。回溯到 5 号节点后，继续搜索 7 号节点。由于 7 号节点不与其他未被搜索的点相连，故回溯。回溯到 1 号节点后，无其他可以进行搜索的点，整个深度优先搜索过程结束。搜索的节点序列为

$$1 \to 2 \to 4 \to 6 \to 5 \to 3 \to 8 \to 7$$

3.2 宽度优先搜索

宽度优先搜索（Breadth First Search，BFS），也叫广度优先搜索，是基础搜索算法的重要组成部分之一。宽度优先搜索与深度优先搜索有着不同的特点，宽度优先搜索常常和图论相结合，因此要掌握宽度优先搜索需要首先掌握一些图论的基础知识，可以参考本书图论的部分内容，这里不再赘述。

算法实现

BFS 的实现类似于树的按层次遍历的过程。在选定搜索起点后，将其标记为已访问并置于空队列的队尾。每次取出队列的队首节点，将该节点能到达的且尚未被访问的所有节点置于队尾，并标记为已访问。如此循环，直至队列为空。与深度优先搜索相比，宽度优先搜索优先扩展深度较小的节点。

示例 假设从图3.1中的节点 1 出发，发现节点 1 可以到达节点 2，此时记录节点 2，但并不从节点 2 继续搜索，而是继续寻找节点 1 可以到达的节点 5。直到所有节点 1 可以到达的节点都被记录下来，再寻找最早被记录的节点，即节点 2，从它开始重新按照节点 1 的方式进行搜索，但是对于已经搜索到的节点，如节点 1、节点 5 则不再记录。只记录节点 2 可以到达的之前没有访问过的节点即可。搜索的节点序列为

$$1 \to 2 \to 5 \to 6 \to 4 \to 3 \to 7 \to 8$$

例题讲解

【例题 3.1】数石油田

题目描述

现在有一块 $n \times m$ 的土地，用“*”表示此处为普通土地，“@”表示此处有石油。石油田指富含石油的一片土地。若一处含石油的地方的八个相邻位置也有石油，则其属于同一片油田。根据给出的条件，请问该处土地共有多少片油田？

输入含多组数据，第一行为两个数 n 和 m，$(1 \leqslant n, m \leqslant 100)$，随后为 n 行，每行 m 个字符，用“*”表示此处为普通土地，“@”表示此处有石油。当 $n = 0$，$m = 0$ 时输入结束。

对于每组数据，输出一行，表示油田的个数。

输入输出样例

<table>
<tr><th>Input</th><th>Output</th></tr>
<tr><td>1 8
@@****@*
5 5
****@
@@@
*@**@
@@@*@
@@**@
0 0</td><td>2
2</td></tr>
</table>

题目来源

POJ 1562 *http://poj.org/problem?id=1562*

解题思路 1——DFS

对于从前往后的每个位置，如果该位置为“@”，则使用深度优先搜索，把该片油田的所有“@”的位置置为“*”，同时答案加 1。遍历整个图后，最后输出答案即可。

参考代码 1

```
#include <iostream>
using namespace std;
bool gh[110][110];
/* 八个方向 */
int dx[] = {-1, 1, 0, 0, 1, -1, -1, 1};
int dy[] = {0, 0, -1, 1, 1, -1, 1, -1};
int n, m;
void dfs(int x, int y){
    gh[x][y] = false; //将@置为*
    for (int i = 0; i < 8; i++){ //将其八个方向分别进行判断
        int nx = x + dx[i], ny = y + dy[i];
        if (nx <= 0 || ny <= 0 || nx > n || ny > m) continue;
        if (gh[nx][ny]) dfs(nx, ny);
    }
}
int main(){
    cin >> n >> m;
    while (!(n == 0 && m == 0)){
        for (int i = 1; i <= n; i++)
            for (int j = 1; j <= m; j++){
                char x;
                cin >> x;
                gh[i][j] = x == '@';//@为true, *为false
            }
        int ans = 0;
        for (int i = 1; i <= n; i++)
            for (int j = 1; j <= m; j++)
                if (gh[i][j]){//如果该处为@
                    ans++;//答案加1
                    dfs(i, j);
                }
        cout << ans << endl;
        cin >> n >> m;
    }
    return 0;
}
```

解题思路 2——BFS

对于从前往后的每个位置，如果该位置为“@”，则使用宽度优先搜索，将周围的能扩展的点加入队列，扩展完成后，再取出队列中的第一个，继续扩展，把该片油田的所有“@”的位置置为“*”，同时答案加 1。遍历整个图后，最后输出答案即可。

参考代码 2

```
#include <iostream>
#include <queue>
using namespace std;
bool gh[110][110];
/* 八个方向 */
int dx[] = {-1, 1, 0, 0, 1, -1, -1, 1};
int dy[] = {0, 0, -1, 1, 1, -1, 1, -1};
int n, m;
struct node{int x, y;};
queue<node> q;
void bfs(int x, int y){
    while (!q.empty()) q.pop();
    gh[x][y] = false;
    q.push((node){x, y});
    while (!q.empty()){
        node u = q.front(); q.pop();
        for (int i = 0; i < 8; i++){ //将其八个方向分别进行判断
            int nx = u.x + dx[i], ny = u.y + dy[i];
```

```
            if (nx <= 0 || ny <= 0 || nx > n || ny > m) continue;
            if (gh[nx][ny]){
                q.push((node){nx, ny});
                gh[nx][ny] = false;
            }
        }
    }
}

int main(){
    cin >> n >> m;
    while (!(n == 0 && m == 0)){
        for (int i = 1; i <= n; i++)
            for (int j = 1; j <= m; j++){
                char x;
                cin >> x;
                gh[i][j] = x == '@'; //@为true, *为false
            }
        int ans = 0;
        for (int i = 1; i <= n; i++)
            for (int j = 1; j <= m; j++)
                if (gh[i][j]){ //如果该处为@
                    ans++; //答案加1
                    bfs(i, j);
                }
        cout << ans << endl;
        cin >> n >> m;
    }
    return 0;
}
```

【例题 3.2】找宠物

题目描述

校园里有 n 处地点，由 $n-1$ 条边相连且没有环。现在 Lin Ji 在地点 0 处，他需要找到他的宠物。他还有一个机关，如果宠物在距离他所在位置（即 0 处地点）长度为 d 的范围内，则宠物可以被找回，否则他需要使用其他手段找宠物。现在给出校园内的结构图，请问宠物有几种情况不能被该机关找到?

输入第一行为样例数 T（$1 \leqslant T \leqslant 10$），表示接下来有 10 组样例。随后每组样例的第一行为两个数 n（$0 < n \leqslant 100\,000$）和 d（$0 < d < n$），表示校园内地点个数和机关能探测的最远长度。随后 $n-1$ 行每行两个数 x 和 y（$0 \leqslant x, y < n$），表示 x 地点和 y 地点相连。

输入输出样例

Input	Output
1 10 2 0 1 0 2 0 3 1 4 1 5 2 6 3 7 4 8 6 9	2

题目来源

HDU 4707 *http://acm.hdu.edu.cn/showproblem.php?pid=4707*

解题思路 1——DFS

从 0 地点开始向下对整棵树（结构图为一棵树）进行深度优先搜索，把每个地点距离 0 地点的距离求出来后，只需要把距离大于 d 的地点数加起来，就是最终的答案。

参考代码 1

```
#include <bits/stdc++.h>
using namespace std;
vector <int> v[100010];
bool vis[100010];
int n, d, ans;
void dfs(int x,int dis){
    if (dis > d) ans++;
    vis[x] = true;
    for (int i = 0; i < v[x].size(); i++){
        if (!vis[v[x][i]]){
            dfs(v[x][i], dis + 1);
        }
    }
}
int main(){
    int T;
    scanf("%d", &T);
    while (T--){
        scanf("%d%d", &n, &d);
        for (int i = 0; i < n; i++) v[i].clear();
        memset(vis, 0, sizeof vis);
        for (int i = 1; i < n; i++){
            int x, y;
            scanf("%d%d", &x, &y);
            v[x].push_back(y);
            v[y].push_back(x);
        }
        ans = 0;
        dfs(0, 0);
        printf("%d\n", ans);
    }
    return 0;
}
```

解题思路 2——BFS

BFS 按层遍历，然后处理出每个点的距离，如果当前点的距离大于题目要求的距离，则答案加 1，直到遍历完所有的点。

参考代码 2

```
#include <bits/stdc++.h>
using namespace std;
vector<int> v[100010];
bool vis[100010];
int n, d, ans;
queue<int> q;
int dis[100010];

void bfs(int x){
    memset(dis, 0, sizeof dis);
    q.push(x);
    vis[x] = true;
    while (!q.empty()){
        int u = q.front();
        q.pop();
        for (int i = 0; i < v[u].size(); i++)
            if (!vis[v[u][i]]){
                q.push(v[u][i]);
                vis[v[u][i]] = 1;
                dis[v[u][i]] = dis[u] + 1;
                if (dis[v[u][i]] > d)
                    ans++;
            }
```

```
    }
}

int main(){
    int T;
    scanf("%d", &T);
    while (T--){
        scanf("%d%d", &n, &d);
        for (int i = 0; i < n; i++)
            v[i].clear();
        memset(vis, 0, sizeof vis);
        for (int i = 1; i < n; i++){
            int x, y;
            scanf("%d%d", &x, &y);
            v[x].push_back(y);
            v[y].push_back(x);
        }
        ans = 0;
        bfs(0);
        printf("%d\n", ans);
    }
    return 0;
}
```

3.3 搜索优化策略

3.3.1 双向广搜

双向广搜的基本思路是从状态图上的起点和终点同时进行广度优先搜索，如果在搜索过程中发现访问到同一节点，即两端相遇，那么可以认为是获得了可行解。双向广搜主要适用于扩展节点过多，目标节点的深度又过深，搜索的复杂度较高的情况。

算法 3.1 双向广搜

输入: Queue Q
输出: $used[] = 0$

```
function BFS(Start, End)
    used[Start] ← 1
    used[End] ← 2
    Q.push(Start)
    Q.push(End)
    while !Q.empty() do
        u ← Q.front()
        for ( do i = first[u]; i! = 0; i = next[i])
            v = edge[i].to
            if used[v]! = 0 then
                return
            end if
            if used[u] == 1 then
                used[v] ← 1
                Q.push(v)
            end if
            if used[u] == 2 then
                used[v] ← 2
                Q.push(v)
            end if
        end for
    end while
    return
end function
```

例题讲解

【例题 3.3】Eight

题目描述

有这样一个游戏：在一个 3×3 的方盒上有 8 个滑块，标号为 1~8。此外，有一个位置为空缺的，用“x”表示。每次游戏会将这 8 个滑块打乱，而你需要将它最终转变成如下形式：

1	2	3
4	5	6
7	8	x

游戏中唯一合法的操作就是将“x”和它相邻四个位置的某一个滑块进行交换。分别使用"u""d""l""r"表示 x 与其上、下、左、右位置的滑块进行交换。

输入为 9 个符号，用空格隔开，表示棋盘样式。如“1 2 3 4 5 6 7 8 x”表示上文的棋盘。

输出为一行，若该问题无解，则输出“unsolvable”，否则输出一段由"u""d""l""r" 组成的字符串，表示该题的解法。

输入输出样例

Input	Output
2 3 4 1 5 x 7 6 8	ullddrurdllurdruldr

题目来源

POJ 1077 *http://poj.org/problem?id=1077*

解题思路

使用双向广搜的方法，将初始状态和最终状态同时压入队列，搜索时判断当前状态的搜索方向，根据不同的搜索方向转移状态，当正向和反向搜索碰面时，搜索结束。

参考代码

```cpp
#include <iostream>
#include <cstring>
#include <map>
#include <queue>
using namespace std;

typedef long long ll;

ll s = 0, target = 123456780;

ll xx[5] = {0, -1, 1, 0};
ll yy[5] = {1, 0, 0, -1}; //右上下左四种步骤

map<ll, ll> used;
map<ll, string> ans;
char sta[4] = {'r', 'u', 'd', 'l'};

queue<ll> q;

ll get_num(ll tmp[][4]) {//得到当前状态
    ll res = 0;
    for (int i = 1; i <= 3; i++)
        for (int j = 1; j <= 3; j++)
            res = res * 10 + tmp[i][j];
    return res;
}

bool bfs() {
    used[s] = 1, used[target] = 2;
    q.push(s);
    q.push(target);
```

```
    while (!q.empty()) {
        ll now = q.front();
        q.pop();
        ll tmp[4][4], tmpn = now, x, y;
        for (int i = 3; i >= 1; i--)
            for (int j = 3; j >= 1; j--){
                tmp[i][j] = tmpn % 10;
                tmpn /= 10;
                if (!tmp[i][j])
                    x = i, y = j;
            }
        for (int i = 0; i < 4; i++){
            ll tmpx = x + xx[i], tmpy = y + yy[i];
            if (tmpx < 1 || tmpx > 3 || tmpy < 1 || tmpy > 3)//超过边界跳出
                continue;
            swap(tmp[x][y], tmp[tmpx][tmpy]);
            ll v = get_num(tmp);
            if (used[v] + used[now] == 3) {//正向和反向的搜索碰面，输出答案
                if (used[now] == 1) //正向搜索的答案在前输出
                    cout << ans[now] + sta[i] + ans[v] << endl;
                else
                    cout << ans[v] + sta[3 - i] + ans[now] << endl;
                return 1;
            }
            if (used[v] == 0) {//扩展没有访问过的点
                used[v] = used[now];
                if (used[v] == 1)
                    ans[v] = ans[now] + sta[i];
                else
                    ans[v] = sta[3 - i] + ans[now];
                q.push(v);
                swap(tmp[x][y], tmp[tmpx][tmpy]);
                continue;
            }
            swap(tmp[x][y], tmp[tmpx][tmpy]);
        }
    }
    return 0;
}

int main()
{
    char tmp;
    for (int i = 1; i <= 3; i++)
        for (int j = 1; j <= 3; j++){
            cin >> tmp;
            s *= 10;
            if (tmp >= '0' && tmp <= '9')
                s += tmp - '0';
        }
    if (bfs() == false)
        cout << "unsolveable" << endl;
    return 0;
}
```

习题推荐

- **Luogu 2324** [SCOI2005] 骑士精神 *https://www.luogu.com.cn/problem/P2324*
- **POJ 3131** Cubic Eight-Puzzle *http://poj.org/problem?id=3131*

3.3.2 剪枝

对于一个无向图，以图3.1为例。假设搜索的终止状态是 7 号节点，DFS 可能需要遍历整个图

才能得到答案，当数据规模较大时，这样盲目地搜索显然会使程序访问很多无用的节点，以至于浪费大量时间。此时，就需要对搜索树进行剪枝操作——通过题目的特殊性质，剪去搜索树的一些“枝条”，从而减少搜索访问的节点个数，快速得到答案。

常用的剪枝策略有以下两种。

- 可行性剪枝：判断从该节点继续搜索是否能得出答案，若不能则直接回溯。
- 最优性剪枝：记录当前得到的最优解，若该节点无法产生比当前最优解更优的解，则直接回溯。

例题讲解

【例题 3.4】The Robbery

题目描述

已知有 N 个盒子，第 i 个盒子里有 i 个宝石，第 i 个盒子里的每个宝石重量为 W_i，价值为 C_i，相同盒子里的宝石重量和价值相同。求在这些宝石里取最大重量不超过 M 的所有方案的最大价值。

第一行输入一个数 T，表示测试数据组数；每组测试用例包含两个数 N 和 M，表示盒子的总数和最大重量。接下来一行包括 N 个数，第 i 个数表示 W_i；随后一行包括 N 个数，第 i 个数表示 C_i。

数据范围：$1 \leqslant T \leqslant 74, 1 \leqslant N \leqslant 15, 1 \leqslant M \leqslant 10^9, 1 \leqslant W_i, C_i \leqslant 10^9$。

每组测试用例输出一行，即所求的最大价值。

输入输出样例

Input	Output
2 2 4 3 2 5 3 3 100 4 7 1 5 9 2	6 29

题目来源

POJ 3900　*http://poj.org/problem?id=3900*

解题思路

由于本题的搜索状态数较多，因此使用深度优先搜索会面临超时的问题，故需对搜索过程中产生的搜索树进行如下剪枝优化。

剪枝 1：在穷举时，若当前取的重量大于还能再取的重量，则从当前状态继续扩展的状态一定不满足题目要求。

剪枝 2：若“把后面没拿的所有宝石全拿了后的价值” + “当前获得的价值”还比当前最优解小，则从当前状态继续扩展的搜索过程中产生的解的值一定不会更优。

剪枝 3：初始时可以对每个盒子的“性价比”（C_i/W_i）进行排序，并按“性价比”降序取宝石。如果“还能拿的宝石重量”乘以“当前的性价比”，再加上“当前获得的价值”仍比当前最优值小，则后续性价比更低的宝石不会比其更优。

参考代码

```
#include <iostream>
#include <cstring>
#include <algorithm>
#include <cmath>
#include <cstdio>
#define maxv(a,b) (a)>(b)?(a):(b)
using namespace std;
long long n,m;
struct node{
    long long w,c;
    int num;
```

```
    double s;
}a[20];
long long sum[20];
long long ans=0;
bool cmp(node x,node y){
    return x.s>y.s;
}

void dfs(int pos,long long nowcost,long long lastw){
    ans=maxv(ans,nowcost);
    if (pos==n||lastw<=0) return;
    if (nowcost+sum[pos]<ans) return;//剪枝2
    if (nowcost+(long long)ceil(a[pos].s*lastw)<ans) return;//剪枝3
    for (int i=a[pos].num;i>=0;i--){
        if (i*a[pos].w>lastw) continue;//剪枝1
        dfs(pos+1,nowcost+i*a[pos].c,lastw-i*a[pos].w);
    }
}
int main(){
    int T;
    cin>>T;
    while (T--){
        ans=0;
        scanf("%d%lld",&n,&m);
        long long sumw=0,sumc=0;
        for (int i=0;i<n;i++) {
            scanf("%lld",&a[i].w);
            sumw+=(i+1)*a[i].w;
        }
        for (int i=0;i<n;i++) {
            scanf("%lld",&a[i].c);
            sumc+=(i+1)*a[i].c;
            a[i].num=i+1,a[i].s=(1.0)*a[i].c/a[i].w;
        }
        if (sumw<=m){
            printf("%lld\n",sumc);
            continue;
        }
        sort(a,a+n,cmp);
        sum[n]=0;
        for (int i=n-1;i>=0;i--){
            sum[i]=sum[i+1]+a[i].num*a[i].c;
        }
        dfs(0,0,m);
        printf("%lld\n",ans);
    }
    return 0;
}
```

习题推荐

- **HDU 1010** Tempter of the Bone *https://acm.hdu.edu.cn/showproblem.php?pid=1010*
- **HDU 5305** Friends *https://acm.hdu.edu.cn/showproblem.php?pid=5305*
- **HDU 1455** Sticks *https://acm.hdu.edu.cn/showproblem.php?pid=1455*

3.3.3 记忆化搜索

由于搜索会重复地处理相同的子问题，故其效率通常较为低下；而动态规划[1]虽然比较好地处理了重叠子问题，但是在有些拓扑关系比较复杂的问题面前，又显得较为无力。记忆化搜索正是

[1]详见第 7 章。

在这样的情况下产生的，它是将搜索过程中重复的子问题的答案记录下来，当重复搜索到该子问题时，直接调用记录的答案，以减少搜索的状态数的方法。记忆化搜索采用搜索的形式和动态规划中递推的思想，将两者综合在一起，扬长避短、简单实用，在程序设计中发挥着重要的作用。

算法实现

在每次 DFS 过程中记录下搜索完该状态的最优解。每次进入 DFS 时，若该状态已经存在较优解被记录，便可以直接返回该解的值，这种做法可以避免很多重复的搜索过程。

注：记忆化搜索一般和动态规划相辅相成，二者思想类似但也有不同之处。关于动态规划的基本思想，详见动态规划章节。

例题讲解

【例题 3.5】滑雪

题目描述

Michael 喜欢滑雪，滑雪的滑坡必须向下倾斜。Michael 想知道在一个区域中最长的滑坡。区域由一个二维数组给出。数组的每个数字代表点的高度。例如：

1	2	3	4	5
16	17	18	19	6
15	24	25	20	7
14	23	22	21	8
13	12	11	10	9

一个人可从某个点滑向上下左右相邻四个点之一，当且仅当高度减小。上例中，一条可滑行的滑坡为 24-17-16-1。当然，25-24-23-…-3-2-1 更长。事实上，这是最长的一条。

输入的第一行表示区域的行数 R 和列数 C（$1 \leqslant R, C \leqslant 100$）。下面是 R 行，每行有 C 个整数，代表高度 h，$0 \leqslant h \leqslant 10\,000$。

输出最长区域的长度。

输入输出样例

Input	Output
5 5 1 2 3 4 5 16 17 18 19 6 15 24 25 20 7 14 23 22 21 8 13 12 11 10 9	25

题目来源

POJ 1088　*http://poj.org/problem?id=1088*

解题思路

设 $f[i][j]$ 为到达 $[i,j]$ 位置时滑雪长度的最优值，则有 $f[i][j] = \max\{f[i+a][i+b]\}+1$，$(a,b)$ 可以取 4 组坐标增量，表示 $f[i][j]$ 由周围四个位置更新而来；此外，更新应满足 $\text{hill}[i][j] < \text{hill}[i+a][i+b]$，即从四周比该点高的位置更新而来。当 DFS 过程中发现 $f[i][j]$ 已经计算过，则可以直接返回其值，否则继续向四周进行 DFS。从每个位置开始都进行一遍 DFS 操作，记录 $f[x][y]$ 的最大值，即为答案。

参考代码

```
#include <iostream>
using namespace std;
int f[110][110], hill[110][110];
int r, c;
```

```
int dx[4] = {0, 0, 1, -1};
int dy[4] = {1, -1, 0, 0};
int dfs(int x, int y){
    if (f[x][y] != 0) return f[x][y];
    int maxt = 1;
    for (int i = 0; i < 4; i++){
        int tx = x + dx[i], ty = y + dy[i];
        if (tx <= 0 || tx > r || ty <= 0 || ty > c) continue;
        if (hill[tx][ty] > hill[x][y]){
            int t = dfs(tx, ty) + 1;
            maxt = max(maxt, t);
        }
    }
    return f[x][y] = maxt;
}
int main(){
    cin >> r >> c;
    for (int i = 1; i <= r; i++)
        for (int j = 1; j <= c; j++)
            cin >> hill[i][j];
    int ans = 0;
    for (int i = 1; i <= r; i++)
        for (int j = 1; j <= c; j++)
            ans = max(ans, dfs(i, j));
    cout << ans << endl;
    return 0;
}
```

习题推荐

- **POJ 1579** Function Run Fun *http://poj.org/problem?id=1579*
- **HDU 1501** Zipper *http://acm.hdu.edu.cn/showproblem.php?pid=1501*
- **HDU 1514** Free Candies *http://acm.hdu.edu.cn/showproblem.php?pid=1514*
- **HDU 1428** 漫步校园 *http://acm.hdu.edu.cn/showproblem.php?pid=1428*

3.3.4 迭代加深搜索

迭代加深搜索是一种限制搜索深度的深度优先搜索。其本质为深度优先搜索，只是在搜索时加入了一个条件——深度，当搜索时的深度达到设定的深度时，就返回上一层，不继续向下搜索，一般用于寻找最优解。如果在当前设定的深度下并未搜索到答案，那么就让设定的深度加 1，然后重新搜索，重复以上过程，直至找到答案。

算法实现

由于搜索一般是按照树形延展，随着搜索的层数增加，其需要搜索的次数也成指数级增加，因此限定深度可以有效地控制复杂度，但大多数时候很难确定一个合适的深度，所以可以通过逐步加深的方法来接近合理的深度。看似这样会增加复杂度的量级，但根据指数增长的性质可以很容易证明，这样可以更好地发挥深度优先搜索易于实现的优点，在相对低的复杂度下解决问题。

首先设定一个较小的深度 limit 作为全局变量进行 DFS。每进入一次 DFS，将当前深度加 1，当前深度大于 limit 则返回。若在搜索途中发现了答案就可以回溯，同时在回溯的过程中可以记录路径。若没有发现答案就返回到函数入口，增大设定的深度，继续搜索。

例题讲解

【例题 3.6】埃及分数

题目描述

在古埃及，人们使用单位分数的和（形如 $1/a$，其中 a 是自然数）表示一切有理数，如 $2/3 = 1/2 + 1/6$，但不允许 $2/3 = 1/3 + 1/3$，因为加数中有相同的。对于一个分数 a/b，表示方法有很多种，但是哪种最好呢？首先，加数少的比加数多的好；其次，加数个数相同的，最小的分数越大越好。例如：

$$\frac{19}{45}=\frac{1}{3}+\frac{1}{12}+\frac{1}{180}$$

$$\frac{19}{45}=\frac{1}{3}+\frac{1}{15}+\frac{1}{45}$$

$$\frac{19}{45}=\frac{1}{3}+\frac{1}{18}+\frac{1}{30}$$

$$\frac{19}{45}=\frac{1}{4}+\frac{1}{6}+\frac{1}{180}$$

$$\frac{19}{45}=\frac{1}{5}+\frac{1}{6}+\frac{1}{18}$$

最好的是最后一种，因为 1/18 比 1/180,1/45,1/30,1/180 都大。

输入 a 和 b （$0 \leqslant a \leqslant b \leqslant 1000$）。

输出若干个数，自小到大排列，依次是单位分数的分母。

保证最优解满足：最小的分数 $\geqslant 1/10^7$。

输入输出样例

Input	Output
19 45	5 6 18

解题思路

根据题目描述，最暴力的方法就是将分母枚举到 10^7，这样一定可以得到正确答案。但显然这么做并不是最优解。

首先设当前最大的深度限制为 max_d，然后在每次 DFS 时在 max_d 范围内搜索，判断当前剩余分数是否为埃及分数，如果不是则计算新的剩余分数继续向下搜索。这么做也无法在限制时间内有效解决问题，需要加入可行性剪枝：检查 $(\text{max\_}d-d+1)/i \leqslant a/b$ 是否成立。

参考代码

```
#include <bits/stdc++.h>
using namespace std;
typedef long long ll;
const int maxn = 2e5 + 10;
ll v[maxn], ans[maxn];
int maxx = 0;

ll get(ll a, ll b){
    return (b + a - 1) / a;
}

bool check(int d){
    for (int i = d - 1; i >= 0; --i)
        if (v[i] != ans[i])
            return ans[i] == -1 || v[i] < ans[i];
    return 0;
}

bool dfs(int d, ll f, ll a, ll b){
    if (d == maxx){
        if (a != 1 || b < f)
            return 0;
        v[d - 1] = b;
        if (check(d))
            memcpy(ans, v, sizeof(ll) * d);
```

```
        return 1;
    }
    f = max(f, get(a, b));
    bool flag = 0;
    for (ll i = f; (maxx - d + 1) * b > a * i; ++i){
        ll a2 = a * i - b, b2 = b * i, gc = __gcd(a2, b2);
        a2 /= gc, b2 /= gc;
        v[d - 1] = i;
        if (dfs(d + 1, i + 1, a2, b2))
            flag = 1;
    }
    return flag;
}

int main(){
    ll a, b;
    scanf("%lld%lld", &a, &b);
    memset(ans, -1, sizeof ans);
    ll gc = __gcd(a, b);
    a /= gc, b /= gc;
    for (maxx = 1;; ++maxx)
        if (dfs(1, get(a, b), a, b))
            break;
    for (int i = 0; i < maxx; ++i)
        printf("%d ", ans[i]);
    return 0;
}
```

习题推荐

- **POJ 2286** The Rotation Game *http://poj.org/problem?id=2286*
- **POJ 3134** Power Calculus *http://poj.org/problem?id=3134*
- **POJ 2870** Light Up *http://poj.org/problem?id=2870*

3.4 A*

虽然很多题目都可以通过广度优先搜索和深度优先搜索来解决，但一个显而易见的缺点是，这两种算法都是盲目的。虽然有剪枝，但很多时候仍会导致算法超时。这时就可以考虑使用 A* 算法或 IDA* 算法。

A* 算法是一种启发式搜索，即在搜索之前先对每一个后继位置进行估值，选择估值最优的搜索位置，从这个位置进行下一步的搜索。由于对于后继位置进行了估值，搜索不再是盲目进行的，从而提高了搜索效率。显然，对于 A* 算法来说，最重要的部分莫过于估值部分，即估值函数的设定。

IDA* 算法采用迭代加深的 A* 算法，由于搜索方式为深度优先，所以 IDA* 算法更加实用——不需要判重和排序，空间需求大大减少。

算法实现

A* 算法将 Dijkstra 算法（靠近初始点的节点）和 BFS 算法（靠近目标点的节点）的信息块结合起来。在讨论 A* 的标准术语中，$g(n)$ 表示从初始节点到任意节点 n 的代价，$h(n)$ 表示从节点 n 到目标点的启发式评估代价。当从初始点向目标点移动时，A* 将权衡这两者。

每次进行主循环时，选择 $f(n)$ 最小的节点 n 进行下一次发散，其中，$f(n) = g(n) + h(n)$。

使用 A* 算法时，可以先将问题转换为图论问题，再进行搜索。这种转换使得估值函数与距离直接相关，因此更易被设定。距离一般可采用如曼哈顿距离、欧拉距离、两点之间最短路径等方式计算。

IDA* 算法需要综合利用深度优先算法、搜索优化策略与 A* 算法。该算法使用较少，读者可以自行尝试重新解决例题3.6。

在这里使用 A* 算法再次解决例题3.3。

解题思路

对于该题，除了前文的双向 BFS 解法以外，还可以采用 A* 算法解决。对于评估函数 $f(n)$，需要确定 $g(n)$ 和 $h(n)$ 函数的计算方法。一种可行的解法是，令 $g(n)$ 表示从初始状态转移到该状态实际已经转移的步骤数，$h(n)$ 表示该状态到最终状态还需要移动的"大致"步数——可以使用每个点到目标点的曼哈顿距离之和进行大致估计。

参考代码

```
#include <bits/stdc++.h>
using namespace std;
const int maxn = 5e5;
struct node{
    int f[3][3];
    int x, y, hash_num;
    int g, h;
    bool operator < (const node a)const{
        if (g + h == a.g + a.h) return g > a.g;
        return g + h > a.g + a.h;
    }
}st,en;
struct path{
    int pre;
    char d;
}step[maxn];
bool vis[maxn];
string s;
int hash_num[9] = {1,1,2,6,24,120,720,5040,40320};
int dx[4] = {-1, 1, 0, 0};
int dy[4] = {0, 0, -1, 1};
string dir = "udlr";
/* Hash压缩空间：康托展开 */
int get_hash(node v){
    int a[9], k = 0, cnt = 0,ans = 0;
    for (int i = 0; i < 3; i++)
        for (int j = 0; j < 3; j++)
            a[k++] = v.f[i][j];

    for (int i = 0; i < 9; i++){
        cnt = 0;
        for (int j = 0; j < i; j++)
            if(a[j] > a[i]) cnt++;
        ans += hash_num[i] * cnt;
    }
    return ans;
}
/* 利用曼哈顿距离求h(n) */
int get_h(node v){
    int ans = 0;
    for (int i = 0; i < 3; i++)
        for (int j = 0; j < 3; j++)
            if (v.f[i][j])
                ans += abs(i - (v.f[i][j] - 1) / 3) + abs(j - (v.f[i][j] - 1) % 3);
    return ans;
}
/* 记录每个状态的前缀，再通过递归进行输出即可 */
void print_ans(int pre){
    if (step[pre].pre != -1){
```

```
        print_ans(step[pre].pre);
        cout<<step[pre].d;
    }
}
void A_star(){
    priority_queue <node> q;
    /* 获取起始点的Hash值、g(n)和h(n) */
    st.hash_num = get_hash(st);
    if (st.hash_num == en.hash_num) return;
    st.g = 0;
    st.h = get_h(st);
    /* BFS过程 */
    step[st.hash_num].pre = -1;
    vis[st.hash_num] = true;
    q.push(st);
    while (!q.empty()){
        node now = q.top();
        q.pop();
        for (int i = 0; i < 4; i++){
            int tx = now.x + dx[i], ty = now.y + dy[i];
            if (tx < 0 || tx > 2 || ty < 0 || ty > 2) continue;
            node nxt = now;
            swap(nxt.f[now.x][now.y], nxt.f[tx][ty]);//交换滑块
            nxt.hash_num = get_hash(nxt);
            if (vis[nxt.hash_num]) continue;//如果当前状态被访问过，则忽视
            /* 计算当前状态的Hash值、g(n)和h(n) */
            vis[nxt.hash_num] = true;
            nxt.x = tx;
            nxt.y = ty;
            nxt.g++;
            nxt.h = get_h(nxt);
            step[nxt.hash_num] = (path){now.hash_num, dir[i]};
            /* 当前状态等于结束状态，输出答案并退出BFS过程 */
            if (nxt.hash_num == en.hash_num){
                print_ans(nxt.hash_num);
                return;
            }
            q.push(nxt);
        }
    }
}
void init(){
    memset(vis, 0, sizeof vis);
    memset(step, 0, sizeof step);
    /* 最终状态 */
    for (int i = 0; i < 9; i++)
        en.f[i / 3][i % 3] = (i + 1) % 9;
    en.hash_num = get_hash(en);
    en.x = 2;
    en.y = 2;
}
int main(){
    while (getline(cin, s)){
        init();
        for (int i = 0, j = 0; i < s.size();i ++){
            if (s[i] == ' ') continue;
            if (s[i] == 'x'){
                s[i] = '0';
                st.x = j / 3;
                st.y = j % 3;
            }
            st.f[j / 3][j % 3] = s[i] - '0';
```

```
            j++;
        }
        /* 利用逆序数性质特判是否有解 */
        int cnt = 0;
        for (int i = 0; i < 9; i++){
            if (st.f[i / 3][i % 3] == 0) continue;
            for (int j = 0; j < i; j++){
                if (st.f[j / 3][j % 3] == 0) continue;
                if (st.f[j / 3][j % 3] > st.f[i / 3][i % 3]) cnt++;
            }
        }
        if (cnt & 1) cout << "unsolvable";
        else A_star();
        cout << endl;
    }
    return 0;
}
```

习题推荐

- **HDU 2234** 无题 I　*http://acm.hdu.edu.cn/showproblem.php?pid=2234*
- **POJ 2046** Gap　*http://poj.org/problem?id=2046*
- **POJ 1324** Holedox Moving　*http://poj.org/problem?id=1324*

第4章　图　　论

本章主要讲述图论方面的内容，包括最短路径、最小生成树、二分图匹配等常见的基础算法，以及近几年算法竞赛中出现的支配树、带花树等进阶算法。图论是竞赛中最为常见的题目类型，且题目类型广泛，变化灵活，涉及的概念很多。很多题目的模型使用较为隐蔽，是若干简单问题的组合。故图论的学习应该打好基础，深刻理解每个模型的概念和意义。对于复杂的题目，要学会用图论的思维去分析。

4.1　图论基础

图 $G=(V,E)$ 是一个二元组，其中，V 是顶点集，$E \subseteq \{(x,y):(x,y) \in V^2, x \neq y\}$ 是边集。若 E 中点对是有序的，则为有向边（单向边）集，否则为无向边（双向边）集。根据对 E 的定义，可将图分为有向图、无向图两类。两个顶点 u 和 v 是相连（邻）的，当且仅当点对 $(u,v) \in E$。

实际问题中，边除了包含 (u,v) 属性外，还可能包含其他边权属性。

4.1.1　度和路径

在无向图中，顶点所连接的边的数称作顶点的度。而在有向图中，以顶点为起点的边的个数称为顶点的出度，以顶点为终点的边的个数称为顶点的入度。入度和出度之和称作顶点的度。

性质

(1) 在无向图中，所有点的度数之和等于边数的 2 倍。

(2) 在无向图中，度为奇数的点只能有偶数个。

(3) 在有向图中，所有点的入度之和等于出度之和等于边数。

图的路径是一个符合条件的顶点序列 $W=\{w_1,w_2,w_3,\cdots,w_n||\forall i,(w_i,w_{i+1}) \in E\}$，表示从顶点 w_1 到顶点 w_n 的一个路径。不包含重复顶点的路径称为简单路径。无权路的路径长度一般定义为该路径上经过的边数；有权路的路径长度一般定义为该路径经过的边权和。

一个由顶点 w 到其自身的路径称为环。顶点 w 到自身的边数为 1 的路径称为自环。

4.1.2　图的定义

简单图：不存在重边和自环的图。

有向无环图：简称 DAG，一个不包含环的有向图。

完全图：每一对不同顶点恰有一条边相连，即每一对不同顶点都是相邻的，则称为完全图。

连通图：如果一个无向图的任一顶点到其他顶点都有一条路径，则称为连通图（连通图属于无向图）。

强连通图：一个有向图的任一顶点到其他顶点都有一条路径，则称为强连通图（强连通图属于有向图）。

弱连通图：一个有向图不是强连通的，但是去掉方向后得到的无向图是连通的，则称为弱连通图（弱连通图属于有向图）。

4.1.3　存储结构

学习图论，首先需要知道如何存储一张图。图是顶点和边的集合，存储图也就是存储这些顶点和边，而边又是顶点与顶点之间的关系。存储一张图主要有两种结构：邻接矩阵和邻接链表。

邻接矩阵

邻接矩阵使用二维数组存储图中信息。数组的下标用于表示边的起点和终点，数组的内容则用于存储边权。例如，在数组 a 中，$a[i][j]$ 处的值表示点 i 和点 j 之间边的权值，形式化定义为

$$a[i][j] = \begin{cases} w_{i,j} & (i,j) \in E \\ 0 & i = j \end{cases}$$

邻接链表

在邻接链表中，每个顶点 i 下有一条链，链的每个结点都存储一条边的信息（包括终点和权值等）。此处使用数组实现，读者可以尝试使用 STL 中的 vector 实现邻接表。

参考代码

```
#include<bits/stdc++.h>
struct EdgeNode{
    int next, to, v;
    EdgeNode() {}
    EdgeNode(int _next, int _to, int _v){
        next = _next; to = _to; v = _v;
    }
}edge[500];
int head[10], cnt,N;
void add(int u, int v, int w){
    edge[++cnt] = EdgeNode(head[u], v, w); head[u] = cnt;
}

int main(){
    for (int i = 1; i <= N; i++) head[i] = 0;
    cnt = 0;
    //邻接链表初始化
    add(1, 2, 0);
    add(2, 3, 1);
    add(3, 1, 2);
    return 0;
}
```

4.1.4　树的直径

在解决树上问题时，首先要明确一点，树结构是满足所有顶点相连且边数为顶点数减 1 的特殊性质的图结构。一般树结构具有自身的优势，问题求解更加简单高效，在进一步推广到一般的图结构的过程中，相同问题的求解可能变得比较棘手。但是由树结构求解来启发图结构求解的思考过程，是值得借鉴的。

图的直径是指任意两个顶点间距离的最大值（距离是两个顶点之间的所有路径的长度的最小值），可使用本章 4.4 节最短路径相关算法进行求解，请读者在学习后自行思考。

树的直径的定义更为简单，即树上最长的简单路径。

算法流程

树的直径常见的有两种解法，分别是两次 DFS 求解以及树形 DP 求解。本节主要讲解第一种 DFS 的解法，第二种解法则在第 7 章中讲解。应用两次 DFS 求解树的直径的算法，主要分为以下三步。

(1) 从任意顶点 P 出发，利用第一次 DFS 求得距离 P 点最远的点，假设为 Q 点。

(2) 从顶点 Q 出发，利用第二次 DFS 求得距离 Q 点最远的点，假设为 R 点。

(3) 树的直径则对应为 $Q-R$，注意直径不一定唯一。

参考代码

```
//SPOJ 1437
#include<bits/stdc++.h>
using namespace std;
const int N = 1e4+5;
int dis[N],n,head[N],cnt;
struct road{
    int to,next;
    road() {}
    road(int _next, int _to){
        next = _next; to = _to;
    }
}e[N*50];
void add(int x,int y){
    ++cnt; e[cnt] = road(head[x], y); head[x] = cnt;
}
void dfs(int x,int step){
    if(dis[x]!=0) return ;
    dis[x]=step;
    for(int i=head[x];i;i=e[i].next)
        dfs(e[i].to,step+1);
}
int main(){
    cin>>n;
    for(int i=1;i<n;i++){
        int x,y;
        scanf("%d%d",&x,&y);
        add(x,y);
        add(y,x);
    }
    dfs(1,1);
    int Max=0,k;
    for(int i=1;i<=n;i++)
        if(dis[i]>Max) Max=dis[i],k=i;
    memset(dis,0,sizeof(dis));
    dfs(k,1);
    Max=0;
    for(int i=1;i<=n;i++)
        if(dis[i]>Max) Max=dis[i];
    cout<<Max-1;
    return 0;
}
```

习题推荐

- **SPOJ 1437** Longest path in a tree *https://www.luogu.com.cn/problem/SP1437*
- **POJ 1985** Cow Marathon *http://poj.org/problem?id=1985*
- **Luogu P3304** 直径 *https://www.luogu.com.cn/problem/P3304*
- **Luogu P4408** 逃学的小孩 *https://www.luogu.com.cn/problem/P4408*
- **Codeforces 1294F** Three Paths on a Tree *http://codeforces.com/problemset/problem/1294/F*

4.1.5 欧拉回路

欧拉路是从图中任意顶点开始，到图中任意顶点结束，图中每条边通过且只通过一次的路径。欧拉回路是起始点和终止点相同的欧拉路。

在无向连通图中，若所有顶点的度都是偶数，或恰有两个顶点的度是奇数，则有欧拉路。其中若所有顶点的度都是偶数，则有从任意顶点为起点的欧拉回路；若图中有顶点的度为奇数，则奇数度顶点必为欧拉路的起点和终点。

有向连通图存在欧拉路则须满足以下条件。

(1) 每个顶点的入度等于出度，则存在欧拉回路（任意有出度的顶点为起点）。

(2) 除两顶点外所有顶点入度等于出度。这两顶点中一顶点的出度比入度大 1，另一顶点的出度比入度小 1，则存在欧拉路 (取出度大者为起点，入度大者为终点)。

求欧拉路最简单的方法是对图做一遍 DFS，沿途经过的边倒序输出即为一条欧拉路。

如图4.1所示，图中边被访问的顺序为 <1,2><2,3><3,1><3,1><2,3><2,4><4,5><5,2><5,2><4,5><2,4><1,2>。结束访问的顺序为 <3,1><2,3><5,2><4,5><2,4><1,2>。那么得到的一条欧拉路就是 $1 \to 2 \to 4 \to 5 \to 2 \to 3 \to 1$。

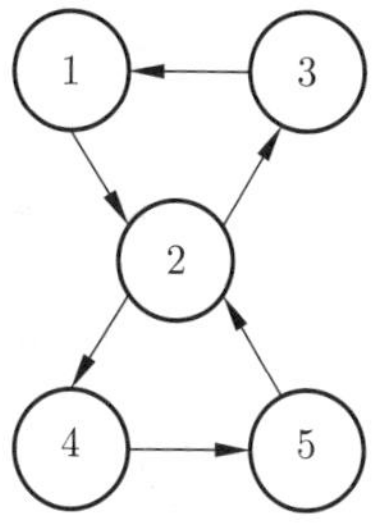

图 4.1　欧拉路

参考代码

```
void dfs(int p){
    for(int &i=head[p];i;i=e[i].nxt){
        if(!vis[i]){
            vis[i]=1;
            int tmp=i;
            dfs(e[i].v);
            stk[++top]=tmp;
        }
        if(i==-1)break;
    }
}
```

4.1.6　哈密尔顿回路

经过图中每个顶点且仅经过一次的通路称为哈密尔顿通路，经过图中每个顶点且仅经过一次的回路称为哈密尔顿回路。存在哈密尔顿回路的图称为哈密尔顿图。

欧拉回路是指不重复地走过所有边的回路；而哈密尔顿回路是指不重复地走过所有顶点并且最后回到起点的回路。

哈密尔顿图有如下判定条件。

(1) 若图的度数最小的顶点的度数不小于顶点数的一半，则图是哈密尔顿图。

(2) 若图中每一对不相邻的顶点的度数之和不小于顶点数，则图是哈密尔顿图。

例题讲解

【例题 4.1】Ant Trip

题目描述

给定一幅图，问最少用多少笔可以把整幅图画完，并且每条边只能经过一次，孤立点忽略不计。

输入包含多组数据，每组第一行是点数、边数，接下来每行是每条边的顶点编号。

输出可以把整幅图画完的最少笔数。

输入输出样例

Input	Output
3 3 1 2 2 3 1 3 4 2 1 2 3 4	1 2

题目来源

HDU 3018　*http://acm.hdu.edu.cn/showproblem.php?pid=3018*

解题思路

这是一个欧拉回路的问题，首先要判断共有多少个连通块，接下来对于每个连通块通过出度和入度判断笔数即可。

参考代码

```
#include <bits/stdc++.h>
using namespace std;
#define maxn 100005
int in[maxn],fa[maxn],isfa[maxn],odd[maxn],ans;
void init(){
    memset(in, 0, sizeof(in));
    memset(isfa, false, sizeof(isfa));
    memset(odd, 0, sizeof(odd));
    ans = 0;
    for (int t = 0; t < maxn; t++) fa[t] = t;
}

int findfa(int a){
    if (fa[a] == a)return a;
    a = findfa(fa[a]);
    return a;
}

int main(){
    int n, m;
    int a, b;
    while (scanf("%d%d", &n, &m) != EOF){
        init();
        for (int t = 0; t < m; t++){
            scanf("%d%d", &a, &b);
            if (a > b) swap(a, b);
            in[a]++;
            in[b]++;
            fa[findfa(b)] = findfa(a);
        }
        for (int t = 1; t <= n; t++){
            int fat = findfa(t);
            if (!isfa[fat])isfa[fat] = 1;
            if (in[t] % 2 == 1)odd[fat]++;
        }
        for (int t = 1; t <= n; t++){
            if (isfa[t] && in[t]){
                if (odd[t] == 0) ans++;
                else ans += odd[t] / 2;
            }
        }
        printf("%d\n", ans);
    }
    return 0;
}
```

习题推荐

- **UOJ 117** 欧拉回路 *https://uoj.ac/problem/117*
- **HDU 1878** 欧拉回路 *http://acm.hdu.edu.cn/showproblem.php?pid=1878*
- **HDU 1116** Play on Words *http://acm.hdu.edu.cn/showproblem.php?pid=1116*
- **POJ 1041** John's trip *http://poj.org/problem?id=1041*
- **POJ 2337** Catenyms *http://poj.org/problem?id=2337*

4.2　最近公共祖先

当给定一个有根树 T 时，对于任意两个节点 u、v，存在离根最远的节点 x，使得 x 同时是 u 和 v 的祖先，则 x 就是 u、v 的最近公共祖先（Lowest Common Ancestor, LCA）。

4.2.1　Tarjan 法

Tarjan 算法求解 LCA 是一个离线的求解过程，就是在一次遍历中把所有询问一次性解决，所以其时间复杂度是 $O(n+q)$，其中 n 是顶点数，q 是询问个数。

算法 4.1　Tarjan 算法

输入： 节点 a、b

输出： a、b 的 LCA

(1) 任选一个节点为根，从根节点开始。

(2) 标记当前节点 u 被访问。

(3) 若 u 有子节点 w，递归执行 (2)。

(4) 合并 w 到 u 上。

(5) 寻找与当前节点 u 有询问关系的点 v。

(6) 若 v 已经被访问过，则可确认 u 和 v 的最近公共祖先为 v 被合并到的父节点。

如此，一次深度优先遍历之后，便得到了所有询问的答案。

4.2.2　倍增法

倍增法求解 LCA 是在线的做法，通过 $O(n\log n)$ 的预处理做到单次查询 $O(\log n)$，总复杂度为 $O(n\log n+q\log n)$。

考虑暴力的做法，首先将节点 u 和节点 v 中深度较深的节点，向上跳直至到两点同一深度。此时如果两点相同，则找到 LCA；否则两点同时向上跳，直到跳到同一节点。

倍增算法是暴力解法的优化，在 DFS 的过程中，预处理 $\text{father}[i][j]$ 表示节点 i 向上跳 2^j 步到达的节点。每次询问，先将较深的节点向上跳直到两节点处于同一深度（这里可以利用节点深度差值二进制来计算）。然后 j 按从大到小枚举，如果 u、v 两点同时跳 2^j 步达到不相同的点（即 $\text{father}[u][j]\neq\text{father}[v][j]$），则同时更新 u、v，否则不进行更新。最后 LCA 就是 u、v 的父节点。

倍增算法的正确性是有保障的，其寻找 LCA 的具体过程包含两次节点向上跳的过程，由于向上跳的步数一定是某一常数，且对于任意常数都存在唯一的二进制拆分，因此按照合理的顺序枚举其二进制第 j 位，判断上跳 2^j 步是否可行，相当于对上跳步数做二进制拆分，相对于暴力解法正确性不变，同时二进制拆分后最多上跳 $\log n$ 量级次，所以单次查询的复杂度优化到 $O(\log n)$。

参考代码

```
void dfs(int now){
    for (int i=1; i<=19; i++)
        if (deep[now]>=(1<<i))
            father[now][i]=father[father[now][i-1]][i-1];
        else break;
    for (int i=head[now]; i; i=edge[i].next)
        if (edge[i].to!=father[now][0]){
            deep[edge[i].to]=deep[now]+1;
            father[edge[i].to][0]=now;
            dfs(edge[i].to);
        }
}
```

```
int LCA(int x,int y){
    if (deep[x]<deep[y]) swap(x,y);
    int dd=deep[x]-deep[y];
    for (int i=0; (1<<i)<=dd; i++)
        if (dd&(1<<i)) x=father[x][i];
    if (x==y) return x;
    for (int i=19; i>=0; i--)
        if (father[x][i]!=father[y][i])
            x=father[x][i],y=father[y][i];
    return father[x][0];
}
```

4.2.3 树链剖分法

树链剖分法求 LCA 也是在线算法，思想和倍增法类似。

在树链剖分算法中，将树划分成轻链和重链，将 u、v 两个节点跳到同一条重链上，深度较浅的节点即为 LCA。具体地，每次选择 u、v 两点中链顶节点深度较深的节点跳到链顶，直到满足条件。因为 LCA 所在的重链链顶深度是最浅的，而且拥有这个深度的重链是唯一的，所以跳到 LCA 所在的重链时不会继续向上跳。

在读者学完第 5 章树链剖分相关知识后会发现，这种求解 LCA 的方法，实际上对应树链剖分在维护和查询树上路径信息时最常规的做法。可以通过向上跳轻重链得到两点间的路径，同时找到两点的 LCA。

参考代码

```
inline int LCA(int u,int v){
    if (!top[u] || !top[v]) return -1;
    while (top[u]!=top[v]){
        if (deep[top[u]]<deep[top[v]]) swap(u,v);
        u=fa[top[u]];
    }
    if (deep[u]>deep[v]) swap(u,v);
    return u;
}
```

4.3 生 成 树

对于无向连通图 G，如果一棵树 T 满足包含 G 中的所有顶点，且 T 中所有边均来自 G，那么 T 就是 G 的一棵生成树。无向连通图的生成树不是唯一的，对图进行一次遍历，就会得到一棵树。

对于无向连通图的生成树 T，若 $W(T)$ 为所有边的权值和，则找到一棵生成树 T，使得其对应的 $W(T)$ 为该图所有生成树中边权和的最小值，则称 T 为此无向连通图的最小生成树。同样最小生成树并不唯一。

最小生成树在现实生活中也有很多应用，例如，制定旅游线路问题，建立通信网络问题。解决最小生成树问题有两个经典方法：Prim 算法和 Kruskal 算法。

4.3.1 Prim 算法

Prim 算法的基本思路：首先取任意一个顶点加入最小生成树，然后对于满足条件（未进入最小生成树，且一个端点在最小生成树中另一端点未进入最小生成树）的边，选择权值最小的边及它的顶点加入最小生成树。重复上述操作，直至所有顶点都已加入最小生成树。

记 $G(V,E)$ 为无向连通图，其中，V 为顶点集合，E 为边集合。S 为 G 的最小生成树顶点集合，T 为 G 的最小生成树边集合。

Prim 算法伪代码如下。

算法 4.2　Prim 算法求最小生成树

```
输入：无向连通图 G = (V, E)
输出：最小生成树 G′ = (S, T)
function Prim(V, E)
    S = ∅, T = ∅
    S 集合中随机加入一顶点 s1
    while S ≠ V do
        取一端顶点加入 S 另一端顶点未加入 S 的边中权值最小的边
        将该边加到 T 集合中
        将该边的另一端点加入集合 S
    end while
    return S, T
end function
```

朴素的 Prim 算法的时间复杂度是 $O(|V|\,|E|)$ 的，具体的实现方法是维护 d 数组，对于不属于 S 的顶点 x，$d[x]$ 表示顶点 x 与 S 集合中顶点的连边中的最小边权。对于属于 S 的顶点 x，$d[x]$ 表示顶点 x 加入 S 时选择的边权。同时维护每个顶点是否属于 S 集合，每次从不属于 S 集合的顶点中选出 d 值最小的顶点 y，并将顶点 y 加入集合 S，$d[y]$ 计入最小生成树的边权和，更新 y 顶点的出边，重复执行至集合 S 等于集合 V，得到最小生成树。

更进一步地，可以利用堆来进行优化，将每次拓展的出边加入小根堆，小根堆按照边的权值为关键字建立。这样可以省去对 d 数组的维护，每次更新选择堆顶的边，检查是否满足条件，若满足则更新 S 集合和最小生成树的边权和，扫描出边加入堆中。若不满足条件，则将其弹出堆并继续尝试新的堆顶元素，直至符合条件。重复执行至集合 S 等于集合 V，得到最小生成树。添加堆优化的 Prim 算法的复杂度能够达到 $O(n\log m)$，效率有了很大提升。

4.3.2　Kruskal 算法

Kruskal 算法比较适用于边比较少的图中。它的基本思路是首先把边从小到大排序，按顺序取出每条边，如果它连接的两个顶点目前并不连通，那么将该边加入最小生成树，否则舍弃该边，直至所有顶点都连通为止。

Kruskal 算法伪代码如下。

算法 4.3　Kruskal 算法求最小生成树

```
输入：无向连通图 G = (V, E)，总顶点数 n
输出：最小生成树 G′ = (S, T)
function Kruskal(V,E,n)
    对所有边按权值从小到大排序
    while n > 1 do
        取 E 排序中权值最小的边 (u, v)
        if u 和 v 不连通 then
            将边 (u, v) 加入 T
            n − −
        end if
        将边 (u, v) 从集合 E 中删除
    end while
    return S, T
end function
```

可以使用并查集判断两点是否连通，复杂度接近 $O(1)$。

例题讲解

【例题 4.2】Jungle Roads

题目描述

某地区有很多条路把各个村庄连接在一起，现在没有足够的经费去维护所有的路，求出既能连接所有村庄，又能使道路的维护费用最少。

输入数据包含多组数据，每组给出维护每条路需要的费用。每组第一行为顶点数 $n(n \leqslant 27)$，接下来 n 行，每行为一个顶点的信息，第一个字母为顶点标号，后面的数字为顶点的边数 a_i，接下来 a_i 组，每组包括边的另一顶点和边权。

输出最少费用。

题目来源

HDU 1301 *http://acm.hdu.edu.cn/showproblem.php?pid=1301*

解题思路

把所有的村庄连接在一起，这就要求整个图必须是一棵生成树，使道路的维护费用最小就是求这个图的最小生成树。

参考代码

```
#include<bits/stdc++.h>
using namespace std;

const int INF=1<<30;
int a[27][27];
int d[27];
bool visit[27];

int main(){
    int i,j,k,m,n,minn,temp,sum;
    char ch;
    while (scanf("%d",&n)&&n){
        memset(a,0x1f,sizeof(a));
        memset(d,0,sizeof(d));
        memset(visit,true,sizeof(visit));
        for (i=1;i<n;i++){
            getchar();
            scanf("%c",&ch);
            scanf("%d",&m);
            for (j=1;j<=m;j++){
                scanf("%c",&ch);
                scanf("%c",&ch);
                scanf("%d",&temp);
                a[i-1][ch-'A']=temp;
                a[ch-'A'][i-1]=temp;
            }
        }
        for (i=1;i<n;i++) //初始化
            d[i]=a[i][0];
        sum=0;
        visit[0]=false;
        //Prim算法，如伪代码所示
        for (i=1;i<n;i++){
            minn=INF;
            for (j=0;j<n;j++)
                if (visit[j]&&d[j]<minn){
                    minn=d[j];
                    temp=j;
                }
            visit[temp]=false;
            sum+=minn;
            for (j=0;j<n;j++)
                if (visit[j]&&d[j]>a[j][temp])
                    d[j]=a[j][temp];
        }
        cout<<sum<<endl;
    }
    return 0;
}
```

【例题 4.3】Connect the Cities

题目描述

到 2100 年，因为海平面上升，大部分城市已经消失。虽然仍然有一些城市幸存，但是它们大部分是互相分开的。政府想建一些路来连通这些城市。求出最小的花费。

输入包含多组数据，第一行为数据组数。对于每组数据，第一行三个数分别表示城市数 $n(n \leqslant 500)$、备选路数 $m(m \leqslant 25\,000)$、连通城市集合数 $k(k \leqslant 100)$，接下来每行描述每条路连接的两个城市及连通的花费，最后 k 行每行描述连通的城市集合数以及城市编号。

输出最小花费。

输入输出样例

Input	Output
1 6 4 3 1 4 2 2 6 1 2 3 5 3 4 33 2 1 2 2 1 3 3 4 5 6	1

题目来源

HDU 3371　*http://acm.hdu.edu.cn/showproblem.php?pid=3371*

解题思路

此题也是一个典型的最小生成树问题，选择用 Kruskal 算法来求解。

参考代码

```
#include<bits/stdc++.h>
using namespace std;
struct EdgeNode{
    int u,v,w;
}edge[300010];
bool cmp(EdgeNode a, EdgeNode b){
    return a.w<b.w;
}
int n,m,k,fa[200010];
int find(int x){
    if (x==fa[x]) return x;
    return fa[x]=find(fa[x]);
}
int main(){
    int T;
    scanf("%d",&T);
    while (T--){
        scanf("%d%d%d",&n,&m,&k);
        for (int i=1; i<=n; i++) fa[i]=i;
        for (int i=1; i<=m; i++){
            scanf("%d%d%d",&edge[i].u, &edge[i].v, &edge[i].w);
        }
        for (int i=1; i<=k; i++){
            int cnt,x;
            scanf("%d",&cnt);
            if (cnt>1) scanf("%d",&x);
            for (int j=2; j<=cnt; j++){
                int y;
                scanf("%d",&y);
                int fx=find(x),fy=find(y);
                if (fx!=fy) fa[fx]=fy,n--;
            }
        }
```

```
        sort(edge+1, edge+m+1, cmp);
        int pos=1, ans=0;
        while (n>1 && pos<=m){
            int u=edge[pos].u, v=edge[pos].v, w=edge[pos].w;
            if (find(u)!=find(v)){
                int fu=find(u);
                int fv=find(v);
                fa[fu] = fv;
                ans+=w;
                n--;
            }
            pos++;
        }
        if (n>1) puts("-1");
        else printf("%d\n",ans);
    }
    return 0;
}
```

习题推荐

- **HDU 1102** Constructing Roads *http://acm.hdu.edu.cn/showproblem.php?pid=1102*
- **HDU 1233** 还是畅通工程 *http://acm.hdu.edu.cn/showproblem.php?pid=1233*
- **HDU 1879** 继续畅通工程 *http://acm.hdu.edu.cn/showproblem.php?pid=1879*
- **HDU 1162** Eddy's picture *http://acm.hdu.edu.cn/showproblem.php?pid=1162*
- **HDU 4313** Matrix *http://acm.hdu.edu.cn/showproblem.php?pid=4313*

4.3.3 次小生成树

定义次小生成树为图 G 的所有生成树中边权和第二小的生成树。具体地，若不要求次小生成树权值严格大于最小生成树权值，则称为非严格次小生成树，否则称为严格次小生成树。

最小生成树有一个回路性质，设图 G 存在回路 C，则该回路的最大边权边一定不在最小生成树上。这个性质也就是 Kruskal 算法的原理。

可以证明，要求次小生成树一定是在最小生成树的基础上经过一次边交换得到的。假设未被利用的边叫作无用边，则在最小生成树 T 的基础上加入任一无用边，形成回路，且新加入的边一定比原回路上的边不优。假设用一条无用边替换一条已有边得到新的生成树 $T1$，则一定有 $W(T) \leqslant W(T1)$。在此基础上进行第二次边交换得到生成树 $T2$，则同样有 $W(T1) \leqslant W(T2)$。根据次小生成树的定义，显然 $T1$ 的结果是更接近所求结果，所以只可能经过一次边交换过程。于是得到求解次小生成树的算法如下。

(1) 求出图 G 的最小生成树。

(2) 枚举不在最小生成树上的无用边 (u, v)，将其添加到最小生成树上后，形成一个回路。

(3) 求出树上路径 $u - v$ 的最大值，尝试边交换更新答案。

因为新加入的边与最大值边交换能带来最小的损失，同时不影响生成树的连通性，所以每次只需要贪心地交换最大边即可。但是每次仅交换树上路径的最大值，只能求出非严格次小生成树。因为最大值有可能恰好等于枚举到的无用边的权值，不满足结果严格次小的性质。所以完备的思路是，对于树上路径仍要同时维护严格次大的边权，当最大值等于无用边权值时，应与严格次大边进行交换，这样能够保证结果一定符合严格次小的定义。

上述算法的难点在于如何快速地查询树上路径的边权最大值和次大值。常见的方法有倍增法、树链剖分和动态树等方法。例题4.4将提供倍增法的实现，其余方法读者可以在学习相应知识后自行尝试。

例题讲解

【例题 4.4】次小生成树

题目描述

给定一张 N 个顶点 M 条边的无向图，求无向图的严格次小生成树。

输入第一行包含两个整数 N, M。

接下来 M 行，每行包含三个整数 x, y, z，表示顶点 x 和顶点 y 之间存在一条边权为 z 的边。

输出仅一个数，表示严格次小生成树的边权和。

输入输出样例

Input	Output
5 6 1 2 1 1 3 2 2 4 3 3 5 4 3 4 3 4 5 6	11

题目来源

AcWing 356　*https://www.acwing.com/problem/content/358/*

解题思路

本题就是严格最小生成树的模板题。先使用 Kruscal 算法求得最小生成树，并连边。

通过 DFS 倍增预处理出 $f[x][i], g[x][i]$ 两个数组，分别表示节点 x 向上跳 2^i 步经过的边权最大值和边权严格次大值。

注意，更新数组 g 时，需要对两段区间的最大值情况进行讨论，具体讨论请看代码中的注释部分，此处不过多展开。

通过倍增预处理后，枚举每一条无用边进行边替换，同时更新答案，单次询问复杂度为 $O(\log N)$，所以总复杂度为 $O(N\log N)$。

参考代码

```
#include<bits/stdc++.h>
using namespace std;
#define maxn 100010
#define maxm 300010
int n,m,num,minn;
long long ans=0;
struct data{
    int from,to,val;bool used;
    bool operator < (const data & A) const{
        return val<A.val;
    }
}edge[maxm];
int fa[maxn];
struct EdgeNode{
    int to,next,from,val;
    EdgeNode(){}
    EdgeNode(int _next, int _from, int _to, int _val){
        next = _next, from = _from, to = _to, val = _val;
    }
}road[maxn*2];
int head[maxn],tot;
void add(int u,int v,int w){
    road[++tot] = EdgeNode(head[u], u, v, w); head[u] = tot;
}
void insert(int u,int v,int w){add(u,v,w); add(v,u,w);}
void init(){for (int i=1; i<=n; i++) fa[i]=i;}
```

```
int find(int x){
    if (fa[x]==x) return x;
    fa[x]=find(fa[x]); return fa[x];
}
bool merge(int x,int y){
    int f1=find(x),f2=find(y);
    if (f1!=f2)
        {fa[f1]=f2;return 1;}
    return 0;
}
int father[maxn][25],f[maxn][25],g[maxn][25];
int deep[maxn];
void dfs(int x,int last){
    for (int i=1; i<=20; i++){
        if(deep[x]<(1<<i))break;
        father[x][i]=father[father[x][i-1]][i-1];
        f[x][i]=max(f[x][i-1],f[father[x][i-1]][i-1]);
        if (f[x][i-1]==f[father[x][i-1]][i-1])
            g[x][i]=max(g[x][i-1],g[father[x][i-1]][i-1]);
        else
            g[x][i]=min(f[x][i-1],f[father[x][i-1]][i-1]),
            g[x][i]=max(g[x][i],g[x][i-1]),
            g[x][i]=max(g[x][i],g[father[x][i-1]][i-1]);
        //讨论严格次大的问题。如果两部分最大值一样，则整体的严格次大取两部分严格
        //次大值的较大
        //如果两部分最大值不一样，则整体的严格次大为两部分最大值中较小的值与两部
        //分严格次大三个值中的最大
    }
    for (int i=head[x]; i; i=road[i].next)
        if (last!=road[i].to){
            father[road[i].to][0]=x;
            deep[road[i].to]=deep[x]+1;
            f[road[i].to][0]=road[i].val;
            dfs(road[i].to,x);
        }
}
int LCA(int x,int y){
    if (deep[x]<deep[y]) swap(x,y);
    int d=deep[x]-deep[y];
    for (int i=0; i<=20; i++)
        if ((1<<i)&d) x=father[x][i];
    for (int i=20; i>=0; i--)
        if (father[x][i]==father[y][i]) continue;
        else x=father[x][i],y=father[y][i];
    if (x==y) return x;
    return father[x][0];
}
int work(int x,int lca,int val){
    int maxx1=0,maxx2=0;
    int d=deep[x]-deep[lca];
    for (int i=0; i<=20; i++){
        if (d&(1<<i)){
            if (f[x][i]>maxx1)
                maxx2=maxx1,maxx1=f[x][i];
            maxx2=max(maxx2,g[x][i]);
            x=father[x][i];
        }
    }
    if (maxx1!=val) minn=min(minn,val-maxx1);
    else minn=min(minn,val-maxx2);
}
void solve(int x,int val){
    int u=edge[x].from,v=edge[x].to,lca=LCA(u,v);
    work(u,lca,val); work(v,lca,val);
}
```

```
int main(){
    scanf("%d%d",&n,&m);
    for (int i=1;i<=m;i++)scanf("%d%d%d",&edge[i].from,&edge[i].to,&edge[i].val);
    sort(edge+1,edge+m+1);
    int cnt=0;
    init();
    while (num<n-1){
        cnt++;
        if (merge(edge[cnt].from,edge[cnt].to)==1)
            num++,ans+=edge[cnt].val,edge[cnt].used=1,
            insert(edge[cnt].from,edge[cnt].to,edge[cnt].val);
    }
    dfs(1,0);
    minn=0x7fffffff;
    for (int i=1; i<=m; i++)
        if (!edge[i].used) solve(i,edge[i].val);
    printf("%lld\n",ans+minn);
    return 0;
}
```

习题推荐

- **POJ 1679** The Unique MST　*http://poj.org/problem?id=1679*
- **Luogu P4180** [BJWC2010] 严格次小生成树　*https://www.luogu.com.cn/problem/P4180*

4.3.4　矩阵树定理

Kirchhoff 矩阵树定理解决了一张图 G 的生成树个数的计数问题。本节提到的图 G，无论是有向图还是无向图，都允许重边，但不允许自环。

矩阵树定理是把图 G 的生成树个数和矩阵行列式联系起来的一个定理。本节列举常用的三种定理形式，给出定理形式化的表达，在实际求解过程中还需要读者掌握高斯消元法求解矩阵行列式的算法实现。

定义 4.1　无向图 Kirchhoff 矩阵

在具有 n 个顶点的无向图 G 中，度数矩阵 $D(G)$ 定义为

$$D_{ij}(G)=\begin{cases}\deg(i) & (\text{顶点 } i \text{ 的度}) \quad i=j\\ 0 & \quad i\neq j\end{cases}$$

邻接矩阵 $A(G)$ 定义为

$$A_{ij}(G)=|e(i,j)| \quad (i \text{ 与 } j \text{ 之间所连的边的数量})$$

Kirchhoff 矩阵 $K(G)=D(G)-A(G)$

♣

定理 4.1　无向图矩阵树定理

图 G 的生成树个数 $t(G)$ 等于矩阵 $K(G)$ 去掉第 i 行和第 i 列 $(i=1,2,\cdots,n)$ 得到的 $n-1$ 阶矩阵的行列式的值。在实现时，往往采取删去最后一行和最后一列的策略，便于求解。

$$t(G)=\det K(G)\begin{pmatrix}1,2,3,i-1,i+1,i+2,\cdots,n\\1,2,3,i-1,i+1,i+2,\cdots,n\end{pmatrix}$$

其中，$\begin{pmatrix}1,2,3,i-1,i+1,i+2,\cdots,n\\1,2,3,i-1,i+1,i+2,\cdots,n\end{pmatrix}$ 代表 $K(G)$ 由 $1,2,3,i-1,i+1,i+2,\cdots,n$ 行和 $1,2,3,i-1,i+1,i+2,\cdots,n$ 列组成的子矩阵，i 可以为任意顶点。

♡

这也说明，无向图的 Kirchhoff 矩阵具有其所有的 $n-1$ 阶主子式都相等的性质。

定义 4.2　有向图 Kirchhoff 矩阵

在有向图 G 中，出度矩阵 $D^o(G)$ 定义为

$$D^o_{ij}(G)=\begin{cases}\deg^o(i) & (\text{顶点 } i \text{ 的出度}) \quad i=j\\ 0 & \quad i\neq j\end{cases} \tag{4.1}$$

类似可知入度矩阵 $D^i(G)$ 的定义。

邻接矩阵 $A(G)$ 定义为

$$A_{ij}(G)=|e(i,j)| \quad (i \text{ 指向 } j \text{ 的出边的数量}) \tag{4.2}$$

Kirchhoff 矩阵 $K^o(G)=D^o(G)-A(G), K^i(G)=D^i(G)-A(G)$ ♣

定理 4.2　有向图根向生成树矩阵树定理

有向图 G 所有边指向根，以 i 为根的生成树个数 $t^r(G,i)$ 等于矩阵 $K^o(G)$ 去掉根 i 所在的行和列得到的 $n-1$ 阶矩阵的行列式。

$$t^r(G,i)=\det K^o(G)\begin{pmatrix}1,2,3,i-1,i+1,i+2,\cdots,n\\1,2,3,i-1,i+1,i+2,\cdots,n\end{pmatrix}$$

♡

定理 4.3　有向图叶向生成树矩阵树定理

有向图 G 所有边指向叶，以 i 为根的生成树个数 $t^l(G,i)$ 等于矩阵 $K^i(G)$ 去掉根 i 所在的行和列得到的 $n-1$ 阶矩阵的行列式。

$$t^l(G,i)=\det K^i(G)\begin{pmatrix}1,2,3,i-1,i+1,i+2,\cdots,n\\1,2,3,i-1,i+1,i+2,\cdots,n\end{pmatrix}$$

♡

因此，如果要统计有向图中所有的根向生成树或叶向生成树个数，只要枚举所有的根 i 并对 $t^r(G,i)$ 或 $t^l(G,i)$ 求和即可。

例题讲解

【例题 4.5】小 Z 的房间

题目描述

你突然有了一个大房子，房子里面有一些房间。事实上，你的房子可以看作一个包含 $n\times m$ 个格子的格状矩形，每个格子是一个房间或者是一个柱子。在一开始的时候，相邻的格子之间都有墙隔着。

你想要打通一些相邻房间的墙，使得所有房间能够互相到达。在此过程中，你不能把房子给打穿，或者打通柱子（以及柱子旁边的墙）。同时，你不希望在房子中有小偷的时候会很难抓，所以你希望任意两个房间之间都只有一条通路。现在，你希望统计一共有多少种可行的方案，答案对 10^9 取模。

输入第一行两个整数 n,m。接下来 n 行，每行 m 个字符“.”或“*”，其中，“.”代表房间，“*”代表柱子。

输出一个整数，表示可行的方案数对 10^9 取模的结果。

输入输出样例

Input	Output
2 2	4

题目来源

Luogu P4111　*https://www.luogu.com.cn/problem/P4111*

解题思路

此题的要求就是求解无向图的生成树个数，需要根据读入的方格信息建图。

对于一个房间顶点与其四连通的房间顶点，显然可以通过打通之间的墙壁使其两两连通，所以按照此思想建立初始的无向图，进而建立 Kirchhoff 矩阵。利用高斯消元法将矩阵转换为上三角矩阵，其行列式就等于主对角线的乘积，从而得到答案。

参考代码

```
#include<bits/stdc++.h>
using namespace std;
#define LL long long
#define P 1000000000
char mp[50][50];
int N,M,dx[4]={-1,0,1,0},dy[4]={0,1,0,-1},A[100][100],D[100][100],id[10][10],ID;
LL G[100][100];

bool check(int x,int y) {return x>=1&&x<=N&&y>=1&&y<=M&&mp[x][y]!='*';}
void InsertEdge(int u,int v) {D[v][v]++; A[u][v]=1;}
inline LL Gauss(){
    int f=1; LL ans=1;
    ID--;//ID代表矩阵行数，减减表示只计算去掉最后一行和最后一列的矩阵行列式
    for (int i=1; i<=ID; i++)
        for (int j=1; j<=ID; j++)
            G[i][j]=(G[i][j]+P)%P; //预处理，先取模防止溢出

    for (int i=1; i<=ID; i++) {
        for (int j=i+1; j<=ID; j++) {
            LL x=G[i][i],y=G[j][i];
            while (y) {
                LL t=x/y; x%=y; swap(x,y);
                for (int k=i; k<=ID; k++)
                    G[i][k]=(G[i][k]-t*G[j][k]%P+P)%P;
                for (int k=i; k<=ID; k++)
                    swap(G[i][k],G[j][k]);
                f=-f;
            }
        }
        if (!G[i][i]) return 0;
        ans=ans*G[i][i]%P;
    }//高斯消元转换为上三角矩阵后，行列式等于主对角线相乘

    if (f==-1) return (P-ans)%P;
    return ans;
}

int main(){
    scanf("%d%d",&N,&M);
    for (int i=1; i<=N; i++) scanf("%s",mp[i]+1);
    for (int i=1; i<=N; i++)
        for (int j=1; j<=M; j++) if (mp[i][j]!='*') id[i][j]=++ID;
    for (int i=1; i<=N; i++)
        for (int j=1; j<=M; j++)
            if (mp[i][j]!='*')
                for (int d=0; d<4; d++){
                    int tx=i+dx[d],ty=j+dy[d];
                    if (check(tx,ty)) InsertEdge(id[i][j],id[tx][ty]);
                }
    //构造初始的无向图的矩阵，即任意四连通的非柱子两点相互连边
    for (int i=1; i<=ID; i++)
        for (int j=1; j<=ID; j++) G[i][j]=D[i][j]-A[i][j];
    printf("%lld\n",Gauss());
```

```
    return 0;
}
```

习题推荐

- **Luogu P2144** [FJOI2007] 轮状病毒 *https://www.luogu.com.cn/problem/P2144*

4.4 最短路问题

最短路问题旨在寻找图中两节点之间的最短路径。最短路问题分为求任意两点之间最短路的**多源最短路**，以及求所有点到某一特定点的最短路的**单源最短路**。

在解决不同的问题时，求解最短路的几种算法的效率稍有差异。例如，SPFA 算法在图比较稠密的时候效率较为低下；在解决 DAG 图的最短路问题时，常常只需要 DFS 或者 BFS 即可高效实现。因此希望读者在解决实际问题中能够灵活使用各种算法。

4.4.1 Dijkstra

首先引入“松弛”的概念：当源点与顶点 u 之间的距离大于源点与顶点 v 的距离加 u、v 两点之间的距离时，可以使用源点与顶点 v 的距离加 u、v 两点的距离来更新源点与顶点 u 之间的距离，在最短路的相关算法中称之为松弛操作。

Dijkstra 算法首先定义了一个集合 S，S 中的所有元素均已求出源点与其的最短路。初始将源点放入集合 S，每次取 S 外与源点距离最小的顶点加入 S，并用该顶点到源点的距离对 S 外的顶点进行松弛操作，直到所有顶点都在 S 中。

Dijkstra算法采用贪心的策略，适用于不含负权边的单源最短路。算法伪代码如下，其中，$W[u][v]$ 为 $u \to v$ 的边权。

算法 4.4 Dijkstra 求解最短路

输入: 无向连通图 $G = (V, E)$，源点 s
输出: 所有点到源点 s 的路径长度 $dis[]$

function $Dijkstra(V, E, s)$
    $S = \{s\}$
    for all $v \in V$ **do**
        $dis[v] = MAXINT$
    end for
    while $S \neq V$ **do**
        $u =$ **Min** $\{dis[u] | u \notin S\}$
        u 加入 S
        for all $v \notin S$ **do**
            if $dis[v] > dis[u] + W[u][v]$ **then**
                $dis[v] = dis[u] + W[u][v]$
            end if
        end for
    end while
    return $dis[]$
end function

算法的时间复杂度为 $O(n^2)$，可以用堆优化将查询不在 S 中 dis 值最小的点的复杂度降低到 $O(\log n)$，总复杂度降为 $O(n \log n)$。

4.4.2 Bellman-Ford

Bellman-Ford 算法能解决存在负权边的单源点最短路径问题。令 dis$[i]$ 为源点 s 与顶点 i 之间路径长度，其算法流程如下。

(1) 数组初始化：dis$[i] = \infty$，dis$[s] = 0$。

(2) 枚举每一条边对 dis 数组的每一个顶点进行松弛。

(3) 若步骤 (2) 没有更新 dis 数组，说明最短路查找完毕，否则再次进行步骤 (2)。在没有负环的情况下，步骤 (2) 最多执行 $n-1$ 次，数组 dis 即为解。

(4) 若 $n-1$ 次没有更新完毕，说明图中存在负环。

参考代码

```
bool Bellman_Ford(){
    bool flag;
    for(int i = 1;i <= n;i++){
        flag = false;
        for(int j = 0;j < m;j++){
            int x = edge[j].from;
            int y = edge[j].to;
            int z = edge[j].v;
            if(dis[y] > dis[x] + v){
                dis[y] = dis[x] + v;
                flag = true;
            }
        }
        if(!flag)break;
        if(i == n && flag) return false;
    }
    return true;
}//返回false表示这个图存在负权环，返回true表示求最短路成功。
```

4.4.3　SPFA

SPFA（Shortest Path Faster Algorithm）是 Bellman-Ford 算法的一种改进，思想是使用队列维护必要的计算，减少冗余计算。

在 Bellman-Ford 过程中，会枚举所有顶点的松弛情况，在枚举过程中，如果初始点 s 到该顶点的距离信息没有发生变化，则其不会对其他顶点产生有效更新。借助这一点，SPFA 算法引入一个队列维护距离信息发生变化的顶点信息，对 Bellman-Ford 算法进行了很大的优化。

记源点 s 到某顶点 i 的距离为 $\mathrm{dist}(i)$，有初始空点集 U，使用 SPFA 方法求顶点 s 到顶点 t 的单源最短路主要流程如下。

(1) 将源点 s 加入集合。

(2) 从集合 U 中取出任意顶点 u。

(3) 使用 u 出发的所有边 $< u,v >$ 与 $\mathrm{dist}(u)$ 松弛 $\mathrm{dist}(v)$。

(4) 如果 $\mathrm{dist}(v)$ 发生了改变，则将顶点 v 加入集合 U。

(5) 如果集合不为空，重复步骤 (2)。

通过简单的算法分析可得，当图的边权随机度较高时，大部分的顶点可以在进入集合 U 不超过两次的情况下得到单源最短路的解，因此 SPFA 大大降低了单源最短路的复杂度。但是需要注意的是，当给出的图为稠密图 (边数较多，接近完全图的图）且边权有一定规律时，SPFA 算法在边比较密集时效率会大大下降。读者可以根据上述伪代码尝试构造相应稠密图，这里不做讨论。

4.4.4　Floyd

多源最短路问题，即求出图中每两个顶点之间的最短路。一种方法是把图中的每个顶点当作源点重复计算 n 次 Dijkstra 最短路，时间复杂度是 $O(n^3)$，可以优化成 $O(n^2\log n)$。还有一种解决多源最短路的经典算法——Floyd 算法，虽然它的复杂度是 $O(n^3)$，但代码实现非常简短，相比较之下要简单许多。Floyd 算法本质上是一个动态规划算法。

设 $F[i][j][k]$ 表示从 i 到 j，除了端点之外只经过编号小于或等于 k 的顶点的所有路径中的最短路，那么容易得到转移方程:

$$F[i][j][k] = \min(F[i][j][k-1], F[i][k][k-1] + F[k][j][k-1])$$

即判断任意点对 (i,j)，以 k 为中转点能否使得 i 到 j 的最短路变得更短。

根据第 7 章动态规划，可以对第三维状态进行空间优化，可以化简

$$F[i][j] = \min(F[i][j], F[i][k] + F[k][j])$$

注：空间的优化对应就需要将 k 放在最外层进行枚举。

证明

对于任意点对 u,v，设其最短路径是 $u \to a_1 \to a_2 \to \cdots a_k \to v$。

根据归纳的方法来证明。

由于中转点从小枚举到大，设 $a_1 \cdots a_k$ 中编号最大的为 $a_r(1 \leqslant r \leqslant k)$，则当枚举到 $k = a_r$ 时，由归纳可知，$F[u][a_r]$ 和 $F[a_r][v]$ 已经计算完毕，因为 $u \to a_r$ 以及 $a_r \to v$ 的最短路之间的顶点的编号都小于 k。因此当枚举到 $k = a_r$ 时，$F[u][v]$ 之间的最短路就计算出来了。

由归纳可知，任意点对之间的最短路都可以求出。

例题讲解

【例题 4.6】最短路

题目描述

工作人员要从 1 地往 N 地运送一批衣服，请求出从 1 到 N 所用的最短路程。

输入数据包含多组数据，每组第一行为城市数 $N(N \leqslant 100)$，道路数 $M(M \leqslant 10\,000)$，接下来每行为每条道路的端点及路程。输入以两个 0 结尾。

输出最少时间。

输入输出样例

Input	Output
2 1 1 2 3 3 3 1 2 5 2 3 5 3 1 2 0 0	3 2

题目来源

HDU 2544 *http://acm.hdu.edu.cn/showproblem.php?pid=2544*

解题思路

本题是一道最短路问题的模板题。根据输入信息建图，然后运用最短路算法求出最短路。

参考代码 1：Dijkstra

```
#include <bits/stdc++.h>
using namespace std;

struct EdgeNode{
    int next,to,dis,from;
    EdgeNode(){}
    EdgeNode(int _next, int _from, int _to, int _dis){
        next = _next; to = _to; dis = _dis; from = _from;
    }
}edge[100010];
int head[100010],cnt,N,M;

inline void AddEdge(int u,int v,int w) {
    edge[++cnt] = EdgeNode(head[u], u, v, w); head[u] = cnt;
}
```

```
inline void InsertEdge(int u,int v,int w) {AddEdge(u,v,w); AddEdge(v,u,w);}

#define Pa pair<int,int>
#define MP make_pair
#define INF 0x7fffffff
priority_queue<Pa,vector<Pa>,greater<Pa> >q; //小根堆，利用pair元素，first存
    //着dis，second存着点标号
int dist[100010];
void Dijkstra(int S=1){
    for (int i=1; i<=N; i++) dist[i]=INF;
    q.push(MP(0,S)); dist[S]=0;
    while (!q.empty()) {
        int dis=q.top().first;
        int now=q.top().second;
        q.pop();
        if (dis>dist[now]) continue; //防止重复扩展
        for (int i=head[now]; i;i=edge[i].next) {
            if (dist[edge[i].to]>dis+edge[i].dis) {
                dist[edge[i].to]=dis+edge[i].dis;
                q.push(MP(dist[edge[i].to],edge[i].to));
            }
        }
    }
}

int main(){
    while (scanf("%d%d",&N,&M)){
        if (!N && !M) break;
        for (int i=1; i<=N; i++) head[i] = 0;
        cnt = 1;
        for (int i=1; i<=M; i++){
            int u,v,w;
            scanf("%d%d%d",&u,&v,&w);
            InsertEdge(u,v,w);
        }
        Dijkstra(1);
        printf("%d\n",dist[N]);
    }
}
```

参考代码 2：Floyed

```
#include<cstdio>
using namespace std;
const int maxn=110;
const int INF = 99999999;
int n,m;
int map[maxn][maxn];
int min(int x, int y) {
    return x<y ? x : y;
}
int main() {
    while (scanf("%d%d",&n,&m),n) {
        for (int i=1; i<=n; i++)//初始化
            for (int j=1; j<=n; j++)
                if (i==j) map[i][j]=0;
                else map[i][j]=INF;
        for (int i=0; i<m; i++) {
            int a,b,c;
            scanf("%d%d%d",&a,&b,&c);
            map[a][b]=map[b][a]=c;
        }
        for (int k=1; k<=n; k++)//Floyd算法
            for (int i=1; i<=n; i++)
                for (int j=1; j<=n; j++)
                    if (i!=j && i!=k && j!=k)
                        map[i][j]=min(map[i][j],map[i][k]+map[k][j]);
        printf("%d\n",map[1][n]);
```

```
    }
    return 0;
}
```

【例题 4.7】**Wormholes**

题目描述

当约翰探索他的农场时，发现一些令人惊奇的洞。这些洞可让人穿越到过去。约翰是一个疯狂的穿越爱好者，他想知道自己能否通过这些洞穿越到过去见到现在的自己。

输入包含多组数据，第一行是数据组数。接下来每组数据第一行包括农田数 $n(n \leqslant 500)$、道路数 $m(m \leqslant 25\,000)$ 和虫洞数 $w(w \leqslant 200)$。接下来 m 行每行三个数 s、e、t 表示 s 到 e 有一条长度为 t 的路径。再接下来 w 行每行三个数 s、e、t 表示 s 到 e 有一个可倒回 t 时间的虫洞。

输出能否穿越到过去。

输入输出样例

Input	Output
2 3 3 1 1 2 2 1 3 4 2 3 1 3 1 3 3 2 1 1 2 3 2 3 4 3 1 8	NO YES

题目来源

POJ 3259 *http://poj.org/problem?id=3259*

解题思路

农场中的各个农田之间有路，需要一段时间通过，而通过洞连接起来的两个农田相当于这两个农田之间有一条负边。这样题目就演变成从这个有向图中寻找负环的问题，如果有负环或者约翰到达起始点的值能够为负，则他能见到现在的自己，否则就见不到。

参考代码

```
#include <iostream>
#include <cstdio>
#include <queue>
using namespace std;

struct EdgeNode{
    int next,to,dis,from;
    EdgeNode(){}
    EdgeNode(int _next, int _from, int _to, int _dis){
        next = _next; to = _to; dis = _dis; from = _from;
    }
}edge[100010];
int head[100010],cnt,N,M,W;

inline void AddEdge(int u,int v,int w) {
    edge[++cnt] = EdgeNode(head[u], u, v, w); head[u] = cnt;
}
inline void InsertEdge(int u,int v,int w) {AddEdge(u,v,w); AddEdge(v,u,w);}

#define INF 0x7fffffff

queue<int>q;
int visit[100010],dis[100010],tim[100010];
bool spfa(int S){
    while (!q.empty()) q.pop();
```

```
    for (int i=1; i<=N; i++) visit[i] = 0, tim[i] = 0;
    dis[S] = 0;
    q.push(S);
    visit[S] = 1;
    tim[S]++;
    while (!q.empty()){
        int now = q.front();
        q.pop();
        visit[now] = 0;
        for (int i=head[now]; i; i=edge[i].next){
            if (dis[now] + edge[i].dis < dis[edge[i].to]){ //松弛
                dis[edge[i].to] = dis[now] + edge[i].dis;
                tim[edge[i].to]++;
                if (tim[edge[i].to] >= N) return 0; //判负环
                if (!visit[edge[i].to]){
                    q.push(edge[i].to);
                    visit[edge[i].to] = 1;
                }
            }
        }
    }
    return 1;
}

int main(){
    int T;
    scanf("%d",&T);
    while (T--){
        scanf("%d%d%d",&N,&M,&W);
        for (int i=1; i<=N; i++) head[i] = 0;
        for (int i=1; i<=N; i++) dis[i] = INF;
        cnt = 1;
        for (int i=1; i<=M; i++){
            int u,v,w;
            scanf("%d%d%d",&u,&v,&w);
            InsertEdge(u,v,w);
        }
        for (int i=1; i<=W; i++){
            int u,v,w;
            scanf("%d%d%d",&u,&v,&w);
            AddEdge(u,v,-w);
        }
        int flag = 0;
        for (int i=1; i<=N; i++){
            if (dis[i] == INF){
                if (!spfa(i)){
                    flag = 1;
                    break;
                }
            }
        }
        if (!flag) puts("NO"); else puts("YES");
    }
    return 0;
}
```

习题推荐

- **HDU 1874** 畅通工程续　*http://acm.hdu.edu.cn/showproblem.php?pid=1874*
- **HDU 2066** 一个人的旅行　*http://acm.hdu.edu.cn/showproblem.php?pid==2066*
- **HDU 2112** HDU Today　*http://acm.hdu.edu.cn/showproblem.php?pid=2112*
- **HDU 2680** Choose the best route　*http://acm.hdu.edu.cn/showproblem.php?pid=2680*
- **Luogu P3275** 糖果　*https://www.luogu.com.cn/problem/P3275*
- **Luogu P4568** 飞行路线　*https://www.luogu.com.cn/problem/P4568*

- **HDU 1869** 六度分离 *http://acm.hdu.edu.cn/showproblem.php?pid=1869*
- **HDU 3665** Seaside *http://acm.hdu.edu.cn/showproblem.php?pid=3665*

4.5 次短路与 k 短路

本节由最短路问题扩展出次短路问题和 k 短路问题的解法。

k 短路定义为由顶点 s 到顶点 t 中路径长度第 k 短的路径。最短路问题是 $k=1$ 的特殊情况，次短路就是 $k=2$ 的特殊情况。注意，k 短路中允许重复经过某一点。

次短路算法思想

次短路问题可看作分层图问题。求解次短路时，需要同时维护起点 s 到顶点 i 的当前最短路长度 $\text{dist}(i)$ 和次短路长度 $\text{dist2}(i)$。在进行松弛操作时，最短路只能由起点的最短路来更新，次短路则可由起点的最短路或次短路来更新。

k 短路算法思想

k 短路相对于最短路与次短路更具有一般性。它的解空间较大，在具体操作时通常使用优先队列维护所有解，为了优化算法的复杂度，会借助启发式搜索来缩小解空间。优先队列 $Q(u,w,v)$ 表示由起点 s 到 u 权重为 w 的路径，其中按照 v 从小到大的顺序维护排序，现需要求从 s 到点 t 的 k 短路。具体步骤如下。

(1) 建立反图，求得由 t 出发到任一点 i 的单源最短路 $\text{inv}_{\text{dist}}(i)$。

(2) 将 $(s, 0, \text{inv}_{\text{dist(s)}})$ 加入队列 Q。

(3) 从 Q 中取出三元组 (u,w,v)。

(4) 如果第 k 次出现 $u==t$，则返回 w 值。

(5) 对于从 u 出发的所有边 $<u,v',w'>$，将 $<v',w+w',w+w'+\text{inv}_{\text{dist}}(v')>$ 加入 Q 中。

(6) 重复步骤 (3)。

上述优先队列中，使用从起点到当前顶点的距离与当前顶点到终点的和作为关键字进行维护。在搜索中这种技巧称为启发式搜索，优先队列的关键字称为估值函数，表示当前搜索节点距离解的估算距离。

例题讲解

【例题 4.8】Roadblocks

题目描述

某街区有 $R(R \leqslant 100\,000)$ 条道路，$N(N \leqslant 5000)$ 个路口，道路可以双向通过，问 1 路口到 N 路口的严格次短距离，其中同一条路可以走多次。

输入输出样例

Input	Output
4 4 1 2 100 2 4 200 2 3 250 3 4 100	450

题目来源

POJ 3255 *http://poj.org/problem?id=3255*

解题思路

严格次短路的模板题，采用 Dijkstra 算法额外维护 $\text{dist2}[i]$ 次短距离来实现。具体的松弛操作对 $\text{dist}[i]$ 和 $\text{dist2}[i]$ 的更新请直接参考代码对应位置。

参考代码

```
#include<iostream>
#include<cstdio>
#include<algorithm>
#include<queue>
using namespace std;
#define N 100000+10
#define INF 100000000
typedef pair<int, int>P;
int n,m;
struct Edge{ int to, cost;};
vector<Edge>G[N];
int dist[N], dist2[N];
void addedge(int u, int v,int w){
    G[u].push_back(Edge{ v, w });
    G[v].push_back(Edge{ u, w });
}
void solve(int S){
    priority_queue<P, vector<P>, greater<P> >q;
    for (int i=0; i<=n; i++) dist[i] = dist2[i] = INF;
    dist[S] = 0;
    q.push(P(0, S));
    while (!q.empty()) {
        P u = q.top(); q.pop();
        int v = u.second, d = u.first;
        if (dist2[v] < d)continue;//取出的不是次短距离，抛弃
        for (int i = 0; i < G[v].size(); i++){
            Edge&e = G[v][i];
            int d2 = d + e.cost;
            if (dist[e.to]>d2){//更新最短距离
                swap(dist[e.to], d2);
                q.push(P(dist[e.to], e.to));
            }
            if (dist2[e.to]>d2&&dist[e.to] < d2){//更新次短距离
                dist2[e.to] = d2;
                q.push(P(dist2[e.to], e.to));
            }
        }
    }
    printf("%d\n", dist2[n]);
}

int main(){
    scanf("%d%d",&n,&m);
    for (int i=1; i<=m; i++){
        int u,v,w;
        scanf("%d%d%d",&u,&v,&w);
        addedge(u,v,w);
    }
    solve(1);
    return 0;
}
```

【例题 4.9】Remmarguts' Date

题目描述

给出一个至多含有 1000 个顶点的有向图以及起点 S，终点 T，求从 S 到 T 的第 K 短路距离（经过的边可以重复）。

输入的第一行包含两个数 N，M（$1 \leqslant N \leqslant 1000, 0 \leqslant M \leqslant 100\,000$），即有向图的顶点数和边数。接下来的 M 行每行包含三个数 A，B，L（$1 \leqslant A, B \leqslant N, 1 \leqslant L \leqslant 100$），即从 A 点到 B 点有一条长度为 L 的路。最后一行包括三个数 S，T，K（$1 \leqslant S, T \leqslant N, 1 \leqslant K \leqslant 1000$），表示起点、终点标号和所求的 K。

输出只有一个数，即从 S 到 T 的第 K 短路距离，如果不存在输出 -1 代替。

输入输出样例

Input	Output
2 2 1 2 5 2 1 4 1 2 2	14

题目来源

POJ 2449 *http://poj.org/problem?id=2449*

解题思路

注意题目中限制有向图，所以在预处理的过程中需要建立原图的反图来运行 SPFA 算法。

参考代码

```
#include <iostream>
#include <cstdio>
#include <cstring>
#include <queue>
using namespace std;
const int maxn = 1010;
const int maxm = 200010;
const int INF = 10000000;
int n, m, cnt, s, t, K;
int h[maxn], vis[maxn];
/* 链式前向星存图 */
int head[maxn], revhead[maxn];
struct node{
    int v, w, nxt;
}e[maxm], reve[maxm];
/* f(n)结构体 */
struct fn{
    int f, g, v;
    bool operator <(const fn a) const{
        if (a.f == f) return a.g < g;
        return a.f < f;
    }
};
queue <int> q;
priority_queue <fn> Q;
/* 初始化 */
void init(){
    cnt = 0;
    memset(head, -1, sizeof head);
    memset(revhead, -1, sizeof revhead);
}
/* 加点操作 */
void addedge(int u, int v, int w){
    /* 原图 */
    e[cnt].v = v;
    e[cnt].w = w;
    e[cnt].nxt = head[u];
    head[u] = cnt;
    /* 反图 */
    reve[cnt].v = u;
    reve[cnt].w = w;
    reve[cnt].nxt = revhead[v];
    revhead[v] = cnt++;
}
/* SPFA求反图最短路 */
void spfa(){
    for (int i = 1; i <= n; i++) h[i] = INF;
    memset(vis, 0, sizeof vis);
    h[t] = 0;
    q.push(t);
```

```
    while (!q.empty()){
        int now = q.front();
        vis[now] = false;
        for (int i = revhead[now]; i != -1; i = reve[i].nxt){
            int v = reve[i].v, w = reve[i].w;
            if (h[v] > h[now] + w){
                h[v] = h[now] + w;
                if (!vis[v]){
                    q.push(v);
                    vis[v] = true;
                }
            }
        }
        q.pop();
    }
}
/* A*算法求K短路 */
int A_star(){
    int k = 0;
    if (s == t) K++;//注意: s=t时距离为0, 不算最短路
    if (h[s] == INF) return -1;//无法到达时直接输出-1
    Q.push((fn){h[s] + 0, 0, s});
    while (!Q.empty()){
        fn now = Q.top();
        Q.pop();
        if (now.v == t){
            k++;
            if (k == K) return now.g;
        }
        for (int i = head[now.v]; i != -1; i = e[i].nxt){
            fn nxt;
            nxt.v = e[i].v;
            nxt.g = now.g + e[i].w;
            nxt.f = nxt.g + h[nxt.v];
            Q.push(nxt);
        }
    }
    return -1;
}
int main(){
    init();
    scanf("%d%d", &n, &m);
    for (int i = 1, a, b, l; i <= m; i++){
        scanf("%d%d%d", &a, &b, &l);
        addedge(a, b, l);
    }
    scanf("%d%d%d", &s, &t, &K);
    spfa();
    printf("%d", A_star());
    return 0;
}
```

4.6　差分约束问题

当一个系统包含 N 个变量和 M 个约束，约束以 $x_j - x_i \leqslant b_k(i,j \in [1,n], b_k \in \mathbb{R}))$ 的形式给出时，称该系统为差分约束系统。简单来说，差分约束是简化、求解不等式组的模型。

模型转化

首先根据题目的要求进行不等式组的标准化。

求解差分约束系统的一种方法是将不等式转换成图论中的单源最短路问题。对于 $x_j - x_i \leqslant k$，它的计算法则与最短路中的松弛方法相似 $\mathrm{dis}[v] \leqslant d[u] + w[u,v]$，即 $d[v] - d[u] \leqslant w[u,v]$。对于差分约束问题，以每个变量 x_i 为节点，对于约束条件 $x_j - x_i \leqslant b_k$，连接一条单向边 $< i,j >$ 边

权为 k 的边。增加一个源点 s，s 与所有顶点相连，边权均为 0。当以 s 为源点求解单源最短路时，最短路 $d[i]$ 即为一组可行解。

具体来说，一般差分约束系统的问题，转换到最后有以下三种情形。

(1) 如果要求取 $x_a - x_b$ 的最小值，转换成图中顶点间的最长路，将不等式全部转换成 $x_j - x_i \geqslant k$ 的形式，这样建立 $< i, j >$ 权值为 k 的边。如果不等式组中有形如 $x_j - x_i > k$ 的不等式，转换为 $x_j - x_i \geqslant k+1$ 即可；有形如 $x_j - x_i = k$ 的不等式，转换为如下两个：$x_j - x_i \geqslant k, x_j - x_i \leqslant k$，进一步变为 $x_i - x_j \geqslant -k$，建立两条边即可。

(2) 如果要求取 $x_a - x_b$ 的最大值，转换成图中顶点间的最短路，将不等式全部转换成 $x_j - x_i \leqslant k$ 的形式，这样建立 $< i, j >$ 权值为 k 的边。标准化的方法同上。

(3) 如果要判断差分约束系统是否存在解，一般都是转换成图中是否存在环，用 SPFA 即可，n 个顶点中如果同一个顶点入队超过 n 次，那么即存在环。

引理 4.1

$x = (x_1, x_2, \cdots, x_n)$ 是差分约束系统的一个解，d 为任意常数，则 $x + d = (x_1 + d, x_2 + d, \cdots, x_n + d)$ 也是该系统的一个解。 ♡

例题讲解

【例题 4.10】Intervals

题目描述

给出 $N(N \leqslant 50\,000)$ 个区间，每个区间形如 $[a_i, b_i]$，要求第 i 个区间要取出至少 c_i 个数。求解一个集合 Z，使得 Z 满足每个区间的要求，输出集合 Z 最小包含几个数。

输入输出样例

Input	Output
5 3 7 3 8 10 3 6 8 1 1 3 1 10 11 1	6

题目来源

POJ 1201 *http://poj.org/problem?id=1201*

解题思路

将问题转换为差分约束问题，设 $x[i]$ 表示区间 $[0, i]$ 至少选出 $x[i]$ 个数。对于限制 $[a_i, b_i]$ 可以转换成 $x[b_i] - x[a_i - 1] \geqslant c_i$。题目中还隐含有关系式 $0 \leqslant x[i+1] - x[i] \leqslant 1$。这样就完成了模型的转换，求解最长路即可。

参考代码

```
#include <iostream>
#include <cstdio>
#include <queue>

using namespace std;
struct EdgeNode{
    int next,to,dis,from;
    EdgeNode(){}
    EdgeNode(int _next, int _from, int _to, int _dis){
        next = _next; to = _to; dis = _dis; from = _from;
    }
}edge[200010];
int head[100010],cnt,N,M,W;

inline void AddEdge(int u,int v,int w) {
```

```
    edge[++cnt] = EdgeNode(head[u], u, v, w); head[u] = cnt;
}
int visit[100010],dis[100010];
queue<int>q;
void spfa(int S){
    q.push(S);
    visit[S] = 1;
    dis[S] = 0;
    while (!q.empty()){
        int now = q.front();
        q.pop();
        visit[now] = 0;
        for (int i=head[now]; i; i=edge[i].next){
            if (dis[edge[i].to] < dis[now] + edge[i].dis){
                dis[edge[i].to] = dis[now] + edge[i].dis;
                if (!visit[edge[i].to]){
                    visit[edge[i].to] = 1;
                    q.push(edge[i].to);
                }
            }
        }
    }
}

int main(){
    scanf("%d",&N);
    int mx = 0, mn = 0x7fffffff;
    for (int i=1; i<=N; i++){
        int u,v,w;
        scanf("%d%d%d",&u,&v,&w);
        AddEdge(u, v+1, w);
        mx = max(mx, v);
        mn = min(mn, u);
    }
    mx++;
    for (int i=mn; i<mx; i++){
        AddEdge(i, i+1, 0);
        AddEdge(i+1, i, -1);
    }
    for (int i=0; i<=mx; i++) dis[i] = -0x3fffffff;
    spfa(mn);
    printf("%d\n",dis[mx]);
    return 0;
}
```

习题推荐

- **POJ 1275** Cashier Employment　*http://poj.org/problem?id=1275*
- **HDU 3440** House man　*http://acm.hdu.edu.cn/showproblem.php?pid=3440*
- **POJ 3169** Layout　*http://poj.org/problem?id=3169*
- **POJ 1364** King　*http://poj.org/problem?id=1364*
- **POJ 2983** Is the Information Reliable?　*http://poj.org/problem?id=2983*

4.7　拓扑排序

一个有向无环图的拓扑序列是将图中的顶点排成一个线性序列，使得对于图中任意一对顶点 u 和 v，若图中存在边 $< u,v >$ 则线性序列中 u 在 v 前出现。一个图的拓扑序列并不唯一。

一个有向图存在拓扑序列的充要条件是它是有向无环图，所以拓扑排序常用来判断是否存在环。

一个有向无环图进行拓扑排序的步骤如下。

(1) 若图中现剩余的顶点入度均大于零则该图不存在拓扑序列，否则转步骤 (2)。

(2) 取一个入度为 0 的顶点 u 并放至序列末尾。

(3) 删除顶点 u 及顶点 u 出发的所有边，同时与顶点 u 相连的顶点的入度减 1。

(4) 若图中还存在顶点，返回 (1)。

参考代码

```
void toposort(){
    queue<int>q;
    queue<int> ans;
    while(!q.empty()){
         int t = q.top();
        ans.push(t);
        q.pop();
        for(int i=head[t]; i; i=edge[i].next){
            in[edge[i].to]--;
            if (in[edge[i].to] == 0) q.push(edge[i].to);
        }
    }
}
```

习题推荐

- **POJ 3587** Labeling Balls *http://poj.org/problem?id=3587*
- **HDU 1285** 确定比赛名次 *http://acm.hdu.edu.cn/showproblem.php?pid=1285*
- **POJ 2367** Genealogical tree *http://poj.org/problem?id=2367*
- **POJ 2585** Window Pains *http://poj.org/problem?id=2585*

4.8 连通性问题

无向图中如果顶点 i 到顶点 j 有路径，则 i 和 j 是点连通的。有向图中如果顶点 i 和 j 之间存在一条 i 到 j 的路径，或一条 j 到 i 的路径，则 i 和 j 是单侧连通的。如果同时存在 i 到 j 的路径和 j 到 i 的路径，则称 i 和 j 是强连通的。

若无向图中任意两点均连通，则图连通。若有向图中任意两点均强连通，则图强连通。若有向图中忽略方向任意两点均连通，则图弱连通。注意，若图弱连通，图中未必任意两点都单侧连通。

无向图中极大连通子图称为连通分量。有向图的极大强连通子图称为强连通分量。

4.8.1 强连通分量

Kosaraju 算法

Kosaraju 算法求强连通分量的基本思想如下。

(1) DFS 搜索图，记录每个顶点的访问结束的时间。

(2) 建立反图，按照访问结束时间的逆序对反图进行 DFS。形成的每一棵树都是一个强连通分量。

正确性：设存在两点 i、j，在搜索反图时从 i 能够到达 j，那么原图中存在路径 $j \to i$。又因为原图中 j 比 i 提前结束访问，那么原图中必存在路径 $i \to j$，所以 i、j 强连通。

Tarjan 算法

Tarjan 算法同样是基于对图进行 DFS 的算法，且每个强连通分量为搜索树的一棵子树。Tarjan 算法的关键点在于把当前树中未处理的节点加入栈，回溯时判断栈顶到栈中的节点是否为一个强连通分量，从而避免二次 DFS。

具体实现时，使用两个数组 dfn 和 low。

(1) dfn(u) 为 u 在搜索树中的次序号。

(2) 定义 low(u) 为 u 或 u 的子孙中能通过非父子边追溯到的 dfn 最小的节点。

low[] 的求法如下。

算法 4.5　low[] 的求法

$low[u] = dfn[u]$
for all v **do**
　　if $dfn[v] < dfn[u]$ 且 v 不是 u 父节点 **then**
　　　　$low[u] = min(low[u], dfn[v])$
　　end if
　　if (u, v) 是父子边 **then**
　　　　$low[u] = min(low[u], low[v])$
　　end if
end for

当 dfn[u] = low[u] 时，以 u 为根的子树中的节点属于同一个强连通分量。

参考代码

```
void Tarjan(int u){
    dfn[u] = low[u] = dep ++;
    S.push(u);
    for(int i = head[u];i != -1;i = edge[i].next){
        int v = edge[i].v;
        if(dfn[v] == -1){
            Tarjan(v, u);
            low[u] = min(low[u], low[v]);
        }
         else if(in[v]) low[u] = min(low[u], dfn[v]);
    }
    if(dfn[u]==low[u]){
        int v=s.top();
        do{
            s.pop();
            in[v]=false;
            //v和u属于同一个强连通分量
        }while(u!=v)
    }
}
```

Kosaraju 算法简单实用，但是要建立反图和进行两次 DFS，在效率上比只进行一次 DFS 的 Tarjan 算法略差。Tarjan 算法在 DFS 的过程中通过维护一个栈避免了进行两次 DFS，代码更加精简，近几年的应用也更加广泛。

同时，在求解强连通分量的问题中，因为强连通分量中各点相互可达，所以一些不限制路径走法的问题在求解时，可以采取求解出原图的强连通分量，并将每个强连通分量缩成一个新的顶点，建立新图来求解的策略。这样的好处是，按照强连通分量缩点后的图，保证是 DAG 图，比原图处理起来要简单。

4.8.2　2-SAT 问题

关于强连通分量，有一种经典问题是 2-SAT。这类问题通常表现为，给出一系列物体或状态，每个物体或状态有两种互斥的选择，可以理解为是或非，不同物体或状态的选择有二元关系，例如，选择了物体 i 就必须选择非 j（后续用符号 j' 表示），问是否有选择方案满足某些条件。

例如这样一个问题：选举村委会，每户有两名候选人，每户必须从两名候选人中选出一名成为村委会成员，并且不同家庭中会有两人相互排斥那么他们不能同时进入村委会，问是否存在一种方案使得村委会成立。

值得注意的是，题目中都是二元关系，因此考虑使用有向边来表示这一关系。建边的原则是，若有一条从 i 到 j 的边，那么它的意思是若 i 则 j。例如，有两人 i 和 j 互相排斥，那么意味着有 i 就不能有 j，有 j 就不能有 i，于是建边 i 到 j' 及边 j 到 i'。特殊地，如果有一元关系如必须有 i，则建立边 i' 到 i，表示如果没有 i 则必须有 i'。这样建图后如果一个顶点 i 和它互斥的顶点 i' 在一个强连通分量里就意味着有 i 就必须没有 i'，这是矛盾的，此时问题无解。

若问题有解，首先应该选取那些没有任何前置条件就可以选取的顶点，然后将与它们相矛盾的顶点都删去，如此循环直至无顶点可选。具体方法如下。

(1) 对缩点后的图求反图，求出反图的拓扑序列。

(2) 选取拓扑序列中最前面的顶点 x。

(3) 将 x' 及 x' 的子孙从拓扑序中删除。

(4) 若拓扑序列中无顶点则算法结束，否则返回步骤 (2)。

4.8.3 割点与割边

割点：对于一个连通图，删去某些顶点（删去一个顶点即把该顶点和与该顶点相邻接的边都删去）得到的图将不再连通，而删去该点集的任意子集该图依然连通，则称其为该图的一个点割集，若该集合只由一个顶点组成，则称其为割点。

如图4.2所示，4 号顶点即为割点。

割边：对于一个连通图，删去某些边使得到的图不再连通，而删去该边集的任意子集该图依然连通，则称其为该图的边割集，若该集合只由一条边组成，则称其为割边，又称桥。

如图4.3所示，边 $(4,5)$ 即为割边。

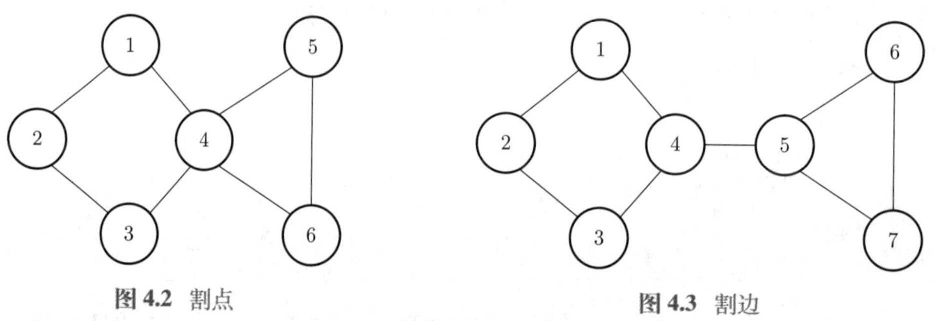

图 4.2 割点　　**图 4.3** 割边

算法流程

求割点及割边的算法：首先对图进行深度优先搜索，主要借助两个数组来完成工作。

(1) $\mathrm{dfn}(u)$ 为节点 u 在搜索树中的次序号。

(2) 定义 $\mathrm{low}(u)$ 为节点 u 或节点 u 的子孙中能通过非父子边追溯到的 dfn 最小的节点。low 的求法同求解强连通分量时一致，此处不单独列出。

如果 u 是根节点，且 u 有多于一棵子树，则 u 是割点。

如果 u 不是根节点，且存在 u 的孩子 v 使得 $\mathrm{dfn}(u) \leqslant \mathrm{low}(v)$，也就是说，去掉节点 u 后 v 并不能达到 u 的祖先，则 u 是割点。

父子边 (u,v) 若满足 $\mathrm{dfn}(u) < \mathrm{low}(v)$，即去掉边 (u,v) 以后 v 无法再达到 u，则 (u,v) 为割边（这里如果 $\mathrm{dfn}(u) \geqslant \mathrm{low}(v)$，则说明 v 还有其他方法可以达到 u，因此不是割边）。

这两个数组对于图论有着非常重要的意义，在今后的学习中还会用到。

参考代码

```
//dep记录当前深度，初始化为0。dfn初始化为-1，每个顶点被访问时都会将dfn
//置为当前dep。low数组随着深度优先搜索而更新
void Tarjan(int u,int fa){
```

```
    dfn(u) = low(u) = dep ++;
    for(int i = head(u);i != -1;i = edge(i).next){
        int v = edge(i).y;
        if(dfn(v) == -1){
            Tarjan(v, u);
            low(u) = min(low(u), low(v));
            if(u == root) cnt ++;//专门记录root有多少子树
            else if(low(v) >= dfn(u)) //u是割点
             //这里改为low(v) > dfn(u),则(u,v)是一条割边
        }else if(v != fa) low(u) = min(low(u), dfn(v));
    }
}
```

注：在求割边的时候，一般还需要注意题目是否有重边，在读入时不能将重边覆盖。

例题讲解

【例题 4.11】寻宝

题目描述

寻宝人获得了一张寻宝地图，该地图可以认为是一张包含 N 个顶点 M 条边的有向图，地图上标注了唯一的入口顶点（起点）和多个出口顶点，在每个顶点上都存在一个宝物，其价值为 w_i。寻宝人希望安排一条从起点出发，沿着单向边前进的寻宝路线（路线的终点必须是出口顶点），并且希望能够获得的宝物总价值尽可能多。

寻宝人可以经过一条边或者一个顶点任意次，但是每个顶点上的宝物只能获得一次。求寻宝人最大的寻宝价值收益。

输入的第一行包括两个整数 $N(N \leqslant 500\,000)$、$M(M \leqslant 500\,000)$。表示顶点数和边数。

接下来 M 行，每行两个整数 $u, v(1 \leqslant u, v \leqslant N)$，表示存在一条从 u 到 v 的单向边。

接下来 N 行，每行一个整数 w_i，表示第 i 个顶点上宝物的价值。

接下来一行包括两个整数 S、P，分别表示起点的编号和出口顶点的个数。

最后一行包含 P 个整数，表示出口顶点的编号。

输出一行包括一个整数，表示最大的寻宝价值收益。

输入输出样例

Input	Output
6 7 1 2 2 3 3 5 2 4 4 1 2 6 6 5 10 12 8 16 1 5 1 4 4 3 5 6	47

题目来源

Luogu P3627　*https://www.luogu.com.cn/problem/P3627*

解题思路

本题是一个综合性题目，结合了本章中多个算法，对于初学者有一定难度。

不考虑图中存在环的情况，可以将题目转化为一个最长路模型，求从起点出发到达所有出口顶点的多个路线中的最长距离，就是最大的寻宝价值。

当前题目存在环（即图模型中的强连通分量）的情况，无法使用最长路模型进行求解。因为每个顶点只能获得一次价值，且强连通分量中的顶点可以一并到达，所以可以将题目中的环缩成一个新的顶点，该顶点的权值为强连通分量中所有顶点的价值总和。

对于所有新建的顶点重新构图，得到一个 DAG 模型，此时可以使用最长路相关算法求出起点到达所有出口顶点的最长距离。也可以使用 BFS，或者动态规划算法求解，请读者自行尝试。

参考代码

```
#include<bits/stdc++.h>
using namespace std;
#define maxn 500010
int n,m,uu,S,P,ans,val[maxn];

struct Edgenode{
    int to,next;
    Edgenode(){}
    Edgenode(int _next, int _to){
        next = _next; to = _to;
    }
}edge[maxn<<1];
int head[maxn<<1],cnt=1;
void add(int u,int v){
    edge[++cnt] = Edgenode(head[u], v); head[u] = cnt;
}
struct Roadnode{
    int to,next;
    Roadnode(){}
    Roadnode(int _next, int _to){
        next = _next; to = _to;
    }
}road[maxn];
int last[maxn],cn=1;
void insert(int u,int v){
    road[++cn] = Roadnode(last[u], v); last[u] = cn;
}
int dfn[maxn],low[maxn],qcnt,st[maxn],top,num[maxn],belong[maxn],tot,valu[maxn];
bool visit[maxn];

void Tarjan(int x){
    dfn[x]=low[x]=++tot;
    visit[x]=1; st[++top]=x;
    for (int i=head[x]; i; i=edge[i].next) {
        if (!dfn[edge[i].to]) {
            Tarjan(edge[i].to);
            if (low[edge[i].to]<low[x]) low[x]=low[edge[i].to];
        } else
            if(visit[edge[i].to] && dfn[edge[i].to]<low[x])
                low[x]=dfn[edge[i].to];
    }
    if (dfn[x]==low[x]) {
        qcnt++;
        while (x!=uu)
           uu=st[top--],num[qcnt]++,visit[uu]=0,belong[uu]=qcnt,valu[qcnt]+=val[uu];
    }
}
void rebuild(){
    for (int i=1; i<=n; i++)
        for (int j=head[i]; j; j=edge[j].next)
            if (belong[i]!=belong[edge[j].to])
                insert(belong[i],belong[edge[j].to]);
}
#define inf 0x7fffffff
```

```
int dis[maxn];
void spfa() {
    queue<int>que; memset(visit,0,sizeof(visit));
    visit[S]=1; dis[S]=valu[S]; que.push(S);
    while (!que.empty()){
        int now=que.front(); que.pop(); visit[now]=0;
        for (int i=last[now]; i; i=road[i].next)
            if (dis[road[i].to]<dis[now]+valu[road[i].to]) {
                dis[road[i].to]=dis[now]+valu[road[i].to];
                if (!visit[road[i].to])
                    visit[road[i].to]=1,que.push(road[i].to);
            }
    }
}
bool bar[maxn];
int main() {
    cin>>n>>m;
    for (int u,v,i=1; i<=m; i++) {cin>>u>>v;add(u,v);}
    for (int i=1; i<=n; i++) cin>>val[i];
    for (int i=1; i<=n; i++) if (!dfn[i]) Tarjan(i);
    cin>>S; S=belong[S]; cin>>P;
    for (int x,i=1; i<=P; i++) {cin>>x;bar[x]=1;}
    rebuild(); spfa();
    for (int i=1; i<=n; i++)
        if (bar[i]) ans=max(ans,dis[belong[i]]);
    printf("%d\n",ans);
    return 0;
}
```

【例题 4.12】Get Luffy Out

题目描述

Ratish 要去救 Luffy，Luffy 被关在一个奇怪的地方，这个地方有 m 层楼梯，除了最后一层楼梯以外每一层都有一道门通向下一层楼梯。每扇门上有两把锁，打开任意一把就可以打开这个门。现在 Ratish 有 n 对钥匙，编号为 $0\sim2n-1$。每把钥匙可以打开编号相同的锁。一旦使用了某一把钥匙，和该钥匙同一对的另一把钥匙就会消失。问 Ratish 最多可以通过多少层楼梯？

输入包含多组数据，每组数据第一行是 $n(n<210)$ 和 $m(m<211)$，接下来 n 行表示每对钥匙的编号，再接下来 m 行表示每层楼梯的锁的编号，n,m 输入为 $0,0$ 时结束。

输出最多可以通过的楼梯层数。

输入输出样例

Input	Output
3 6 0 3 1 2 4 5 0 1 0 2 4 1 4 2 3 5 2 2 0 0	4

题目来源

POJ 2723　*http://poj.org/problem?id=2723*

解题思路

每层楼梯有两把锁，需要打开至少一把；每对钥匙只能使用其中一把。每个约束都和两个变量有关，这就是经典的 2-SAT 模型。

接下来考虑如何构图。比如有 3 对钥匙，分别是 0 和 1、2 和 3、4 和 5；有好多层楼梯。那么对于每一对钥匙 u 和 v，如果选了 u 则必须选 v'，表示如果用了钥匙 u 就不能使用钥匙 v；反之亦然。

题目要求打开尽量多的门。对于这个限制，采取二分法解决，将构造性问题转换为判定性问题。比如门 1 要求钥匙 3 或者 4，那么表示如果不选 3 则必须选 4，不选 4 则必须选 3。将二分的要求的条件也作为边加到图上，然后求强连通分量，判断有无矛盾。最后二分到的解即是本题的解。

参考代码

```
#include <cstdio>
#include <iostream>
#include <cstring>
using namespace std;

struct Node {
    int fe,dfn,low,scc;
    bool instack;
    void clear() {
        fe=-1;
        dfn=-1;
        low=-1;
        scc=-1;
        instack=false;
    }
};
struct Edge {
    int ne,t;
};

Node a[4100];
Edge b[10000];
int datam[2100][2];
int datan[1100][2];
int stk[4100];
int n,m,p,idx;

void putedge(int x,int y) {
    b[p].t=y;
    b[p].ne=a[x].fe;
    a[x].fe=p;
    p++;
}

void tarjan(int i) {//tarjan算法，求强连通分量
    a[i].dfn=a[i].low=idx++;
    a[i].instack=true;
    stk[p++]=i;
    for (int j=a[i].fe;j!=-1;j=b[j].ne) {
        if (a[b[j].t].dfn==-1) {
            tarjan(b[j].t);
            a[i].low=min(a[i].low,a[b[j].t].low);
        } else if (a[b[j].t].instack) {
            a[i].low=min(a[i].low,a[b[j].t].dfn);
         }
    }
    if (a[i].low==a[i].dfn) {
        p--;
        while (stk[p]!=i) {

            a[stk[p]].instack=false;
            a[stk[p]].scc=i;
            p--;
        }
```

```
        a[i].instack=false;
        a[i].scc=i;
    }
}

bool cango(int m) {//二分
    int i;
    for (i=0;i<n*4;i++) {
        a[i].clear();
    }
    p=1;
    for (i=0;i<n;i++) {
        putedge(datan[i][0]*2,datan[i][1]*2+1);
        putedge(datan[i][1]*2,datan[i][0]*2+1);
    }
    for (i=0;i<m;i++) {
        if (datam[i][0]>=2*n) return false;
        if (datam[i][1]>=2*n) {
            putedge(datam[i][0]*2+1,datam[i][0]*2);
        } else {
            putedge(datam[i][0]*2+1,datam[i][1]*2);
            putedge(datam[i][1]*2+1,datam[i][0]*2);
        }
    }
    p=1;
    idx=1;
    for (i=0;i<n*4;i++) {
        if (a[i].dfn==-1) tarjan(i);
    }
    for (i=0;i<n*2;i++) {
        if (a[i*2].scc==a[i*2+1].scc) return false;
    }
    return true;
}

int main() {
    int i,j,l,r,t;
    while (scanf("%d%d",&n,&m),n) {
        for (i=0;i<n;i++) {
            scanf("%d%d",&datan[i][0],&datan[i][1]);
        }
        for (i=0;i<m;i++) {
            scanf("%d%d",&datam[i][0],&datam[i][1]);
            if (datam[i][0]>datam[i][1]) swap(datam[i][0],datam[i][1]);
        }
        l=0;
        r=m;
        while (l<r) {
            t=1+(l+r)/2;
            if (cango(t)) l=t;
            else r=t-1;
        }
        printf("%d\n",r);
    }
    return 0;
}
```

【例题 4.13】SPF

题目描述

还记得上次小 Hi 和小 Ho 所在学校被黑客攻击的事情么？那一次攻击最后造成了学校网络数据的丢失。为了避免再次出现这样的情况，学校决定对校园网络进行重新设计。

学校现在一共拥有 $N(N \leqslant 2000)$ 台服务器 (编号 $1 \sim N$) 以及 $M(M \leqslant 100\,000)$ 条连接，保证了任意两台服务器之间都能够通过连接直接或者间接地进行数据通信。

当发生黑客攻击时，学校会立刻切断网络中的一条连接或是立刻关闭一台服务器，使得整个网络被隔离成两个独立的部分。

小 Hi 和小 Ho 想要知道，在学校的网络中有哪些连接和哪些点被关闭后，能够使得整个网络被隔离为两部分。

在下面的例子中，满足条件的有边 $(3,4)$，点 3 和点 4。

输入输出样例

Input	Output
6 7 1 2 1 3 2 3 3 4 4 5 4 6 5 6	3 4 3 4

题目来源

hihoCoder 1183 *http://hihocoder.com/problemset/problem/1183*

解题思路

模板题，关键服务器就是图模型的割点，关键连接就是图模型的割边。

参考代码

```
#include <iostream>
#include <cstdio>
#include <algorithm>
using namespace std;
struct EdgeNode{
    int next,to,from;
    EdgeNode(){}
    EdgeNode(int _next, int _from, int _to){
        next = _next; to = _to; from = _from;
    }
}edge[200010];
int head[100010],cnt,N,M,W;

inline void AddEdge(int u,int v) {
    edge[++cnt] = EdgeNode(head[u], u, v); head[u] = cnt;
}
inline void InsertEdge(int u,int v) {AddEdge(u,v); AddEdge(v,u);}

#define MP make_pair
#define Pa pair<int,int>

Pa ans2[100010];
int dfn[100010], low[100010], fa[100010], cut[100010], dfsn, tot;

void Tarjan(int u,int last) {
    dfn[u] = low[u] = ++dfsn;
    int son = 0;
    for (int i=head[u]; i; i=edge[i].next){
        int v = edge[i].to;
        if (!dfn[v]){
            son++;
            fa[v] = u;
            Tarjan(v, u);
            low[u] = min(low[u], low[v]);

            if (!fa[u] && son > 1) cut[u] = 1;
```

```
            if (fa[u] && low[v] >= dfn[u]) cut[u] = 1;
            if (low[v] > dfn[u]) ans2[++tot] = MP(min(u,v), max(u,v));
        } else if (v != fa[u]){
            low[u] = min(dfn[v], low[u]);
        }
    }
}

int main(){
    scanf("%d%d",&N,&M);
    for (int i=1; i<=M; i++){
        int u,v;
        scanf("%d%d",&u,&v);
        InsertEdge(u,v);
    }
    Tarjan(1, 0);
    sort(ans2+1, ans2+tot+1);
    int flag = 0;
    for(int i=1; i<=N; i++)
        if (cut[i]){
            printf("%d ",i);
            flag = 1;
        }
    if (!flag) puts("Null"); else puts("");
    for (int i=1; i<=tot; i++) printf("%d %d\n",ans2[i].first, ans2[i].second);
    return 0;
}
```

习题推荐

- **Luogu P2341** 受欢迎的牛　*https://www.luogu.com.cn/problem/P2341*
- **POJ 3648** Wedding　*http://poj.org/problem?id=3648*
- **HDU 1814** Peaceful Commission　*http://acm.hdu.edu.cn/showproblem.php?pid=1814*
- **POJ 3678** Katu Puzzle　*http://poj.org/problem?id=3678*
- **UOJ 67** 新年的毒瘤　*https://uoj.ac/problem/67*
- **POJ 3177** Redundant Paths　*http://poj.org/problem?id=3177*
- **HDU 2242** 考研路茫茫　*http://acm.hdu.edu.cn/showproblem.php?pid=2242*

4.9　图的匹配问题

匹配是指满足任意两条边都不依附于同一个顶点的边集。最大匹配是所有匹配中边数最多的匹配。

图中连通两个未匹配点的路径，且该路径上属于某匹配与不属于某匹配的边交替出现，则称该路径为相对于某匹配的一条增广路。可知路径的第一条和最后一条边都不属于某匹配（因为路径的两端点都未匹配）。由于交错性路径的长度一定为奇数，假设路径长度为 $2k+1$，就有 $k+1$ 条边不在匹配中，k 条边在匹配中。将这条路属于匹配和不属于匹配取反，会得到更大的匹配。这也是求最大匹配的基本思路，即找增广路，取反，至无增广路为止。

4.9.1　二分图最大匹配

满足以下两个条件的图称为二分图。

(1) 对于顶点，可以分为两个不相交的子集 X 和 Y，也就是说，任意一个顶点属于且仅属于其中一个子集。

(2) 对于边，图中任意一条边所连接的两个顶点 u 和 v，必有一个顶点属于 X 集合，另一个顶点属于 Y 集合。也就是说，子集 X 的顶点之间没有边，子集 Y 的顶点之间也没有边。

二分图的最大匹配最常用的是匈牙利算法，即由增广路求最大匹配。基本思想：首先初始化匹配 M 为空，找到图中的一条相对于 M 的增广路 P；对 P 上的路径取反，更新 M；再次寻找增广路，若不存在增广路算法结束。

从某顶点 A 出发，有一个未与它匹配的顶点 B 相连，那么这条边就是一个增广路。否则因为 B 已经匹配，设 B 的匹配点为 C，则 (A,B,C) 再连 C 出发的增广路（且不与之前的顶点重合）就是一条增广路。可以用 DFS 或者 BFS 来实现这个过程。特殊地，如果从某顶点找不到增广路，那么无论如何更改匹配，都无法找到从该顶点开始的增广路。

二分图还有独立集、覆盖集等概念，它们可以由最大匹配求得，此处不再扩展，请读者自行查阅。同时也可以使用网络流解二分图匹配问题。

例题讲解

【例题 4.14】棋盘游戏

题目描述

小希和 Gardon 在玩一个游戏：对一个 $N\times M$ 的棋盘，在格子里放尽量多的一些国际象棋“车”，并且使得它们不能互相攻击，这当然很简单，但 Gardon 限制了只有某些格子才可以放，小希还是很轻松地解决了该问题，注意不能放车的地方不影响“车”的互相攻击。

所以现在 Gardon 想让小希来解决一个更难的问题，在保证尽量多的“车”的前提下，棋盘里有些格子是可以避开的，也就是说，不在这些格子上放车，也可以保证尽量多的“车”被放下。但是某些格子若不放子，就无法保证放尽量多的“车”，这样的格子被称作重要点。Gardon 想让小希算出有多少个这样的重要点，你能解决这个问题么？

输入包含多组数据，第一行有三个数 N、M、$K(1 < N,M \leqslant 1001 < K \leqslant N \times M)$，表示了棋盘的高、宽，以及可以放“车”的格子数目。接下来的 K 行描述了所有格子的信息：每行两个数 X 和 Y，表示了这个格子在棋盘中的位置。

输出每组数据有多少个重要点，输出格式参考样例。

输入输出样例

Input	Output
3 3 4 1 2 1 3 2 1 2 2 3 3 4 1 2 1 3 2 1 3 2	Board 1 have 0 important blanks for 2 chessmen. Board 2 have 3 important blanks for 3 chessmen.

题目来源

HDU 1281 *http://acm.hdu.edu.cn/showproblem.php?pid=1281*

解题思路

这是二分图最大匹配的一个经典例子，要求保留最多的棋子使得任意两枚棋子都不在同一行或者同一列。建图时顶点代表行和列，边代表棋盘点，具体建图如下：

(1) X 集合中的顶点表示棋盘的每一行，Y 集合中的顶点表示棋盘的每一列。

(2) 若棋盘 (i,j) 位置能放棋子，则 X 集合中表示第 i 行的顶点和 Y 集合中表示第 j 列的顶点连一条边。

若两条边同时依赖于同一个顶点，则表示两个棋子在同一行或同一列，根据二分图的定义不允许出现。所以，此图的最大匹配即答案。

重要点问题，可以通过枚举每个位置，删去后看看答案是否减小来判断。

参考代码

```
#include<bits/stdc++.h>
using namespace std;
int mp[110][110],vis[110],match[110];
int n,m,k;

bool find (int x) {
   for (int i=1; i<=n; i++) {
       if (!vis[i]&&mp[x][i]) {
           vis[i]=1;
           if (match[i]==-1||find (match[i])) {
               match[i]=x;
               return true;
           }
       }
   }
   return false;
}

int hungry () {
    int ans=0;
    memset(match, -1, sizeof(match));
    for (int i=1; i<=m; i++) {
        memset(vis, 0, sizeof(vis));
        if (find (i)) ans++;
    }
    return ans;
}

int main () {
    int kcase=0;
    while (cin>>n>>m>>k) {
        kcase++;
        memset(mp, 0, sizeof(mp));
        for (int i=1; i<=k; i++) {
            int a,b;
            cin>>a>>b;
            mp[a][b]=1;
        }
        int ans=hungry();
        int num=0;
        for (int i=1; i<=n; i++)
            for (int j=1; j<=m; j++) {
                if (mp[i][j]==1){
                    mp[i][j]=0;
                    if (hungry()<ans) num++;
                    mp[i][j]=1;
                }
            }
        printf("Board %d have %d important blanks for %d chessmen.\n",kcase,num,ans);
    }
    return 0;
}
```

4.9.2　二分图最大权匹配

最大权匹配，顾名思义即带权的最大匹配，之前所说的最大匹配也可以看成是权值均为 1 的最大权匹配。求最大权通常要求完备匹配，所谓完备匹配是使得每个顶点都能够被匹配上的最大权匹配。但并不是所有图都有完备匹配，可以通过添加不存在的顶点和权值为 0 的边使原图存在完备匹配。

求最大权完备匹配的方法常用的是 Kuhn-Munkres 算法（简称 KM 算法）。算法主要思想是通过顶标将求最大权匹配问题转换为求完备匹配（即最大匹配）问题。

在算法执行过程中，顶标始终满足对于任意一条边，它连接的两个顶点的顶标和大于或等于该边的权值。初始时 X 中点的顶标为与该点相连的所有边中权值最大的值，Y 中点的顶标为0。那么如果所有权值等于两端点顶标和的边组成的子图中存在该图的完备匹配，它就是最大匹配，因为完备匹配中不包含的边必定小于或等于两端点顶标和。如果当前子图中不存在完备匹配，那么就修改顶标值，再求完备匹配。修改顶标值的方法为将交错树（如果存在某个顶点寻找匹配失败，那么 DFS 过程中访问过的所有顶点和边会形成一棵树，称为交错树。）中 X 集合中的点顶标值减 d，Y 集合中点顶标值加 d。此处 $d = \min\{i$ 顶标值 $+j$ 顶标值 $-w_{ij} \mid i$ 为 X 集合点且在交错树中，j 为 Y 集合点且不在交错树中 $\}$。

简单的例子：$n \times n$ 的棋盘上每个格子都有一定的权值，要求放置棋子使得任意两枚棋子都不在同一行或者同一列，并且所有棋子所在格子权值和最大。这个例子建图方法与例题 4.14 基本相同，求得的最大权匹配就是解。

例题讲解

【例题 4.15】二分图最大权匹配

题目描述

从前有一个和谐的班级，有 nl 个男生，有 nr 个女生，编号分别为 1 ~ nl 和 1 ~ nr。

有若干个这样的条件：第 v 个男生和第 u 个女生愿意交朋友，且交朋友后开心程度为 w。

请问这个班级里开心程度之和最大是多少？

输入输出样例

Input	Output
2 2 3 1 1 100 1 2 1 2 1 1	100 1 0

题目来源

UOJ 80 *https://uoj.ac/problem/80*

解题思路

二分图最大权匹配的模板题。男女生为顶点，两两间的 w 值即为边的价值，最大权匹配结果即为所求。

参考代码

```
#include <bits/stdc++.h>
using namespace std;
typedef long long ll;
const int NPOS = -1;
const int N = 500;
const int INF = 0x7fffffff;
int nl,nr,m,n;
ll a[N][N];
ll hl[N],hr[N],slk[N];
int fl[N],fr[N],vl[N],vr[N],pre[N],q[N],ql,qr;

int check(int i){
    vl[i]=1;
    if (fl[i]!=NPOS){
        q[qr++]=fl[i]; vr[fl[i]]=1;
        return 1;
    }
    while (i!=NPOS) {
        fl[i]=pre[i];
        swap(i,fr[fl[i]]);
    }
```

```
    return 0;
}

void bfs(int s){
    for (int i=1; i<=n; i++) vl[i]=vr[i]=0,slk[i]=INF;
    for (vr[q[ql = 0] = s] = qr = 1; ;){
        for (ll d; ql < qr;){
            for (int i=1,j=q[ql++]; i<=n; i++){
                if (!vl[i] && slk[i] >= (d = hl[i] + hr[j] - a[i][j]) ){
                    pre[i] = j;
                    if (d) slk[i]=d;
                    else if (!check(i)) return;
                }
            }
        }
        ll d = INF;
        for (int i=1; i<=n; i++)
            if (!vl[i] && d > slk[i]) d = slk[i];
        for (int i=1; i<=n; i++){
            if (vl[i]) hl[i] += d;
            else slk[i] -= d;
            if (vr[i]) hr[i] -= d;
        }
        for (int i=1; i<=n; ++i)
            if (!vl[i] && !slk[i] && !check(i)) return;
    }
}

ll solve(){
    for (int i=1; i<=n; i++) fl[i]=fr[i]=NPOS,hr[i]=0;
    for (int i=1; i<=n; i++) hl[i]=*max_element(a[i]+1,a[i]+n+1);
    for (int j=1; j<=n; j++) bfs(j);
    ll re = 0;
    for (int i=1; i<=n; i++) if (a[i][fl[i]]) re+=a[i][fl[i]];
    else fl[i]=0;
    return re;
}

int main(){
    scanf("%d%d%d",&nl,&nr,&m);
    for (int i=1; i<=m; i++){
        int u,v; scanf("%d%d",&u,&v);
        scanf("%lld",&a[u][v]);
    }
    n=max(nl,nr);
    ll ans = solve();
    printf("%lld\n",ans);
    for (int i=1; i<=nl; i++) printf("%d ",a[i][fl[i]]? fl[i]:0);
    return 0;
}
```

4.9.3 一般图最大匹配

一般图最大匹配在图论中算是较难的算法，题目较少，读者可根据自己的需要来学习。

首先要区分一般图最大匹配和二分图最大匹配的区别。

当图 $G(V,E)$ 是一个二分图时，由于其若含有环，则一定是偶环（一个点数为 $2k$ 的环），其最大匹配可以使用匈牙利算法或网络流算法来求解。

当图 $G(V,E)$ 是一个一般图时，由于一般图会含有奇环（一个点数为 $2k+1$ 的环），而经过一个奇环会得到两条含有同一个顶点的匹配边，因此当图 $G(V,E)$ 是一个一般图时，无法直接进行增广，需要用改进算法来求解最大匹配，即带花树算法。

算法流程

带花树算法仍是分为 n 个阶段寻找增广路，由于问题出在奇环上，那么首先分析一下奇环的性质。

奇环中有 $2k+1$ 个点，所以最多有 k 组匹配。也就是说，有一个顶点没有匹配，即这个顶点在环内两边的连边都不是匹配边。根据这个性质不难发现，对于一个奇环，只要改变了顶端在这个顶点的状态，整个环的状态就可以确定，可以将奇环缩成一个顶点（这个顶点称为花），由于增广路经过奇环，那么奇环内的增广路可以还原出来，因此缩完点后的图如果可以找到一条增广路，那么原图中也可以找到一条增广路。

有了上述想法的辅助，整个求解过程就是：每次从没有匹配的 u 开始 BFS 寻找增广路。

搜索初始时，将所有顶点均标记为无色，将端点 u 加入队列中，标记为黑色点，枚举从当前顶点 u（黑色）相邻的所有顶点 v。考虑 v 是否访问过：

(1) v 是一个未标记顶点（无色），那么有以下两种情况。

① 如果 v 已经匹配，将 v 染成白色，将 v 的匹配点 x 加入队列，继续寻找增广路，x 染成黑色。

② 如果 v 尚未匹配，找到了一条增广路，直接返回修改。

(2) v 是一个已标记过的顶点（黑色或白色），说明找到了环，那么有以下三种情况。

① v 为白色，是一个偶环，跳过。

② v 为黑色且 u,v 所在的奇环已经缩过了，那么也跳过。

③ v 为黑色，且找到一个新的奇环，那么找到 u,v 所在奇环的环顶（即它们在 BFS 上跑出来的交错树的 LCA，称之为最近公共花祖先），将 u 到环顶的路径以及 v 到环顶的路径修改掉，白点染成黑点，加入队列，并将环上的顶点（或者是某个已经缩了的环顶）并查集父亲指向 LCA。

缩环时维护一个 pre 数组，表示回跳时走到这里该往哪一个方向走回去。回跳时每次找到 pre，修改这条边，接着跳到 pre 原来的 match 处。

如果倒着进入一个花的时候，上方的边为非匹配边，那么会往下走，此时 pre 向下设。相遇位置的 pre 互相连接，即 $\text{pre}[x]=y,\text{pre}[y]=x$。

由于算法最多搜索 n 次，每次最多把整个图遍历一次，每个顶点会最多被缩 n 次花，所以总复杂度为 $O(n^3)$。

例题讲解

【例题 4.16】一般图最大匹配

题目描述

从前有一个和谐的班级，所有人都是搞 OI 的。有 n 个男生，有 0 个女生。男生编号分别为 $1\sim n$。现在老师想把他们分成若干个两人小组写动态仙人掌，一个人负责搬砖，另一个人负责吐槽。每个人至多属于一个小组。有若干个这样的条件：第 v 个男生和第 u 个男生愿意组成小组。请问这个班级里最多产生多少个小组？

输入第一行包含两个正整数，n,m。保证 $n>=2$。

接下来 m 行，每行两个整数 v,u 表示第 v 个男生和第 u 个男生愿意组成小组。保证 $1\leqslant v,u\leqslant n$，$v\neq u$，且同一个条件不会出现两次。

输出第一行为一个整数；表示最多产生多少个小组。

接下来一行为 n 个整数，描述一组最优方案。第 v 个整数表示 v 号男生所在小组的另一个男生的编号。如果 v 号男生没有小组请输出 0。

输入输出样例

Input	Output
5 4 1 5 4 2 2 1 4 3	2 2 1 4 3 0

题目来源

UOJ 79　*https://uoj.ac/problem/79*

解题思路

一般图最大匹配的模板题，此类问题的重点仍在建图和模型转换过程中，此题模型比较直观，不过多赘述。

参考代码

```
#include<bits/stdc++.h>
using namespace std;
const int MAXN = 2020;
int N,M;
struct EdgeNode{
    int to,next;
    EdgeNode(){}
    EdgeNode(int _next, int _to){
        next = _next; to = _to;
    }
}edge[124750<<2];
int cnt=1,head[MAXN];
void add(int u,int v){
    edge[++cnt] = EdgeNode(head[u], v); head[u] = cnt;
}
void insert(int u,int v){
    add(u,v); add(v,u);
}

int f[MAXN],tp[MAXN],match[MAXN],pre[MAXN],dfn[MAXN],tb;
inline int find(int x){
    if (f[x]==x) return x; return f[x]=find(f[x]);
}

int LCA(int u,int v){
    for (++tb; ;swap(u,v)) if (u){
        u = find(u);
        if (dfn[u] == tb) return u;
        else dfn[u] = tb,u = pre[match[u]];
    }
}

queue<int>q;
void blossom(int u,int v,int l){
    while (find(u)!=l){
        pre[u] = v; v = match[u];
        if (tp[v] == 2) tp[v] = 1, q.push(v);
        if (find(u) == u) f[u] = l;
        if (find(v) == v) f[v] = l;
        u = pre[v];
    }
}

bool aug(int s){
    for (int i=1; i<=N; i++) f[i]=i,tp[i]=0,pre[i]=0;
    while (!q.empty()) q.pop();
    tp[s] = 1; q.push(s);
    int t = 0;
```

```
    while (!q.empty()){
        int u = q.front(); q.pop();
        for (int i=head[u]; i; i=edge[i].next){
            int v = edge[i].to;
            if (find(u) == find(v) || tp[v]==2) continue;
            if (!tp[v]) {
                tp[v] = 2;
                pre[v] = u;
                if (!match[v]) {
                    for (int now=v,last,tmp; now; now=last){
                        last = match[tmp=pre[now]];
                        match[now] = tmp; match[tmp]=now;
                    }
                    return true;
                }
                tp[match[v]]=1;
                q.push(match[v]);
            } else if (tp[v] == 1){
                int lca = LCA(u,v);
                blossom(u,v,lca);
                blossom(v,u,lca);
            }
        }
    }
    return false;
}

int main(){
    scanf("%d%d",&N,&M);
    for (int i=1; i<=M; i++){
        int u,v;
        scanf("%d%d",&u,&v);
        insert(u,v);
    }
    int ans = 0;
    for (int i=1; i<=N; i++) ans += (!match[i] && aug(i));
    printf("%d\n",ans);
    for (int i=1; i<=N; i++) printf("%d ",match[i]);
    return 0;
}
```

习题推荐

- **Luogu P2423** [HEOI2012] 朋友圈 *https://www.luogu.com.cn/problem/P2423*
- **Codeforces 741C** Arpa's overnight party and Mehrdad's silent entering *http://codeforces.com/contest/741/problem/C*
- **HDU 1068** Girls and Boys *http://acm.hdu.edu.cn/showproblem.php?pid=1068*
- **POJ 1274** The Perfect Stall *http://poj.org/problem?id=1274*
- **POJ 3041** Asteroids *http://poj.org/problem?id=3041*
- **POJ 3020** Antenna Placement *http://poj.org/problem?id=3020*
- **POJ 3565** Ants *http://poj.org/problem?id=3565*
- **HDU 2255** 奔小康赚大钱 *http://acm.hdu.edu.cn/showproblem.php?pid=2255*

4.10 支配树

给出一张有向图和起点 S，问当某个点 x 被删掉后，有哪些点不能从起点到达？求解从起点 S 到达某个节点，必须要经过的那些点。

这一类问题的单次询问可以通过 BFS 解决。但计算所有点的整体复杂度是平方级别。而支配树算法是解决此类问题的近似线性复杂度的算法。

在一张有向图中，如果点 u 被删除，那么 v 点就无法到达，那么称点 u 是点 v 的支配点。

对于每个点来说，有且至少有一个支配点，并且这些支配点之间满足传递性（即 x 支配 y，y 支配 z，就有 x 支配 z）。

目的是构造出图的支配树，支配树一棵满足以下性质的树结构。

性质

(1) 形态是一棵树，根节点是起点 S。

(2) 对于每个节点 x，它到根的路径上的点集即为它的支配点集。

(3) 对于每个节点 x，起点 S 到达 x 的支配树中子树里的点都必须经过 x。

算法流程

先给出一些变量定义：

(1) idom$[x]$ 表示 x 的最近支配点，即 x 的支配点集中深度最深的点，也就是 x 在支配树上的父节点。

(2) semi$[x]$ 为 x 的半支配点，定义为：存在从一个点 u 到 v 的路径中 (不包括 u，v)，所有 DFS 树的点的 dfn 都大于 v 的 dfn。

若 u 是 v 在 DFS 树上的父节点，则 u 也是 v 的半支配点。不严谨地说，semi$[x]$ 就是 x 的祖先 z 中，能不经过 z 和 x 之间的树上的边而到达 x 的点中深度最小的。若中间没有点，则 semi$[x]$ 为其 DFS 树上的父亲。

求解 semi$[x]$，有如下具体结论（下述比较大小均按照 dfn 来比较）。

(1) 对任意节点 $y \neq s$，有点集 $\{x|(x,y) \in E\}$。若 $x < y$，则 semi$[y] = \min(x)$；若 $x > y$，则 semi$[y] = \min(\{$semi$[z]|z > y$ 且存在链 $z \to y\})$。

(2) 令集合 $P = \{x$ 到 semi$[x]$ 路径上的点 (不包含 semi$[x]$)$\}$，找到 P 中 dfn 最小的点 z。若 semi$[z] =$ semi$[x]$，则 idom$[x] =$ semi$[x]$，否则 idom$[x] =$ idom$[z]$。

具体的算法流程如下。

(1) 先对整张图进行一遍 DFS, 求出 dfn。

(2) 根据 dfn 大小从大到小遍历，由于查询的都是祖先链，根据定义可以求出 semi。

(3) 保留 DFS 树上的节点和边 (semi$[x], x$)。显然，原图变为一个 DAG。然后再将点丢到支配树中，在做这个操作之前，还需要先求出该点祖先链中 semi 的最小值，然后这个点会成为一棵子树的根，通过带权并查集维护各个子树并连接。最后通过 semi 求出 idom。

例题讲解

【例题 4.17】支配树模板题

题目描述

给定一张有向图，求从 1 号点出发，每个顶点能支配的顶点的个数（包括自己）。

输入输出样例

Input	Output
10 15 1 2 2 3 3 4 3 5 3 6 4 7 7 8 7 9 7 10	10 9 8 4 1 1 3 1 1 1

Input	Output
5 6 6 8 7 8 4 1 3 6 5 3	

题目来源

Luogu P5180 *https://www.luogu.com.cn/problem/P5180*

解题思路

支配树的模板题。在构建支配树后，进行一次 DFS 统计子树大小即可。

参考代码

```
#include<bits/stdc++.h>
using namespace std;
const int MAXN=300010;
int N,M,f[MAXN],min_anc[MAXN],semi[MAXN],dfn[MAXN],dfnn,sz[MAXN],fa[MAXN],idom[MAXN], id[MAXN];
struct Graph{
    struct EdgeNode{
        int next,to;
        EdgeNode(){}
        EdgeNode(int _next, int _to){
            next = _next; to = _to;
        }
    }edge[MAXN<<1];
    int head[MAXN],cnt=1;
    void add(int u,int v){
        edge[++cnt] = EdgeNode(head[u], v); head[u] = cnt;
    }
    void init(){
        for (int i=0; i<=N; i++) head[i] = 0;
        cnt = 1;
    }
}g1,g2,g3,dom;
/*
f[x]为并查集中的根
min_anc[x]为并查集中维护的，表示从x到其已经搜过的祖先的dfn的最小值min_anc[x]
id为dfn编号对应的节点编号
fa为DFS树上的父节点
*/
int F(int x){
    if (f[x] == x) return x;
    int ret = F(f[x]);
    if (dfn[ semi[min_anc[f[x]]] ]<dfn[ semi[min_anc[x]] ]) min_anc[x]=min_anc[f[x]];
    //用semi[min_anc[x]] 更新 semi[x]
    return f[x] = ret;
}

void dfs1(int u,int last){
    dfn[u] = ++dfnn;
    id[dfnn] = u;
    for (int i = g1.head[u]; i; i = g1.edge[i].next){
        int v = g1.edge[i].to;
        if (v == last || dfn[v]) continue;
        fa[v] = u;
        dfs1(v, u);
    }
}
```

```

void Tarjan(){
    for (int i = dfnn; i > 1; i--){ //按dfn从大大小，从DFS树遍历
        int v = id[i], mn = N;
        for (int j = g2.head[v]; j; j = g2.edge[j].next){
            int u = g2.edge[j].to;
            if (!dfn[u]) continue; //不在DFS树上
            if (dfn[u] < dfn[v]) mn = min(mn, dfn[u]);
            else F(u), mn = min(mn, dfn[semi[min_anc[u]]]);
        }
        semi[v] = id[mn];
        f[v] = fa[v];
        g3.add(semi[v], v);
        v = id[i-1];
        for (int j = g3.head[v]; j; j = g3.edge[j].next){
            int u = g3.edge[j].to;
            F(u);
            if (semi[min_anc[u]] == v) idom[u] = v;
            else idom[u] = min_anc[u];
        }
    }
    for (int i = 2; i <= dfnn; i++){
        int u = id[i];
        if (idom[u] != semi[u]) idom[u] = idom[idom[u]];
    }
}

void dfs2(int u,int last){
    sz[u] = 1;
    for (int i = dom.head[u]; i; i = dom.edge[i].next){
        int v = dom.edge[i].to;
        if (v == last) continue;
        dfs2(v, u);
        sz[u] += sz[v];
    }
}

int main(){
    scanf("%d%d",&N,&M);
    for (int i = 1; i <= M; i++){
        int u,v;
        scanf("%d%d",&u,&v);
        g1.add(u,v);
        g2.add(v,u);
    }
    for (int i = 1; i <= N; i++){
        min_anc[i] = f[i] = semi[i] = i;
    }
    dfs1(1, 0);
    Tarjan();

    for(int i = 1; i <= N; i++) dom.add(idom[i], i);
    dfs2(1, 0);
    for (int i = 1; i <= N; i++) printf("%d%c", sz[i], i == N ? '\n':' ');
    return 0;
}
```

习题推荐

- **HDU 4694** Important Sisters *http://acm.hdu.edu.cn/showproblem.php?pid=4694*
- **HDU 6604** Blow up the city *http://acm.hdu.edu.cn/showproblem.php?pid=6604*
- **Luogu P2597** 灾难 *https://www.luogu.com.cn/problem/P2597*

第 5 章　高级数据结构

高级数据结构在现代计算机当中发挥着核心的作用，具有更加复杂的结构设计和更高的思维难度，在处理某些问题时往往能够发挥重要作用。在程序设计中，高级数据结构往往作为解题的工具，帮助实现算法中的某一功能，如树链剖分解决静态树上路径问题、平衡树解决一类前驱后继问题等。能够灵活地运用高级数据结构是程序设计中必不可少的能力。

5.1　树链剖分

树链剖分是将一棵树的结构进行分割，形成若干条链的形式，并用其他算法或数据结构维护树上信息的数据结构。同一棵树的不同剖分方法会产生不同的链划分，如重链剖分、长链剖分等。而在程序设计中，树链剖分一般指重链剖分。树的重链剖分结合线段树的方法在解决静态树上维护路径信息问题中有较大优势。本章中若无特殊指出，则树链剖分特指为重链剖分。为了方便之后的讲解，下面特对本节出现的一些专有名词进行解释。

名词定义

(1) **重儿子**: 节点 u 的所有儿子节点中，子树大小（该子树所包含的节点个数）最大的一个儿子节点称为 u 的重儿子。如果有多个儿子节点子树大小相同，则任选其一作为 u 的重儿子，记为 $\text{son}[u]$。

(2) **轻儿子**: 节点 u 的所有儿子节点中，不是重儿子的节点称为轻儿子。显然，轻儿子可以有多个。

(3) **重边**: 节点 u 与 u 的重儿子 $\text{son}[u]$ 之间的连边称为重边。

(4) **轻边**: 节点 u 与 u 的轻儿子之间的连边称为轻边。

(5) **重链**: 多个相连的重边组成的不可再扩展的路径称为重链。注意，一个节点也可形成重链。

(6) **链头节点**: 每个重链中深度最小的节点称为链头节点。设 $\text{top}[u]$ 表示 u 所在的重链的链头节点标号。

算法思路

树链剖分本质上讲是树的一种遍历方式，它并不会真的把每一条树的重链单独存储在其他位置，而是利用深度优先遍历的方法使得重链在 DFS 序列中能够体现出来。通过规定在 DFS 过程中先访问重儿子可以保证在同一条重链上的节点在 DFS 序列中也是排在一起的，且按照深度递增的顺序排列。

图5.1为对一棵树进行树链剖分后的结果，图中共有 7 条重链，分别为 $1-4-9-13-14$、$2-6-11$、$3-7$、5、8、10、12。读者不妨尝试模拟这棵树的 DFS 序列，每个节点中先访问重儿子节点，其他节点访问顺序任意，不难发现同一条重链的节点按照顺序排列。另外不难发现，树中的每个节点属于且仅属于一条重链。这是由划分的方法和重链定义推导而出。所以可以得到树链剖分的如下两条重要性质。

性质

(1) 进行重链剖分的树按照一定规则进行深度优先遍历，得到的遍历序列满足同一条重链上的节点在遍历序列中的位置连续。

(2) 进行重链剖分的树，每个节点属于且仅属于一条重链。

从这两条性质可以推断出树链剖分核心思想，即将树上的问题转换为序列上的问题，然后用线段树等其他数据结构进行维护，而这个序列就是深度优先搜索的访问序列。将树上问题向序列问题方向进行转换，首先要处理的就是树的路径在深度优先搜索序列中如何表示。

观察图5.1，任意一条树上的路径不外乎只有以下两种情况。

(1) 路径两端节点处于同一条重链当中，那么这条路径的节点在 DFS 序列中连续，且深度小的在前，如路径 $4-9-13$。

(2) 路径两端点处于不同重链当中，如路径 $11-6-2-1-4-9-13$，这条路径需要跨过两条重链。

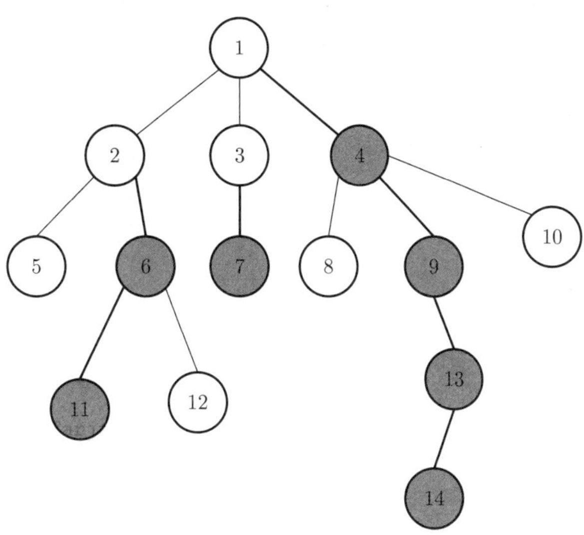

图 5.1 树链剖分示意图（深色节点为其父节点对应的重儿子，加粗的边为重边）

假如想要统计路径上节点个数，对于第一种情况，显然结果就是在 DFS 序列中的位置差，一个简单的计算就可以解决；对于第二种情况，不妨设两个指针 i、j 分别指向路径的两个端点，包括以下两种位置关系。

(1) 若 i、j 不在同一个重链当中，那么不妨设 $\text{deep}[\text{top}[i]] \leqslant \text{deep}[\text{top}[j]]$，则 $j = \text{fa}[\text{top}[j]]$。即 j 从当前重链，跳向链头节点父亲所在的重链。重复操作直到 i 和 j 在同一条重链当中。

(2) 若 i、j 在同一个重链当中，那么与第一种情况处理方法相同。

至此，树链剖分的实现思想基本成型。对于每个节点 u，只需要求出父亲节点 $\text{fa}[u]$、深度 $\text{deep}[u]$、重儿子 $\text{son}[u]$、所在重链的链头节点 $\text{top}[u]$ 以及在 DFS 序列当中的位置就可以将树上问题转换为序列问题，然后用其他数据结构，如线段树进行维护。

时间复杂度

对于某一个重链的链头节点，其重儿子是所有子树中节点个数最大的。所以其任何一个轻儿子的子树大小一定小于或等于父亲子树的一半（向下取整）。因此对于树上任意一条路径都可以通过若干次重链切换来实现，每切换一次链（从当前重链切换到其顶端节点的重链），其链的顶端的子树大小大于或等于原来链顶端节点的子树大小的两倍，所以最多 $\log n$ 次切换就会到达根节点。

经过树链剖分之后可以保证任意一个点到根节点只会经过 $\log n$ 条重链，配合线段树的区间操作，可以完成对树上路径信息的快速修改和查询。

例题讲解

【例题 5.1】轻重链剖分

题目描述

已知一棵包含 N 个节点的树（连通且无环），每个节点上包含一个数值，需要支持以下操作。

操作 1：格式：$1\ x\ y\ z$ 表示将树从 x 到 y 节点最短路径上所有节点的值都加上 z。

操作 2：格式：$2\ x\ y$ 表示求树从 x 到 y 节点最短路径上所有节点的值之和。

操作 3：格式：$3\ x\ z$ 表示将以 x 为根节点的子树内所有节点值都加上 z。

操作 4：格式：$4\ x$ 表示求以 x 为根节点的子树内所有节点值之和。

题目保证 $1 \leqslant N \leqslant 10^5, 1 \leqslant M \leqslant 10^5, 1 \leqslant R \leqslant N, 1 \leqslant P \leqslant 2^{31}-1$。

题目来源

Luogu P3384 *https://www.luogu.com.cn/problem/P3384*

解题思路

首先对树进行轻重链剖分，此时树上的任意一条路径可以由 $\log n$ 条重链组成。而通过对 DFS 序的调整，使得每条重链上的所有点 DFS 序连续。

使用线段树维护 DFS 序的操作。对于每条路径，拆分成若干连续的重链，在线段树对应位置进行区间操作。对于子树操作，一棵节点的子树在 DFS 序上总是连续的，通过记录子树开始和结束的位置，也可以转换为线段树的区间操作。

下面的代码中，使用了 info 和 tag 来维护线段树的区间信息和标记。对于不同的题目，只需要考虑如何下放和合并 tag 就可以维护不同的信息。

注：对于需要使用线段树维护信息的题目，前提是要支持区间信息的合并。

参考代码

```
#include <bits/stdc++.h>

using namespace std;
typedef pair<int, int> pi;
typedef long long ll;

const int N = 1e5 + 100;
int mod;
int ql, qr;
int n, m, rt;
vector<int>G[N];
int dep[N], fa[N], top[N], son[N], sz[N];//深度,父亲,链顶,重儿子,子树大小
int tot, st[N], ed[N];//子树DFS序的start和end
int pos[N];//pos[dfn[i]] = i;
int a[N];
struct Tag{//区间加法标记
    int add;
    Tag(int x) {
        add = x;
    }
    Tag(){}
    void clear() {
        add = 0;
    }
    void mergeTag(const Tag &k) {
        add += k.add;
        if (add > mod) add -= mod;
    }
}A[N<<2];

struct Info{//线段树维护的信息
    ll sum;
    int l, r;
    Info (int x) {
        sum = x;
    }
    Info (int x, int _l, int _r) {
        sum = x;
        l = _l;
        r = _r;
    }
    Info () {}
    void applyTag(const Tag &k) {
        sum = (sum + (r - l + 1) * 1ll * k.add % mod) % mod;
    }
}t[N<<2];

Info mergeInfo(Info l, Info r) {//合并两棵树的信息
    return Info((l.sum + r.sum)%mod, l.l, r.r);
}

```

```
void applyTag(int x, Tag k) {
    A[x].mergeTag(k);
    t[x].applyTag(k);
}

void pushdown(int x) {//下放标记
    applyTag(x*2, A[x]);
    applyTag(x*2+1, A[x]);
    A[x].clear();
}

void update(int x) {//合并子树信息
    t[x] = mergeInfo(t[x*2], t[x*2+1]);
}

void build(int x, int l, int r) {//建树
    t[x].l = l, t[x].r = r;
    if (l == r) {
        t[x].sum = a[pos[l]];
        return;
    }
    int mid = (l + r) >> 1;
    build(x*2, l, mid);
    build(x*2+1, mid + 1, r);
    update(x);
    return;
}

void change(int x, int l, int r, const Tag& k) {
    /*
    给l到r的位置打上标记k
    */
    if (l > t[x].r || r < t[x].l) return;
    if (l <= t[x].l && t[x].r <= r) {
        applyTag(x, k);
        return;
    }
    pushdown(x);
    change(x*2, l, r, k);
    change(x*2+1, l, r, k);
    update(x);
}

Info query(int x, int l, int r) {//询问l到r的区间和
    if (t[x].l > r || t[x].r < l) return Info(0);
    if (l <= t[x].l && t[x].r <= r) return t[x];
    pushdown(x);
    return mergeInfo(query(x*2, l, r), query(x*2+1, l, r));
}

//两次DFS实现树链剖分
void dfs1(int x) {
    sz[x] = 1;
    for (int i = 0; i < (int)G[x].size(); i++) {
        int v = G[x][i];
        if (v == fa[x]) continue;
        fa[v] = x;
        dep[v] = dep[x] + 1;
        dfs1(v);
        sz[x] += sz[v];
        if (sz[v] > sz[son[x]]) son[x] = v;
    }

}

```

```
//优先遍历重儿子保证了一条重链的DFS序连续
void dfs2(int x) {
    st[x] = ++tot;
    pos[tot] = x;
    if (son[x]) {
        top[son[x]] = top[x];
        dfs2(son[x]);
    }
    for (int i = 0; i < (int)G[x].size(); i++) {
        int v = G[x][i];
        if (v == fa[x] || v == son[x]) continue;
        top[v] = v;
        dfs2(v);
    }
    ed[x] = tot;
}

int lca(int x, int y) {
    while (top[x] != top[y]) {
        if (dep[top[x]] < dep[top[y]]) swap(x, y);
        x = fa[top[x]];
    }
    return dep[x] > dep[y]? y: x;
}

//给从x到y的每个点加上w
void add_chain(int x, int y, int w) {
    Tag k(w);
    while (top[x] != top[y]) {
        change(1, st[top[x]], st[x], k);
        x = fa[top[x]];
    }
    change(1, st[y], st[x], k);
}

Info query_chain(int x, int y) {
    Info res(0);
    while (top[x] != top[y]) {
        res = mergeInfo(res, query(1, st[top[x]], st[x]));
        x = fa[top[x]];
    }
    res = mergeInfo(res, query(1, st[y], st[x]));
    return res;
}

int main() {
    scanf("%d%d%d%d", &n, &m, &rt, &mod);
    for (int i = 1; i <= n; i++) scanf("%d", &a[i]);
    for (int i = 1; i < n; i++) {
        int u, v;
        scanf("%d%d", &u, &v);
        G[u].push_back(v);
        G[v].push_back(u);
    }
    dfs1(rt);
    top[rt] = rt;
    dfs2(rt);
    build(1,1,n);
    for (int i = 1; i <= m; i++) {
        int op, x, y, z, l;
        ll res;
        scanf("%d", &op);
        switch(op) {
            case 1:
                scanf("%d%d%d", &x, &y, &z);
                l = lca(x, y);
```

```
                add_chain(x, l, z);
                add_chain(y, l, z);
                add_chain(l, l, -z);
                break;
            case 2:
                scanf("%d%d", &x, &y);
                l = lca(x, y);
                res = (mergeInfo(query_chain(x, l),
                                 query_chain(y, l)).sum
                               - query_chain(l, l).sum);
                res = (res % mod + mod) % mod;
                printf("%lld\n", res);
                break;
            case 3:
                scanf("%d%d", &x, &z);
                change(1, st[x], ed[x], Tag(z));
                break;
            case 4:
                scanf("%d", &x);
                res = query(1, st[x], ed[x]).sum;
                res = (res % mod + mod) % mod;
                printf("%lld\n", res);
                break;
        }
    }
    return 0;
}
```

习题推荐

- **Luogu P3178** [HAOI2015] 树上操作　*https://www.luogu.com.cn/problem/P3178*
- **Luogu P4315** 月下毛景树　*https://www.luogu.com.cn/problem/P4315*
- **Luogu P3313** [SDOI2014] 旅行　*https://www.luogu.com.cn/problem/P3313*

5.2　可持久化数据结构

5.2.1　主席树

主席树，即可持久化权值线段树，是一种利用函数式的编程思想使得线段树支持查询历史版本，同时充分利用它们之间的共同数据来减少时间和内存消耗的数据结构。简单来说就是通过实现建立多棵线段树的想法来完成历史数据查询的数据结构。主席树并不复杂，但对于初学者来说仍有较大的思维难度，本节将从一个经典例题开始，由简入繁，一步步讲解如何以线段树为基础去理解主席树的实现思想。

实现思想

从一个题型入手来学习主席树。假设当前有一个长度为 N 的序列以及 Q 组查询，每次查询询问序列的 $[L, R]$ 区间中第 k 小的数是多少，所有数据为不大于 100 000 的正整数。这个问题如何解决？序列上的问题很自然地会想到利用线段树（当然，这个题有其他做法），但只用线段树不能解决这个问题。现在从一个简化的题目开始来解决这个问题。

假设这个问题只有一个询问，询问 $[1, N]$ 区间上第 k 小的数是多少。

针对这个问题，可以建立一棵权值线段树，即线段树的叶子节点存储对应的数在序列中出现的次数，从左到右数第 i 个叶节点表示第 i 小的数在整个序列中出现的次数。那么查询第 k 小的数，其实就只需要在权值线段树上递归寻找即可。若左儿子的数量 $\geqslant k$，那么在左儿子中递归查找第 k 小的数，若左儿子的数量 $< k$，那么在右儿子中递归查找第 $k - \text{num[lch]}$ 小的数。

现在将询问扩大到 10 000 组，询问的区间为 $[1, R]$，如何求第 k 小的数？

因为询问并不是每次都是整个序列，所以现在不能够一下将所有的数据插入到线段树当中，但不难发现，询问是具有单调性的，可以通过离线的做法，将所有的询问按照 R 排序，然后将序列中的数据按照下标递增顺序逐个插入到线段树当中。当插入第 i 个数据之后，就将所有的 $R=i$ 的询问在线段树上进行查询，从而得到这个询问的答案。显然，插入时间复杂度为 $O(N\log N)$，查询时间复杂度为 $O(Q\log N)$。

这种解题思路其实可以理解为，建立了 N 棵线段树，只不过这个问题在解决的过程中可以不保留已经用过的线段树，因为之后的询问不会再用到“历史中的线段树”。但如果问题要求在线处理询问，那么显然对询问排序是不可行的，因为需要建立 N 棵线段树来应对 N 种不同的询问区间。但是，如果真的建立了 N 棵完整的线段树，那么大部分的题目会出现内存溢出的错误。如何能够缩小这 N 棵线段树的占用空间呢?

思考一下不难发现，这 N 棵线段树的建立过程其实出现了很多的“冗余信息”，对区间 $[1,i]$ 建立的线段树只是在区间 $[1,i-1]$ 建立的线段树的基础上多了一个数据，而却重构了整棵树，这显然是不合理的。可不可以“共用”线段树节点，出现数据差异的时候，再添加新的线段树节点呢？这就是主席树要解决的问题。如图5.2所示。线段树 2 在线段树 1 的基础上添加一个数据，通过共用线段树 1 的部分节点，线段树 2 只需要额外添加一条链就可以完成构建。如果将线段树 1 中 1、3、7、15 号节点删去，会发现余下部分与线段树 2 正好构成一个完整的线段树结构！如此一来，建立 N 棵线段树的想法便能够成为现实。需要注意的是，如果采用线性存储的方式存储主席树，就无法像线段树那样利用完全二叉树的性质寻找左右儿子。需要额外的存储空间记录每个节点左右儿子的编号。

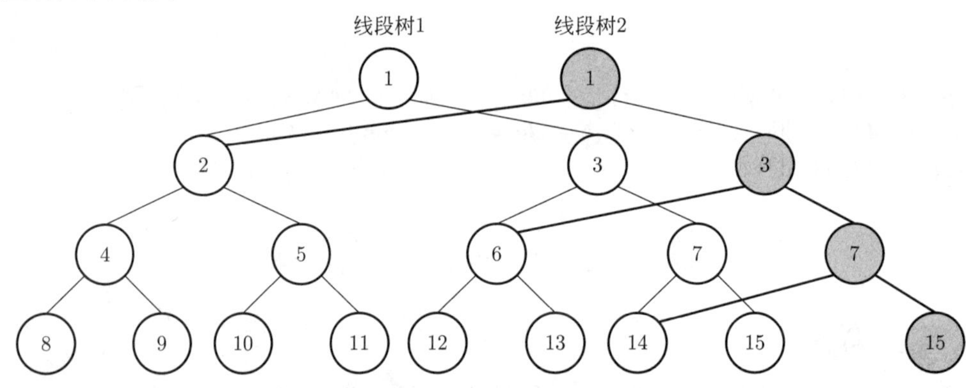

图 5.2 主席树的构建

注：为了方便读者理解，图5.2中线段树 2 的新增节点与线段树 1 的节点编号重复，实际编写代码过程中，主席树中各个节点编号应当唯一且互不相同。

回到最初的问题，多组询问下，询问区间为 $[L,R]$ 时第 k 小的数。

现在已经能够建立出主席树，那么在思考问题时，可以按照建立 N 棵线段树的思考方式去思考问题，待其他问题细节处理完毕后，最后思考如何转换为主席树的实现方式。

本题需要利用前缀和的方式解决问题：对于序列的每一个前缀区间建立出一棵线段树，对于第 x 棵线段树的第 i 个叶子节点维护区间 $[0,x]$ 中数 i 的出现次数。显然树是可减的，即若想得到在区间 $[L,R]$ 上的信息，可以用 $[0,R]$ 上的信息减去 $[0,L-1]$ 上的信息得到。有了这 N 棵线段树，可以利用第 R 棵线段树和第 $L-1$ 棵线段树做减法运算，就能够得到一棵建立在 $[L,R]$ 区间上的线段树了。

复杂度分析

结合图5.2，每插入一个数据需要新建一条树链，而线段树的最大深度为 $\lceil\log N\rceil+1$，故主席树的空间复杂度为 $O(N\log N)$。同理，建树的时间复杂度与空间复杂度计算方式类似，也为 $O(N\log N)$。单次查询与线段树查询复杂度相同，为 $O(\log N)$。

例题讲解

【例题 5.2】可持久化线段树

题目描述

给定 n 个整数构成的序列 a，将对于指定的闭区间 $[l,r]$ 查询其区间内的第 k 小值，共查询 m 次。

题目保证 $1 \leqslant n,m, \leqslant 2\times 10^5, |a_i| \leqslant 10^9$。

输入输出样例

Input	Output
5 5	6405
25957 6405 15770 26287 26465	15770
2 2 1	26287
3 4 1	25957
4 5 1	26287
1 2 2	
4 4 1	

样例解释

$n=5$，数列长度为 5，数列从第一项开始依次为 $\{25957, 6405, 15770, 26287, 26465\}$。

- 第一次查询为 $[2,2]$ 区间内的第一小值，即为 6405。
- 第二次查询为 $[3,4]$ 区间内的第一小值，即为 15770。
- 第三次查询为 $[4,5]$ 区间内的第一小值，即为 26287。
- 第四次查询为 $[1,2]$ 区间内的第二小值，即为 25957。
- 第五次查询为 $[4,4]$ 区间内的第一小值，即为 26287。

题目来源

Luogu P3834 *https://www.luogu.com.cn/problem/P3834*

解题思路

首先对输入进行离散化。

建立主席树：对于每个位置建立一棵权值线段树。相邻的权值线段树只有一个位置不同。如果这个位置在左子树，就只需要递归建立左子树，右子树直接连向前一棵树的右子树。基于这样的思想，每棵权值线段树其实只新建立了一条链。

区间查询：类似权值线段树上二分查找第 k 大值。对于主席树，区间 $[l,r]$ 对应的主席树就是第 r 棵权值线段树减去第 $l-1$ 棵权值线段树，在其上使用二分法就可以找到区间第 k 大值。

参考代码

```
#include<bits/stdc++.h>
using namespace std;
//快速输入
inline int readint(){
    int f = 1, n = 0;
    char ch = getchar();
    while(!isdigit(ch)){
        if(ch == '-') f = -f;
        ch = getchar();
    }
    while(isdigit(ch)){
        n = (n << 1) + (n << 3) + (ch ^ 48);
        ch = getchar();
    }
    return f * n;
}
//快速输出
template<typename T>
inline void output(T x){
```

```
    if(x < 0){
        putchar('-');
        output(-x);
    }
    else{
        if(x > 9) output(x / 10);
        putchar(x % 10 + 48);
    }
}
const int maxn = 200000 + 10;
struct Tree{
    int lc, rc, size;
    Tree(){
        lc = rc = 0;
        size = 0;
    }
}t[maxn * 50];
int root[maxn], tcnt = 0;
inline int copynode(int x){
    t[++tcnt] = t[x];
    return tcnt;
}
void update(int &x, int l, int r, int val){
    x = copynode(x);
    t[x].size++;
    if(l == r){
        return;
    }
    else{
        int mid = l + r >> 1;
        if(val <= mid){
            update(t[x].lc, l, mid, val);
        }
        else{
            update(t[x].rc, mid + 1, r, val);
        }
    }
}
int query(int x, int y, int l, int r, int k){
    if(l == r){
        return l;
    }
    else{
        int mid = l + r >> 1;
        if(t[t[y].lc].size - t[t[x].lc].size >= k){
           return query(t[x].lc, t[y].lc, l, mid, k);
        }
        else{
           return query(t[x].rc, t[y].rc, mid+1, r, k-t[t[y].lc].size+t[t[x].lc].size);
        }
    }
}
int a[maxn], b[maxn], cnt = 0;
int main(){
    int n, m;
    n = readint();
    m = readint();
    for(int i = 1; i <= n; i++){
        a[i] = b[i] = readint();
    }
    //首先进行离散化
    sort(b + 1, b + n + 1);
    cnt = unique(b + 1, b + n + 1) - b - 1;
    for(int i = 1; i <= n; i++){
        a[i] = lower_bound(b + 1, b + cnt + 1, a[i]) - b;
    }
```

```
    //建立主席树
    for(int i = 1; i <= n; i++){
        update(root[i] = root[i - 1], 1, cnt, a[i]);
    }
    int l, r, k;
    while(m--){
        l = readint();
        r = readint();
        k = readint();
        output(b[query(root[l - 1], root[r], 1, cnt, k)]);
        putchar('\n');
    }
    return 0;
}
```

习题推荐

- **Luogu P3567** [POI2014]KUR-Couriers *https://www.luogu.com.cn/problem/P3567*
- **Luogu P3168** [CQOI2015] 任务查询系统 *https://www.luogu.com.cn/problem/P3168*
- **Luogu P1972** [SDOI2009]HH 的项链 *https://www.luogu.com.cn/problem/P1972*
- **Luogu P4113** [HEOI2012] 采花 *https://www.luogu.com.cn/problem/P4113*
- **Luogu P3605** Promotion Counting *https://www.luogu.com.cn/problem/P3605*
- **Luogu P2633** Count on a tree *https://www.luogu.com.cn/problem/P2633*
- **Luogu P3899** [湖南集训] 更为厉害 *https://www.luogu.com.cn/problem/P3899*
- **Luogu P2839** [国家集训队] middle *https://www.luogu.com.cn/problem/P2839*

小结

可持久化权值线段树又称主席树，其核心思想是充分利用同一个序列上线段树之间的重复信息，使得存储空间得到最大化的利用。所谓历史数据既可以理解为建立线段树过程中每一次插入事件，也可以理解为在之后的操作中出现的修改操作。对于单点的修改操作，主席树应当如何建立新的节点？对于区间的修改操作，主席树又该如何处理懒惰标记？

5.2.2　可持久化 trie

trie（字典树）将在第 10 章中具体介绍。可持久化 trie 的思想和主席树非常相似。

这里的可持久化 trie 一般来讲是对 01trie 的可持久化，如果字符集过大则可持久化数据结构对空间的要求呈指数增长。而 01trie 只有“0”“1”两个儿子，与线段树基本结构相同，具有良好的可持久化特性。

主席树维护的是前缀区间的权值线段树，而可持久化 trie 维护的是前缀区间的 trie 树。在 trie 中插入一个新节点的过程和权值线段树类似，都是只添加一条链上的信息。不同之处在于，可持久化线段树善于解决区间的历史数据查询问题，而可持久化 01trie 主要解决涉及位运算的历史数据查询问题。一般来说，题目中涉及序列上位运算的问题，大概率可以用 01trie 解决。

例题讲解

【例题 5.3】最大异或和

题目描述

给定一个非负整数序列 $\{a\}$，初始长度为 n。

有 m 个操作，有以下两种操作类型。

(1) $A\ x$：添加操作，表示在序列末尾添加一个数 x，序列的长度更改为 $n+1$。

(2) $Q\ l\ r\ x$：询问操作，需要找到一个位置 p，满足 $l \leqslant p \leqslant r$，使得：$a[p] \oplus a[p+1] \oplus \cdots \oplus a[N] \oplus x$ 最大，输出最大值。

输入第一行包含两个整数 $n,m(1 \leqslant n,m \leqslant 300\,000)$，第二行包含 n 个整数，表示初始序列。接下来 m 行，每行描述一个操作格式如题目所述。

假设询问操作有 T 个，则输出应该包含 T 行，每行一个整数，表示询问操作的答案。

输入输出样例

Input	Output
5 5 2 6 4 3 6 A 1 Q 3 5 4 A 4 Q 5 7 0 Q 3 6 6	4 5 6

题目来源

Luogu P4735 *https://www.luogu.com.cn/problem/P4735*

解题思路

如果对于询问操作，没有指定 l 和 r，其实是 trie 的模板题。在 trie 中插入每个前缀区间的异或和，那么区间 $[p,n]$ 后缀异或和等于整个序列的异或和 $\oplus$ 区间 $[1,p-1]$ 的前缀异或和。接着问题可以转换为计算 $x\oplus$ 区间 $[1,n]$ 的异或和的值后，在 trie 树上贪心地找与之异或的最大值。

如果加上了区间的限制，和主席树维护的某个数的出现次数的方法完全类似。

参考代码

```
#include <iostream>
#include <cstdio>
#include <cstring>
#include <algorithm>
using namespace std;
const int N = 8e5+200;
int rt[N*5], ls[N * 40], rs[N * 40], sum[N*40];
int tot = 10;
int cur = 0;
int a[N], n, m;

void insert(int last, int &x, int val, int h = 30) {
    //从高位到低位插入
    if (!x) x = ++tot;
    sum[x] = sum[last] + 1;
    if (h < 0) return ;
    //如果val在这一位是1,就递归到右子树中继续插入,左子树和前一个位置的左子树相同
    if (val & (1 << h))
        insert(rs[last], rs[x], val, h - 1), ls[x] = ls[last];
    else insert(ls[last], ls[x], val, h - 1), rs[x] = rs[last];
    return ;
}

int query(int l, int r, int val, int h = 30, int res = 0) {
    if (h < 0) return res;
    int o = (1 << h) & val;
    //如果子树已经为空就返回结果
    if (sum[r] - sum[l] == 0) return res;
    //如果能让这一位变大就往变大的方向走
    if (!o && sum[rs[r]] - sum[rs[l]]) return query(rs[l], rs[r], val, h - 1, res| (1 << h));
    else if (o && sum[ls[r]] - sum[ls[l]]) return query(ls[l], ls[r], val, h - 1, res | (1 << h));
    else if (sum[rs[r]] - sum[rs[l]]) return query(rs[l], rs[r], val, h - 1, res);
    else return query(ls[l], ls[r], val, h - 1, res);
}
int main() {
    scanf("%d%d", &n, &m);
```

```
    insert(rt[0], rt[1], 0);
    for (int i = 1; i <= n; i++) {
        scanf("%d", &a[i]);
        cur ^= a[i];//cur中存了前缀异或和
        insert(rt[i], rt[i+1], cur);
    }
    for (int i = 1; i <= m; i++) {
        char s[2];
        scanf("%s", s);
        if (s[0] == 'A') {
            int x;
            scanf("%d", &x);
            cur ^= x;
            insert(rt[n+1],rt[n+2], cur);
            n++;
        }
        else {
            int l, r, k;
            scanf("%d%d%d", &l, &r, &k);
            printf("%d\n", query(rt[l-1], rt[r], k^cur));
        }
    }
    return 0;
}
```

习题推荐

- **Luogu P3293** [SCOI2016] 美味　*https://www.luogu.com.cn/problem/P3293*
- **Luogu P5283** [十二省联考 2019] 异或粽子　*https://www.luogu.com.cn/problem/P5283*
- **Luogu P5795** [THUSC2015] 异或运算　*https://www.luogu.com.cn/problem/P5795*

5.3　虚　　树

从设计思想上来讲，虚树更偏向于树状结构问题的简化，主要处理如下问题。

(1) 初始树 T 的节点数较大，导致时间复杂度和空间复杂度无法承受。

(2) 询问涉及的节点集合（也称为关键点集合）很小，远小于初始树 T 的节点数。

(3) 问题支持离线处理。

这类问题的重心在于询问部分，显然在这类问题中，初始树 T 中会有很多的节点不会出现在询问当中，大部分这些非关键节点可通过压缩的方式将若干连续的节点压缩为一个节点，从而形成一棵规模更小的树。因为关键点集很小，所以可通过常规方法解决问题。

利用虚树，可以对于指定关键点集 S 的多组询问，在每组 $O(|S|\log n + f(|S|))$ 的复杂度进行回答，其中，$f(x)$ 表示树上有 x 个点的情况下，回答该问题的复杂度。可以看到，复杂度基本上与 n 无关。这样对于询问点数很少的情况下，就可以遍历整个虚树进行回答。

定义

虚树是对于给定 n 个节点的初始树 T，构造一棵新的树 T'，使得总节点数最小并且包含所有的关键点和它们之间的最近公共祖先（LCA）。T' 中的节点的祖孙关系与 T 中保持一致，T' 便为 T 的虚树。

性质

(1) 空间线性性质：若询问点集大小为 k，则虚树的节点数为 $O(k)$ 级别，因为其仅包含 k 个关键点和它们的 LCA，而 LCA 的个数最多为 $k-1$ 个，故虚树的节点数最多为 $2k-1$。

(2) 结构相似性质：在处理问题时，节点的 LCA 通常包含大量重要信息。很多情况下在对数据量进行压缩，此时只保留询问的 LCA，即可构造出与待考察问题等价的树状结构，即该树的虚树。使用此方法可以完成树的转换。

构造

构造过程主要用到栈。首先对整棵树进行深度优先遍历，处理出可以在 $O(1)$ 或 $O(\log n)$ 时间复杂度内求出 LCA 的方法，并求出 DFS 序。之后便可以抛弃所有非关键点，只处理关键点序列。按照 DFS 序递增的顺序依次处理每个节点。不妨先将根节点加入虚树，利用一个单调栈维护当前加入虚树的一条树链，栈中的元素自栈顶到栈底 DFS 序递减，即栈顶始终是 DFS 序最大的点。之后按顺序将关键点加入到虚树中，关键点一定会加入栈中，然后只需要考虑关键点和当前栈顶的 LCA 是否需要加入。根据要加入的点（假设为 $P[j]$）、LCA 与栈顶元素之间的关系，可以分成以下三种情况。

(1) 情况一 (见图5.3)：$\text{lca}(p[j], \text{stack}[\text{top}]) = \text{stack}[\text{top}]$，说明 $P[j]$ 与 sta[top] 处于同一条树链当中，直接将 $P[j]$ 加入栈中即可。

(2) 情况二 (见图5.4)：$\text{lca}(p[j], \text{stack}[\text{top}]) = \text{stack}[k](k! = \text{top})$, 在这种情况下，$P[j]$ 与栈顶元素不在同一条树链当中，它们分别在 stack$[k]$ 的两棵不同子树当中。此时，弹出栈中所有 DFS 序大于 LCA 的点，即弹出 stack$[k]$ 上面的所有点，弹出时，要在栈顶和次栈顶的点之间加边。最后将 $P[j]$ 加入栈中。

(3) 情况三 (见图5.5)：$\text{lca}(p[j], \text{stack}[\text{top}])$ 不在栈中，这种情况与情况二类似，只是 LCA 并不在当前的树链当中，需要把 LCA 加入对应的位置。弹栈中所有 DFS 序大于 LCA 的点，弹出时，要在栈顶和次栈顶的点之间加边。LCA 和最后弹出栈的点连边，将 LCA 和 $P[j]$ 依次加入栈中。

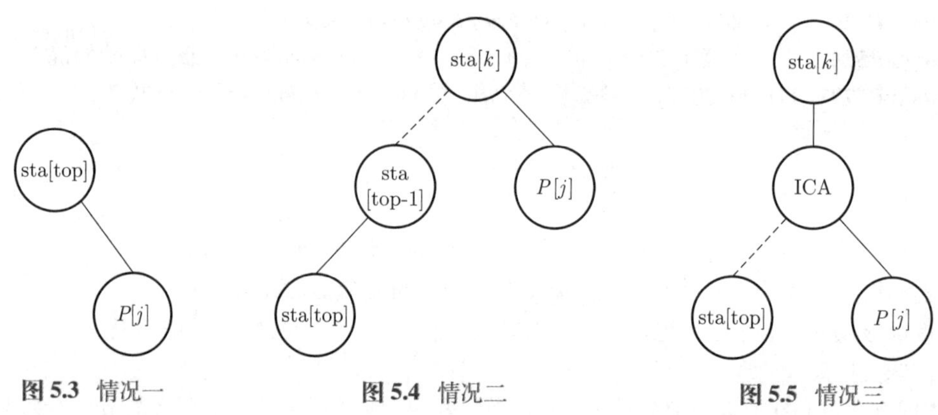

图 5.3 情况一　　**图 5.4** 情况二　　**图 5.5** 情况三

根据 ST 表求 LCA 的方法：假设有三点 o、p、q，满足 DFS 序递增。那么 o 和 q 的 LCA 一定是 o 和 p 的 LCA 或者 p 和 q 的 LCA（两点的 LCA 是两点 DFS 序对应的闭区间中所有点深度最小的点）。所以每次加入关键点只需要求与栈顶元素的 LCA 即可，不需要与每个关键点都计算一遍。这也证明了虚树的空间线性性质。

例题讲解

【例题 5.4】消耗战

题目描述

战场由 n 个岛屿和 $n-1$ 个桥梁组成，保证每个岛屿间有且仅有一条路径可达。

敌军总部在编号为 1 的岛屿。已知在其他 k 个岛屿上有能源，为防止敌军获取能源，我军的任务是炸毁一些桥梁，使敌军不能到达任何能源丰富的岛屿。由于不同桥梁的材质和结构不同，所以炸毁不同的桥梁有不同的代价，我军希望在满足目标的同时使得总代价最小。

侦查部门还发现，敌军有一台神秘机器。即使我军切断所有能源之后，他们也可以用那台机器。机器产生的效果不仅会修复所有我军炸毁的桥梁，而且会重新随机资源分布（但可以保证的是，资源不会分布到 1 号岛屿上）。不过侦查部门还发现了这台机器只能够使用 m 次，所以我们只需要把每次任务完成即可。

输入第一行为一个整数 n 表示岛屿数量，接下来 $n-1$ 行，每行 3 个整数 u、v、w 表示 u、v 之间有一个代价为 w 的桥梁。接下来一行一个整数 m，表示敌人使用次数。接下来 m 行，每行第一个整数表示资源富裕岛屿个数，后接岛屿若干标号。

输出为一行一个整数表示最小总代价。其中，$2 \leqslant n \leqslant 2.5 \times 10^5, 1 \leqslant m \leqslant 5 \times 10^5, \sum k_i \leqslant 5 \times 10^5, 1 \leqslant k_i < n, h_i \neq 1, 1 \leqslant u, v \leqslant n, 1 \leqslant w \leqslant 10^5$。

题目来源

Luogu P2495　*https://www.luogu.com.cn/problem/P2495*

解题思路

直接使用树动态规划。用 $f[i]$ 表示切断 i 中所有关键点不和根相连花费的最小代价。

(1) 如果 i 是关键点，$f[i] = \text{mn}[i]$，$\text{mn}[i]$ 表示 i 到根上的路径上边权最小的一条。

(2) 如果 i 不是关键点，$f[i] = \min(\text{mn}[i], \sum_{f[j]})$，$j$ 是 i 的子树。

这样做单次询问的复杂度是 $O(n)$。如果在关键点形成的虚树上进行动态规划，复杂度就可以做到 $O(k \log n)$。

参考代码

```cpp
#include <bits/stdc++.h>
using namespace std;
typedef pair<int, int> pi;
typedef long long ll;
const int N = 3e5 + 100;
struct edge {
    int to, nxt, val;
} e[N<<1];
vector<int>G[N];
int cnt, h[N],f[N][21], val[N];
ll dp[N];
int dep[N], dfn[N], tot, n, m,p[N],top, st[N];
void add(int u, int v, int w) {
    e[++cnt] = (edge) {v, h[u], w};
    h[u] = cnt;
}
bool cmp(int x, int y) {
    return dfn[x] < dfn[y];
}
void dfs(int x, int mn) {
    dfn[x] = ++tot;
    for (int i = h[x]; i; i = e[i].nxt) {
        int v = e[i].to;
        if (v == f[x][0]) continue;
        dep[v] = dep[x] + 1;
        f[v][0] = x;
        val[v] = min(e[i].val, mn);
        dfs(v, val[v]);
    }
}
int lca(int x, int y) {
    if (dep[x] < dep[y]) swap(x, y);
    for (int i = 20; i >= 0; i--) {
        if (dep[f[x][i]] >= dep[y])
            x = f[x][i];
    }

    if (x == y) return x;
    for (int i = 20; i >= 0; i--) {
        if (f[x][i] != f[y][i])
            x = f[x][i], y = f[y][i];
    }
```

```
    return f[x][0];
}
void Add(int u, int v) {
    if (dep[u] > dep[v]) swap(u, v);
    G[u].push_back(v);
}
ll DP(int x) {//在虚树上dp
    if (dp[x]) return dp[x];
    ll sum = 0;
    for (int i = 0; i < (int)G[x].size(); i++) {
        int v = G[x][i], w = val[v];
        sum += min(DP(v), w*1ll);
    }
    return sum;
}
int main() {
    scanf("%d", &n);
    for (int i = 1; i < n; i++) {
        int u, v, w;
        scanf("%d%d%d", &u, &v, &w);
        add(u, v, w);
        add(v, u, w);
    }
    dep[1] = 1;
    dfs(1,0x7fffffff);//求出DFS序列
    //此处采用递增法求LCA。下面两个循环为预处理过程
    for (int i = 1; i <= 20; i++)
        for (int j = 1; j <= n; j++) {
            f[j][i] = f[f[j][i-1]][i-1];
        }
    scanf("%d", &m);
    for(int i = 1; i <= m; i++) {
        int ki;
        scanf("%d", &ki);
        for (int j = 1; j <= ki; j++) scanf("%d", &p[j]);
        st[top=1] = 1;
        G[1].clear();
        sort(p+1, p+ki+1, cmp);//将所有关键点按DFS序排序
        for(int j = 1; j <= ki; j++) {//Add(u,b)表示u、v之间建边
            int l = lca(st[top], p[j]);
            if (l != st[top]) {//情况二、三同样的处理方法
                while (dfn[l] < dfn[st[top-1]]) {//弹出所有DFS序大于LCA的点，同
                 //时加边
                    Add(st[top-1], st[top]);
                    top--;
                }
                if (l != st[top-1]) {//加入LCA
                    G[l].clear();
                    Add(st[top], l);
                    st[top] = l;
                } else Add(l, st[top--]);
            }
            G[p[j]].clear();
            st[++top] = p[j];//最后加入关键点
        }
        while (top > 1) {
            Add(st[top], st[top-1]);
            top--;
        }
        for(int j = 1; j <= ki; j++) dp[p[j]] = val[p[j]];
        printf("%lld\n", DP(1));
        for(int j = 1; j <= ki; j++) dp[p[j]] = 0;
    }
    return 0;
}
```

习题推荐

- **Luogu P3233** [HNOI2014] 世界树 *https://www.luogu.com.cn/problem/P3233*
- **Luogu P4103** [HEOI2014] 大工程 *https://www.luogu.com.cn/problem/P4103*
- **Luogu P3320** [SDOI2015] 寻宝游戏 *https://www.luogu.com.cn/problem/P3320*

5.4 平 衡 树

二叉排序树（二叉搜索树）是一种二叉树数据结构。它或者是一棵空树，或者是具有下列性质的二叉树：若它的左子树不空，则左子树上所有节点的值均小于它的根节点的值；若它的右子树不空，则右子树上所有节点的值均大于它的根节点的值；它的左、右子树也分别为二叉排序树。

对单调的数据，若按顺序暴力插入二叉排序树，该树可能会退化成一条链，使各种操作的复杂度升高；而平衡树是一种改进的二叉搜索树。在这里，平衡指所有节点的左右子树高度差最大为 1，广义上的平衡是指在树上所有可能查找的均摊复杂度偏低。

5.4.1 Treap

Treap 含义是 Tree + Heap，意为同时具有二叉排序树和堆的特点。对 Treap 上的每个节点，Treap 会为其分配一个随机值 priority 作为优先级。Treap 上的所有点的 key 值（关键字）满足二叉排序树的性质，priority 值满足堆的性质。经证明，Treap 的插入、删除等操作的平均复杂度都可以达到 $O(\log n)$。

Treap 维护平衡的方式有旋转和非旋转两种，其中，非旋转 Treap 的功能支持区间翻转、可持久化等，功能更加强大。本章将只介绍非旋转 Treap。

首先对 Treap 的节点结构做出定义，其应当至少包括左右子树域（l,r）、优先级域（key）和关键字域（priority）。为更好地完成 Treap 的各种操作，结构中还需添加子树大小域（size）。以下是使用指针实现的 Treap 节点。

参考代码

```
struct Treap {
    Treap *l,*r;
    //fix表示priority, key表示排序的关键字, size表示节点的子树大小
    int fix,key,size;
    Treap(int key_): fix(rand()),key(key_),l(NULL),r(NULL),size(1){}
    //updata负责更新节点的size, 保证size与该节点所在子树大小相同
    inline void updata() {
        size= 1 + (l?l->size:0) + (r?r->size:0);
    }
}
```

非旋转 Treap 的核心操作是分裂（split）和合并（merge）。插入、删除操作都可以基于这两种操作实现。

合并操作

合并操作接收两个参数 A 和 B，表示需要合并的两棵 Treap；操作完成后返回一棵新树代表合并结果。

在合并两棵 Treap A 和 B 时，若某棵 Treap 已经为空，就直接返回另一棵。此时为保证左子树的关键字小于右子树的关键字，需要判断两棵 Treap 根节点关键字的大小，若不符合要求，就需要交换 A、B。之后判断 A 和 B 的优先级顺序：若 A 的 fix 更小，那么将 B 与 A 的右子树合并；否则将 A 与 B 的左子树合并。

参考代码

```
Treap *Merge( Treap *A,Treap *B) {
    if(!A) return B;
    if(!B) return A;
    if(A->key>B->key) swap(A,B);
    if(A->fix<B->fix) {
        A->r=Merge(A->r,B);
        A->updata();
        return A;
    } else {
        B->l=Merge(A,B->l);
        B->updata();
        return B;
    }
}
```

分裂操作

分裂操作接收两个参数 cur 和 k，意为 cur 分裂出的左子树包括 k 个节点，右子树包括剩余节点。最终返回左树 A 和右树 B。为了方便，这里使用辅助结构 Droot 代表分裂操作后得到的左右树。

在分裂的过程中，若 cur 已经是空，就结束算法并返回；否则看 cur 的左子树的节点个数是否满足大于或等于 k：如果满足就在左子树处递归分裂，将返回值的右 Treap 变成 cur 的左子树；如果不满足就在 cur 的右子树处递归分裂，将返回值的左 Treap 变成 cur 的右子树。

参考代码

```
typedef pair<Treap*,Treap*> Droot;
Droot Split( Treap *cur,register int k) {
    if(!cur) return Droot(NULL,NULL);
    Droot y;
    if(Size(cur->l)>=k)
    {
        y=Split(cur->l,k);
        cur->l=y.second;
        cur->updata();
        y.second=cur;
    }
    else {
        y=Split(cur->r,k-Size(cur->l)-1);
        cur->r=y.first;
        cur->updata();
        y.first=cur;
    }
    return y;
}
```

例题讲解

【例题 5.5】普通平衡树

题目描述

你需要写一种数据结构，来维护一些数，其中需要提供以下操作。

(1) 插入数 x。

(2) 删除数 x (若有多个相同的数，只删除一个)。

(3) 查询数 x 的排名 (排名定义为比当前数小的数的个数 $+1$)。

(4) 查询排名为 x 的数。

(5) 求 x 的前驱 (前驱定义为小于 x，且最大的数)。

(6) 求 x 的后继 (后继定义为大于 x，且最小的数)。

题目保证 $1 \leqslant n \leqslant 10^5$，$|x| \leqslant 10^7$。

输入第一行为 n，表示操作的个数，下面 n 行每行有两个数 opt 和 x，opt 表示操作的序号 $(1 \leqslant \text{opt} \leqslant 6)$。

对于操作 3、4、5、6 每行输出一个数，表示对应答案。

输入输出样例

Input	Output
10 1 106465 4 1 1 317721 1 460929 1 644985 1 84185 1 89851 6 81968 1 492737 5 493598	106465 84185 492737

题目来源

Luogu P3369 *https://www.luogu.com.cn/problem/P3369*

解题思路

考虑如何利用 merge 和 split 来实现题目中的几种操作。

首先实现两种辅助操作：查询一个数的排名的操作 rank 和查询排名为 k 的数的操作 find。利用上面两种方法可以直接实现查询前驱和后继。用分裂操作和合并操作实现插入和删除操作。

(1) 查询排名：一个数的排名等于比它小的数的个数 $+1$。想要查询一个数的排名只要从 Treap 的根节点开始，每次将这个数和当前节点的关键字对比。若大于或等于当前节点的关键字，就递归到右子树继续统计，并将统计结果加上左子树的大小 $+1$；否则递归到左子树中继续查找。

(2) 查询第 k 大数：直接对整棵树执行 split 操作，列出最小的 $k-1$ 个数所在的子树。再对该树执行 split 操作获得 1 个节点构成的树，该节点的关键字表示的就是第 k 大的数。

(3) 插入：计算新插入的数的排名，设为 rk。对整棵树执行 split 操作获得前 rk−1 个节点组成的树。将新插入的数和该树执行 merge 操作，再和剩余部分组成的树 merge 起来。

(4) 删除：找到要删除的数的排名，然后类似地，先执行两次 split 操作，再执行两次 merge 操作。

(5) 查询和查询后继：这两个操作可以直接用上述 rank 和 find 两种辅助操作实现。

参考代码

```
#include <bits/stdc++.h>
const int maxn = 2000005;
using namespace std;
inline int read() {
    char ch='*';
    int f=1;
    while(!isdigit(ch=getchar())) if(ch=='-') f=-1;
    int num=ch-'0';
    while(isdigit(ch=getchar())) num=num*10+ch-'0';
    return num*f;
}
struct Treap {
    Treap *l,*r;
    int fix,key,size;
    Treap(int key_): fix(rand()),key(key_),l(NULL),r(NULL),size(1){}
    inline void updata()
    {
        size=1+(l?l->size:0)+(r?r->size:0);
    }
```

```
}*root;
typedef pair<Treap*,Treap*> Droot;
inline int Size(Treap *x) {
    return x? x->size:0;
}
Treap *Merge( Treap *A,Treap *B) {
    if(!A) return B;
    if(!B) return A;
    if(A->key>B->key) swap(A,B);
    if(A->fix<B->fix) {
        A->r=Merge(A->r,B);
        A->updata();
        return A;
    }
    else {
        B->l=Merge(A,B->l);
        B->updata();
        return B;
    }
}

Droot Split( Treap *cur,register int k) {
    if(!cur) return Droot(NULL,NULL);
    Droot y;
    if(Size(cur->l)>=k)
    {
        y=Split(cur->l,k);
        cur->l=y.second;
        cur->updata();
        y.second=cur;
    }
    else {
        y=Split(cur->r,k-Size(cur->l)-1);
        cur->r=y.first;
        cur->updata();
        y.first=cur;
    }
    return y;
}
Treap *Build( int *a) {
    static Treap *st[maxn],*x,*last;
    int top=0;
    for(register int i=1;i<=a[0];i++)
    {
        x=new Treap(a[i]);
        last=NULL;
        while(top&&st[top]->fix>x->fix)
        {
            st[top]->updata();
            last=st[top];
            st[top--]=NULL;
        }
        if(top) st[top]->r=x;
        x->l=last;
        st[++top]=x;
    }
    while(top) st[top--]->updata();
    return st[1];
}

int find(int k) {
    Droot x=Split(root,k-1);
    Droot y=Split(x.second,1);
    Treap *ans = y.first;
    root=Merge(Merge(x.first,ans),y.second);
```

```
    return ans->key;
}
int rank(Treap *x,int v) {
    if(!x) return 0;
    return v<x->key? rank(x->l,v):rank(x->r,v)+Size(x->l)+1;
}

void insert(int v) {
    int k=rank(root,v);
    Droot x=Split(root,k);
    Treap *n= new Treap(v);
    root = Merge(Merge(x.first,n),x.second);
    return ;
}

void Delete(int k) {
    Droot x=Split(root,k-1);
    Droot y=Split(x.second,1);
    root=Merge(x.first,y.second);
    return ;
}
int a[maxn],M,x,y;
int main() {
    root=NULL;
    scanf("%d",&M);
    int op,x;
    while(M--){
        scanf("%d%d",&op,&x);
        if(op==1) insert(x);
        else if(op==2) Delete(rank(root,x-1)+1);
        else if(op==3) printf("%d\n",rank(root,x-1)+1);
        else if(op==4) printf("%d\n",find(x));
        else if(op==5) printf("%d\n",find(rank(root,x-1)));
        else printf("%d\n",find(rank(root,x)+1));
    }
    return 0;
}
```

5.4.2 伸展树

伸展树（Splay Tree），也叫分裂树，是一种二叉排序树，它能在均摊 $O(\log n)$ 时间内完成插入、查找、删除等操作。伸展树不是平衡二叉树，但有着与平衡二叉树相似的特性。伸展树的空间要求和编程难度非常低，而且可以通过独有的伸展操作对区间进行运算，所以可使用的范围更广。

伸展树的基本操作

伸展树作为自平衡二叉查找树的一种替代，主要思想是：根据局部性原理，刚被访问的内容下次可能仍会被访问，查找次数多的内容可能下一次会被访问，为了使全部操作的整体查找时间更低，被查频率高的那些节点应当经常处于靠近树根的位置。每次查找节点之后对伸展树进行操作后，伸展树均会通过旋转的方法把被访问节点旋转到树根的位置。

为了将当前被访问节点旋转到树根，伸展树通常将节点自底向上旋转，直至该节点成为树根。“旋转”操作的巧妙之处就是在不打乱数列中数据大小关系（指中序遍历结果是全序）的情况下，所有基本操作的均摊复杂度仍为 $O(\log n)$。

伸展树主要有三种旋转情况，分别为 ZIG/ZAG，ZIG-ZIG/ZAG-ZAG 和 ZIG-ZAG/ZAG-ZIG。其中，ZAG 称作左旋操作，ZIG 称作右旋操作。

(1) ZIG/ZAG：如图5.6所示，节点 x 的父亲节点 y 是根节点。如果 x 是 y 的左孩子，进行一次 ZIG（右旋）操作，x 的右子树变成 y 的左子树，y 变成 x 的右孩子，x 成为根节点。同理，如果 x 是 y 的右孩子，则进行一次 ZAG（左旋）。

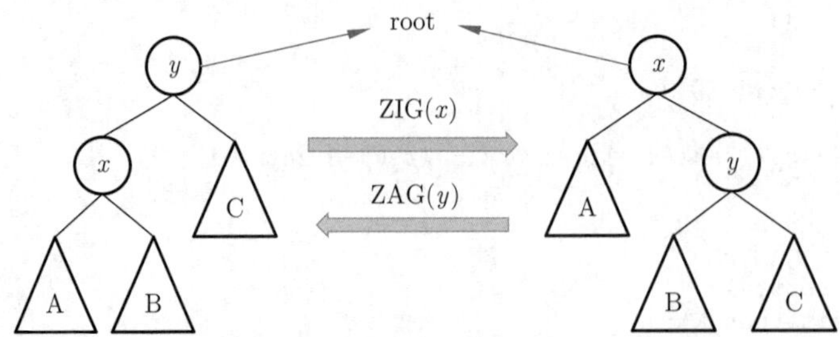

图 5.6 伸展树旋转情况一

(2) ZIG-ZIG/ZAG-ZAG：如图5.7所示，节点 x 的父亲节点 y 不是根节点，y 的父亲节点为 z，并且 x 与 y 同时是各自父亲节点的左孩子/右孩子。

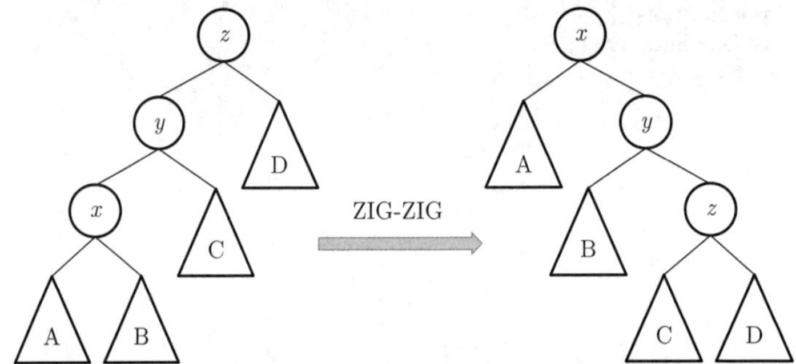

图 5.7 伸展树旋转情况二

(3) ZIG-ZAG/ZAG-ZIG：如图5.8所示，节点 x 的父节点 y 不是根节点，y 的父节点为 z，x 与 y 中一个是其父节点的左孩子，一个是其父节点的右孩子。

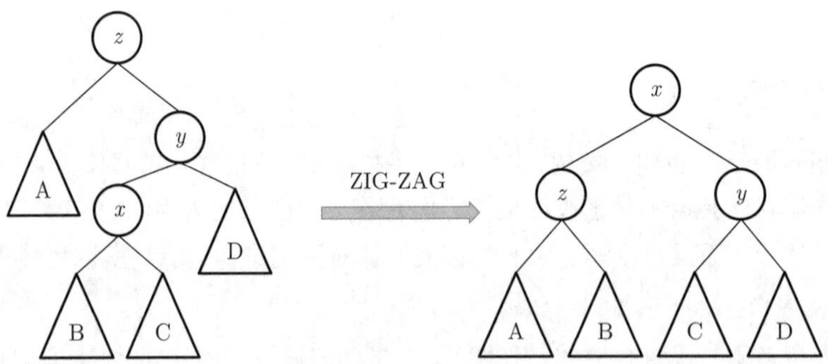

图 5.8 伸展树旋转情况三

伸展树的伸展操作 Splay(x, S) 就是根据不同的平衡状态选择对应的旋转情况，最终将节点 x 调整到伸展树 S 的根部。如图5.9所示，对左树执行 Splay$(1, S)$，将元素 1 调整到伸展树 S 的根部，再执行 Splay$(2, S)$，结果如图5.10所示。经过调整后，伸展树比原来平衡了许多。而伸展操作的过程并不复杂，只需要根据情况进行旋转就可以了。三种旋转都是由基本的左旋和右旋构成的，实现比较简单。

利用 Splay 操作，可以在伸展树 S 上进行如下运算。

(1) Find(x, S)：判断元素 x 是否在伸展树 S 表示的有序集中。首先，与在二叉查找树中的查找操作一样，查找元素 x。如果 x 在树中，则再执行 Splay(x, S) 操作。

(2) Insert(x, S)：将元素 x 插入伸展树 S 表示的有序集中。首先，也与处理普通的二叉查找树一样，将 x 插入到伸展树 S 中的相应位置上，再执行 Splay(x, S)。

图 5.9 Splay(1,S)

图 5.10 Splay(2,S)

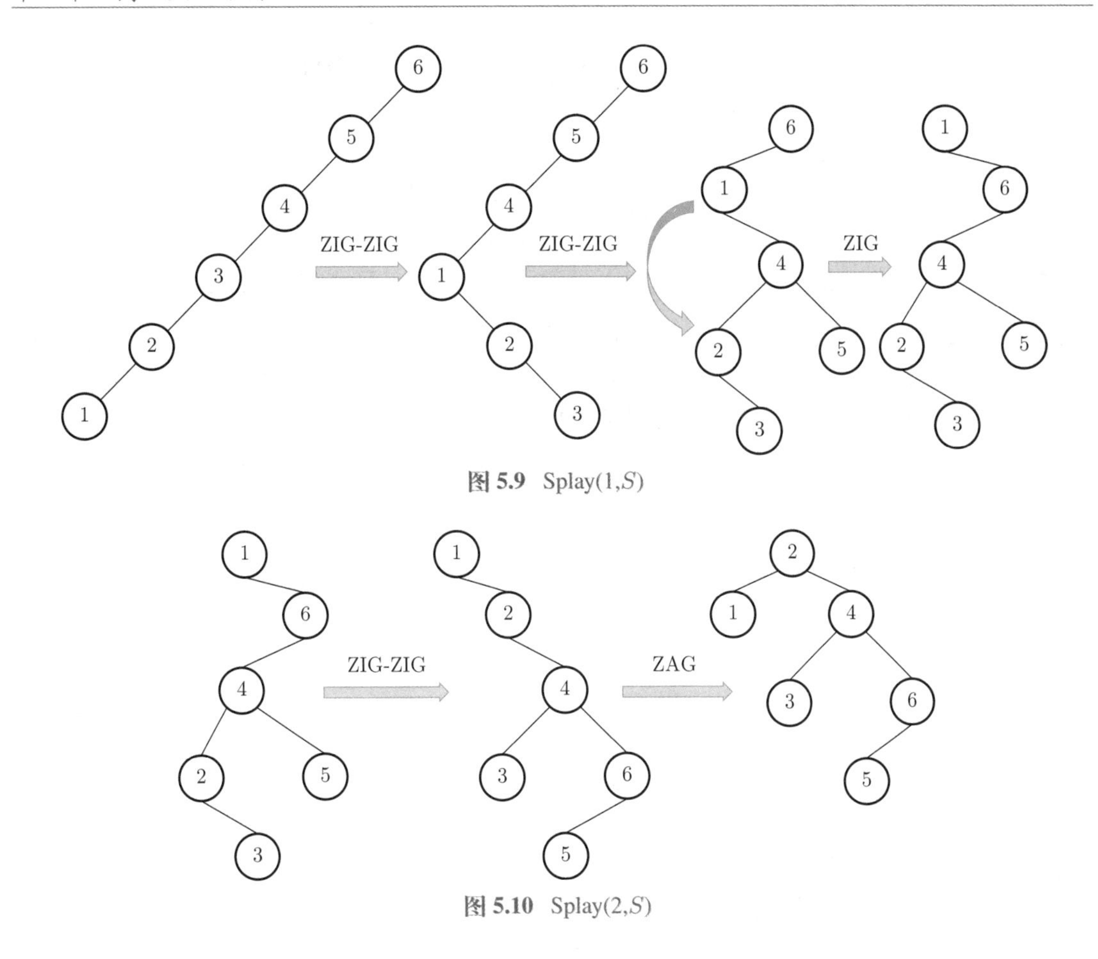

(3) Delete(x, S)：将元素 x 从伸展树 S 表示的有序集中删除。首先，find 操作找到 x 在伸展树上的位置。若 x 没有孩子或只有一个孩子，那么直接将 x 删去，并通过 Splay 操作，将 x 节点的父节点调整到伸展树的根节点处；否则，向下查找 x 的后继 y，用 y 替代 x 的位置，最后执行 Splay(y, S)，将 y 调整为伸展树的根。

(4) Join($S1, S2$)：将两个伸展树 $S1$ 与 $S2$ 合并成为一个伸展树。其中，$S1$ 的所有元素都小于 $S2$ 的所有元素。首先，找到伸展树 $S1$ 中最大的一个元素 x，再通过 Splay($x, S1$) 将 x 调整到伸展树 $S1$ 的根。然后再将 $S2$ 作为 x 节点的右子树。这样，就得到了新的伸展树 S，如图5.11所示。

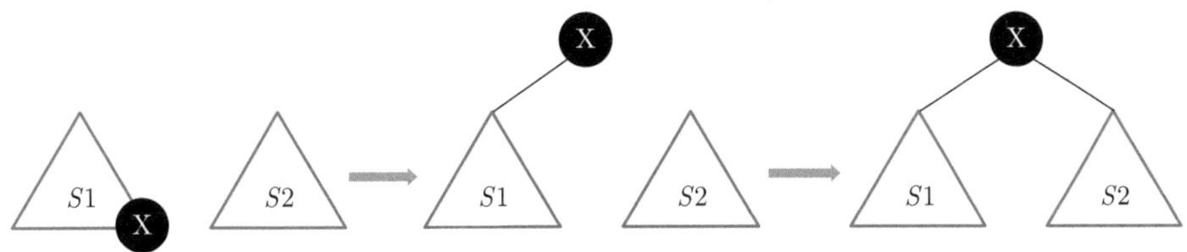

图 5.11 Join 操作

(5) Split(x, S)：以 x 为界，将伸展树 S 分离为两棵伸展树 $S1$ 和 $S2$，其中，$S1$ 中所有元素都小于 x，$S2$ 中所有元素都大于 x。首先执行 Find(x, S)，将元素 x 调整为伸展树的根节点，则 x 的左子树就是 $S1$，而右子树为 $S2$，如图5.12所示。

除了上面介绍的 5 种操作，伸展树还支持求最大值、最小值，前驱、后继等各种操作，也都建立在伸展操作基础上。在伸展树中，每进行一种操作都会进行一次 Splay 操作，这样可以保证每次操作的均摊时间复杂度是 $O(\log n)$。具体证明本文不做详细讨论。

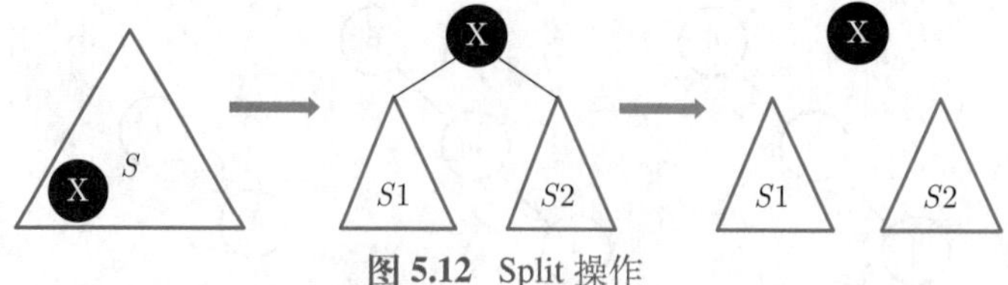

图 5.12 Split 操作

由于伸展树可以把任意一个节点旋转到根，同理可以把任意一个节点旋转使之成为其根节点路径上其他任何一个节点的儿子节点。该操作是后文区间操作的基础。下面给出旋转和 Splay 操作的代码。在该代码中可以把更新操作（Update）和释放懒惰标记操作（Pushdown）函数替换成与线段树中相似的代码，从而完成对节点信息的更新。

参考代码

```
void Rotate(Node *x,int c) {
    Node *y=x->pre;
    PushDown(y);PushDown(x);
    y->ch[!c]=x->ch[c];
    if(x->ch[c]!=null)
        x->ch[c]->pre=y;
    x->pre=y->pre;
    if(y->pre!=null)
        if(y->pre->ch[0]==y)
            y->pre->ch[0]=x;
        else
            y->pre->ch[1]=x;
    x->ch[c]=y;y->pre=x;
    if(y==root)root=x;
    Update(y);
}

void Splay(Node *x,Node *f) {
    PushDown(x);
    while(x->pre!=f) {
        Node *y=x->pre,*z=y->pre;
        if(x->pre->pre==f)
            Rotate(x,x->pre->ch[0]==x);
        else {
            if(z->ch[0]==y)
                if(y->ch[0]==x)
                    Rotate(y,1),Rotate(x,1);
                else
                    Rotate(x,0),Rotate(x,1);
            else
                if(y->ch[1]==x)
                    Rotate(y,0),Rotate(x,0);
                else
                    Rotate(x,1),Rotate(x,0);
        }
    }
    Update(x);
}
```

伸展树的区间操作

可把伸展树的中序遍历得到的序列认为是维护中的数列，由此可知，伸展树中重要的操作就是如何获取任意一个区间。这个操作可以通过旋转操作完成。在以下标排序的 Splay 中，当要提取某个数列的区间 $[a,b]$ 时，首先将位置 $a-1$ 对应的节点转到伸展树的根，然后将位置 $b+1$ 对应的节点转到根的右儿子，则根的右儿子的左子树构成的节点就对应了区间 $[a,b]$，如图5.13所示。

原理十分易懂：在以下标排序的 Splay 中将位置 $a-1$ 对应的节点转到根以后，位置 a 以及 a 位置后边的数就在根节点的右子树上，再将位置 $b+1$ 对应的节点转到根的右儿子，位置 b 以及 b 位置以前的数就在根节点的右儿子的左子树上，即 $[a,b]$ 对应的子树是图5.13中 * 所表示的子树。

利用这一功能，可以实现线段树所具有的所有功能，比如回答对区间的查询，对区间整体进行修改等。对区间整体进行修改时，需要利用类似于线段树的“懒惰标记”。

除线段树可以实现的功能外，伸展树还可以实现线段树不便实现的操作，例如：

第一种：假设要在位置 a 后面插入一些数，伸展树先把这些插入的数建成一棵伸展树，接着将位置 a 对应的节点转到根，把位置 $a+1$ 对应的节点转到根节点的右儿子，最后将新建的这棵树挂到根节点右儿子的左儿子上。

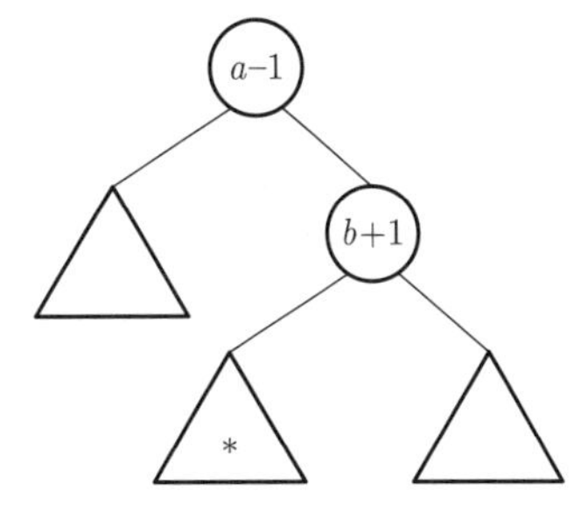

图 5.13　进行两次旋转操作后的 Splay

第二种：删除一个区间范围内的数。与第一种操作类似，先提取区间，然后直接删除那棵树，即可。

需要注意的是，每当伸展树进行一次对数列的修改操作后，都需要维护伸展树上节点的信息，维护操作可以在 Splay 操作中每次旋转后进行。

在以上的操作中，并未考虑旋转区间包含最左或者最右端点的情况。为了便于操作，可在原数列最前面和最后面分别增加一个数，在伸展树中就体现为多加入两个节点，这样提取区间的时候原来第 k 个数就变成了第 $k+1$ 个数。注意在维护数据时要特殊考虑这两个节点。

实现把数列中第 k 个数对应的节点转到想要的位置的操作需要记录每个以节点为根的子树的大小，具体见以下代码。

参考代码

```
//找到处在中序遍历序列中第k个节点，并将其旋转到节点f的下面
void Select(int k, node *f) {
    int tmp;
    node *t; //临时节点t
    for (t = root; ; ){ //从根节点开始
        Push_Down(t); //由于要访问t的子节点，将标记下传
        tmp = t->ch[0]->size; //得到t左子树的大小
        if (k == tmp + 1) break; //得出t即为查找节点，退出循环
        if (k <= tmp) //第k个节点在t左边，向左走
            t = t->ch[0];
        else //否则在右边，而且在右子树中，这个节点不再是第k个
            k -= tmp + 1, t = t->ch[1];
    }
    Splay(t, f); //执行旋转
}
```

例题讲解

【例题 5.6】Robotic Sort

题目描述

给出一段序列，长度为 N。要将这段序列进行排序。每次排序的要求是对第 i 大数的当前位置与它应在位置形成的一段序列进行反转，相当于一次排序。也就相当于反转 N 次，要求每次输出反转前第 i 大的数的位置。

输入包含多组数据，每组输入数据包括两行，第一行输入序列长度 N，第二行输入该序列。

输出数据包括 N 个数字 $p_1 \cdots p_N$。P_i 表示第 i 次反转前第 i 大的位置。

输入输出样例

Input	Output
6 3 4 5 1 6 2 4 3 3 2 1	4 6 4 5 6 6 4 2 4 4

题目来源

HDU 1890 *http://acm.hdu.edu.cn/showproblem.php?pid=1890*

解题思路

将整段序列按照相对位置不变建立一棵伸展树，维护每一个节点左右孩子的个数，对于每次询问，只需将对应的节点进行 Splay 操作，将其转到根，则它左子树节点个数就为它在原序列的位置。反转操作相当于区间的反转。

参考代码

```
#include <cstdio>
#include <cstring>
#include <algorithm>
#include <vector>
using namespace std;
#define N 500006
#define INF 0x3f3f3f3f
#define lc (tr[id].c[0])
#define rc (tr[id].c[1])
#define KEY tr[tr[root].c[1]].c[0]//定义一些操作

int data[N/5];

struct Num {
    int val, id;
    bool operator<(const Num a)const {//重载小于号
        if (val == a.val) return id < a.id;
        return val < a.val;
    }
}So[N/5];

struct Tr
{
    int fa, sum, val, c[2], lz;//分别表示节点父亲、子树节点的个数、节点的值、左
      //右孩子以及懒标记
}tr[N];//树的结构体

int tot, root, n;

int newtr(int k, int f, int pos) {//建立节点
    tr[tot].sum = 1, tr[tot].val = k;
    tr[tot].c[0] = tr[tot].c[1] = -1;
    tr[tot].lz = 0;
    tr[tot].fa = f;
    return tot++;
}

void Push(int id) {//更新该节点的sum值
    int lsum, rsum;
    lsum = (lc == -1)?0:tr[lc].sum;
    rsum = (rc == -1)?0:tr[rc].sum;
    tr[id].sum = lsum+rsum+1;
}

int build(int l, int r, int f) {//建树过程
    if (r < l) return-1;
    int mid = l+r>>1;
    int ro = newtr(mid, f, mid);
    data[mid] = ro;//保存节点下标
    tr[ro].c[0] = build(l, mid-1, ro);
    tr[ro].c[1] = build(mid+1, r, ro);
    Push(ro);
    return ro;
}
```

```

void lazy(int id) {
    if (tr[id].lz) {
        swap(lc, rc);//反转左右孩子
        tr[lc].lz ^= 1, tr[rc].lz ^= 1;
        tr[id].lz = 0;
    }
}

void Rotate(int x, int k) {//左右旋操作
    if (tr[x].fa == -1) return;
    int fa = tr[x].fa, w;
    lazy(fa), lazy(x);//懒操作
    tr[fa].c[!k] = tr[x].c[k];
    if (tr[x].c[k] != -1) tr[tr[x].c[k]].fa = fa;//根据k进行左右旋操作
    tr[x].fa = tr[fa].fa, tr[x].c[k] = fa;
    if (tr[fa].fa != -1) {
        w = tr[tr[fa].fa].c[1]==fa;
        tr[tr[fa].fa].c[w] = x;
    }
    tr[fa].fa = x;
    Push(fa);
    Push(x);
}

void Splay(int x, int goal) {
    if (x == -1) return;
    lazy(x);
    while (tr[x].fa != goal) {
        int y = tr[x].fa;
        lazy(tr[y].fa), lazy(y), lazy(x);
        bool w = x==tr[y].c[1];
        if (tr[y].fa != goal && w == (y==tr[tr[y].fa].c[1]))
            Rotate(y, !w);
        Rotate(x, !w);
    }
    if (goal == -1) root = x;
    Push(x);
}

int find(int k) {//寻找k位置的节点id
    int id = root;
    while (id != -1) {
        lazy(id);
        int lsum = (lc==-1)?0:tr[lc].sum;
        if (lsum >= k) {
            id = lc;
        }
        else if (lsum+1 == k) break;
        else {
            k = k-lsum-1;
            id = rc;
        }
    }
    return id;
}

int Getnext(int id) {//找到对应节点的后继节点
    lazy(id);
    int p = tr[id].c[1];
    if (p == -1) return id;
    lazy(p);
    while (tr[p].c[0] != -1) {
        p = tr[p].c[0];
        lazy(p);
```

```
    }
    return p;
}

int main() {
    int m, l, r, k, d, i;
    while (~scanf("%d", &n), n) {
        for (i = 1;i <= n;i++) {
            scanf("%d", &So[i].val);
            So[i].id = i;
        }
        sort(So+1, So+n+1);
        So[0].id = 0;
        tot = 0;
        root = build(0, n+1, -1);//建立伸展树
        for (i = 1;i <= n;i++) {
            int ro = data[So[i].id], ne;
            Splay(ro, -1);
            d = tr[tr[root].c[0]].sum;//保存左子树节点个数
            l = data[So[i-1].id];
            ne = Getnext(ro);
            Splay(l, -1), Splay(ne, root);//反转对应区间
            lazy(root), lazy(tr[root].c[1]);
            tr[KEY].lz ^= 1;
            if (i != 1) printf(" ");
            printf("%d", d);
        }
        puts("");
    }
    return 0;
}
```

习题推荐

- **HDU3487** Play with Chain *http://acm.hdu.edu.cn/showproblem.php?pid=3487*
- **POJ3580** Super Memo *http://poj.org/problem?id=3580*
- **FZU1978** Repair the brackets *http://acm.fzu.edu.cn/problem.php?pid=1978*

5.5 动 态 树

动态树是一种能够维护由有根树组成的森林的数据结构，支持对树的分割、合并等操作。动态树有多种实现方式，本章只介绍 Link-Cut-Tree（LCT）。

LCT 维护有根树森林的思想与树链剖分类似。LCT 通过将一棵树进行剖分划分出轻重链，并将每条重链上各节点按深度作键值后用一棵伸展树维护，轻链中的每一条边只使用指针维护。如图5.14所示，左侧是原树，实线表示重边，虚线表示轻边。右侧是对应的 LCT 结构，带箭头的实线表示连接原树中各重链的指针。

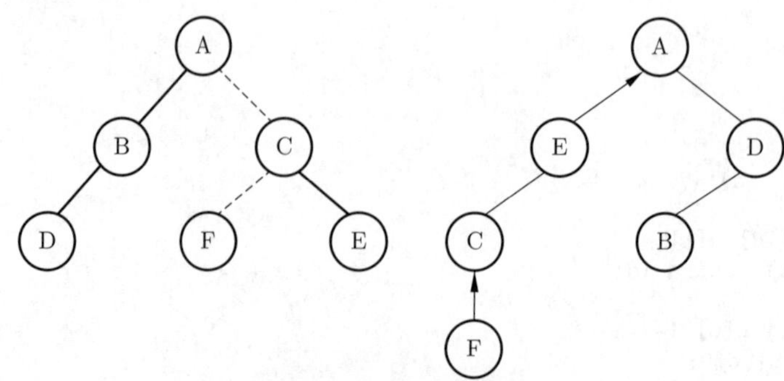

图 5.14 原树和 LCT 结构

构建 LCT 需要至少完成以下两种基本操作。

第一种操作是访问（access）操作：该操作能让输入节点 x 到根节点的路径变成重链，且 x 是该重链上深度最低的点。由于每条重链使用伸展树维护，并以深度作为键值，那么节点 x 在该重链上必然具有最深深度，所以 x 必然没有右儿子。因此每次把 x 旋转到其所在伸展树的根，再链接到父链最深节点的右儿子上，用父链最深节点替换 x 即可，不断重复直至到达根节点。

参考代码

```
inline void access(register int x)//全部变成重链
{
    int t=0;
    while(x)
    {
        //在LCT中 Splay只会存在把某节点旋转到根的操作，可省略第二个参数
        splay(x);
        c[x][1]=t;
        pushup(x);
        t=x;
        x=fa[x];
    }
}
```

第二种操作是换根（rever/findRoot/makeRoot），作用是让输入节点 x 变成所在有根树的根。简单的做法是先将 x 到根的路径设为重链，再将这条重链反转，即可让 x 成为深度最小的点，即根节点。更新时需要用到懒标记维持复杂度。

参考代码

```
inline void rever(int x)
{
    access(x);
    splay(x);
    rev[x]^=1;
}
```

实现以上两种基础操作之后可以实现 LCT 的基本功能，即链接（link）和切割（cut）。

链接操作接收两个节点 x、y 作为输入，在原森林上表现为 x 与 y 之间加上一条边，并让 y 成为 x 的父亲节点。具体过程为先使 x 成为其所在子树的根，再在 x 与 y 之间连一条单向边。

参考代码

```
inline void link(int x,int y)
{
    rever(x);
    fa[x]=y;
    splay(x);
}
```

切除操作同样接收两个节点 x、y 作为输入，在原森林上表现为删除 x、y 之间的边。该操作首先将 x 设为根，再设置 y 到根的路径为重链。此时 x 与 y 之间只存在一条长度为 1 的重链，将 y 旋转到该重链所在伸展树的根之后，其没有右子树且左子树只有节点 x，将其断开即可。

参考代码

```
inline void cut(int x,int y)
{
    rever(x);
    access(y);
    splay(y);
    c[y][0]=fa[x]=0;
}
```

例题讲解

【例题 5.7】Link Cut Tree（动态树）

题目描述

给定 n 个点以及每个点的权值，要你处理接下来的 m 个操作。

操作有四种，操作从 0 到 3 编号。点从 1 到 n 编号。

- $0\ x\ y$ 代表询问从 x 到 y 的路径上的点的权值的异或和。保证 x 到 y 是连通的。
- $1\ x\ y$ 代表连接 x 到 y，若 x 到 y 已经连通则无需连接。
- $2\ x\ y$ 代表删除边 (x,y)，不保证边 (x,y) 存在。
- $3\ x\ y$ 代表将点 x 上的权值变成 y。

对于全部的测试点，保证：

- $1 \leqslant n \leqslant 10^5$，$1 \leqslant m \leqslant 3\times 10^5$，$1 \leqslant a_i \leqslant 10^9$。
- 对于操作 $0,1,2$，保证 $1 \leqslant x,y \leqslant n$。
- 对于操作 3，保证 $1 \leqslant x \leqslant n$，$1 \leqslant y \leqslant 10^9$。

输入输出样例

Input	Output
3 3 1 2 3 1 1 2 0 1 2 0 1 1	3 1

题目来源

Luogu P3690 *https://www.luogu.com.cn/problem/P3690*

参考代码

```
#include<cstdio>
#include<cstring>
#include<algorithm>
using namespace std;
#define N 300005
inline int getc()
{
    static const int L=1<<17;
    static char buf[L],*s=buf,*t=buf;
    if(s==t)
    {
        t=(s=buf)+fread(buf,1,L,stdin);
        if(s==t) return EOF;
    }
    return *s++;
}
inline int read()
{
    static int ch=0;
    bool sign=0;
    while(!isdigit(ch=getc())) if(ch=='-') sign=1;
    int num=ch-'0';
    while(isdigit(ch=getc())) num=num*10+ch-'0';
    return sign?-num:num;
}
int n,m;
int val[N],c[N][2],fa[N],xr[N],st[N];
bool rev[N];
inline bool isroot(int k)
```

```
{
    return c[fa[k]][0]!=k&&c[fa[k]][1]!=k;
}
inline void pushup(int x)
{
    xr[x]=xr[c[x][0]]^xr[c[x][1]]^val[x];
}

inline void pushdown(int k)
{
    int l=c[k][0],r=c[k][1];
    if(rev[k])
    {
        rev[k]^=1;
        rev[l]^=1;rev[r]^=1;
        swap(c[k][0],c[k][1]);
    }
}
inline void rorate(int x)
{
    int y=fa[x],z=fa[y],l,r;
    if(c[y][0]==x) l=0;else l=1;r=l^1;
    if(!isroot(y)) {
        if(c[z][0]==y) c[z][0]=x;
        else c[z][1]=x;
    }
    fa[x]=z;fa[y]=x;fa[c[x][r]]=y;
    c[y][l]=c[x][r];c[x][r]=y;
    pushup(y);pushup(x);
}

inline void splay(int x)
{
    int top=1;
    st[++top]=x;
    for(int i=x;!isroot(i);i=fa[i])
    {
        st[++top]=fa[i];
    }
    for(int i=top;i;i--) pushdown(st[i]);
    while(!isroot(x))
    {
        int y=fa[x],z=fa[y];
        if(!isroot(y))
        {
            if(c[y][0]==x^c[z][0]==y) rorate(x);
            else rorate(y);
        }
        rorate(x);
    }
}
inline void access(register int x)//全部变成重链
{
    int t=0;
    while(x)
    {
        splay(x);
        c[x][1]=t;
        pushup(x);
        t=x;x=fa[x];
    }
}
inline void rever(int x)//beroot 转到根
{
    access(x);splay(x);rev[x]^=1;
}
```

```
inline void link(int x,int y)
{
    rever(x);fa[x]=y;splay(x);
}
inline void cut(int x,int y)
{
    rever(x);access(y);splay(y);c[y][0]=fa[x]=0;
}
int find(int x){access(x),splay(x);while(c[x][0])x=c[x][0]; return x;}

int main()
{
    n=read();m=read();
    for(register int i=1;i<=n;i++) val[i]=read(),xr[i]=val[i];
    for(register int i=1;i<=m;i++)
    {
        int opt=read();
        if(opt==0)
        {
            int x=read(),y=read();
            rever(x);access(y);splay(y);
            printf("%d\n",xr[y]);
        }
        else if(opt==1)
        {
            int x=read(),y=read(),xx=find(x),yy=find(y);
            if(xx!=yy) link(x,y);
        }
        else if(opt==2)
        {
            int x=read(),y=read(),xx=find(x),yy=find(y);
            if(xx==yy) cut(x,y);
        }
        else if(opt==3)
        {
            int x=read(),y=read();
            access(x),splay(x);val[x]=y;pushup(x);
        }
    }
    return 0;
}
```

习题推荐

1. **luoguP3203** [HNOI2010] 弹飞绵羊　*https://www.luogu.com.cn/problem/P3203*
2. **luoguP2387** [NOI2014] 魔法森林　*https://www.luogu.com.cn/problem/P2387*
3. **luoguP2147** [SDOI2008] 洞穴勘测　*https://www.luogu.com.cn/problem/P2147*

5.6 数据结构的嵌套

在一些问题中，需要对矩阵或者数据立方体等进行快速操作，导致无法仅使用一维的数据结构来维护。对于此类问题可以利用数据结构的嵌套，来对这种二维或者更高维的问题进行处理。

本节以树状数组套可持久化线段树为例，来讲解嵌套数据结构的常见应用场景。其中，树状数组可以被线段树等数据结构替代。嵌套数据在算法竞赛中出现较为罕见，且一般思维难度不高，但代码量极大，细节较多。相对于一般数据结构，嵌套数据结构空间开销较大，需要精确计算防止内存超限等问题。

例题讲解

【例题 5.8】网络管理

题目描述

M 公司是一个非常庞大的跨国公司，在许多国家都设有它的下属分支机构或部门。为了让分布在世界各地的 n 个部门之间协同工作，公司搭建了一个连接整个公司的通信网络。

该网络的结构由 n 个路由器和 $n-1$ 条高速光缆组成。每个部门都有一个专属的路由器，部门局域网内的所有机器都连向这个路由器，然后再通过这个通信子网与其他部门进行通信联络。该网络结构保证网络中的任意两个路由器之间都存在一条直接或间接路径以进行通信。

高速光缆的数据传输速度非常快，以至于利用光缆传输的延迟时间可以忽略。但是由于路由器老化，在这些路由器上进行数据交换会带来很大的延迟。而两个路由器之间的通信延迟时间则与这两个路由器通信路径上所有路由器中最大的交换延迟时间有关。

作为 M 公司网络部门的一名实习员工，现在要求你编写一个简单的程序来监视公司的网络状况。该程序能够随时更新网络状况的变化信息（路由器数据交换延迟时间的变化），并且根据询问给出两个路由器通信路径上延迟第 k 大的路由器的延迟时间。

程序从输入文件中读入 n 个路由器和 $n-1$ 条光缆的连接信息，每个路由器初始的数据交换延迟时间为 t_i 以及 q 条询问（或状态改变）的信息，并依次处理这 q 条询问信息，它们可能是:

(1) 由于更新了设备，或者设备出现新的故障，使得某个路由器的数据交换延迟时间发生了变化。

(2) 查询某两个路由器 a 和 v 之间的路径上延迟第 k 大的路由器的延迟时间。

输入第一行为两个整数 n 和 q，分别表示路由器总数和询问的总数。

第二行有 n 个整数，第 i 个数表示编号为 i 的路由器初始的数据延迟时间 t_i。

紧接着 $n-1$ 行，每行包含两个整数 x 和 y，表示有一条光缆连接路由器 x 和路由器 y。

紧接着是 q 行，每行三个整数 k、a、b。

如果 $k=0$，则表示路由器 a 的状态发生了变化，它的数据交换延迟时间由 t_a 变为 b。

如果 $k>0$，则表示询问 a 到 b 的路径上所经过的所有路由器（包括 a 和 b）中延迟第 k 大的路由器的延迟时间。注意 a 可以等于 b，此时路径上只有一个路由器。

对于每一个第二种询问（即 $k>0$），输出一行，包含一个整数，为相应的延迟时间。如果路径上的路由器不足 k 个，则输出信息“invalid request!”。

对于 100% 的数据，$1 \leqslant n,q \leqslant 80\,000$，$0 \leqslant k \leqslant n$，任意一个路由器在任何时刻都满足延迟时间小于 10^8。

输入输出样例

Input	Output
5 5 5 1 2 3 4 3 1 2 1 4 3 5 3 2 4 5 0 1 2 2 2 3 2 1 4 3 3 5	3 2 2 invalid request!

解题思路

首先考虑一个简化的问题。对于一个序列，支持以下两种操作。

(1) 查询任意一个区间的第 k 大的数。

(2) 修改任意一个数。

查询区间第 k 大值是主席树支持的操作。在主席树查找区间第 k 大值的时候，实际上是利用一个前缀和的思想，即若想得到在区间 $[L, R]$ 上的信息，可以用 $[0, R]$ 上的信息减去 $[0, L-1]$ 上的信息得到。

加入了修改操作之后，修改一个位置上的值会改变在这个位置及其之后所有位置的前缀和的信息。这时前缀和的维护可以利用树状数组和主席树嵌套，从而在 $O(\log^2 n)$ 的复杂度下，支持快速地修改前缀和信息与查询前缀和信息。

对于一条路径 (u,v)，这条路径上的信息可以利用树上差分的思想拆成 $(u,\text{root}) + (\text{root}, v) - (\text{lca}(u,v), \text{root}) - (\text{root}, \text{fa}[\text{lca}(u,v)])$ 上的信息。

同时采用本章的树链剖分技巧，将树上问题转换为序列化的问题，就可以用树状数组套主席树来解决。

参考代码

```
#include <iostream>
#include <cstdio>
#include <cstring>
#include <algorithm>
#include <vector>
using namespace std;
const int N = 8e4 + 100;
const int M = 1e8 + 100;
int n, q, cnt, tot, h[N], fa[N], f[N][20], dep[N], st[N], ed[N], dfn[N], pos[N];
int rt[N], ls[N<<7], rs[N<<7], sum[N<<7];
int Cnt;
struct edge{
    int to, next;
}e[N<<1];
int a[N], b[N], m;
struct query{
    int k, a, b;
}c[N];
int tmp[N];
struct binary{
    int a[N];
    int n;
    binary() {n = 0;}
    binary(int x) {
        n = 0;
        for (int i = x; i; i-=i&-i)
            a[++n] = rt[i];
    }
    void get(int x) {
        n = 0;
        for (int i = x; i; i-=i&-i) a[++n] = rt[i];
    }
    int calc() {
        int res = 0;
        for (int i = 1; i <= n; i++) res += sum[rs[a[i]]];
        return res;
    }
    void L() {
        for (int i = 1; i <= n; i++) a[i] = ls[a[i]];
    }
    void R() {
        for (int i = 1; i <= n; i++) a[i] = rs[a[i]];
    }

}A, B, C, D;
```

```
void add(int u, int v) {
    e[++cnt] = (edge){v, h[u]}; h[u] = cnt;
    e[++cnt] = (edge){u, h[v]}; h[v] = cnt;
}


void Insert(int &x, int l, int r,int pos , int val) {
    if(!x) x = ++Cnt;
    sum[x]+= val;
    if (l == r) return;
    int mid = (l + r) >> 1;
    if (pos <= mid) Insert(ls[x], l, mid, pos, val);
    else Insert(rs[x], mid + 1, r, pos, val);
}

void insert(int x, int l, int r, int pos, int val) {
    for (int i = x; i <= n; i+=i&-i) Insert(rt[i], l, r, pos, val);
}

int query(int l, int r, int k) {
    if (l == r) return b[l];
    int mid = (l + r) >> 1;
    int res = A.calc() + B.calc() - C.calc() - D.calc();
    if (k <= res) {
        A.R(), B.R(), C.R(), D.R();
        return query(mid + 1, r, k);
    }
    A.L(), B.L(), C.L(), D.L();
    return query(l, mid, k - res);
}
void dfs(int x) {
    dfn[++tot] = x;
    st[x] = tot;
    for (int i = h[x]; i; i = e[i].next) {
        int v = e[i].to;
        if (st[v]) continue;
        f[v][0] = x;
        dep[v] = dep[x] + 1;
        dfs(v);
    }
    ed[x] = tot;
}

int lca(int x, int y) {
    if (dep[x] < dep[y]) swap(x, y);
    for (int i = 19; i >= 0; i--) {
        if (dep[f[x][i]] >= dep[y]) x = f[x][i];
    }
    if (x == y) return x;
    for (int i = 19; i >= 0; i--) {
        if (f[x][i] != f[y][i]) x = f[x][i], y = f[y][i];
    }
    return f[x][0];
}


int main() {
    scanf("%d%d", &n, &q);
    for (int i = 1; i <= n ;i++) scanf("%d", &a[i]), b[i] = a[i];
    for (int i = 1; i <= n - 1; i++) {
        int u, v;
        scanf("%d %d", &u, &v);
        add(u, v);
    }
    dfs(1);
    m = n;
```

```
    for (int i = 1; i <= q; i++) {
        scanf("%d%d%d", &c[i].k, &c[i].a, &c[i].b);
        if (c[i].k == 0) b[++m] = c[i].b;
    }
    sort (b + 1, b + m + 1);
    for (int i = 1; i <= n; i++) {
        a[dfn[i]] = lower_bound(b + 1, b + m + 1, a[dfn[i]]) - b;
        insert(i, 1, m, a[dfn[i]], 1);
        insert(ed[dfn[i]]+1, 1, m, a[dfn[i]], -1);
    }
    for (int j = 1; j < 20; j++) {
        for (int i = 1;i <= n; i++) f[i][j] = f[f[i][j-1]][j-1];
    }
    for (int i = 1; i <= q; i++) {
        int k = c[i].k;
        if (k == 0) {
            c[i].b = lower_bound(b + 1, b + m + 1, c[i].b) - b;
            insert(st[c[i].a], 1, m, a[c[i].a], -1);
            insert(ed[c[i].a]+1, 1, m, a[c[i].a], 1);
            insert(st[c[i].a], 1, m, c[i].b, 1);
            insert(ed[c[i].a]+1, 1, m, c[i].b, -1);
            a[c[i].a] = c[i].b;
        }
        else {
            int u, v, l, lf;
            u = c[i].a, v = c[i].b, l = lca(u, v), lf = f[l][0];
            if (dep[u] + dep[v] - 2 * dep[l] + 1 < k) {
                puts("invalid request!");
                continue;
            }
            u = st[u], v = st[v], l = st[l], lf = st[lf];
            A.get(u), B.get(v), C.get(l), D.get(lf);
            printf("%d\n", query(1, m, k));

        }
    }
    return 0;
}
```

5.7 K-Dimensional 树

K-Dimensional 树，简称 KD-Tree，是一种分割 K 维数据空间的数据结构，主要应用于多维空间关键数据的搜索，如范围搜索和最近邻搜索。KD-Tree 是二进制空间分割树的特殊情况。

与二叉搜索树不同的是，KD-Tree 的每个节点表示 K 维空间的一个点或点集，并且每一层都根据该层的分辨器（discriminator）对相应对象做出分枝决策。即顶层节点按由顶层分辨器决定的一个维度进行划分，第二层则按照该层的分辨器决定的一个维度进行划分……以此类推，在余下各维度之间不断地划分，直至一个节点中的点数少于给定的最大点数时，结束划分。

根据不同的用途，KD-Tree 会有不同的分辨器，最普通的分辨器为：$N \bmod K$（树的根节点所在层为第 0 层，根节点孩子所在层为第 1 层，以此类推）。例如三维情况下，用 $O-xyz$ 坐标垂直面轮流切割包围盒，那么 $K=3$，$N \bmod K = 0,1,2$ 就是 XYZ 三坐标的代号（分辨器）。

基本思想

KD-Tree 中存储的是一些 K 维数据。在一个 K 维数据集合上构建一棵 KD-Tree 代表了对该 K 维数据集合构成的 K 维空间的一个划分，子树中的每个节点就对应了一个 K 维的超矩形区域。

现在的问题是如何将 K 维数据集构造成一棵二叉搜索树，可以类似一维数据构造二叉查找树的方法来构造。一维数据是根据其与树的根节点和中间节点进行大小比较的结果来决定是划分到左子树还是右子树，同理，在 K 维数据中，将 KD-Tree 的根节点和中间节点进行比较，只不过不是对 K 维数据进行比较，而是选择一个维度 D_i，然后比较两个 K 维数据在该维度 D_i 上的大小比较，即每次选择一个维度 D_i 来划分 K 维数据，相当于用一个垂直于该维度 D_i 的超平面将 K 维数据空间一分为二，平面一边的所有 K 维数据在维度 D_i 上的值小于平面的另一边。也就是说，每次选择一个维度进行如上的划分，又会得到新的子空间，对新的子空间又继续划分，重复以上过程直到每个子空间都不能再划分时为止。以上就是 KD-Tree 的构造过程。

上述过程中涉及如下两个重要的问题。

(1) 每次对子空间的划分时，怎样确定在哪个维度划分。

(2) 在划分时，如何确保在划分后得到的两个子集合的大小尽量相等，即左子树和右子树中的节点个数尽量相等。

对于问题 (1) 有两种方法解决：一种是轮转法，即如果这次选择了在第 i 维上进行划分，则下一次就在第 $(i+1)\%k$ 维上划分。这种划分方式类似于切豆腐的方法，先是竖着切一刀，再横着切一刀，依次下去。这种方法适用于 K 维数据分布比较均匀的情况下使用。而第二种方法是最大方差法，从数学的角度来说，如果当前数据在 D_i 维度上的方差比较大，则就从该维度上进行划分。比如有一根小木棍，希望将它变成更短的两段，而不是把它对半劈开。换句话说，就是这些数据在该维度上分散得比较开，则更容易在这个维度上将它们进行划分。

对于第二个问题，也是很好解决的。假设划分手段是轮着来的方式。可以知道 K 维数据在维度 D_i 上的大小情况，只要找到中位数对应的数据，那分布在两侧的数据自然是尽可能相等的了。同理，最大方差法也是如此。

KD-Tree 构建算法

KD-Tree 构建算法类似于线段树。下面采用轮转法划分，算法如下。

(1) 在 K 维数据集合中选择当前划分的维度 D_i，然后在该维度上选择中位数对应的数据 m 作为当前子树的根节点，把数据分成小于 m 和大于 m 的两个集合，分别作为左子树和右子树。

(2) 对左子树和右子树的数据重复 (1) 步骤，直到所有集合都不能再划分为止。即只剩下一个数据，作为叶子节点。

下面给出一个简单的例子来说明。

给定二维数据集合：(2,3), (5,4), (9,6), (4,7), (8,2), (7,3)，利用上述算法构建一棵 KD-Tree，如图5.15所示。

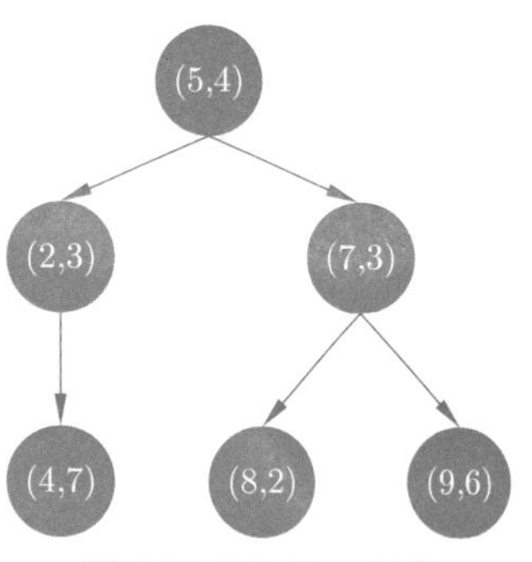

图 5.15　KD-Tree 结构

参考代码

```
#include <cstdio>
#include <cstring>
#include <algorithm>
#include <queue>
#define N 50006
using namespace std;

int id, n, k, c;

struct po {
    int x[5];
    bool operator < (const po a) const //重载操作符
    {
      return x[id] < a.x[id];
    }
}
b[N]; //5维数据
```

```
struct Tr {
    po e;
    int o; //当前划分的维度
}
tr[N << 2]; //KD-Tree

void build(int l, int r, int d, int o) {
    if (l >= r) return;
    int mid = l + r >> 1, lc = d << 1, rc = d << 1 | 1;
    id = o;
    nth_element(b + l, b + mid, b + r);
    /*使第n大元素处于第n位置（从0开始,其位置是下标为n的元素），
    并且比这个元素小的元素都排在这个元素之前，比这个元素大的
    元素都排在这个元素之后，但不能保证它们是有序的。*/
    tr[d].e = b[mid];
    tr[d].o = o;
    build(l, mid, lc, (o + 1) % k);
    build(mid + 1, r, rc, (o + 1) % k);
}
```

由于 KD-Tree 也是一棵二叉搜索树，所以它的询问操作类似一般的二叉搜索树的询问操作。

例题讲解

【例题 5.9】天使玩偶

题目描述

Ayu 在七年前曾经收到过一个天使玩偶，当时她把它当作时间囊埋在了地下。而七年后的今天，Ayu 却忘了她把天使玩偶埋在了哪里，所以她决定仅凭一点儿模糊的记忆来寻找它。

我们把 Ayu 生活的小镇看作一个二维平面坐标系，而 Ayu 会不定时地记起可能在某个点 (x,y) 埋下了天使玩偶；或者 Ayu 会询问你，假如她在 (x,y)，那么离她近的天使玩偶可能埋下的地方有多远。

因为 Ayu 只会沿着平行坐标轴的方向来行动，所以在这个问题里定义两个点之间的距离为 $\mathrm{dist}(A,B)=|A_x-B_x|+|A_y-B_y|$，其中，$A_x,B_x$ 代表 A，B 的横坐标，A_y,B_y 代表 A，B 的纵坐标。

输入的第一行包含两个整数 n 和 m，在刚开始时，Ayu 已经知道有 n 个点可能埋着天使玩偶，接下来 Ayu 要进行 m 次操作

接下来 n 行，每行两个非负整数 (x_i,y_i) 表示初始 n 个点的坐标。

再接下来 m 行，每行三个非负整数 t,x_i,y_i。

如果 $t=1$，则表示 Ayu 又回忆起了一个可能埋着天使玩偶的点 (x_i,y_i)。

如果 $t=2$，则表示 Ayu 询问如果她在点 (x_i,y_i)，那么在已经回忆出来的点里，离她近的那个点有多远。

对于每个 $t=2$ 的询问，在单独的一行内输出该询问的结果。

输入输出样例

Input	Output
2 3 1 1 2 3 2 1 2 1 3 3 2 4 2	1 2

题目来源

Luogu P4169 *https://www.luogu.com.cn/problem/P4169*

解题思路

对于一棵普通的 KD-Tree，KD-Tree 上每个节点记录这棵子树的大小和这棵子树所能延伸到的最大横坐标、最小横坐标、最大纵坐标、最小纵坐标，即记录这棵子树所能支配的最大矩形。

对于本题来看，每一次查询，其核心思想是暴力搜索。从根开始，对于当前的根节点，若其支配的矩形在查询矩形内，直接返回根所对应的子树大小，否则判断该支配矩形是否在查询矩形之外，是的话就直接返回 0。如果在这两者之外，则判断该根节点是否在查询矩形之内，在矩形内则答案 +1，然后同时在两棵子树中继续执行搜索操作。

示例代码将原本的 KD-Tree 封装为结构体，只保留部分接口。同时，重载了 [] 运算符，即可以通过类似数组或 map 的形式来访问 KD-Tree 中的关键元素。

参考代码

```
#include<cstdio>
#include<iostream>
#include<cstring>
#include<algorithm>
using namespace std;
const int maxn=1000010;
const int inf=0x3f3f3f3f;
struct node
{
    int d[2],mx[2],mn[2],l,r;
    int& operator [](int x){return d[x];}
    //该操作为重载运算符，可以根据题意来更改return值
    node(int x=0,int y=0)
    {
        d[0]=x;d[1]=y;l=0;r=0;
    }
};
node p[maxn];
int n,m,D,root;
bool operator < (node a,node b)
{
    return a[D]<b[D];
}
int dis(node a,node b)
{
    return abs(a[0]-b[0])+abs(a[1]-b[1]);
}
struct kdtree
{
    int ans;
    node T[maxn],t;
    void update(int x)
    {
        node l=T[T[x].l],r=T[T[x].r];
        for(int i=0;i<2;i++)
        {
            if(T[x].l) T[x].mn[i] = min(T[x].mn[i],l.mn[i]),T[x].mx[i]= max(T[x].mx[i],
                l.mx[i]);
            if(T[x].r) T[x].mn[i] = min(T[x].mn[i],r.mn[i]),T[x].mx[i]= max(T[x].mx[i],
                r.mx[i]);
        }
    }
    int build(int l,int r,int now) {
        D=now;
        int mid=(l+r)>>1;
        nth_element(p+l,p+mid,p+r+1);
        T[mid]=p[mid];
```

```
        for(int i=0;i<2;i++)
            T[mid].mn[i]=T[mid].mx[i]=T[mid][i];
        if(l<mid) T[mid].l=build(l,mid-1,now^1);
        if(r>mid) T[mid].r=build(mid+1,r,now^1);
        update(mid);
        return mid;
    }
    int getdist(int x,node p){
        int res=0;
        for(int i=0;i<2;i++)
            res+=max(0,T[x].mn[i]-p[i]);
        for(int i=0;i<2;i++)
            res+=max(0,p[i]-T[x].mx[i]);
        return res;
    }
    void insert(int k,int now){
        if(T[k][now]<=t[now])
        {
            if(T[k].r) insert(T[k].r,now^1);
            else
            {
                n++;T[k].r=n;T[n]=t;
                for(int i=0;i<2;i++)
                    T[n].mn[i]=T[n].mx[i]=T[n][i];
            }
        }
        else
        {
            if(T[k].l) insert(T[k].l,now^1);
            else
            {
                n++;T[k].l=n;T[n]=t;
                for(int i=0;i<2;i++)
                    T[n].mn[i]=T[n].mx[i]=T[n][i];
            }
        }
        update(k);
    }
    void query(int x,int now){
        int d,dl=inf,dr=inf;
        d=dis(T[x],t);
        ans=min(ans,d);
        if(T[x].l) dl=getdist(T[x].l,t);
        if(T[x].r) dr=getdist(T[x].r,t);
        if(dl<dr)
        {
            if(dl<ans) query(T[x].l,now^1);
            if(dr<ans) query(T[x].r,now^1);
        }
        else
        {
            if(dr<ans) query(T[x].r,now^1);
            if(dl<ans) query(T[x].l,now^1);
        }
    }
    int query(node p)
    {
        ans=inf;
        t=p;query(root,0);
        return ans;
    }
    void insert(node p)
```

```
    {
        t=p;insert(root,0);
    }
}kd;
int k,op,x,y;
int main()
{
    scanf("%d%d",&n,&m);
    for(int i=1;i<=n;i++)
        scanf("%d%d",&p[i][0],&p[i][1]);
    root=kd.build(1,n,0);
    for(int i=1;i<=m;i++)
    {
        scanf("%d%d%d",&op,&x,&y);
        if(op==1) kd.insert(node(x,y));
        else printf("%d\n",kd.query(node(x,y)));
    }
    return 0;
}
```

习题推荐

- **HDU 4347** The Closest M Points　*https://acm.hdu.edu.cn/showproblem.php?pid=4347*

第6章 网 络 流

作为图论中的一种理论与方法，网络流问题研究的是网络上的一类最优化问题，与线性规划密切相关。

在图论中，网络流（Network Flow）是指在一个每条边都有容量（Capacity）的有向图上分配流，使一条边的流量不会超过它的容量。流必须符合一个顶点的进出流量相同的限制，除非这是一个源点（Source）——有较多向外的流，或是一个汇点（Sink）——有较多向内的流。一个网络可以用来模拟道路系统的交通量、管中的液体、电路中的电流或类似在一个网络中流动的任何事物。

6.1 最 大 流

6.1.1 网络流概述

网络的定义

网络 $G=(V,E,C,s,t)$ 是指满足如下结构的连通有向图。

(1) G 中有一个源点 s 和一个汇点 t，其中 s 不同于 t。

(2) 每条有向边 $e=<u,v>$ 有一个容量限制，记作 $c(e)$ 或 $c(u,v)$。

其中，V 是网络 G 的顶点集，E 是有向边（弧）集，C 是定义在边上的容量集，可以理解为边的最大载流量的集合。

流的定义

网络中的流是定义在网络弧集上的实值函数 f，需满足对任意弧 e:

$$0 \leqslant f(e) \leqslant c(e) \tag{6.1}$$

式 (6.1) 为容量限制，说明了任一边上的流值不能超过其容量限制且不为负。假设顶点 u 为顶点集 V 中除源点汇点外的一个顶点，记 $f(u)^+=\sum f(u,v)$，$f(u)^-=\sum f(v,u)$ 。

需满足对任意顶点 u:

$$f(u)^+ = f(u)^- \tag{6.2}$$

式 (6.2) 为流守恒性，说明除源点和汇点外其余顶点皆为“过渡点”，即流进该顶点的流量总和等于流出该顶点的流量总和。

若流 f 满足式 (6.1) 和式 (6.2)，则称流 f 为可行流。

假设图 G 是一管道分布图，可以想象流 f 为一基于图上管道（边）的流量分布：从源点流出若干水流，经由管道传输流入汇点。因此流 f 的值应为从管道源点流出的水流总和。即

$$\mathrm{val}(f)=\sum f(s,v)=\sum f(v,t), v\in V \tag{6.3}$$

定义 $f(X,Y)=\sum\limits_{u\in X}\sum\limits_{v\in Y} f(u,v)$，其中，$X,Y$ 为 V 的顶点子集合。下面给出网络流中的恒等式。

(1) 对于任意 X，有 $f(X,X)=0$。

(2) 对于任意 X、Y，有 $f(X,Y)=-f(Y,X)$。

(3) 对于任意 X、Y、Z，其中，$X\cap Y$ 为空，有 $f(X\cup Y,Z)=f(X,Z)+f(Y,Z)$。

一个网络中的最大流为所有可行流中流值最大的流。图6.1是一个网络流例子，其中边上的值为该边的流量和容量值，如边 <1,2> 上 5/6 表示该边容量为 6，流量为 5。该图的流值 f 为 10，却无法断定这是否为该网络的最大流，因此这里引出残余网络与增广路这一概念。

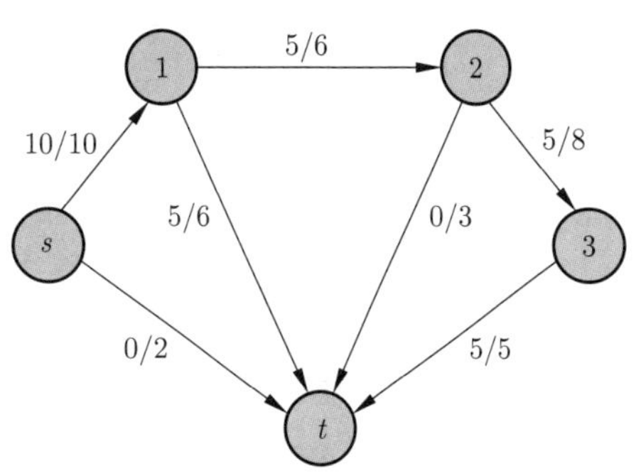

图 6.1　网络流实例

6.1.2　残余网络与增广路

残余网络

定义在流 f 上的残余网络 $G'=(V,E',C',s,t)$，顶点集不变，边集由如下情况构成。

(1) 若 $f(e)<c(e)$，$e=<u,v>$，则加入边 $e'=<u,v>$，容量为 $c(e)-f(e)$。

(2) 若 $f(e)>0$，$e=<u,v>$，则加入边 $e'=<v,u>$，容量为 $f(e)$。

e 为图 G 中的边，e' 为残余网络 G' 的边。由条件 1 生成的边容量表示沿着该边还能推进多少流，由条件 2 生成的边容量表示沿着该边的逆方向能退回多少流，理解这点对之后的推导非常重要。

增广路

增广路 p 是在残余网络 G' 上的一条从源点 s 到汇点 t 的简单路径。路径的残余流量为该路径上的边 e' 容量的最小值，即 $\mathrm{val}(f')=\min\{c'<u,v>\mid <u,v>\in p\}$。增广路就是在残余网络上增广的流值大于 0 的一条路径。

引理 6.1

若 f' 是网络 G 的流 f 上的增广路径流，则 $f+f'$ 也是网络 G 的一个流。因此，可以从原有网络基础上建立残余网络并寻找增广路来使流增加。♡

在图6.1中，可以增广一条路径为 (s,t)，流值为 2 的路径，从而得到更大的流。

6.1.3　Ford-Fulkerson 算法

至此，引入求解最大流的 Ford-Fulkerson 算法，算法正确性将在 6.1.4 节证明。算法流程如下。

(1) 寻找一条从 s 到 t 的增广路。

(2) 如果不存在这样一条路径，则算法结束；否则沿这条路径增加流，重复步骤 (1)。

下面是用邻接表结构实现的 Ford-Fulkerson 算法，其中没有保存 $f(e)$ 的值，而是直接修改 $c(e)$。

```
struct edge { int to, cap, rev; };

vector<edge> G[MAX_V]; //图的邻接表表示
bool used[MAX_V]; //DFS中用到的访问标记

//向图中增加一条从from 到 to 容量为cap 的弧
void add_edge(int from, int to, int cap){
    G[from].push_back((edge){to, cap, G[to].size()});
    G[to].push_back((edge){from, 0, G[from].size() - 1});//反向边
}

//通过DFS寻找增广路
int dfs (int v, int t, int f){
    if (v == t) return f;
    used[v] = true;
```

```
    for (int i = 0; i < G[v].size(); i++){
        edge &e = G[v][i];
        if (!used[e.to] && e.cap > 0) {
            int d = dfs(e.to, t, min(f, e.cap));
            if (d > 0) { //增广该路径
                e.cap -= d;
                G[e.to][e.rev].cap += d; //直接修改cap的值
                return d;
            }
        }
    }
    return 0;
}

//求解从s到t的最大流
int max_flow(int s, int t) {
    int flow = 0;
    for( ; ; ){
        memset(used, 0, sizeof(used));
        int f = dfs(s, t, INF);
        if (f == 0) return flow; //寻找增广路
        flow += f;
    }
}
```

若最大流为 f，则 Ford-Fulkerson 最多进行 $|f|$ 次 DFS，所以其复杂度为 $O(|f|\,|E|)$。另一种求最大流的 Edmond-Karp(简称 EK) 算法与 Ford-Fulkerson 算法流程完全相同，但在寻找增广路上使用了 BFS。可以证明，EK 算法使用 BFS 增广次数不超过 $|E||V|$ 次，每次 BFS 时间复杂度是 $O(|E|)$，故总复杂度为 $O(|V|\,|E|\,|E|)$，与最大流值 $|f|$ 无关。

6.1.4 最小割最大流定理

割的定义

设网络 $G=(V,E,C,s,t)$，如果 X 是 V 的顶点子集，Y 是 X 补集，即 $Y=V-X$，且满足 $s\in X, t\in Y$，则称 (X,Y) 为网络 G 的割，如图 6.2 所示。如果 K=(X,Y) 是 G 的割，那么 K 的容量记为 $\text{cap}(X,Y)$，或 $\text{cap}(K)$。定义 $\text{cap}(X,Y)=\sum f(e)$，其中，$e$ 由 E 中始于 X 中顶点、终于 Y 中顶点的弧构成。

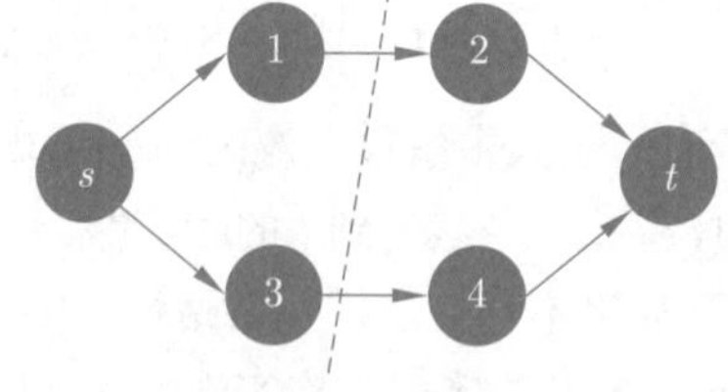

图 6.2 割实例图

最小割最大流定理

定理 6.1

设 f 是网络 G 的流，且 $K=(X,Y)$ 是 G 的割，则

$$\text{val}(f)=f(X,Y)-f(Y,X)\leqslant \text{cap}(K) \tag{6.4}$$

证明

设网络 $G=(V,E,C,s,t)$，且 $K=(X,Y)$ 是 G 的割。因为 f 是网络 G 的流，所以 f 满足方程：

$$\begin{aligned} f(u,V)-f(V,u)&=0, \quad u\in V\setminus\{s,t\} \\ f(s,V)-f(V,s)&=\text{val}(f) \end{aligned} \tag{6.5}$$

因为 $s \in X, t \in Y$, 故

$$\text{val}(f) = f(X, V) - f(V, X) \tag{6.6}$$

其中:

$$\begin{aligned} f(X,V) = f(X, X \cup Y) = f(X,X) + f(X,Y) = f(X,Y) \\ f(V,X) = f(X \cup Y, X) = f(X,X) + f(Y,X) = f(Y,X) \\ f(X,V) - f(V,X) = f(X,Y) - f(Y,X) \end{aligned} \tag{6.7}$$

因为

$$f(Y,X) \geqslant 0, f(X,Y) \leqslant \text{cap}(X,Y) \tag{6.8}$$

故

$$\text{val}(f) = f(X,Y) - f(Y,X) \leqslant \text{cap}(X,Y) \tag{6.9}$$

设 K 为网络 G 的割，若对 G 的每个割 K_i，$\text{cap}(K) \leqslant \text{cap}(K_i)$，则称 K 为网络 G 的最小割。

推论 6.1

设 f 是网络 G 的流且 K 是网络 G 的割，如果 $\text{val}(f) = \text{cap}(K)$，则 f 是最大流，K 是最小割。

♡

推论 6.2

如果 f 是网络 G 的流，且 (X,Y) 是 G 的割，使对任意边 $e = (u,v)$，满足

$$\begin{aligned} f(u,v) = c(u,v), \quad u \in X, v \in Y \\ f(u,v) = 0, \quad v \in X, u \in Y \end{aligned} \tag{6.10}$$

则 f 是 G 的最大流且 (X,Y) 是最小割。

♡

推论的正确性留给读者证明，现在利用这两个推论来证明6.1.3节中 Ford-Fulkerson 算法（简称 FF 算法）的正确性。采用反证法，假设 FF 算法终止时得到的流 f 不是最大流。由 FF 算法步骤可知，此时残余网络中已无增广路。令 $X = \{u|u$ 是残余网络中能从 s 出发沿着残余容量大于 0 的弧到达的顶点 $\}$，$Y = V - X$。由于图中已无增广路，故再次利用反证法得知割 (X,Y) 的弧集满足式 (6.2)，所以得证 f 是 G 的最大流且 (X,Y) 是最小割。

实际上，最小割就是最大流的对偶问题。完整描述最小割最大流定理如下。

定理 6.2

如果 f 是网络 $G = (V, E, C, s, t)$ 中的一个流，则下列条件是等价的。

(1) f 是 G 的一个最大流。

(2) 残余网络不包含增广路。

(3) 对 G 的某个割 $K = (X,Y)$，有 $\text{val}(f) = \text{cap}(K)$。

♡

6.1.5 Dinic 算法

Dinic 算法是求解最大流的优化算法之一，其思想核心仍然是不断求增广路。与传统 FF 算法不同的是，Dinic 算法关注的是怎样减少增广次数。Dinic 算法主要特点如下。

(1) 在原图中构造分层网络，顶点 u 所在层数是源点 s 到其的最短距离，记为 $\text{level}[u]$。

(2) 每次寻找增广路的时候，只沿 $< u, v >$ 方向的弧走，其中 $\text{level}[u] == \text{level}[v] - 1$。

(3) 通过回溯，使得一次 DFS 过程能找到多条增广路。

时间复杂度

因为在 Dinic 算法的执行过程中，每次重新分层，汇点所在的层次是严格递增的，而 n 个点的层次图最多有 n 层，所以最多重新分层 n 次。在同一个层次图中，因为每条增广路都有一个瓶颈，而两次增广的瓶颈不可能相同，所以增广路最多 m 条。搜索每一条增广路时，前进和回溯都最多执行 n 次，所以这两者的时间复杂度是 $O(n \times m)$；而沿着同一条边 (u, v) 不可能枚举两次，因为第一次枚举时要么这条边的容量已经用尽，要么顶点 v 到汇点不存在通路从而可将其从这一层次图中删除。综上所述，Dinic 算法时间复杂度的理论上界是 $O(n \times n \times m)$。

算法流程

(1) 在当前残余网络中建立分层网络。若无法到达汇点，则当前流 f 为最大流，算法终止；否则进行步骤 (2)。

(2) 在当前分层网络中寻找增广路并增广，重复步骤 (1)。

参考代码

```
#include<cstdio>
#include<algorithm>
#include<cstring>
using namespace std;

const int MAXV = 100000, MAXE = 300000; //顶点的数量与弧的数量
int inf = 100000000; //inf 应视题目取为足够大
int head[MAXV], tot;
struct node {
    int next, c, to;
} E[MAXE];
struct Max_flow {
    int S, T, n; //源点，汇点，最大点数
    int lev[MAXV], q[MAXV], cur[MAXV], f;
    void init(int _S, int _T) { //初始化
        tot = 0;
        S = _S; T = _T;
        n = T+1;
        for(int i = 0; i <= n; i ++) head[i] = -1;
    }

    void add(int a, int b, int c) { //增加一条由a指向b，容量为c的单向弧
        E[tot].next = head[a];
        E[tot].to = b;
        E[tot].c = c;
        head[a] = tot++;
    }

    void Add(int a, int b, int c) { //增加一条由a指向b，容量为c的弧
        add(a, b, c);
        add(b, a, 0);
    }

    int bfs() { //建立分层网络
        for(int i = 0; i <= n; i ++) lev[i] = 0;
        lev[S] = 1;
        f = 0;
        q[f++] = S;
        for(int i = 0; i < f; i ++) {
            int u = q[i];
            for(int i = head[u]; i != -1;i = E[i].next)
                if(lev[E[i].to] == 0 && E[i].c > 0){
                    int to = E[i].to;
                    lev[to] = lev[u]+1;
```

```
                    q[f++] = to;
                    if(to == T) return 1; //若遍历到汇点，则直接退出
                }
        }
        return 0;
    }

    int dfs(int u, int f){
        if(u == T) return f;
        int tag = 0, c;
        for(int &i = cur[u]; i != -1;i = E[i].next) { //优化当前弧，流满的边无须访问
            int to = E[i].to;
            if(E[i].c > 0 && lev[to] == lev[u] + 1){
                c = dfs(to, min(f - tag, E[i].c));
                E[i].c -= c;
                E[i^1].c += c;
                tag += c;
                if(tag == f)return tag;
            }
        }
        return tag;
    }

    int solve(){
        int ans = 0;
        while(bfs()){
            for(int i = 0; i <= n; i++) cur[i] = head[i]; //优化当前弧
            ans += dfs(S,inf);
        }
        return ans;
    }
}Flow;

int n, m;
int main(){
    while(~scanf("%d%d",&m,&n)) {
        Flow.init(1, n);
        while(m--) {
            int a ,b, c;
            scanf("%d%d%d", &a, &b, &c);
            Flow.Add(a, b, c);
        }
        printf("%d\n", F.solve());
    }
    return 0;
}
```

注：该代码是以邻接表为存储结构利用 DFS 实现的。DFS 虽然较简洁但会牺牲不少时间效率；实际运用中可以采取非递归实现，但编程量较大。本章中若无特殊说明，最大流算法均采用 Dinic 算法。实际该算法足以通过大多数网络流题目所给的时限。

例题讲解

【例题 6.1】Dining

题目描述

有 N 头牛，F 种食物以及 D 种饮料，每头牛对食物和饮料都有各自偏好，每种食物饮料只有一份，现在要求对每头牛分配一种食物和一种饮料。如何分配使尽可能多的牛分配到其喜欢的食物和饮料？

输入第一行分别为 N、F、D，之后 N 行每行开始两个数 F_i 和 D_i，表示该牛喜欢的食物以及饮料种类数，之后 F_i 个数以及 D_i 个数分别表示该牛喜欢的食物以及饮料编号。

输出能满足需求的最大的牛的数量。

输入输出样例

Input	Output
4 3 3 2 2 1 2 3 1 2 2 2 3 1 2 2 2 1 3 1 2 2 1 1 3 3	3

题目来源

POJ 3281 *http://poj.org/problem?id=3281*

解题思路

抛去饮料的因素，先求如何分配使尽可能多的牛分配到其喜欢的食物。不难发现这是个二分图匹配的模型。建立源点与汇点，以每一头牛、每一种食物作为一个顶点，源点向所有牛建立一条容量为 1 的弧，牛向各自爱好的食物建立容量为 1 的弧，所有食物向汇点建立容量为 1 的弧。那么该图的最大流即是所求解，故通过求解最大流便可解决二分匹配的问题。

回到这题，多了饮料这一条件。尝试运用类似方法建图：源点向所有食物建立一条容量为 1 的弧，食物向偏爱其的牛建立容量为 1 的弧，牛向其偏好的饮料建立容量为 1 的弧，所有饮料再向汇点建立容量为 1 的弧。如此建图，求得的最大流是否就是所求解呢？事实是否定的。由于一开始忽略了每头牛只能分配一种食物和饮料这一条件，导致一头牛可能会被多条流访问。所以这里采用拆点技巧，将每头牛拆成入点和出点，食物向入点建容量为 1 的弧，出点向饮料建容量为 1 的弧，同时各入点再向对应的出点建容量为 1 的弧，问题得以解决。

本题通过拆点形式限制了流的容量，这种技巧在网络流中是很实用的，希望读者细细体会。

参考代码

```
#include<cstdio>
#include<algorithm>
#include<cstring>
#include<iostream>
using namespace std;

const int MAXV = 100000, MAXE = 300000; //顶点的数量与弧的数量
int inf = 100000000; //inf 应视题目取为足够大
int head[MAXV], tot;
struct node {
    int next, c, to;
} E[MAXE];
struct Max_flow {
    //模板为Dinic算法模板
}Flow;

int n, F, D, Fi, Di, x, S, T, le, ri;
int Work() {
    Flow.init(S = 0, T = 2 * n + F + D + 1);
    for(int i = 1; i <= F; i ++) Flow.Add(S, i, 1);
    for(int i = 1; i <= D; i ++) Flow.Add(F+i, T, 1);
    for(int i = 1; i <= n; i ++) {
        cin >> Fi >> Di;
        le = F + D + i * 2 - 1;
        ri = le + 1;
        Flow.Add(le, ri, 1); //将牛拆点，自身连边
        while(Fi -- ) {
            cin >> x;
            Flow.Add(x, le, 1); //牛向食物连边
        }
        while(Di -- ) {
```

```
            cin >> x;
            Flow.Add(ri, F + x, 1); //牛向饮料连边
        }
    }
    return Flow.solve();
}

int main(){
    while(cin >> n >> F >> D) {
        printf("%d\n", Work());
    }
    return 0;
}
```

【例题 6.2】How Many Shortest Path

题目描述

给定一个有向带权图，求图中从起点 s 到终点 t 有多少条互不相交的最短路径。

输入数据为多组数据，每组数据的第一行为 n ($n \leqslant 100$) 表示顶点数量。之后包含 n 行的数据，其中，第 i 行第 j 列的数表示顶点 i 到顶点 j 边的距离，若为 -1 则表示该边不存在。

最后一行包含两个数字 s，t，顶点编号从 0 开始，表示起点和终点。

对于每组数据输出最多不相交的最短路径数。

输入输出样例

Input	Output
4 0 1 1 -1 -1 0 1 1 -1 -1 0 1 -1 -1 -1 0 0 3 5 0 1 1 -1 -1 -1 0 1 1 -1 -1 -1 0 1 -1 -1 -1 -1 0 1 -1 -1 -1 -1 0 0 4	2 1

题目来源

ZOJ 2760　*http://acm.zju.edu.cn/onlinejudge/showProblem.do?problemCode=2760*

解题思路

路径互不相交意味着图中任意边只能被一条路径访问，仔细思考题目不难发现这样一个隐藏条件：一条最短路径上的所有边 (u,v) 始终满足 $\text{dis}(v) = \text{dis}(u) + \text{len}(u,v)$，其中，$\text{dis}(u)$ 是从 s 出发到 u 的最短距离，$\text{len}(u,v)$ 为该边长度。在预处理出所有点的 dis 值后，不满足上述等式的边也就不可能处于某条最短路径上。因此得出以下建图：新建源点 S、汇点 T，加入边 (S,s,inf)、(t,T,inf)，inf 应为足够大。对每一条边 (u,v)，若 $\text{dis}(v) = \text{dis}(u) + \text{len}(u,v)$，则加入边 $(u,v,1)$。该图的最大流即是所求解。

本题利用路径的特性将其转换为网络流，边容量设置为 1 保证其只能被一条路径访问，与源点汇点相连的容量无穷大的边则保证该边的容量不受限制。最后从所得的最大流中便可容易还原出最短路径。

参考代码

```
#include<cstdio>
#include<algorithm>
#include<cstring>
#include<iostream>
```

```
using namespace std;

const int MAXV = 1000, MAXE = 300000; //顶点的数量与弧的数量
int inf = 1000000000; //inf 应视题目取为足够大
int head[MAXV], tot;
struct node {
    int next, c, to;
} E[MAXE];
struct Max_flow {
    //模板为Dinic算法模板
}Flow;

int n, s, t, u;
int a[100][100], dis[100], vis[100];
int Work() {
    for(int i = 0; i < n; i ++)
        for(int j = 0; j < n; j ++)
            cin >> a[i][j];
    for(int i = 0; i < n; i ++)
        dis[i] = inf, vis[i] = 0;
    cin >> s >> t;
    if(s == t)return -1;
    dis[s] = 0;
    for(int i = 0; i < n; i ++) { //计算最短路
        u = -1;
        for(int i = 0; i < n; i ++)
        if(!vis[i] && (u == -1 || dis[i] < dis[u]))
            u = i;
        vis[u] = 1;
        for(int i = 0; i < n; i ++)
            if(a[u][i] != -1)
                dis[i] = min(dis[i], dis[u] + a[u][i]);
    }
    Flow.init(0, n+1);
    Flow.Add(0, s+1, inf);
    Flow.Add(t+1, n+1, inf);
    for(int i = 0; i < n; i ++)
        for(int j = 0; j < n; j ++)
        if(a[i][j] != -1 && dis[j] == dis[i] + a[i][j])
            Flow.Add(i + 1, j + 1, 1);
    return Flow.solve();
}

int main(){
    while(cin >> n) {
        int ans = Work();
        if(ans == -1) cout << "inf" << endl;
        else cout << ans <<endl;
    }
    return 0;
}
```

【例题 6.3】Earthquake Damage 2 G

题目描述

农夫 John 有 P 个牧场，牧场编号为 $1 \sim P$，牧场由 C 条双向路连接。谷仓处于编号为 1 的牧场，现除谷仓外有若干牧场因地震损坏。有 N 只小牛给农夫 John 打来电话报告自己所处的牧场没有损坏，但其无法在不经过损坏的牧场前提下到达谷仓。请你帮助农夫 John 计算最少有多少牧场被地震损坏。

输入数据第一行为 P，C，N 的值，之后 C 行，每行两个数字，表示该双向路邻接的顶点编号，最后 N 行，每行一个数字表示没有损坏的牧场编号。输出最少有多少牧场被地震损坏。

输入输出样例

Input	Output
5 5 2 1 2 2 3 3 5 2 4 4 5 4 5	1

题目来源

Luogu P2944　*https://www.luogu.com.cn/problem/P2944*

解题思路

将第 i 个牧场拆成顶点 i 和 i'，若第 i 个牧场与第 j 个牧场之间存在道路，则加入有向边 $<i',j>$ 和 $<j',i>$。同时对牧场 i，加入有向边 $<i,i'>$。令源点 S 为牧场 1，新建汇点为 T。若小牛报告的牧场编号为 i，则加入一条 $<i',T>$ 的有向边。

如此建图完毕后可以发现，令 V 为满足条件的一个损坏牧场集合，若删去所有 $<i,i'>$ 的边，其中 i 属于 V，则由 S 出发将到达不了 T。因此所有删去的 $<i,i'>$ 其实就是一组边割集。而牧场最小可能损坏数对应着该图的最小割。于是有如下建图。

将编号 i 的牧场拆为顶点 i 和 i'，加入有向边 $<i,i'>$，若 i 为 1 或者 i 是某只小牛报告的牧场，则该边容量为无限大，否则该边容量设为 1。若牧场 i 和牧场 j 之间有道路，加入有向边 $<i',j>$ 和 $<j',i>$，容量无限大。若小牛报告的是牧场 j，则加入边 $<j',T>$，容量无限大。最终 1 到 T 的最大流即最小割为所求解。

由于本题中道路以及报告的牧场都是无损坏的，故可将其边容量设为无限大，这样设置的结果是这些边都不会出现在最后的最小割中。这种在最小割问题中将无关边容量置为无限大是一个非常有用的技巧，希望读者多加体会。

参考代码

```
#include<cstdio>
#include<algorithm>
#include<cstring>
#include<iostream>
using namespace std;

const int MAXV = 10000, MAXE = 300000; //顶点的数量与弧的数量
int inf = 1000000000; //inf 应视题目取为足够大
int head[MAXV], tot;
struct node {
    int next, c, to;
} E[MAXE];
struct Max_flow {
    //模板为Dinic算法模板
}Flow;

int n, m, p, u, v;
int vis[3003];

int work() {
    memset(vis, 0, sizeof(vis));
    Flow.init(1, n * 2 + 1);
    while (m --) {
        cin >> u >> v;
        Flow.Add(u * 2, v * 2 - 1, inf);
        Flow.Add(v * 2, u * 2 - 1, inf);
    }
```

```
    while (p --) {
        cin >> u;
        vis[u] = 1;
    }
    Flow.Add(1, 2, inf);
    for(int i = 2; i <= n; i ++)
    if (vis[i]) { //判断牧场是否损坏
      Flow.Add(i * 2 - 1, i * 2, inf);
      Flow.Add(i * 2, n * 2 + 1, inf);
    }
    else
      Flow.Add(i * 2 - 1, i * 2, 1);
    return Flow.solve();
}

int main(){
    while(cin >> n >> m >> p) {
        printf("%d\n", work());
    }
    return 0;
}
```

【例题 6.4】Paratroopers

题目描述

敌人入侵一个 $r \times c$ 的地图。现可以在某一行或者某一列上安置大炮，大炮可以消灭这一行 (列) 上的敌人，安置第 i 行的大炮花费 a_i，第 j 列的大炮花费 b_j。给定地图上 k 个敌人的坐标，求将敌人全部消灭所需的最小安置大炮费用。总费用为所有大炮费用乘积。

有多组输入数据，第一行数字表示数据组数。每组数据第一行为 r, c, k 的值。第二行 r 个数，第 i 个数表示安置第 i 行的大炮花费 a_i。第三行 c 个数，第 j 个数表示安置第 j 列的大炮花费 b_j。之后 k 行，每行表示一个敌人所在的行列号。

输出为将敌人全部消灭所需的最小安置大炮费用。

输入输出样例

Input	Output
1 4 4 5 2.0 7.0 5.0 2.0 1.5 2.0 2.0 8.0 1 1 2 2 3 3 4 4 1 4	16.0000

题目来源

POJ 3308 *http://poj.org/problem?id=3308*

解题思路

先将花费取对数，求乘积即可转化为求和。要消灭所有敌人，需满足对每个敌人所在行或者所在列必须安有大炮。于是问题变成二分图最小点权覆盖集问题：二分图左边 r 行，权值为 a_i，右边 c 列，权值为 b_j。若敌人在 (i, j) 处，则连接左边的 r_i 和右边的 c_j。该图的最小点权覆盖集便是所求解。

二分图最小点权覆盖集问题，可以通过求网络流的最小割来解决：新建源点汇点，源点向 r_i 连一条容量为 a_i 的边，c_j 向汇点连一条容量为 b_j 的边。若敌人坐标为 (i, j)，则从 r_i 向 c_j 连一条容量无穷大的边。如此建图后该网络的最小割便是最小点权覆盖集。

由于对每一条 r_i 向 c_j 的边，需满足安置第 r_i 行大炮或 c_j 列大炮。新建源点汇点后，便形成了一条 $s - r_i - c_j - t$ 的路径。通过上述方法建图后求解最小割可以发现，(r_i, c_j) 由于容量无限大是不可能处在最小割中的，所以 (s, r_i) 和 (c_j, t) 必定有一个处在最小割中，与点权覆盖形式相符，而求得的最小割即是最小覆盖集。

网络流题目中，最小割往往没有最大流那么形象，因此如何将模型转换为最小割便成了考察的重点。

参考代码

```
#include<cstdio>
#include<algorithm>
#include<cstring>
#include <cmath>
#include<iostream>
using namespace std;

const int MAXV = 1000, MAXE = 300000; //顶点的数量与弧的数量
double inf = 1000000000; //inf 应视题目取为足够大
int head[MAXV], tot;
struct node {
    int next, to;
    double c;
} E[MAXE];
int n, m, l, t, a, b;
double x;
struct Max_flow {
    int S, T, n; //源点，汇点，最大点数
    int lev[MAXV], q[MAXV], cur[MAXV],f;
    void init(int _S, int _T) { //初始化
        tot = 0;
        S = _S; T = _T;
        n = T+1;
        for(int i = 0; i <= n; i ++) head[i] = -1;
    }

    void add(int a, int b, double c) { //增加一条由a指向b，容量为c的单向弧
        E[tot].next = head[a];
        E[tot].to = b;
        E[tot].c = c;
        head[a] = tot++;
    }

    void Add(int a, int b, double c) { //增加一条由a指向b，容量为c的弧
        add(a, b, c);
        add(b, a, 0);
    }

    double bfs() { //建立分层网络
        for(int i = 0; i <= n; i ++) lev[i] = 0;
        lev[S] = 1;
        f = 0;
        q[f++] = S;
        for(int i = 0; i < f; i ++) {
            int u = q[i];
            for(int i = head[u]; i != -1;i = E[i].next)
                if(lev[E[i].to] == 0 && E[i].c > 0){
                    int to = E[i].to;
                    lev[to] = lev[u]+1;
                    q[f++] = to;
                    if(to == T) return 1; //若遍历到汇点，则直接退出
                }
        }
        return 0;
    }

    double dfs(int u, double f){
        if(u == T) return f;
        double tag = 0, c;
```

```
        for(int &i = cur[u]; i != -1;i = E[i].next) { //优化当前弧，流满的边无须访问
            int to = E[i].to;
            if(E[i].c > 0 && lev[to] == lev[u] + 1){
                c = dfs(to, min(f - tag, E[i].c));
                E[i].c -= c;
                E[i^1].c += c;
                tag += c;
                if(tag == f)return tag;
            }
        }
        return tag;
    }

    double solve(){
        double ans = 0;
        while(bfs()){
            for(int i = 0; i <= n; i++) cur[i] = head[i]; //优化当前弧
            ans += dfs(S,inf);
        }
        return ans;
    }
}Flow;

double work(){
    cin >> n >> m >> l;
    Flow.init(0, n + m + 1);
    for(int i = 1; i <= n; i ++) {
        cin >> x;
        Flow.Add(0, i, log(x));
    }
    for(int i = 1; i <= m; i ++) {
        cin >> x;
        Flow.Add(n + i, n + m + 1, log(x));
    }
    while (l --) {
        cin >> a >> b;
        Flow.Add(a, n + b, inf);
    }
    return Flow.solve();
}

int main(){
    cin >> t;
    while(t -- ) {
        printf("%.4f\n", exp(work()));
    }
    return 0;
}
```

习题推荐

- **POJ 1637** Sightseeing *http://poj.org/problem?id=1637*
- **POJ 1149** Pigs *http://poj.org/problem?id=1149*
- **POJ 2289** Jamie's Contact Groups *http://poj.org/problem?id=2289*
- **POJ 3469** Dual Core CPU *http://poj.org/problem?id=3469*
- **POJ 2987** Firing *http://poj.org/problem?id=2987*

6.2 费用流

费用流是经济学和管理学中的一类典型问题。在一个网络中每段路径都有“容量”和“费用”两个限制的条件下，此类问题的研究试图寻找出：流量从 A 到 B，如何选择路径、分配经过路径

的流量，可以在流量最大的前提下，达到所用的费用最小的要求。如 n 辆卡车要运送物品，从 A 地到 B 地。由于每条路段都有不同的路费要缴纳，每条路能容纳的车的数量有限制，最小费用最大流问题旨在解决如何规划卡车的行驶路径可以达到费用最低，物品又能全部送到。

最小费用流问题

设有一网络 $G=(V,E,C,s,t)$，E 中每条边对应一个容量 $c(u,v)$ 与运输单位流所需费用 $w(u,v)$。若有一可行流 f，则该流产生费用为 $W(f)=\sum f(e)w(e)$。
其中，最小费用流指所有最大流中费用最小的流。

如果只从之前的网络流算法出发解决这个问题，一般有以下两条途径。

第一条途径是先求出最大流，然后在保证流值不变的前提下，检查是否能够调整边的流量，使得总费用减少，只要能找到，就进行调整。调整后，流值不变，总费用减少。这种调整直到找不到调整可能为止。可以证明，若当前图中不存在负圈，则当前流即为最小费用流。

第二条途径是，从初始零流出发，每次寻找一条从源点到汇点的增广路，增广路必须是所有增广路中费用最小的一条。如果能找到，则沿着这条路增广，得到新流。这样迭代下去，直到找不到增广路，此时的流即为最小费用最大流。

由于第二种算法与已介绍的最大流算法接近，且算法中寻找最小费用增广路，可以转换为一个寻求源点至汇点的最短路径问题。

最小费用流算法

费用网络只是在原网络中附加了边的费用 $w(e)$。稍微不同的是，对于原有边 $<u,v>$ 附加费用 $w(e)$，而对回退边 $<v,u>$ 附加费用 $-w(e)$，表示沿该边回退所得费用。注意边的费用是始终不变的。

建立完费用网络后，便开始从初始流寻找费用最小的增广路。注意寻找增广路时只是累加边的费用，而不关心边的容量（只需大于 0），再加上边权可能为负的情况，这里可以采用 **SPFA 算法**作为寻找增广路的算法。

为了减少因为负权边存在导致的最短路算法的效率降低，在每次建立增流网络求得最短路径后，可将网络 G 的权 $w(e)$ 做一次修正，使再建的增流网络不会出现负权边，并保证最短路径不至于因此而改变。下面介绍这种修改方法。当流值为零，第一次建增流网络求最短路径时，因无负权边，当然可以采用标号法进行计算。为了使以后建立增流网络时不出现负权边，采取的办法是将 G 中有流边 $(f(e)>0)$ 的权 $w(e)$ 修正为 0。

为此，每次在增流网络上求得最短路径后，以式 (6.11) 计算 G 中新的边权 $w''(u,v)$:

$$w''(u,v)=L(u)-L(v)+w(u,v) \tag{6.11}$$

式中，$L(u)$、$L(v)$ 为计算新图 G' 的 x 至 y 最短路径时 u 和 v 的标号值。第一次求最短路径时如果 (u,v) 是增流路径上的边，则根据最短路径算法一定有 $L(v)=L(u)+w'(u,v)=L(u)+w(u,v)$，代入式 (6.11) 必有 $w''(u,v)=0$。

如果 (u,v) 不是增流路径上的边，则一定有 $L(v)\leqslant L(u)+w(u,v)$，代入式 (6.11) 则有 $w''(u,v)\geqslant 0$。可见第一次修正 $w(e)$ 后，对任一边，皆有 $w(e)\geqslant 0$，且有流的边（增流链上的边），一定有 $w(e)=0$。以后每次迭代计算，若 $f(u,v)>0$，增流网络需建立 (v,u) 边，新的边权数 $w'(v,u)=-w(u,v)=0$，即不会再出现负权边。此外，每次迭代计算用式 (6.11) 修正一切 $w(e)$，不难证明对每一条 x 至 y 的路径而言，其路径长度都同样增加 $L(x)-L(y)$。因此，x 至 y 的最短路径不会因对 $w(e)$ 的修正而发生变化。

参考代码

```
#include<cstdio>
#include<cstring>
#include<iostream>
```

```
#include<cmath>
#include<algorithm>
using namespace std;
const int MAXV = 220, MAXE = 100000, inf = 1000000000;
 //顶点的数量与弧的数量,inf 应视题目取为足够大
struct node{
    int to, next, c, w;
} E[MAXE];
int head[MAXV], tot, que[MAXV], dis[MAXV], vis[MAXV], pre[MAXV];

struct MinCostFlow {
    int S, T, n; //源点, 汇点, 最大点数
    void init(int _S, int _T){ //初始化
        S = _S; T = _T;
        n = T + 1;
        for(int i = 0;i <= n;i ++) head[i] = -1;
        tot = 0;
    }
    void add(int a, int b, int c, int w){
        E[tot].next = head[a];
        E[tot].to = b;
        E[tot].c = c;
        E[tot].w = w;
        head[a] = tot++;
    }
    void Add(int a, int b, int c, int w){//增加一条从a指向b,容量为c,费用为w的边
        add(a, b, c, w);
        add(b, a, 0, -w);
    }
    bool spfa(){
        int i, front = 0, tail = 1;
        for(i = 0; i <= n; i ++){
            dis[i] = inf;
            vis[i] = false;
        }
        dis[S] = 0;
        que[0] = S;
        vis[S] = true;
        while(tail != front){//此处采用广搜进行多路增广
            int u = que[front ++];
            front %= MAXV;
            for(i = head[u]; i != -1; i = E[i].next){
                int v = E[i].to;
                if(E[i].c && dis[v] > dis[u] + E[i].w){
                    dis[v] = dis[u] + E[i].w;
                    pre[v] = i;
                    if(!vis[v]){
                        vis[v] = true;
                        que[tail ++] = v;
                        tail %= MAXV;
                    }
                }
            }
            vis[u] = false;
        }
        if(dis[T] == inf) return false;
        return true;
    }
    int end(int &flow){
```

```
        int u, p, sum = inf, ans = 0;
        for(u = T; u != S; u = E[p^1].to){
            //记录路径上的最小流值
            p = pre[u];
            sum = min(sum, E[p].c);
        }
        for(u = T; u != S; u = E[p^1].to){
            p = pre[u];
            E[p].c -= sum;
            E[p^1].c += sum;
            ans += sum * E[p].w;
            //cost记录的为单位流量费用，必须乘以流量
        }
        flow += sum;
        return ans;
    }
    int solve(){
        int ans = 0, flow = 0;
        while(spfa()){ //寻找增广路并增广
            ans+=end(flow);
        }
        return ans;
    }
}F;
int n, m;
char ch[111][111];
int X[111], Y[111];
int pp, hh;

int main(){
    while(cin >> n >> m, n){
        pp = hh = 0;
        F.init(MAXV - 2, MAXV - 3);
        for(int i = 0; i < n; i ++){
            scanf("%s",ch[i]);
            for(int j = 0; j < m; j ++)
                if(ch[i][j] == 'H'){
                    F.Add(F.S, hh, 1, 0);
                    X[hh] = i; Y[hh++] = j;
                }
        }
        for(int i = 0; i < n; i ++)
            for(int j = 0; j < m; j ++)
            if(ch[i][j] == 'm'){
                F.Add(hh + pp, F.T, 1, 0);
                for(int k = 0; k < hh; k ++)
                F.Add(k, hh + pp, 1, abs(i - X[k]) + abs(j - Y[k]));
                pp ++;
            }
        printf("%d\n", F.solve());
    }
    return 0;
}
```

【例题 6.5】餐巾计划问题

题目描述

一个餐厅在相继的 N 天里，每天需用的餐巾数不尽相同。假设第 i 天需要 $r[i]$ 块餐巾（$i = 1, 2, \cdots, N$）。餐厅可以购买新的餐巾，每块餐巾的费用为 p 元；或者把旧餐巾送到快洗部，洗一

块需要 m 天，其费用为 f 元；或者送到慢洗部，洗一块需要 n 天（$n > m$，$n < 200$），其费用为 s 元（$s < f$）。每天结束时，餐厅必须决定将多少块脏的餐巾送到快洗部，多少块脏的餐巾送到慢洗部，以及多少块保存起来延期送洗。但是每天洗好的餐巾和购买的新餐巾数总和，要满足当天的需求量。试设计一个算法为餐厅合理地安排好 N 天中餐巾使用计划，使总的费用最小。

题目来源

COGS 461 *http://cogs.pro:8081/cogs/problem/problem.php?pid=pXXzmQqek*

解题思路

注意到餐厅每天使用的餐巾有三个来源：直接购买，慢洗部送来的，快洗部送来的。而且由于每天餐厅使用后的脏餐巾是固定的，这些脏餐巾部分送去慢洗，部分送去快洗。因此可以建图如下。

(1) 建立源点汇点。

(2) 将第 i 天拆成顶点 $X[i]$ 和 $Y[i]$。

(3) 对所有 i，源点向 $X[i]$ 建一条容量为 $r[i]$ 费用为 0 的弧。

(4) 对所有 i，$Y[i]$ 向汇点建一条容量为 $r[i]$ 费用为 0 的弧。

(5) 对所有 i，源点向 $Y[i]$ 建一条容量为 INF 费用为 p 的弧。

(6) 对所有 i，从 $X[i]$ 向 $Y[i+m]$ 建一条容量为 INF 费用为 f 的弧，向 $Y[i+n]$ 建一条容量为 INF 费用为 s 的弧。

(7) 对所有 i，从 $X[i]$ 向 $X[i+1]$ 建一条容量为 INF 费用为 0 的弧。

其中，条件 3 限制了脏餐巾数量，条件 4 表示第 i 天使用餐巾的通道。条件 5 表示购买餐巾的通道，条件 6 表示旧餐巾的送洗，条件 7 为延迟送洗。如此建图后，网络的最小费用最大流即为所求解。本题较为简单，不再给出参考代码。

习题推荐

- **HDU 4862** Jump *http://acm.hdu.edu.cn/showproblem.php?pid=4862*
- **POJ 2516** Minimum Cost *http://poj.org/problem?id=2516*

6.3 上下界网络流

上下界网络流是在一般网络的基础上对于每条边加了个下界限制 $B(e)$，这样每条边 e 需满足条件 $B(e) \leqslant f(e) \leqslant C(e)$。有了下界限制后，零流将无意义，因此先讨论给定上下界网络中是否存在一条可行流。

6.3.1 无源汇上下界可行流

无源汇上下界的行流问题是指问题中不涉及固定的源点、汇点，仅考虑是否存在满足所有边上界和下界流量限制的可行解问题。

建图过程中通过拆点等操作即可完成这类网络流的复杂约束，此时使用普通网络流模型即可解决上下界无源汇网络流问题。

对每一条边 $e \in E$，将其分离为两条边 e'、e''，其中的容量 $C(e')$ 为 $C(e) - B(e)$，e'' 的容量 $C(e'')$ 为 $B(e)$。这样分离后，只需保证必要弧 e'' 必须满流即可。为满足必要弧都必须满流，将原图转为最大流模型：

(1) 超级源 S，超级汇 T。

(2) 对原图中每一条边 $e =< u, v >$，建立从 u 到 v 容量为 $C(e) - B(e)$ 的弧，从 u 到 T、S 到 v 分别建一条容量为 $B(e)$ 的弧。

如此建图后，求新网络的最大流。若从 S 出发的所有弧满流，则该无源汇上下界网络存在可行流，将分离出的必要弧加回原弧即得可行流。若非所有弧满流，则不存在可行流。

如此建图就可以将无源汇上下界可行流问题转换为一般最大流问题。

6.3.2 有源汇上下界网络流

有源汇上下界可行流

若网络中指定了源点汇点，可以将其先转换为无源汇的网络，只需从汇点建一条容量无穷大的边指向源点即可转化为无源汇上下界可行流问题。

有源汇上下界最小流

解法一 求解有源汇上下界最小流问题，可以通过二分法求解，设最小流为 Min_f，判断当前假设的流值 f 与 Min_f 关系的步骤如下。

(1) 从原图汇点建立一条容量为 f 的弧指向源点，将原图转为无源汇。

(2) 判断新网络中是否存在可行流。如果不存在则 $f \leqslant$ Min_f，否则 $f \geqslant$ Min_f。

对于有源汇上下界最大流问题，可以尝试利用类似方法解决。但由于二分会导致复杂度变高，有以下方法求解有源汇上下界最大流。

解法二 按照无源汇上下界可行流的构图方法，新建超级源和超级汇及相应的弧。首先求解超级源到超级汇的最大流，再添加汇点到源点容量为无穷大的边。在上一步求解的残余网络的基础上，再次求解超级源到超级汇的最大流，流经汇点到源点的边的流量就是最小流的值。

有源汇上下界最大流

二分答案解法可参考有源汇上下界最小流解法一。

另一种时间复杂度更低的做法可按如下步骤实现。

(1) 从汇点到源点连一条容量无穷大的边，转换为无源汇网络。

(2) 按照**无源汇上下界可行流**的做法求一次超级源到超级汇的最大流。

(3) 回到原网络，在上一步的残量网络基础上，求一次源点到汇点的最大流。

例题讲解

【例题 6.6】Budget

题目描述

为这次多站点竞赛制定预算提案。预算提案是一个矩阵，其中的行代表不同种类的费用，而列代表不同的地点。前段时间我们召开了一次会议，讨论了不同类型的费用和不同地点的费用。还有一些关于特殊限制的讨论：比如有人提到计算机中心至少需要 2000k 里亚尔来购买食物，而谢里夫当局的某个人则认为他们不会使用超过 30 000k 里亚尔来制作 T 恤。无论如何，我们确信还有更多预算需要；我们将去尝试从那次会议中找出一些笔记。

只需要确保提案正确总结并满足所有限制条件。

输入的第一行包含一个整数 N，为给出测试用例的数量，之后是一个空行，然后是测试用例。

每个测试用例的第一行包含两个整数 m 和 n，给出行数和列数（$m \leqslant 200, n \leqslant 20$）。第二行包含 m 个整数，给出矩阵行的所有元素之和。第三行包含 n 个整数，给出矩阵列的所有元素之和。第四行包含一个整数 c（$c < 1000$），给出约束的数量。接下来的 c 行包含约束。

每个约束由两个整数 r 和 q 组成，指定矩阵中的某个（或多个）条目（左上角为 1 1 并且 0 被解释为“ALL”，即 4 0 表示第四行上的所有条目，0 0 表示整个矩阵），集合 $\{<,=,>\}$ 中的一个元素和一个整数 v，具有明显的解释。例如，约束 $1\ 2 > 5$ 表示第 1 行和第 2 列中的单元格必须具有严格大于 5 的条目，约束 $4\ 0 = 3$ 表示第 4 行中的所有元素应等于 3。

对于每种情况，输出满足上述约束的非负整数矩阵。如果不存在合法解决方案输出字符串“IMPOSSIBLE”。

输入输出样例

Input	Output
2 2 3 8 10 5 6 7 4 0 2 > 2 2 1 = 3 2 3 > 2 2 3 < 5 2 2 4 5 6 7 1 1 1 > 10	2 3 3 3 3 4 IMPOSSIBLE

题目来源

POJ 2396 *http://poj.org/problem?id=2396*

解题思路

建立源点 s 和汇点 t，每行每列都看作一个点。源点连所有行，上下界均为此行的和，所有列连汇点，上下界均为此列的和。

对于每个点，可能读入多个限制，取其上界的最小值和下界的最大值，连接对应的行点和列点。

从 t 到 s 连一条容量无穷大的边，把汇点流入的流量转移给源点流出的流量，转换为无源汇的网络，然后求解**无源汇上下界可行流**问题。

6.4 常见模型

网络流在程序设计竞赛中有一些经常使用的算法模型，这些模型大部分基于最大流和最小割的转换。本节将通过不同的相关例题来引出网络流的常见模型和构图技巧。

6.4.1 混合图欧拉回路

在图论的学习过程中，对于有向图和无向图的欧拉回路问题求解和判定都可以通过节点的入度出度来解决。

然而对于混合图（图由有向边和无向边组成）的欧拉回路无法通过直接判定节点的出入度来解决。本节引入了网络流算法来解决这一问题，具体流程如下。

首先将图中的无向边任意定向。如果有某个节点的出入度之差为奇数则不存在欧拉回路。

此时这张图变成了一个有向图，设 $K[i] = \left|\dfrac{\text{inDeg}[i] - \text{outDeg}[i]}{2}\right|$

将所有入度大于出度的点 u 向超级汇 T 连一条容量 $K[u]$ 的边，超级源 S 向所有出度大于入度的点 v 连一条容量为 $K[v]$ 的边，然后对于原图中所有的定向为 (a,b) 无向边连一条从 a 到 b 容量为 1 的边。

计算最大流，如果正好能使所有从超级源 S 出来的边满流，则有解。算法的正确性解析如下。

总入度等于总出度，即 S 连出的边容量和等于 T 连入的边容量和，S 和 T 一定同时满流。

每个入度大于出度的点 v（与 T 相连），都有 $K[v]$ 条边流出到 T。

对于出度大于入度的点 u（与 S 相连），都有 $K[u]$ 条边从 S 流入。

对于入度等于出度的点（未与 S、T 相连），流量平衡。

将所有流量不为 0 的边反向，使得出入度相差 $2 \times K[i]$ 的点 i 关联的 $K[i]$ 条边改变方向，就得到了每个点入度等于出度的欧拉图。

习题推荐

- **POJ 1637** Sightseeing tour *http://poj.org/problem?id=1637*

6.4.2 最大权闭合子图

定义 6.1

假设有向图 G 的子图 E 满足：E 中顶点的所有出边均指向 E 内部的顶点，则称 E 是 G 的一个闭合子图。

若 G 中的顶点有点权，则点权和最大的闭合子图称为有向图 G 的最大权闭合子图。♣

对于最大权闭合子图问题，可采用如下的构图方法。

建立源点 S 和汇点 T，源点 S 连所有点权为正的点，容量为该点点权；其余点连汇点 T，容量为点权的绝对值，对于原图中的边 $< u, v >$，在网络中连边 $< u, v >$，容量为正无穷。最大权闭合图的点权和 = 所有正权点权值和 − 最小割。

习题推荐

- **HDU 3061** Battle *http://acm.hdu.edu.cn/showproblem.php?pid=3061*
- **HDU 3879** Base Station *http://acm.hdu.edu.cn/showproblem.php?pid=3879*

6.4.3 动态加点

在网络流建模过程中，常规的拆点、加点技巧很可能使得整个网络结构变得十分巨大，从而导致网络流算法的运行时间指数上升。为应对此类问题，在此引入动态加点思想，该思路在应对某些特定问题时十分有效。本节将以例题的形式来展示网络流模型在增广过程中不是一成不变的，而是可以采用动态加入新的结构点或者将原有顶点拆分等技巧。

例题讲解

【例题 6.7】美食节

题目描述

CZ 市为了欢迎全国各地的同学，特地举办了一场盛大的美食节。

作为一个喜欢尝鲜的美食客，小 M 自然不愿意错过这场盛宴。他很快就尝遍了美食节所有的美食。然而，尝鲜的欲望是难以满足的。尽管所有的菜品都很可口，厨师做菜的速度也很快，小 M 仍然觉得自己桌上没有已经摆在别人餐桌上的美食是一件无法忍受的事情。于是小 M 开始研究起了做菜顺序的问题，即安排一个做菜的顺序使得同学们的等待时间最短。

小 M 发现，美食节共有 n 种不同的菜品。每次点餐，每个同学可以选择其中的一个菜品。总共有 m 个厨师来制作这些菜品。当所有的同学点餐结束后，菜品的制作任务就会分配给每个厨师。然后每个厨师就会同时开始做菜。厨师们会按照要求的顺序进行制作，并且每次只能制作一人份。

此外，小 M 还发现了另一件有意思的事情——虽然这 m 个厨师都会制作全部的 n 种菜品，但对于同一菜品，不同厨师的制作时间未必相同。他将菜品用 $1, 2, \cdots, n$ 依次编号，厨师用 $1, 2, \cdots, m$ 依次编号，将第 j 个厨师制作第 i 种菜品的时间记为 $t_{i,j}$。

小 M 认为：每个同学的等待时间为所有厨师开始做菜起，到自己那份菜品完成为止的时间总长度。换句话说，如果一个同学点的菜是某个厨师做的第 k 道菜，则他的等待时间就是这个厨师制作前 k 道菜的时间之和。而总等待时间为所有同学的等待时间之和。

现在，小 M 找到了所有同学的点菜信息——有 p_i 个同学点了第 i 种菜品（$i = 1, 2, \cdots, n$）。他想知道最小的总等待时间是多少。

输入的第 1 行包含两个正整数 n 和 m，表示菜品的种数和厨师的数量。

第 2 行包含 n 个正整数，其中第 i 个数为 p_i，表示点第 i 种菜品的人数。

接下来有 n 行，每行包含 m 个非负整数，这 n 行中的第 i 行的第 j 个数为 $t_{i,j}$，表示第 j 个厨师制作第 i 种菜品所需的时间。

输入每行相邻的两个数之间均由一个空格隔开，行末均没有多余空格。

对于 100% 的数据，$n \leqslant 40$，$m \leqslant 100$，$p \leqslant 800$，$t_{i,j} \leqslant 1000$（其中，$p = \sum p_i$）。

输出仅一行包含一个整数，为总等待时间的最小值。

输入输出样例

Input	Output
3 2 3 1 1 5 7 3 6 8 9	47

解题思路

一个朴素的构图思路是源点向每道菜连边，容量为 $p[i]$，费用为 0。每个厨师拆成 n 个点，向汇点连边，容量为 1，费用为 0。第 i 道菜向第 j 个厨师拆成的第 k 个点连边，容量 1，费用为 $k \times t_{i,j}$。

在此基础上使用最小费用最大流的解法即可计算出答案。

然而过多的拆点导致整个网络图中点数和边数远超费用流能承受的复杂度，在此引入动态加点的思想——对于初始的厨师只拆成一个点，在每次无法增广时，把满流的厨师拆出一个新点。

代码实现较为简单，不再给出参考代码。

第 7 章　动态规划

动态规划（Dynamic Programming，DP）是与分治算法类似，将需要求解的原问题分解成子问题来解决的算法思想。在动态规划中，子问题与原问题具有相同的形式，通过对子问题的不断求解，进而得到原问题的答案。动态规划与分治算法的不同之处在于，动态规划分解得到的子问题往往不是独立的，即子问题之间可能共享相同的子问题。分治算法在解决这类问题时，会进行不必要的重复计算，而动态规划会在一次计算后记录计算的结果，能够减少计算量。

动态规划常常用于解决多阶段决策问题以及最优化问题。在这样的问题中，往往会分阶段地面临多种决策，动态规划可以有效地解决决策过程中目标值的最大（最小）化问题。

对于动态规划相关的问题，通常要做的是确定状态以及状态转移方程，并且需要在合理的时间空间复杂度下解决问题。状态的设计以及转移方程的设计十分灵活，需要一定的经验以及创造能力。一个动态规划问题有时也可以存在多种解决方法，不同的状态量和转移方程可能导致解法的复杂度不同。

由于动态规划思想的灵活性和创造性，成为程序设计中经常出现的题目类型。解决动态规划相关问题的能力，也是程序设计竞赛选手实力的重要体现。

7.1　动态规划基础

7.1.1　线性动态规划

为了引入动态规划的基本思想，先来看一种较为简单的模型——线性动态规划。

线性动态规划常常与序列问题有关，例如最大区间和问题：给定一个长度为 n 的数字序列 A，求一段子区间，使其区间和最大。例如，对于 $n=5$ 的序列 $1,-9,3,-2,5$，可以得到区间 $[3,-2,5]$ 的和 6 是最大的。

解决最大区间和问题，首先需要确定合适的参量来描述状态。考虑到任何一个子区间必然存在一个结尾位置 i，对于以此位置结尾的最大区间和，有以下两种决策。

(1) 这个位置单独作为一个区间，即区间 $[i,i]$。

(2) 向前选择一个位置 $p,p<i$，选择区间 $[p,i]$，即选择 $[p,i-1]$ 和 $[i,i]$ 的合并。

此处，将第 i 位结尾看作一个**状态**。而在决策 (2) 中，将其转移到了 $[p,i-1]$ 区间，即实现了状态的转移。考虑一个问题，当选择决策 (2) 时，区间 $[p,i-1]$ 的最优（即和最大）是否意味着 $[p,i]$ 的最优？答案是肯定的。像这样，如果一个阶段的最优决策序的子序列也是最优的，就可以称决策满足**最优子结构性质**。另外，当转移到 $i-1$ 状态时，无须关心这个状态之前的历史，像这样某阶段的状态一旦确定，则此后过程的决策不再受此前各状态及决策的影响，即“过去不影响未来”的性质，称为**无后效性**，这是动态规划思想中的重要概念。此时对这些概念理解不清没有关系，关于对最优子结构以及无后效的理解，随着经验的不断积累，理解会越来越深刻。

到这里，便可以得到一个较为清晰的求解思路了。设 $\mathrm{dp}(i)$ 表示以 i 结尾的最优区间和，用 A_i 表示序列中第 i 个数，那么可以得到：

$$\mathrm{dp}(i)=A_i+\max(0,\mathrm{dp}(i-1))$$

上式称为**状态转移方程**，它描述了状态转移的具体关系。max 中的两项分别对应了两个决策：当 $\mathrm{dp}(i-1)$ 引起负收益（即小于 0）时，选择决策 (1)，即区间 $[i,i]$。最终问题的答案为 $\mathrm{dp}(1)$ 到 $\mathrm{dp}(n)$ 中的最大值。

参考代码

```
#include <algorithm>
#include <cstdio>
#include <iostream>
using namespace std;
const int N = 100000 + 5;
int a[N], n, dp[N];
int main()
{
    scanf("%d", &n);
    for (int i = 1; i <= n; i++) scanf("%d", a + i); //读入数据
    for (int i = 1; i <= n; i++) dp[i] = a[i] + max(0, dp[i - 1]);//dp过程
    printf("%d", *max_element(dp + 1, dp + n + 1)); //输出最大值
    return 0;
}
```

若使用前缀和的方法，可以得到一个 $O(n^2)$ 的暴力算法来解决此问题，而动态规划可以将它的时间复杂度降为 $O(n)$。

最长上升子序列

在了解了最大区间和之后，可以尝试解决一个更复杂的经典问题——**最长上升子序列**（LIS）问题。与子区间不同，在子序列中，不要求各个元素连续，只需要保留相对顺序即可。例如，给定长度为 n 的数字序列 A，对于一组 $1 \leqslant i < \cdots < j \leqslant n$，有 $A_i < \cdots < A_j$，最大化其长度。

根据最大区间和的启示，对于一个子序列，它必然拥有一个结束位置 i，那么仍然可以以此为依据设计状态。定义 $\mathrm{dp}(i)$ 为区间 $[1,i]$ 中以位置 i 为结尾的最长上升子序列长度，那么可以得到状态转移方程：

$$\mathrm{dp}(i) = 1 + \max_{1 \leqslant k < i, A_k < A_i} \{\mathrm{dp}(k)\}$$

找到一个 k，$k < i$，并满足 $A_k < A_i$，此时便可以从状态 i 转移到 k，即将 A_i 加到 A_k 之后。由于小于关系具有传递性，因此正确性是可以保证的，最优子结构性质也是满足的。这个算法的时间复杂度为 $O(n^2)$。根据最长上升子序列的思路，也容易得到最长下降子序列等问题的解法。

参考代码

```
#include <algorithm>
#include <cstdio>
#include <iostream>
using namespace std;
const int N = 100000 + 5;
int a[N], n, dp[N];
int main()
{
    scanf("%d", &n);
    for (int i = 1; i <= n; i++) scanf("%d", a + i);
    for (int i = 1; i <= n; i++) {
        for (int j = 1; j < i; j++) {
            if (a[j] < a[i]) dp[i] = max(dp[j], dp[i]);
        }
        ++dp[i];
    }
    printf("%d", *max_element(dp + 1, dp + n + 1));
    return 0;
}
```

例题讲解

【例题 7.1】最少拦截系统

题目描述

某国为了防御敌国的导弹袭击，研发出一种导弹拦截系统。但是这种导弹拦截系统有一个缺陷：虽然它的第一枚导弹能够到达任意的高度，但是以后每一枚导弹都不能超过前一枚的高度。某

天，雷达捕捉到敌国的导弹来袭。由于该系统还在试用阶段，所以只有一套系统，因此有可能不能拦截所有的导弹。但是多搞几套系统成本又是个大问题。所以我就到这里来求救了，请帮助计算一下最少需要多少套拦截系统。

输入若干组数据。每组数据包括：导弹总个数（正整数），导弹依次飞来的高度（雷达给出的高度数据是不大于 30 000 的正整数，用空格分隔）。

对于每组数据，输出一行，包含一个整数，表示最少需要拦截系统的套数。

输入输出样例

Input	Output
8 389 207 155 300 299 170 158 65	2

题目来源

HDU 1257 *http://acm.hdu.edu.cn/showproblem.php?pid=1257*

解题思路

这是一个关于最长不上升子序列的问题，但是本问题并不是求解子序列的长度，而是求其最少的数量。考虑序列里的一个上升子序列，不可能存在一套系统同时能够拦截这个子序列中的两枚或更多枚导弹，因此系统的数量至少为这个上升子序列的长度。同时可以证明，此时剩余的导弹一定可以被拦截到。因此本题的答案即为最长上升子序列的长度，这是一步很巧妙的转换。

参考代码

```
#include <algorithm>
#include <cstdio>
#include <iostream>
using namespace std;
const int N = 100000 + 5;
int a[N], n, dp[N];
int main()
{
    while (~scanf("%d", &n)) {
        for (int i = 1; i <= n; i++) scanf("%d", a + i);
        for (int i = 1; i <= n; i++) {
            dp[i] = 0;
            for (int j = 1; j < i; j++) {
                if (a[j] < a[i]) dp[i] = max(dp[j], dp[i]);
            }
            ++dp[i];
        }
        printf("%d\n", *max_element(dp + 1, dp + n + 1));
    }

    return 0;
}
```

【例题 7.2】超级楼梯

题目描述

有一楼梯共 M 级，刚开始时你在第一级，若每次只能跨上一级或二级，要走上第 M 级，共有多少种走法?

输入数据首先包含一个整数 N，表示测试实例的个数，然后是 N 行数据，每行包含一个整数 $M(1 \leqslant M \leqslant 40)$, 表示楼梯的级数。

对于每个测试实例，输出不同走法的数量。

输入输出样例

Input	Output
2 2 3	1 2

题目来源

HDU 2041 *http://acm.hdu.edu.cn/showproblem.php?pid=2041*

解题思路

这是一道非常基础的 DP 入门题目。当处于第 i 级楼梯时，它只可能从 $i-1$ 或者 $i-2$ 级楼梯经过一次操作得到。因此设 $\mathrm{dp}(i)$ 表示到达第 i 级楼梯的方案数，那么有

$$\mathrm{dp}(i)=\mathrm{dp}(i-1)+\mathrm{dp}(i-2)$$

即斐波那契数列形式。

参考代码

```
#include <iostream>
using namespace std;
int dp[50];
int main()
{
    int T, n;
    scanf("%d", &T);
    dp[1] = dp[2] = 1;
    for (int i = 3; i <= 40; i++) dp[i] = dp[i - 1] + dp[i - 2];
    while (T--) {
        scanf("%d", &n);
        printf("%d\n", dp[n]);
    }
    return 0;
}
```

【例题 7.3】Increasing Sequences

题目描述

给定一个数字字符串，插入一些逗号使得得到的序列是严格递增的，且最后一个数尽可能大。对于这个问题，允许存在前导零。

输入包含多组数据，每一组数据占一行，包含一个由数字组成的字符串，长度不超过 80。最后一行包含一个数字 0 表示输入结束。

对于每一个样例，输出加入逗号之后的序列，中间不能有空格。若存在多种情况，输出第一个数最大的一种，若仍存在多种情况，则输出第二个数最大的情况，以此类推。

输入输出样例

Input	Output
3456 3546 3526 0001 100000101 0	3,4,5,6 35,46 3,5,26 0001 100,000101

题目来源

POJ 1239 *http://poj.org/problem?id=1239*

解题思路

对于这种多约束的问题，可以分步求解。定义 $\mathrm{dp}(i)$ 表示区间 $[1,i]$ 划分中，最后一个数最小是多少，进而可以得到状态转移方程：

$$\mathrm{dp}(i)=\min_{1\leqslant j<i,\mathrm{dp}(j)<\mathrm{Num}(j+1,i)}\{\mathrm{Num}(j+1,i)\}$$

在这里用 $\mathrm{Num}(i,j)$ 表示数字字符串 $[i,j]$ 对应的数，这个转移方程是容易理解的。

由于已经确定了最后一个数，可以再进行一次反向的 DP 来找出所有情况中第一个数尽可能

大的情况。设 dp2(i) 表示区间 $[i,n]$ 中，最后一个数确定（即第一次求出的末尾最小值），且严格递增时，第一个数的最大值。那么可以得到状态转移方程：

$$\text{dp2}(i)=\max_{i\leqslant j<n,\text{dp2}(j+1)>\text{Num}(i,j)}\{\text{Num}(i,j)\}$$

转移方程存在一些边界情况需要额外处理，可参考实例代码。

根据这两步的 DP 结果即可得到最后的序列。

参考代码

```
#include <algorithm>
#include <cstdio>
#include <cstring>
#include <iostream>
using namespace std;
char str[100];
struct Num
{
    int l, r;
    Num(int l = 0, int r = 0)
    {
        this->l = l;
        this->r = r;
    }
    bool operator<(Num s)
    {
        int tl = l, tr = r;
        while (tl < tr && str[tl] == '0') ++tl;
        while (s.l < s.r && str[s.l] == '0') ++s.l;
        if (tr - tl != s.r - s.l) return tr - tl < s.r - s.l;
        for (int i = tl, j = s.l; i <= tr; i++, j++) {
            if (str[i] < str[j]) return 1;
            if (str[i] > str[j]) return 0;
        }
        return 0;
    }
    bool operator==(Num s)
    {
        int tl = l, tr = r;
        while (tl < tr && str[tl] == '0') ++tl;
        while (s.l < s.r && str[s.l] == '0') ++s.l;
        for (int i = tl, j = s.l; i <= tr; i++, j++) {
            if (str[i] != str[j]) return 0;
        }
        return 1;
    }
};
Num dp[100], dp2[100];
int n;
void find_ans(int x)
{
    for (int i = dp2[x].l; i <= dp2[x].r; i++) printf("%c", str[i]);
    if (dp2[x].r < n - 1) {
        printf(",");
        find_ans(dp2[x].r + 1);
    }
}
int main()
{
    while (~scanf("%s", str) && strcmp(str, "0") != 0) {
        dp[0] = Num(0, 0);
        n = strlen(str);
        for (int i = 1; i < n; i++) {
            dp[i] = Num(0, i);
            for (int j = 1; j <= i; j++) {
                if (dp[j - 1] < Num(j, i)) dp[i] = Num(j, i);
            }
        }
        for (int i = n - 1; i >= 0; i--) {
```

```
            if (Num(i, n - 1) == dp[n - 1]) {
                dp2[i] = Num(i, n - 1);
            } else {
                for (int j = i; j < dp[n - 1].l; j++) {
                    if (Num(i, j) < dp2[j + 1]) dp2[i] = Num(i, j);
                }
            }
        }
        find_ans(0);
        printf("\n");
    }
    return 0;
}
```

7.1.2 多维动态规划

在之前的题目中，状态设计多使用一个参量进行描述。而对于另外的一些问题，仅使用一个参量是不够的，对于这种需要多维参量进行描述的动态规划问题，将其称为多维动态规划。

图 7.1 数字三角形

多维 DP 中的二维动态规划多与表格和棋盘相关。在此之前，先来引入 DP 中的一道经典例题——数字三角形问题(HDU 2084 数塔)。

如图7.1所示，要求从顶层走到底层，若每一步只能走到相邻的节点，求经过的节点的数字之和最大值。

对于这个问题，首先需要确定状态，考虑到每一个节点(除了最后一层）都有左右两种选择，自然而然地可以将节点作为状态。对于每一个节点，可以用其行列 i, j 来表示。设 $\mathrm{dp}(i,j)$ 为从第 i 行，第 j 列节点开始，走到最后的最大和，那么可以列出下面的转移关系：

$$\mathrm{dp}(i,j) = \max\{\mathrm{dp}(i+1,j), \mathrm{dp}(i+1,j+1)\} + A_{i,j}$$

在这里使用 $A_{i,j}$ 来表示节点 (i,j) 的值。方程中 max 即表示两种转移方向，将在两种转移方向中选择最优的一个。

参考代码

```
#include <iostream>
using namespace std;
int a[120][120], dp[120][120], n;
int main()
{
    int T, n;
    scanf("%d", &T);
    while (T--) {
        scanf("%d", &n);
        for (int i = 1; i <= n; i++) {
            for (int j = 1; j <= i; j++) scanf("%d", &a[i][j]);
        }
        for (int i = 1; i <= n; i++) dp[n][i] = a[n][i];//初始化
        for (int i = n - 1; i >= 1; i--) {
            for (int j = 1; j <= i; j++) dp[i][j] = max(dp[i + 1][j], dp[i + 1][j + 1])
                + a[i][j];
            //DP转移过程
        }
        printf("%d\n", dp[1][1]);
    }
    return 0;
}
```

空间复杂度的优化

在这里可以发现 DP 的时间以及空间复杂度都是 $O(n^2)$，在空间上，可以将其优化至 $O(n)$。观察转移方程，可以发现 $\mathrm{dp}(i,j)$ 的值只与 $\mathrm{dp}(i+1,j)$ 和 $\mathrm{dp}(i+1,j+1)$ 有关，因此没有必要记录所有的 dp 值，只需要记录下一行的值即可。因此可以采用**滚动数组**这一优化方法来降低空间复杂度。每一次仅记录相邻两行的 dp 值，然后不断用新的 dp 值来覆盖原有的值，进而实现了空间上的优化。

这里给出采用滚动数组优化的数字三角形问题参考代码。

参考代码

```
#include <iostream>
using namespace std;
int a[120][120], dp[2][120], n, k;
int main()
{
    int T, n;
    scanf("%d", &T);
    while (T--) {
        scanf("%d", &n), k = 0;
        for (int i = 1; i <= n; i++) {
            for (int j = 1; j <= i; j++) scanf("%d", &a[i][j]);
        }
        for (int i = 1; i <= n; i++) dp[k][i] = a[n][i];
        for (int i = n - 1; i >= 1; i--) {
            k = !k;//滚动数组
            for (int j = 1; j <= i; j++) dp[k][j]=max(dp[!k][j], dp[!k][j+1])+a[i][j];
        }
        printf("%d\n", dp[k][1]);
    }
    return 0;
}
```

那么是否有一种方法能够比滚动数组更好地降低空间消耗？答案是肯定的。注意到第二维转移中，$\mathrm{dp}(i,j)$ 只能从 $\mathrm{dp}(i+1,j+1)$ 转移过来，因此可以正序更新 dp 数组，直接实时覆盖原有数据，这样使用一维数组即可完成 DP 的整个过程，实现数组的降维。

参考代码

```
#include <iostream>
using namespace std;
int a[120][120], dp[120], n;
int main()
{
    int T, n;
    scanf("%d", &T);
    while (T--) {
        scanf("%d", &n);
        for (int i = 1; i <= n; i++) {
            for (int j = 1; j <= i; j++) scanf("%d", &a[i][j]);
        }
        for (int i = 1; i <= n; i++) dp[i] = a[n][i];
        for (int i = n - 1; i >= 1; i--) {
            for (int j = 1; j <= i; j++) dp[j] = max(dp[j], dp[j + 1]) + a[i][j];
        }
        printf("%d\n", dp[1]);
    }
    return 0;
}
```

在这里可以发现，对于多维 DP，可以采用滚动数组、数组压缩的方法来降低空间消耗。这些方法也是在 DP 的实现上非常经典和实用的方法。

最长公共子序列

在众多动态规划问题中，另一个经典的问题是**最长公共子序列问题（Longest Common Sequence, LCS）**。

LCS 较容易理解，给定两个字符串 s, t，求两个串的最长公共子序列。这里需要注意子序列与子串的区别。在子序列中，需要按顺序选出一些字符，而不用保证它们连续。

结合前文的学习，容易得到形如下式的状态转移方程：

$$\mathrm{dp}(i,j)=\begin{cases}\max(\mathrm{dp}(i-1,j),\mathrm{dp}(i,j-1)) & s_i\neq t_j\\ 1+\mathrm{dp}(i-1,j-1) & s_i=t_j\end{cases}$$

设 $\mathrm{dp}(i,j)$ 为串 s 在前 i 位，与串 t 前 j 位时的 LCS 长度，下一步将判定两者末位的相同与否。若两者不同，则删去两个串中任一个的末位字符继续判定（如方程第一行所示），否则，这一位必然为 LCS 的末位（想一想，为什么），于是答案为 $1+\mathrm{dp}(i-1,j-1)$。

有了以上的思考，便可以得到如下的代码，代码加入了滚动数组优化。

参考代码

```
#include <bits/stdc++.h>
using namespace std;
typedef long long ll;
const int N = 2005;
int dp[2][N], n, m;
char s[N], t[N];
int main()
{
    while (~scanf("%s%s", s + 1, t + 1)) {
        n = strlen(s + 1), m = strlen(t + 1);
        for (int i = 0; i <= n || i <= m; i++)
            dp[0][i] = dp[1][i] = 0;
        int k = 0;
        for (int i = 1; i <= n; i++) {
            k = !k;
            for (int j = 1; j <= m; j++) {
                if (s[i] == t[j]) {
                    dp[k][j] = dp[!k][j - 1] + 1;
                } else {
                    dp[k][j] = max(dp[!k][j], dp[k][j - 1]);
                }
            }
        }
        printf("%d\n", dp[k][m]);
    }
    return 0;
}
```

区间动态规划

多维动态规划问题中的一大类问题是区间动态规划（有时它们被划分到线性 DP 中，同时也是 DP 中的一个大类，后面会单独讲述区间 DP）。例如，经典石子合并问题（Luogu P1880）。

在一个圆形操场的四周摆放 N 堆石子，现要将石子有次序地合并成一堆。规定每次只能选相邻的两堆合并成新的一堆，并将新的一堆的石子数，记为该次合并的得分。

试设计出一个算法，计算出将 N 堆石子合并成一堆的最小得分和最大得分。

题意很明确，对于这个问题，可以先将问题简化，考虑非环形的情况。

定义 $\mathrm{dp}(i,j), i\leqslant j$ 表示将区间 $[i,j]$ 合并成一个石堆的最小得分。注意到无论如何操作，最后总是需要合并两个石堆以得到最后的石堆，而这两堆石堆必然一堆来自左半侧，另一堆来自右半侧。枚举这两个石堆的最后一次合并的分割点，可以得到下面的状态转移方程。

$$\mathrm{dp}(i,j)=\min\{\mathrm{dp}(i,k)+\mathrm{dp}(k+1,j)+S(i,j)\}, i\leqslant k<j$$

因为最后一次合并的得分是这个区间内石堆的石子总数，所以，$S(i,j)$ 为区间 $[i,j]$ 的区间和。最大值的情况可以同理得到，至此得到了一个在 $O(n^3)$ 复杂度下解决非环形问题的解法。

但是本题加入了环形（即首尾可以合并），如何处理？考虑到最优的情况中，最后合并的两堆石子之间必然也是有“断点”的，所以可以枚举所有的断点情况（n 种情况），然后每次进行一次 DP 操作，进而在 $O(n^4)$ 复杂度下解决环形的问题。

但显然上述做法是不够优秀的，这是因为存在冗余操作。在状态定义中，已经定义了 $\text{dp}(i,j)$ 为区间 $[i,j]$ 的答案，因此可以将整个数组合并到原数组之后（$2n$ 长度），在这个经过延长的数组上进行 DP，那么最后的答案就是：

$$\min\{\text{dp}(i,i+n-1)\}, 1 \leqslant i \leqslant n$$

这个方法的复杂度仍然为 $O(n^3)$，这种剪环为链的方法也是应对这种问题的通用解法。

参考代码

```cpp
#include <cstdio>
#include <iostream>
using namespace std;
const int N = 500;
typedef long long ll;
int dp[N][N], dp2[N][N], op[N], n, sum[N];
int main()
{
    scanf("%d", &n);
    for (int i = 1; i <= n; i++) scanf("%d", op + i), op[i + n] = op[i];
    for (int i = 1; i <= 2 * n; i++) sum[i] = sum[i - 1] + op[i];
    for (int i = 2 * n; i >= 1; i--) {
        dp[i][i] = 0, dp2[i][i] = 0;
        for (int j = i + 1; j <= 2 * n; j++) {
            dp[i][j] = 0x3f3f3f3f, dp2[i][j] = -0x3f3f3f3f;
            for (int z = i; z < j; z++) {
                dp[i][j] = min(dp[i][j], dp[i][z]+dp[z + 1][j]+sum[j]-sum[i - 1]);
                dp2[i][j] = max(dp2[i][j], dp2[i][z]+dp2[z + 1][j]+sum[j]-sum[i - 1]);
            }
        }
    }
    int ans = 0x3f3f3f3f, ans2 = -0x3f3f3f3f;
    for (int i = 1; i <= n; i++) {
        ans = min(ans, dp[i][i + n - 1]);
        ans2 = max(ans2, dp2[i][i + n - 1]);
    }
    printf("%d\n%d", ans, ans2);
    return 0;
}
```

例题讲解

【例题 7.4】最大正方形

题目描述

在一个 $n \times m$ 的只包含 0 和 1 的矩阵里找出一个不包含 0 的最大正方形，输出边长。

输入的第一行为两个整数 n, m（$1 \leqslant n, m \leqslant 100$），接下来 n 行，每行 m 个数字，用空格隔开，0 或 1。

输出一个整数：最大正方形的边长。

输入输出样例

Input	Output
4 4 0 1 1 1 1 1 1 0 0 1 1 0 1 1 0 1	2

题目来源

Luogu P1387 *https://www.luogu.com.cn/problem/P1387*

解题思路

首先可以定义 $\mathrm{dp}(i,j)$ 为以第 i 行第 j 列元素为左上角的最大正方形边长，考虑递推关系。

由于正方形需要尽可能向右下方延伸，可以将 $\mathrm{dp}(i,j)$ 转移到 $\mathrm{dp}(i+1,j)$、$\mathrm{dp}(i,j+1)$ 以及 $\mathrm{dp}(i+1,j+1)$ 上。因此在 (i,j)、$(i+1,j)$、$(i,j+1)$ 以及 $(i+1,j+1)$ 均为 1 时，状态转移方程为

$$\mathrm{dp}(i,j)=\min\{\mathrm{dp}(i+1,j),\mathrm{dp}(i,j+1),\mathrm{dp}(i+1,j+1)\}+1$$

参考代码

```
#include <bits/stdc++.h>
using namespace std;
const int N = 1005, mod = 1e9 + 7;
int n, m, op[N][N], dp[N][N], ans;
int main()
{
    scanf("%d%d", &n, &m);
    for (int i = 1; i <= n; i++) {
        for (int j = 1; j <= m; j++) scanf("%d", &op[i][j]);
    }
    for (int i = 1; i <= m; i++) dp[n][i] = op[n][i];
    for (int i = n - 1; i >= 1; i--) {
        dp[i][m] = op[i][m];
        for (int j = m - 1; j >= 1; j--) {
            if (op[i][j] && op[i + 1][j] && op[i][j + 1] && op[i + 1][j + 1]) {
                dp[i][j] = min(min(dp[i + 1][j],dp[i][j + 1]),dp[i + 1][j + 1])+ 1;
            } else if (op[i][j]) {
                dp[i][j] = 1;
            }
        }
    }
    for (int i = 1; i <= n; i++) {
        for (int j = 1; j <= m; j++) {
            ans = max(dp[i][j], ans);
        }
    }
    printf("%d", ans);
    return 0;
}
```

【例题 7.5】Palindrome

题目描述

回文串是指从左向右读和从右向左读完全相同的字符串。现在你需要写一个程序，给定一个字符串，判断最少需要向其中加入多少字符可以使它成为回文串。

输入的第一行为一个整数表示字符串长度 n（$3\leqslant n\leqslant 5000$），下一行是字符串。

输出一个整数表示答案。

输入输出样例

Input	Output
5 Ab3bd	2

题目来源

POJ 1159 *http://poj.org/problem?id=1159*

解题思路

可以规定 $\mathrm{dp}(i,j), 1\leqslant i\leqslant j\leqslant n$ 表示子串 $[i,j]$ 的答案，那么最终的答案就是 $\mathrm{dp}(1,n)$。

若 $s_i=s_j$，那么必然有 $\mathrm{dp}(i,j)=\mathrm{dp}(i+1,j-1)$，这里 s_i 表示字符串第 i 位字符。

若 $s_i \neq s_j$，那么有两种决策：第一种在 s_i 左侧加入 s_j，从而转移到 $\mathrm{dp}(i, j-1)$，第二种即在 s_j 右侧加入 s_i，转移到 $\mathrm{dp}(i+1, j)$。综合来看状态转移方程为

$$\mathrm{dp}(i,j) = \min(\mathrm{dp}(i+1,j), \mathrm{dp}(i,j-1)) + 1$$

时间复杂度为 $O(n^2)$。代码中加入了滚动数组优化，空间复杂度为 $O(n)$。

参考代码

```
#include <cstdio>
#include <iostream>
using namespace std;
const int N = 5005;
typedef long long ll;
char op[N];
int n, dp[2][N], k;
int main()
{
    scanf("%d%s", &n, op + 1);
    for (int i = n; i >= 1; i--) {
        k = !k;
        for (int j = i + 1; j <= n; j++) {
            if (op[i] == op[j]) {
                dp[k][j] = dp[!k][j - 1];
            } else {
                dp[k][j] = min(dp[!k][j], dp[k][j - 1]) + 1;
            }
        }
    }
    printf("%d", dp[k][n]);
    return 0;
}
```

【例题 7.6】垃圾陷阱

题目描述

卡门掉进“垃圾井”中。“垃圾井”是农夫们扔垃圾的地方，它的深度为 $D(2 \leqslant D \leqslant 100)$ 英尺 (1 英尺 =0.3048 米)。

卡门想把垃圾堆起来，等到堆得与井同样高时，她就能逃出井外了。另外，卡门可以通过吃一些垃圾来维持自己的生命。

每个垃圾都可以用来吃或堆放，并且堆放垃圾不用花费卡门的时间。

假设卡门预先知道了每个垃圾扔下的时间 $t(0 < t \leqslant 1000)$，以及每个垃圾堆放的高度 $h(1 \leqslant h \leqslant 25)$ 和吃进该垃圾能维持生命的时间 $f(1 \leqslant f \leqslant 30)$，要求出卡门最早能逃出井外的时间。假设卡门当前体内有足够持续 10 小时的能量，如果卡门 10 小时内没有进食，卡门就将饿死。

输入的第一行为两个整数，D 和 $G(1 \leqslant G \leqslant 100)$，$G$ 为被投入井的垃圾的数量。

第二到第 $G+1$ 行每行包括三个整数 T、F、H。T（$0 < T \leqslant 1000$），表示垃圾被投进井中的时间；F（$1 \leqslant F \leqslant 30$），表示该垃圾能维持卡门生命的时间；$H$（$1 \leqslant H \leqslant 25$），表示该垃圾能垫高的高度。

如果卡门可以爬出陷阱，输出一个整数表示最早什么时候可以爬出；否则输出卡门最长可以存活的时间。

输入输出样例

Input	Output
20 4 5 4 9 9 3 2 12 6 10 13 1 1	13

题目来源

Luogu P1156 *https://www.luogu.com.cn/problem/P1156*

解题思路

对于每个垃圾，都有吃掉维持生命或者堆积高度两种选择，同时还有卡门的生命值等限制因素，导致 DP 的参数选择方式较多。

令 $\mathrm{dp}(r,h)$ 表示处理了前 r 个垃圾（按扔下时间升序排序），高度已经达到 h 的最大生存时间。考虑第 $r+1$ 个垃圾的扔下时间 $\mathrm{time}(r+1)$，若 $\mathrm{time}(r+1) > \mathrm{dp}(r,h)$，那么卡门无法存活，记 $\mathrm{dp}(r,h) = -1$，否则有如下的转移关系。

$$\mathrm{dp}(r+1,h) = \max(\mathrm{dp}(r,h) + \mathrm{life}(r+1), \mathrm{dp}(r, h - \mathrm{height}(r+1)))$$

这里 $\mathrm{life}(r+1)$ 为第 $r+1$ 个垃圾可以获得的生命值，$\mathrm{height}(r+1)$ 即为可以垫的高度。

初始化 $\mathrm{dp}(0,0) = 10$（表示初始可以获得 10 小时生命值），根据方程进行状态转移。当存在 (i,j) 使得 $\mathrm{dp}(i,j)$ 不为 -1 且 $j \geqslant D$ 时，最小的 $\mathrm{time}(i)$ 即为逃出时间。否则 $\mathrm{dp}(i,j)$ 的最大值为最大生存期。

时间复杂度为 $O(DG)$，参考代码加入了数组压缩优化。

参考代码

```cpp
#include<iostream>
#include<algorithm>
#include<cstring>

#define inf (int)1e9
using namespace std;
int dp[200], d, g;

struct node {
    int t, v, h;
    bool operator<(node x) {
        if (this->t < x.t)return true;
        return false;
    }
} op[101];

int maxt = 0,mint = inf;

int main() {
    cin >> d >> g;
    memset(dp, -1, sizeof(dp));
    for (int i = 1; i <= g; i++)cin >> op[i].t >> op[i].v >> op[i].h;
    sort(op + 1, op + g + 1);
    dp[0] = 10;
    for (int i = 0; i < g; i++) {
        for (int j = d - 1; j >= 0; j--) {
            if (op[i + 1].t <= dp[j]) {
                if (j + op[i + 1].h >= d)mint = min(mint, op[i + 1].t);
                dp[j + op[i + 1].h] = max(dp[j + op[i + 1].h], dp[j]);
                maxt = max(maxt, dp[j]);
                dp[j] = max(dp[j], dp[j] + op[i + 1].v);
                maxt = max(maxt, dp[j]);
            }
        }
    }
    if (mint != inf)cout << mint;
    else cout << maxt;
    return 0;
}
```

习题推荐

- **HDU 2018** 母牛的故事 *http://acm.hdu.edu.cn/showproblem.php?pid=2018*

- **HDU 2050** 折线分割平面　*http://acm.hdu.edu.cn/showproblem.php?pid=2050*
- **Codeforces 429B** Working out　*https://codeforces.com/problemset/problem/429/B*

7.2　背包问题

7.2.1　01 背包

背包问题是指在一个有容积限制或者重量限制的背包中放入物品，物品具有体积、重量和价值等属性。此时需要一种满足背包容量限制的物品放置策略，使得价值总和最大化。背包问题是动态规划中非常重要的一个模型，它根据限制条件可以划分为 01 背包、完全背包和多重背包等类型，在这里，先来接触最简单的一种背包类型——01 背包问题。

考虑现在有一个最大容量为 C 的背包，以及 n 个物品，它们的价值和体积分别为 v_i 和 w_i，那么 01 背包问题即为从这 n 个物品中选出若干加入背包，对于每个物品只有不选（用 0 表示）和选一次（用 1 表示）两种情况，满足 $\sum w_i \leqslant C$，并最大化 $\sum v_i$。下面来看一道例题。

【例题 7.7】Bones Collector

题目描述

在 Teddy 的老家，有个骨头收集者，喜欢收藏骨头，如狗的骨头、牛的骨头。不同的骨头有不同的价值和体积，而收集者的背包大小是有限制的。在一次行程中，收集者会收集一些骨头，需要确定收集者能够收集到的骨头价值的总和的最大值。

输入一个整数 T，表示有 T 组数据。每组数据首先输入 N 和 V 表示骨头的数量和背包的容积。下一行输入 N 个骨头的价值，接下来一行输入 N 个骨头体积。$N \leqslant 1000, V \leqslant 1000$。

对于每组数据，输出一行，该行仅有一个整数，表示收集者能够获得的最大骨头价值总和。

输入输出样例

Input	Output
1 5 10 1 2 3 4 5 5 4 3 2 1	14

题目来源

HDU 2602　*http://acm.hdu.edu.cn/showproblem.php?pid=2602*

解题思路

本问题是 01 背包的经典形式。以下用物品指代题目中的骨头。

首先，定义状态 $\mathrm{dp}(i,j)$ 表示前 i 个物品占用背包容积为 j，记录这个状态能够取得的最大值。v_i 表示第 i 个物品的价值，w_i 表示第 i 个物品占用的体积。定义状态转移方程：

$$\mathrm{dp}(i,j)=\max(\mathrm{dp}(i-1,j),\mathrm{dp}(i-1,j-w_i)+v_i), j \geqslant w_i$$

对于每一个物品，显然有能够加入和不能加入两种选择。当容积 $j<w_i$ 时，无论如何都不能将该物品放入背包，于是 $\mathrm{dp}(i,j)=\mathrm{dp}(i-1,j)$。否则存在以下两种决策。

(1) 放入背包，那么 $\mathrm{dp}(i,j)=\mathrm{dp}(i-1,j-w_i)+v_i$。

(2) 不放入背包，那么 $\mathrm{dp}(i,j)=\mathrm{dp}(i-1,j)$。

从两者中取较大值，即可得到最后的状态转移方程。再加入数组压缩的空间优化，即可得到正解。

参考代码

```
#include <cstdio>
#include <iostream>
using namespace std;
const int N = 1005;
int w[N], v[N], dp[N], n, c;
int main()
{
    int T;
    scanf("%d", &T);
    while (T--) {
        scanf("%d%d", &n, &c);
        for (int i = 0; i <= c; i++) dp[i] = 0;
        for (int i = 1; i <= n; i++) scanf("%d", v + i);
        for (int i = 1; i <= n; i++) scanf("%d", w + i);
        for (int i = 1; i <= n; i++) {
            for (int j = c; j >= w[i]; j--) dp[j] = max(dp[j - w[i]] + v[i],dp[j]);
        }
        printf("%d\n", dp[c]);
    }
    return 0;
}
```

01 背包模型是一种基本模型，读者需要尝试在各种问题中灵活运用。

例题讲解

【例题 7.8】Bookshelf

题目描述

农夫 John 为他的奶牛图书馆买了一个新的书柜，但是书柜很快就要满了，现在仅有的空闲空间在顶端。

John 有 N（$1 \leqslant N \leqslant 20$）头奶牛，并且高度为 H_i（$1 \leqslant H_i \leqslant 10^6$），书柜高度为 B（$B \leqslant S$），S 为奶牛的身高和。

为了到达书柜顶端，奶牛可以垂直排列，此时它们的身高为奶牛的身高总和。这个高度必须不小于书柜的高度。

由于太高可能会引起危险，你需要写一个程序找出满足上面条件下，奶牛高度总和与书柜高度差的最小值。

输入的第一行包含两个整数 N、B。接下来 N 个数，表示 H_i。

输出一个整数表示奶牛高度总和与书柜高度差的最小值。

输入输出样例

Input	Output
5 16 3 1 3 5 6	1

题目来源

POJ 3628 *http://poj.org/problem?id=3628*

解题思路

题意很明确，相当于给定一些数，选择其中的一些使得其和在不小于 B 的条件下尽可能小。将每一个数视为价值和体积都是其本身的物品，在这个基础上进行 01 背包即可。

参考代码

```
#include <cstdio>
#include <iostream>
using namespace std;
const int N = 25;
int op[N], n, h, c, dp[20000001], ans = 0x3f3f3f3f;
int main()
{
    scanf("%d%d", &n, &h);
    for (int i = 1; i <= n; i++) scanf("%d", op + i), c += op[i];
    for (int i = 1; i <= n; i++) {
        for (int j = c; j >= op[i];j--) dp[j] = max(dp[j - op[i]] + op[i],dp[j]);
    }
    for (int i = c; i >= h; i--) {
        if (dp[i] >= h) ans = min(ans, dp[i] - h);
    }
    printf("%d", ans);
    return 0;
}
```

【例题 7.9】I NEED A OFFER!

题目描述

Speakless 很早就想出国，现在他已经考完了所有需要的考试，准备了所有要准备的材料，于是便需要去申请学校了。要申请国外的任何大学，都要交纳一定的申请费用，这可是很惊人的。Speakless 没有多少钱，总共只攒了 n 万美元。他将在 m 个学校中选择若干个（当然要在他的经济承受范围内）。每个学校都有不同的申请费用 a（万美元），并且 Speakless 估计了他得到这个学校 offer 的可能性 b。不同学校之间是否得到 offer 不会互相影响。“I NEED A OFFER”，他大叫一声。帮帮这个可怜的人吧，帮助他计算一下，他可以收到至少一份 offer 的最大概率。（如果 Speakless 选择了多个学校，得到任意一个学校的 offer 都可以。）

输入若干组数据，每组数据的第一行有两个正整数 n、m（$0 \leqslant n \leqslant 10\,000, 0 \leqslant m \leqslant 10\,000$）。

后面的 m 行，每行都有两个数据 a_i（整型）,b_i（实型），分别表示第 i 个学校的申请费用和可能拿到 offer 的概率。

输入的最后有两个 0。

每组数据都对应一个输出，表示 Speakless 可能得到至少一份 offer 的最大概率。用百分数表示，精确到小数点后一位。

输入输出样例

Input	Output
10 3 4 0.1 4 0.2 5 0.3 0 0	44.0%

解题思路

将申请费用看作体积，$1-b$（用 1 减去拿到 offer 的可能性）为价值，那么问题转换为选一些物品，使其价值乘积最小，可以看作 01 背包的变种问题。

状态转移方程可以根据 01 背包问题的转移方程稍做修改得到。

题目来源

HDU 1203　*http://acm.hdu.edu.cn/showproblem.php?pid=1203*

参考代码

```
#include <bits/stdc++.h>
using namespace std;
const int N = 50005, mod = 1e9 + 7;
typedef long long ll;
int w[N], n, m;
float v[N], dp[N];
int main()
{
    while (~scanf("%d%d", &n, &m) && (n > 0) || (m > 0)) {
        for (int i = 1; i <= m; i++) scanf("%d%f", w + i, v + i);
        for (int i = 0; i <= n; i++) dp[i] = 1.0;
        for (int i = 1; i <= m; i++) {
            for (int j = n; j >= w[i]; j--) {
                dp[j] = min(dp[j], dp[j - w[i]] * (1 - v[i]));
            }
        }
        printf("%.1f%%\n", (1 - dp[n]) * 100);
    }
    return 0;
}
```

【例题 7.10】Proud Merchants

题目描述

iSea 是一个古老的国家。在这个国家中有很多商品，每一种只能买一件，它们的价格是 p_i，但是当你拥有的钱少于 q_i 时，商人将拒绝交易，商品的价值为 v_i。

现在你有 M 元钱，你可以得到的最大的价值是多少?

输入包含多组测试用例，以文件结束符 EOF 结束。第一行有两个整数 N、M $(1 \leqslant N \leqslant 500, 1 \leqslant M \leqslant 5000)$，分别为商品数量以及钱数。接下来 N 行，每行三个整数 p_i、q_i、v_i。

对于每一个测试用例，输出一个整数，表示最大的价值。

输入输出样例

Input	Output
2 10 10 15 10 5 10 5 3 10 5 10 5 3 5 6 2 7 3	5 11

题目来源

HDU 3466 *http://acm.hdu.edu.cn/showproblem.php?pid=3466*

解题思路

在上文提及的 01 背包算法中，没有提及物品的购买顺序问题。实际上对于传统的 01 背包问题，物品的购买顺序是不必要的。

但是对于本题，由于 q_i 的存在，物品的顺序需要额外考虑。对于两个物品 i、j，假设现有的金钱 m 足以购买两者，即 $m \geqslant p_i + q_i$，但是若 $m \geqslant q_i$ 而 $m - p_i < q_j$，i 先购买会导致 j 物品无法被购买。此时若交换两个物品的顺序，假设 $m \geqslant q_j$ 并且 $m - p_j \geqslant q_i$，那么两者都可以购买，此时 j 先购买显然更优。在这里，物品的购买顺序影响了答案。

整理一下上述情况的等价条件：

$$m \geqslant p_i + q_i, m \geqslant q_i, m \geqslant q_j, q_i + p_j \leqslant m < p_i + q_j$$

即可得到 $p_i - q_i > p_j - q_j$ 的条件，即此时先购买 $p - q$ 较小的总是更优的。

考虑其他情况，例如 $m \geqslant q_i$ 而 $m < q_j$ 或者 $m < p_i + q_i$ 以及其他情况时，可以证明交换两者结果不受影响。

综上所述，需要先将商品按 $p - q$ 排序，之后按照顺序继续购买。根据上文中的 01 背包算法，商品是按照 n 到 1 倒序购买的，即需要按 $p - q$ 降序排列。

注：涉及顺序的背包问题属于经典问题，对于此类问题需要弄清顺序对整体答案的影响，并通过分情况讨论以及列不等式的方法来安排顺序。

参考代码

```
#include <bits/stdc++.h>
using namespace std;
const int N = 50005, mod = 1e9 + 7;
typedef long long ll;
int dp[N], n, m;
struct Node
{
    int p, q, v;
    int operator<(Node s)
    {
        return p - q > s.p - s.q;
    }
} op[N];
int main()
{
    while (~scanf("%d%d", &n, &m)) {
        for (int i = 1; i <= n; i++) scanf("%d%d%d",&op[i].p,&op[i].q,&op[i].v);
        for (int i = 0; i <= m; i++) dp[i] = 0;
        sort(op + 1, op + n + 1);
        for (int i = 1; i <= n; i++) {
            for (int j = m; j >= op[i].q && j >= op[i].p; j--) {
                dp[j] = max(dp[j], dp[j - op[i].p] + op[i].v);
            }
        }
        printf("%d\n", dp[m]);
    }
    return 0;
}
```

7.2.2　完全背包

在 01 背包问题中，每个物品最多被选择一次。倘若修改该问题为每个物品可以选择**无限次**，便得到完全背包问题。完全背包问题用数学语言可以如下描述：考虑一个最大容量为 C 的背包，以及 n 种物品，它们的价值和体积分别为 v_i 和 w_i，那么完全背包问题即为从这 n 种物品中选出若干种，**且每种可以选择任意次**，加入背包，满足 $\sum w_i \leqslant C$，并最大化 $\sum v_i$。

与 01 背包类似，完全背包也拥有简洁的状态转移方程：

$$\mathrm{dp}(i,j) = \max(\mathrm{dp}(i-1,j), \mathrm{dp}(i,j-w_i)+v_i), j \geqslant w_i$$

状态定义与 01 背包相同，但是不同之处在于这里的两种决策。

(1) 不放入背包，那么 $\mathrm{dp}(i,j) = \mathrm{dp}(i-1,j)$，这与 01 背包是相同的。

(2) 放入背包，那么 $\mathrm{dp}(i,j) = \mathrm{dp}(i,j-w_i)+v_i$，而不是 01 背包的 $\mathrm{dp}(i,j) = \mathrm{dp}(i-1,j-w_i)+v_i$。请读者思考其中的区别。

加入数组压缩优化的完全背包参考代码如下，注意这里的第二层枚举顺序为正序（想一想，为什么）。

参考代码

```
#include <cstdio>
#include <iostream>
using namespace std;
```

```
const int N = 1005;
int w[N], v[N], dp[N], n, c;
int main()
{
    int T;
    scanf("%d", &T);
    while (T--) {
        scanf("%d%d", &n, &c);//物品数量以及容量
        for (int i = 0; i <= c; i++) dp[i] = 0;
        for (int i = 1; i <= n; i++) scanf("%d", v + i);//价值
        for (int i = 1; i <= n; i++) scanf("%d", w + i);//重量
        for (int i = 1; i <= n; i++) {
            for (int j = w[i]; j <= c; j++) //注意这里是正序枚举
                dp[j] = max(dp[j - w[i]] + v[i], dp[j]);
        }
        printf("%d\n", dp[c]);
    }
    return 0;
}
```

完全背包的时间复杂度与 01 背包相同。

完全背包作为一种基本的背包问题，同样需要经过一定的练习，才能在题目中灵活运用。

例题讲解

【例题 7.11】Piggy-Bank

题目描述

现在有一个小猪存钱罐，你需要猜测其中有多少价值的硬币。假设能够准确地确定存钱罐的重量，并且知道所有硬币的重量和价值。你的任务是确定存钱罐内的最小现金量。

输入数据包含 T 组样例，在第一行给出 T。每一组样例中，第一行为两个整数 E 和 F，分别表示空存钱罐和给定存钱罐的重量，$1 \leqslant E \leqslant F \leqslant 10^4$。接下来一行，一个整数 $n, 1 \leqslant n \leqslant 500$，表示硬币的种类。下面 n 行，每一行两个整数 P 和 $W, 1 \leqslant P \leqslant 50\,000, 1 \leqslant W \leqslant 10\,000$，分别表示硬币的价值和重量。

对于每一组样例，若答案有解，输出 “The minimum amount of money in the piggy-bank is X.”，其中 X 为最小现金量，否则输出 “This is impossible.”。每一组样例输出占一行。

输入输出样例

Input	Output
3 10 110 2 1 1 30 50 10 110 2 1 1 50 30 1 6 2 10 3 20 4	The minimum amount of money in the piggy-bank is 60. The minimum amount of money in the piggy-bank is 100. This is impossible.

题目来源

HDU 1114 *http://acm.hdu.edu.cn/showproblem.php?pid=1114*

解题思路

由于每一种硬币是可以无限制存放的，因此属于完全背包问题。但是本题和完全背包问题的区别在于本题求最小价值，只需要将原有的完全背包代码转变为求最小值即可。

参考代码

```
#include <cstdio>
#include <iostream>
using namespace std;
const int N = 505, inf = 0x3f3f3f3f;
int w[N], v[N], dp[10005], n;
int main()
{
    int T, E, F;
    scanf("%d", &T);
    while (T--) {
        scanf("%d%d", &E, &F), F -= E;
        scanf("%d", &n);
        for (int i = 0; i <= F; i++) dp[i] = inf;
        for (int i = 1; i <= n; i++) scanf("%d%d", v + i, w + i);
        dp[0] = 0;
        for (int i = 1; i <= n; i++) {
            for (int j = w[i]; j <= F; j++) dp[j] = min(dp[j - w[i]] + v[i],dp[j]);
        }
        if (dp[F] == inf) {
           printf("This is impossible.\n");
        } else {
           printf("The minimum amount of money in the piggy-bank is %d.\n", dp[F]);
        }
    }
    return 0;
}
```

【例题 7.12】Investment

题目描述

你有一些本金，并有一些债券。通过在年初购买债券，你可以在年末获得一定数量的额外金钱。现给定本金，以及所有种类债券的信息，求给定年数内你可以得到的最大金额。

存在多组测试用例，第一行一个整数 N 表示样例数量。每一组样例第一行两个整数，本金 e 和年数 y，其中 $e \leqslant 1\,000\,000, y \leqslant 40$，接下来一行 d 表示债券种类，之后的 d 行，每一行两个整数，分别为债券价格以及额外金钱数量。债券价格一定为 1000 的倍数，额外金钱数量不超过价格的 10%。

对于每一组样例，输出一个整数，表示可以得到的最大金额。

输入输出样例

Input	Output
1 10000 4 2 4000 400 3000 250	14050

题目来源

POJ 2063 *http://poj.org/problem?id=2063*

解题思路

可以将债券看作物品，本金看作背包容量，价格为重量，额外金钱为价值，本题即为一个完全背包问题。由于债券价格必然为 1000 的倍数，可以将其除以 1000 来降低空间损耗。

参考代码

```
#include <cstdio>
#include <iostream>
using namespace std;
const int N = 12;
int w[N], v[N], dp[100005], n, c, d;
int main()
```

```
{
    int T;
    scanf("%d", &T);
    while (T--) {
        scanf("%d%d%d", &c, &n, &d);
        for (int i = 1; i <= d; i++) scanf("%d%d", w + i, v + i), w[i] /= 1000;
        for (int i = 0; i <= 100000; i++) dp[i] = 0;
        for (int i = 1; i <= d; i++) {//背包过程
            for (int j = w[i]; j <= 100000; j++) dp[j] = max(dp[j-w[i]]+v[i], dp[j]);
        }
        for (int i = 1; i <= n; i++) {//n年迭代
            int tmp = c / 1000;
            c += dp[tmp];
        }
        printf("%d\n", c);
    }
    return 0;
}
```

【例题 7.13】Square Coins

题目描述

有一些硬币，它们的金额都是完全平方数（从 1 到 289，即 17^2）。此时若你需要支付 10 元，有四种情况：十个一元硬币、一个四元硬币和六个一元硬币、两个四元硬币和两个一元硬币、一个九元硬币和一个一元硬币。

你的任务是计算恰好凑出给定的金额，有多少种方案。

输入包含多个测试样例，每一个样例仅包含一个整数 n，$n < 300$，当 $n = 0$ 时输入结束。

对于每一个样例输出一个整数，表示方案数。

输入输出样例

Input	Output
2 10 30 0	1 4 27

题目来源

HDU 1398 *http://acm.hdu.edu.cn/showproblem.php?pid=1398*

解题思路

本题属于背包计数类题目，做法与背包问题类似。这里需要注意的是硬币的顺序不同是不能视为两种方案的，因此需要规定枚举的顺序，按序加入硬币。定义 $\text{dp}(i,j)$ 为仅使用 $1 \sim i^2$ 这 i 种硬币，组成 j 金额的方案数。那么可以得到状态转移方程：

$$\text{dp}(i,j) = \text{dp}(i-1,j) + \text{dp}(i,j-i^2)$$

参考代码

```
#include <cstdio>
#include <iostream>
using namespace std;
int dp[305], n;
int main()
{
    dp[0] = 1;
    for (int i = 1; i <= 17; i++) {
        for (int j = i * i; j <= 300; j++) dp[j] += dp[j - i * i];
    }
    while (~scanf("%d", &n) && n) printf("%d\n", dp[n]);
    return 0;
}
```

7.2.3　多重背包

在背包问题中，01 背包要求每一种物品最多选一次，完全背包允许物品选无数次。是否有一种更普遍的背包问题类型？答案是肯定的，这就是多重背包问题。在多重背包中，每一个物品除了价值 v 以及重量 w 之外，多了一个属性 p，表示该物品最多选 p 次。可见 01 背包问题是 $p=1$ 时的特例，而完全背包则是 p 趋于无穷时的特例。

注意到，由于某一种物品最多取 p 次，其实可以将其看作 p 个同类的物品，从而转换为 01 背包问题。此时物品的种类由 n 转变为 $\sum\limits_{i=1}^{n} p_i$，于是复杂度变为 $O(c\sum\limits_{i=1}^{n} p_i)$。这是一种很朴素的做法，在大多数情况下，由于 p_i 通常较大，该算法的时间性能并不优秀，因此需要探寻其他更高效的做法。

多重背包问题的较高效解决方法包括**二进制拆分**以及**单调队列优化**，后者将在之后的章节进行详细讲解，在这里只展开介绍二进制拆分的优化方法。

二进制拆分的思想较为简单。注意到每一个正整数 n 都可以在二进制下唯一地拆分为如下形式。

$$n=\sum_{i=0}^{s} 2^i + k, k < 2^{i+1}$$

形如上式的拆分形式，其存在性以及唯一性在数学上是很容易证明的，这里略。

从上式中可以发现，n 被拆分为 $s+2$ 个数（若 $k=0$，则就是 $s+1$ 个数）。之所以需要这样的拆分，是其独特的性质：**这 $s+2$ 个数可以组合得到 $[1,n]$ 中的所有整数**。下面将证明这条性质。

分类讨论。

(1) $x<2^{i+1}$ 时，由于 $2^0 \sim 2^i$ 这 $i+1$ 个数均存在，根据二进制性质，总能找出一种组合可以得到 x，于是情况 (1) 成立。

(2) 当 $2^{i+1} \leqslant x \leqslant n$ 时，有 $x-k<2^{i+1}$，那么通过上一条讨论可以通过 $2^0 \sim 2^i$ 的组合得到 $x-k$，再补充上 k 即得到 x，于是情况 (2) 也成立。证毕。

根据这个性质，可以将 p 拆分为 $p=\sum\limits_{i=0}^{s} 2^i + k$ 这 $s+2$ 个数。对于里面的每一个数 x，都相当于将 x 个物品“压缩”成一个物品，其价值为 xv，重量为 xw。由性质可得，这样的拆分是可以保证正确性的，因为它们可以组合得到所有的情况。于是多重背包问题被转换为 01 背包问题。

二进制拆分方法的巧妙之处在于它将 p 拆分成了多个物品，而又不像朴素算法那样冗余。事实上，很容易发现在这种方法下，一个物品会被拆成 $s+2$ 个物品，而 s 是 $O(\log p)$ 的，于是时间复杂度为 $O(c\sum\log p)$，相比于朴素的算法有了巨大的提升。

参考代码

```
#include <cstdio>
#include <iostream>
using namespace std;
const int N = 1005;
int w[N], v[N], p[N], dp[N], n, c;
int num; //转换后的物品数量
int W[N], V[N]; //转换后的物品数量和价值
int main()
{
    int T;
    scanf("%d", &T);
    while (T--) {
        scanf("%d%d", &n, &c); //物品种类数量以及容量
        for (int i = 0; i <= c; i++) dp[i] = 0;
        for (int i = 1; i <= n; i++) scanf("%d", v + i); //价值
```

```
        for (int i = 1; i <= n; i++) scanf("%d", w + i); //重量
        for (int i = 1; i <= n; i++) scanf("%d", p + i); //数量
        num = 0;
        for (int i = 1; i <= n; i++) { //二进制拆分
            int tmp = p[i];
            for ( int j = 1; j <= tmp; tmp -= j, j <<= 1 ) ++num, W[num] = j * w[i],
                V[num] = j * v[i];
            if (tmp) ++num, W[num] = tmp * w[i], V[num] = tmp * v[i];
        }
        for (int i = 1; i <= num; i++) {//01背包
            for (int j = c; j >= W[i];j--) dp[j] = max(dp[j - W[i]] + V[i],dp[j]);
        }
        printf("%d\n", dp[c]);
    }
    return 0;
}
```

例题讲解

【例题 7.14】宝物筛选

题目描述

FF 找到了王室的宝物室，里面堆满了无数价值连城的宝物。但是这里的宝物实在是太多了，FF 的采集车似乎装不下那么多宝物。看来 FF 只能含泪舍弃其中的一部分宝物了。

FF 对宝物进行了整理，他发现每样宝物都有一件或者多件。他粗略估算了下每样宝物的价值，之后开始了宝物筛选工作：FF 有一个最大载重为 W 的采集车，宝物室里总共有 n 种宝物，每种宝物的价值为 v_i，重量为 w_i，每种宝物有 m_i 件。FF 希望在采集车不超载的前提下，选择一些宝物装进采集车，使得它们的价值和最大。

输入第一行为一个整数 n 和 W，分别表示宝物种数和采集车的最大载重。接下来 n 行每行三个整数 v_i、w_i、m_i。

输出仅一个整数，表示在采集车不超载的情况下收集的宝物的最大价值。

题目保证 $n \leqslant \sum m_i \leqslant 10^5, 0 \leqslant W \leqslant 4 \times 10^4, 1 \leqslant n \leqslant 100$。

输入输出样例

Input	Output
4 20 3 9 3 5 9 1 9 4 2 8 1 3	47

题目来源

Luogu P1776 *https://www.luogu.com.cn/problem/P1776*

解题思路

本题是多重背包问题的最经典形式，直接套用二进制拆分的优化代码即可。

【例题 7.15】Coins

题目描述

有几种硬币，每一种硬币有对应的金额，并有相应的数量。现在需要用这些硬币来支付确切的金额（不能多也不能少），在 $[1, m]$ 的价格范围内，有多少是可以确切支付的？

输入包含多组测试样例，第一行两个整数 n、m，$1 \leqslant n \leqslant 100, m \leqslant 100\,000$，接下来一行有 $2n$ 个整数，前 n 个数表示每一种硬币的金额 A_i，$1 \leqslant A_i \leqslant 100\,000$，后 n 个数表示每一种硬币的数量 C_i，$1 \leqslant C_i \leqslant 1000$。当 $n = 0, m = 0$ 时输入结束。

对于每一组样例，输出一个整数，表示可以支付的价格数量。

输入输出样例

Input	Output
3 10 1 2 4 2 1 1 2 5 1 4 2 1 0 0	8 4

题目来源

HDU 2844 *http://acm.hdu.edu.cn/showproblem.php?pid=2844*

解题思路

硬币可以看作重量以及价值都是其本身的物品，然后即可得到一个多重背包问题，当背包可以装满时即表示可以确切支付。利用二进制拆分优化可以在时间限制内通过本题。

参考代码

```
#include <cstdio>
#include <iostream>
using namespace std;
const int N = 5005;
int w[N], p[N], dp[100005], n, m;
int num, W[N];
int main()
{
    while (~scanf("%d%d", &n, &m) && n && m) {
        for (int i = 0; i <= m; i++) dp[i] = 0;
        for (int i = 1; i <= n; i++) scanf("%d", w + i);
        for (int i = 1; i <= n; i++) scanf("%d", p + i);
        num = 0;
        for (int i = 1; i <= n; i++) {
            int tmp = p[i];
            for (int j = 1; j <= tmp; tmp -= j, j <<= 1) ++num, W[num] = j * w[i];
            if (tmp) ++num, W[num] = tmp * w[i];
        }
        for (int i = 1; i <= num; i++) {
            for (int j = m;j >= W[i]; j--) dp[j] = max(dp[j - W[i]] + W[i],dp[j]);
        }
        int ans = 0;
        for (int i = 1; i <= m; i++) ans += dp[i] == i;
        printf("%d\n", ans);
    }
    return 0;
}
```

习题推荐

- **HDU 2955** Robberies *http://acm.hdu.edu.cn/showproblem.php?pid=2955*
- **HDU 1864** 最大报销额 *http://acm.hdu.edu.cn/showproblem.php?pid=1864*
- **HDU 2159** FATE *http://acm.hdu.edu.cn/showproblem.php?pid=2159*

7.3 状态压缩动态规划

在通常的动态规划问题中，使用一些整数数值就可以简单地描述当前的状态。但是在一类特殊的问题中，会出现状态难以描述的情况，需要使用二进制进行编码以帮助记忆状态，这就是状态压缩动态规划。状态压缩方法本质上是使用二进制思想对状态进行编码，以描述状态的方法。由于使用了二进制，状态压缩 DP 多与位运算（例如按位与、按位或）等运算联系在一起。大多数状态压缩 DP 题目的数据范围都比较小（小于 20），可以根据此来判断是否需要进行状态压缩。

这里通过一道例题引入状态压缩 DP：HDU1565 方格取数。

给定一个 $n \times n, (n \leqslant 20)$ 的格子棋盘，每个格子里面有一个非负数。从中取出若干个数，使得任意的两个数所在的格子没有公共边，就是说所取的数所在的两个格子不能相邻，并且取出的数的和最大。

题意很明确，在给定的 $n \times n$ 方格中选出一些数，它们两两不相邻，使和最大化。根据现有的知识，不难想到使用 $\mathrm{dp}(i,j)$ 表示前 i 行中，第 i 行选择情况为 j 时的最大和，那么将会有如下的状态转移方程：

$$\mathrm{dp}(i,j) = \max\{\mathrm{dp}(i-1,k) + \mathrm{sum}(i,j)\}$$

这里枚举上一行（第 $i-1$ 行）的选择情况 k，并保证 k 与 j 对应的情况不会引发相邻问题，同时计算第 i 行选择情况为 j 时的和 $\mathrm{sum}(i,j)$（同样要保证情况 j 不会引起相邻问题），就可以完成状态的转移。

但是很快便陷入了一个新的问题：如何用整数表示选择情况？换句话说，j 和 k 的意义是什么？注意到这一行 n 个数，每一个数都有选和不选两种情况，理论上有 2^n 种选择情况。对于第 $i(0 \leqslant i < n)$ 个数，用二进制位上第 i 位来表示其是否被选，若为 1 则被选，否则未被选。根据如上的讨论，可以令 j 为 $0 \leqslant j$ 的整数，k 为 $k < 2^n$ 的整数，这样就可以用整数来记录当前行的选择情况，这种使用二进制来记录状态的思想便是状态压缩。

引入状态压缩后，还没有立即解决本题，因为还有一些细节需要思考，例如：

(1) 如何判断状态 i 中不存在两个被选择的数相邻？两个被选的数相邻相当于 i 在二进制下存在两个相邻的 1，可以利用位运算 $i\&(i << 1)$ 是否为 0 来判断合法性。

(2) 如何判断状态 i 和 j 在纵向上不会相邻？对于相邻的两行，需要保证它们不会选择同一列上的数，即 i 和 j 的二进制表示中，不能有某一位同时为 1，即 $i\&j$ 必须为 0。

有了上面的思考，便可以通过状态压缩来解决本题。注意到 2^{20} 状态空间过大，而其中有很多状态是无效的（有两个相邻的 1），可以将有效状态预处理，在状态转移时只转移那些合法的状态，这样可以大大提升算法的效率。

参考代码

```cpp
#include <bits/stdc++.h>
using namespace std;
vector<int> vec;
int op[30][30], n, dp[30][18000];
int main()
{
    for (int i = 0; i < (1 << 20); i++) {//预处理
        if ((i & (i << 1)) == 0) vec.push_back(i);
    }
    while (~scanf("%d", &n)) {
        for (int i = 1; i <= n; i++) {
            for (int j = 0; j < n; j++) scanf("%d", &op[i][j]);
        }
        for (int i = 1; i <= n; i++) {
            for (int j = 0; j < vec.size() && vec[j] < (1 << n); j++) {//枚举
                //这一行
                dp[i][j] = 0;
                for (int z = 0; z < vec.size() && vec[z] < (1 << n); z++) {
                    //枚举上一行
                    if (vec[z] & vec[j]) continue;//相邻，跳过
                        dp[i][j] = max(dp[i][j], dp[i - 1][z]);
                }
                for (int z = 0; z < n; z++) {//加上这一行的贡献
                    if ((1 << z) & vec[j]) dp[i][j] += op[i][z];
                }
            }
        }
        int ans = 0;
        for (int i = 0; i < vec.size() && vec[i] < (1 << n); i++) ans = max(dp[n][i],
            ans);
```

```
        printf("%d\n", ans);
    }
    return 0;
}
```

扩展：本题虽然可以作为状态压缩 DP 的入门题目，但也有其他做法，例如网络流算法。

例题讲解

【例题 7.16】炮兵阵地

题目描述

司令部的将军们打算在 $N \times M$ 的网格地图上部署他们的炮兵部队。一个 $N \times M$ 的地图由 N 行 M 列组成，地图的每一格可能是山地（用 H 表示），也可能是平原（用 P 表示），如图 7.2 所示。在每一格平原地形上最多可以布置一支炮兵部队（山地上不能够部署炮兵部队）；一支炮兵部队在地图上的攻击范围如图7.2中黑色区域所示。

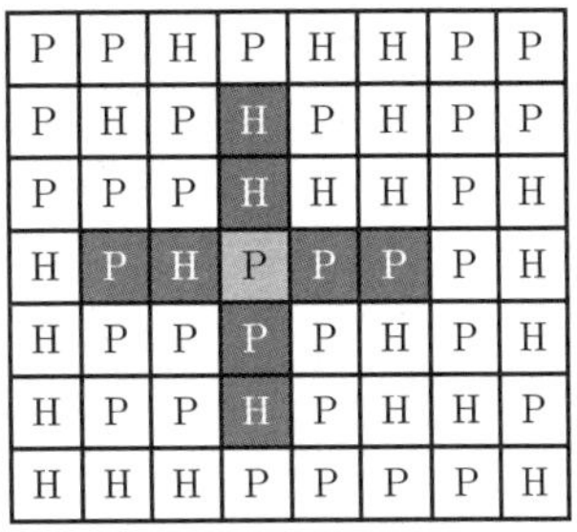

如果在地图中的灰色所标识的平原上部署一支炮兵部队，则图中的黑色网格表示它能够攻击到的区域：沿横向左右各两格，沿纵向上下各两格。图上其他白色网格均攻击不到。从图 7.2 可见，炮兵的攻击范围不受地形的影响。

P	P	H	P	H	H	P	P
P	H	P	H	P	H	P	P
P	P	P	H	H	H	P	H
H	P	H	P	P	P	P	H
H	P	P	P	P	H	P	H
H	P	P	H	P	H	H	P
H	H	H	P	P	P	P	H

图 7.2 攻击范围示意图

现在，将军们规划如何部署炮兵部队，在防止误伤的前提下（保证任何两支炮兵部队之间不能互相攻击，即任何一支炮兵部队都不在其他支炮兵部队的攻击范围内），在整个地图区域内最多能够摆放多少炮兵部队？

输入的第一行包含两个由空格分隔开的正整数，分别表示 N 和 M。

接下来的 N 行，每一行含有连续的 M 个字符（'P' 或者 'H'），中间没有空格。按顺序表示地图中每一行的数据。$N \leqslant 100$，$M \leqslant 10$。

输出仅一行，包含一个整数 K，表示最多能摆放的炮兵部队的数量。

输入输出样例

Input	Output
5 4 PHPP PPHH PPPP PHPP PHHP	6

题目来源

POJ 1185 *http://poj.org/problem?id=1185*

解题思路

与前一道题目不同，这里的某一行会影响到之前的两行，因此需要将前两行的状态进行压缩。通过预处理可以压缩状态空间，从而通过本题，预处理的相关技巧与上一道题目类似。

参考代码

```
#include <cstdio>
#include <iostream>
#define inf 100000
using namespace std;
int os[100], ps, dp[110][100][100], n, m, pd[110], num[100];
char op[20];
int main()
{
    scanf("%d%d", &n, &m);
    for (int i = 0; i < (1 << m); i++) {
```

```
        if ((i & (i << 1)) || (i & (i << 2))) continue;
        for (int j = 0; j < m; j++) {
            if (i & (1 << j)) ++num[ps];
        }
        os[ps++] = i;
    }
    for (int i = 1; i <= n; i++) {
        scanf("%s", op);
        for (int j = 0; j < m; j++) {
            if (op[j] == 'H') pd[i] |= 1 << j;
        }
        for (int a = 0; a < ps; a++) {
            for (int b = 0; b < ps; b++) dp[i][a][b] = -inf;
        }
    }
    for (int i = 0; i < ps; i++) {
        if (os[i] & pd[1]) continue;
        dp[1][0][i] = num[i];
    }
    for (int i = 2; i <= n; i++) {
        for (int a = 0; a < ps; a++) {
            for (int b = 0; b < ps; b++) {
                if ((os[b] & pd[i]) || (os[a] & os[b])) continue;
                for (int c = 0; c < ps; c++) {
                    if ((os[a] & os[c]) || (os[b] & os[c])) continue;
                    dp[i][a][b] = max(dp[i][a][b], dp[i - 1][c][a] + num[b]);
                }
            }
        }
    }
    int ans = 0;
    for (int i = 0; i < ps; i++) {
        for (int j = 0; j < ps; j++) {
            ans = max(ans, dp[n][i][j]);
        }
    }
    printf("%d", ans);
    return 0;
}
```

【例题 7.17】Travelling

题目描述

Acmer 想进行一次旅行，他决定访问 N 座城市。Acmer 可以从任意城市出发，必须访问所有的城市至少一次，并且任何一个城市访问的次数不能超过两次。N 座城市间有 M 条道路，每条道路有一个费用。求 Acmer 完成旅行需要花费的最小费用。如果不能按要求完成旅行，则输出 -1。

输入数据为多组，每组先输入 N 和 M，表示有 N 座城市和 M 条道路。接下来 M 行，每行输入 a、b、c，表示 a、b 城市间有一条费用为 c 的道路。$1 \leqslant N \leqslant 10$。

对于每组数据输出一行，该行仅有一个整数表示旅行的最小费用或者 -1 表示不存在可行方案完成旅行。

输入输出样例

Input	Output
2 1 1 2 100 3 2 1 2 40 2 3 50 3 3 1 2 3 1 3 4 2 3 10	100 90 7

题目来源

HDU 3001 *http://acm.hdu.edu.cn/showproblem.php?pid=3001*

解题思路

本题是旅行商问题（Travelling Salesman Problem，TSP）的变种。

因为每个城市最多访问两次，可以用状态 0、1、2 表示某个城市被访问了 0、1、2 次，把城市 $1 \sim N$ 的状态按顺序连接在一起，就组成一个三进制数。所有 N 个城市的任意状态都能对应到一个三进制数，表示 n 个城市的访问状态。对于一个状态而言，已经访问的城市并不关心它访问的顺序是怎样的，只要知道这个状态最后访问的城市是哪个城市，这样就能实现下一步的转移了。于是，定义状态 $\mathrm{dp}(i,j)$ 表示 N 个城市处于状态 i，最后一个访问的城市是 j 所需的最小费用。

从一个状态 $\mathrm{dp}(i,j)$ 出发进行转移时，假设城市 j 到 v 的费用是 $C(j,v)$，而且 v 被访问的次数小于 2，那么可以从该状态转移到状态 $\mathrm{dp}(i+3^v,v)$。状态转移方程可表示为

$$\mathrm{dp}(i+3^v,v)=\min\{\mathrm{dp}(i,j)+C(j,v)\}$$

即枚举上一个离开的城市。

给每个状态值初始化为无穷（用一个很大的数表示），表示这个状态未被访问到。根据题意，可以选择任意一个城市作为出发点，初始化 $\mathrm{dp}(3^j,j), 1 \leqslant j \leqslant N$ 为 0 表示从任意一个城市出发所需要的代价为 0。因为 $i+3^i > i$，转移时只需要在外层循环 $i = 1\ to\ N$ 即可，这样就能保证每个状态都能计算到，而且依然保持这些状态的先后性。

参考代码

```
#include<cstdio>
#include<cstring>
#include<algorithm>
using namespace std;
int dp[60000][11];
//gets(i,j)用于计算压缩状态i下城市j的状态
#define gets(i,j) (i/len[j])%3
int c[20][20];
int len[11];
int main(){
    len[0] = 1;
    for(int i = 1;i <= 10 ;i++)
        len[i] = len[i-1]*3; //计算3i保存在len[i]中
    int n,m,f,u,v,a,b,w,ans;
    while(scanf("%d%d",&n,&m)!=EOF){
        memset(c,0x3f,sizeof(c)); //初始化任意城市间道路距离为无穷
        memset(dp,0x3f,sizeof(dp)); //初始化所有状态为无穷，表示该状态还未到达
        for(int i = 0;i < m; i++){
            scanf("%d%d%d",&a,&b,&w);
            a--,b--; //将城市编号转换成从0开始到n-1
            c[a][b] = c[b][a] = min(c[a][b],w); //a,b间距离取所有道路的最小值
        }
        ans = dp[0][0]; //最小费用赋值为无穷
        for(int i = 0;i < n; i++)
            dp[len[i]][i] = 0; //初始化每个城市作为出发点的状态
        for(int i = 1;i < len[n];i++){
            f = 1; //f=1表示状态i下所有的城市都被访问过（先做假设）
            for(int j = 0;j < n; j++){
                if(gets(i,j) == 0) { //表示城市j在状态i下未被访问
                    f = 0;
                    continue;
                }
                //在状态i下，最后到达城市为j，转移到其他状态
                for(int v = 0;v < n; v++){
                    //表示城市v在状态i下已经访问过两次，不能再次访问
```

```
                    if(gets(i,v) == 2)
                        continue;
                    u = i+len[v];
                    dp[u][v] = min(dp[u][v],dp[i][j] + c[j][v]);
                }
            }
            if(f) //f=1表示状态i已经满足旅行的条件，取得该情况下最小费用
                for(int j = 0;j < n; j++)
                    ans = min(ans,dp[i][j]);
        }
        if(dp[0][0] == ans) //ans等于无穷数，说明不存在满足条件的旅行方式
            ans = -1;
        printf("%d\n",ans);
    }
    return 0;
}
```

习题推荐

- **POJ 2411** Mondriaan's Dream *http://poj.org/problem?id=2411*
- **Luogu 2831** 愤怒的小鸟 *https://www.luogu.com.cn/problem/P2831*

7.4 区间动态规划

在多维动态规划一节中，已经提到了区间动态规划这一领域。在本节，将更为详细地展开区间 DP 的相关例题及其内容。

区间动态规划，顾名思义，与区间问题有关。在这种问题中，往往会给定一个序列（数字序列或者字符串等），求某一段子区间，或者整段区间的特定值（最大化或者最小化）。对于此类问题，通常可以定义 $\mathrm{dp}(l,r), l \leqslant r$，来描述区间 $[l,r]$ 的相关信息，从而解决问题。

区间动态规划的一个核心转移思想是将较大的区间转移到其子区间，因此通常会有如下形式的转移方程：

$$\mathrm{dp}(l,r) = \max\{\mathrm{dp}(l,k) + \mathrm{dp}(k+1,r) + w(l,k,r)\}, l \leqslant k < r$$

其中，$w(l,k,r)$ 是转移的代价，这个代价可能与 k 有关，也可能无关。在这里，区间通过枚举中间分割点，转移到了两侧的子区间。在本章的多维动态规划一节中，提到了石子合并问题，作为区间 DP 中的一个经典问题，其状态转移方程便具有这样的形式。

除了枚举中间分割点，有些方程需要通过讨论两端点状态来进行转移，因此会具有如下形式的转移方程：

$$\mathrm{dp}(l,r) = \max\{\mathrm{dp}(l+1,r) + u, \mathrm{dp}(l,r-1) + v\}$$

其中,u,v 表示转移带来的代价。这里的方程通过去除端点完成转移，这也是一种常见的转移形式。

区间 DP 是一种十分灵活的问题模型，需要在题目中大量练习，才能应用自如。

例题讲解

【例题 7.18】Brackets Sequence

题目描述

给定一个由 (、)、[、] 四种字符组成的字符串，需要找到一个合法（满足括号匹配）的字符串，使得给定的字符串是其子序列，同时最小化字符串的长度。

输入包含一行，最多 100 个括号。

输出一行，即最短的合法字符串。本题开启 special judge，输出任意一种合法答案即可。

输入输出样例

Input	Output
([()	()[()]

题目来源

POJ 1141　*http://poj.org/problem?id=1141*

解题思路

要求的串相当于在原串中加入一些括号，使得串能够满足括号匹配。可以定义 $\mathrm{dp}(l,r)$ 为给定的串中，将 $[l,r]$ 区间表示的子串变成合法串所需要加入的最少字符数量。那么容易得到如下状态转移方程：

$$\mathrm{dp}(l,r) = \min\{\mathrm{dp}(l,k) + \mathrm{dp}(k+1,r)\}, l \leqslant k < r$$

即需要分割成两段，将它们分别进行匹配，然后求和。

但是除此之外，还存在一种情况，例如 ([])，无法从中进行分割。对于这种情况，都要求 l 和 r 是匹配的（例如分别为 () 或者分别为 []），此时就有了第二条转移方程：

$$\mathrm{dp}(l,r) = \min\{\mathrm{dp}(l+1,r-1)\}$$

初始化中，$\mathrm{dp}(l,l) = 1$，因为只有一个字符，必然要加入另一个才能匹配。

完成 DP 后，通过简单的递归操作就可以得到最后的答案。

参考代码

```
#include <cstdio>
#include <cstring>
#include <iostream>
using namespace std;
const int N = 105;
char op[N];
int dp[N][N], n;
void findAns(int l, int r)
{
    if (l > r) return;
    if (l == r) {
        if (op[l] == '(' || op[l] == ')') {
            printf("()");
        } else {
            printf("[]");
        }
    } else {
        for (int i = l; i < r; i++) {
            if (dp[l][r] == dp[l][i] + dp[i + 1][r]) {
                findAns(l, i);
                findAns(i + 1, r);
                return;
            }
        }
        if (op[l] == '(' && op[r] == ')' && dp[l][r] == dp[l + 1][r - 1]) {
            printf("(");
            findAns(l + 1, r - 1);
            printf(")");
        } else if (op[l] == '[' && op[r] == ']' && dp[l][r] == dp[l + 1][r - 1]) {
            printf("[");
            findAns(l + 1, r - 1);
            printf("]");
        }
    }
}
int main()
{
    while (gets(op + 1) != NULL) {
```

```
        n = strlen(op + 1);
        for (int i = n; i >= 1; i--) {
            dp[i][i] = 1;
            for (int j = i + 1; j <= n; j++) {
                dp[i][j] = 0x3f3f3f3f;
                for ( int z = i; z < j; z++ ) dp[i][j] = min(dp[i][z] + dp[z + 1][j],
                    dp[i][j]);
                if (op[i] == '(' && op[j] == ')') {
                    dp[i][j] = min(dp[i + 1][j - 1], dp[i][j]);
                } else if (op[i] == '[' && op[j] == ']') {
                    dp[i][j] = min(dp[i + 1][j - 1], dp[i][j]);
                }
            }
        }
        findAns(1, n);
        printf("\n");
    }
    return 0;
}
```

【例题 7.19】Two Rabbits

题目描述

有 n 个石子围成一个环，两只兔子各自从一个石子出发（可以是同一个石子），一个顺时针跳（可以跨过若干石子），一个逆时针跳，每个时刻都要求两只兔子所在石子的重量相同，且每只兔子最多跳一圈。

计算两只兔子最多可以踩过多少石子，两只兔子可以站在同一个石子上。

输入包含多组样例，每组样例第一行一个整数 $n, 1 \leqslant n \leqslant 1000$，表示石子的数量。接下来一行有 n 个整数 a_i，表示这 n 个石子的重量，其中，$1 \leqslant a_i \leqslant 1000$。$n$ 输入 0 时结束。

对于每一组样例，输出一行，包含一个整数表示最多踩过的石子数。

输入输出样例

<table>
<tr><th>Input</th><th>Output</th></tr>
<tr><td>1
1
4
1 1 2 1
6
2 1 1 2 1 3
0</td><td>1
4
5</td></tr>
</table>

题目来源

HDU 4745 *http://acm.hdu.edu.cn/showproblem.php?pid=4745*

解题思路

以第二组数据为例，一种最优解为两只兔子均从 1 号石子出发，两条路径分别为 $1,2,3,4$ 和 $1,4,3,2$，对应的重量序列都是 $1,1,2,1$，最多可以跳 4 步。去掉出发点 1，可以发现 $2,3,4$ 与 $4,3,2$ 对应的重量序列是一个回文子序列。

若两只兔子的出发位置相同（假设为 k），一只兔子走过的路径为 $k,k+1,k+2,\cdots,n,1,\cdots,k-1$ 序列中的某个子序列，另一只兔子走过的路径为 $k,k-1,k-2,\cdots,1,n,\cdots,k+1$ 序列中的某个子序列，去除起点 k，相当于求 $k,k+1,k+2,\cdots,n,1,\cdots,k-1$ 序列的最长回文子序列（对应的重量序列是回文序列）。

若两只兔子的出发位置不同（假设一个起点为 k），每次兔子一定是从自己的起点走到另一只兔子的起点，相当于求 $k,k+1,k+2,\cdots,n,1,\cdots,k-1$ 序列的最长回文子序列（对应的重量序列是回文序列）。

两种情况都是在求子区间的最长回文子序列。首先化环为链，将序列复制一次接在原序列后，设 $\mathrm{dp}(l,r)$ 表示区间 $[l,r]$ 的最长回文子序列长度。若 $a_l=a_r$，则 $\mathrm{dp}(l,r)=\mathrm{dp}(l+1,r-1)+2$，否则 $\mathrm{dp}(l,r)=\max(\mathrm{dp}(l+1,r),\mathrm{dp}(l,r-1))$。

参考代码

```
#include <bits/stdc++.h>
using namespace std;
const int N = 3005;
int op[N], n, dp[N][N];
int main()
{
    while (~scanf("%d", &n) && n) {
        for (int i = 1; i <= n; i++) scanf("%d", op + i), op[i + n] = op[i];
        n <<= 1;
        for (int i = n; i >= 1; i--) {
            dp[i][i] = 1;
            for (int j = i + 1; j <= n; j++) {
                if (op[i] == op[j]) {
                    dp[i][j] = 2 + dp[i + 1][j - 1];
                } else {
                    dp[i][j] = max(dp[i + 1][j], dp[i][j - 1]);
                }
            }
        }
        int ans = 0;
        n /= 2;
        for (int i = 1; i <= n; i++) ans = max(ans, dp[i][i + n - 1]);
        for (int i = 1; i <= n; i++) ans = max(ans, dp[i][i + n - 2] + 1);
        printf("%d\n", ans);
    }
    return 0;
}
```

【例题 7.20】String painter

题目描述

给定两个等长的、仅由小写字母组成的字符串 s_1 和 s_2，每次可以将子段 $[l,r]$ 中的所有字符变成同一种。求最少需要多少次可以将 s_1 变为 s_2。

输入包含多组样例，对于每一组输入两行，分别表示两个字符串。字符串长度不超过 100。

对于每一组样例，输出一行，一个整数，表示最少操作次数。

输入输出样例

Input	Output
zzzzzfzzzzz abcdefedcba abababababab cdcdcdcdcdcd	6 7

题目来源

HDU 2476　*http://acm.hdu.edu.cn/showproblem.php?pid=2476*

解题思路

这里提供一种并不是最优，但是容易理解的 DP 做法。

首先明确，两个覆盖区间之间要么互相包含，要么不交叉。例如，假定覆盖区间 $[1,5]$ 为 a，再覆盖 $[4,6]$ 为 b，那么这样相当于覆盖 $[1,3]$ 为 a，覆盖 $[4,6]$ 为 b，即交叉但不包含的情况总可以转换为不交叉的情况。

由于覆盖区间不会交叉，那么对于一个区间 $[l,r]$，可能（其余情况下文考虑）会存在断点 k，使得覆盖 $[l,r]$ 可以转换为覆盖 $[l,k],[k+1,r]$ 两个区间的问题，那么若设 $\mathrm{dp}(l,r)$ 为 $[l,r]$ 的答案，那么有转移方程：

$$\mathrm{dp}(l,r) = \min\{\mathrm{dp}(l,k) + \mathrm{dp}(k+1,r)\}, l \leqslant k < r$$

对于样例 aaaa、bbcc，则存在断点 $k=2$，可以将问题转换为 aa 变为 bb，以及 aa 变为 cc 两个子问题。

但是对于样例 aaaa、bccb，不存在这样的断点，因为此时的最优策略是将全局覆盖得到 bbbb，进而得到 bccb。这时就要考虑另一种情况。容易发现，在这种情况下，最优策略总是先将整个区间变为某一个字符，然后转换为上一种情况（不可能将整个区间覆盖两次）。因此可以定义 $\mathrm{dp}(l,r,c)$ 表示在 $[l,r]$ 全为字符 'a' $+c-1$ 时的答案，并规定 $\mathrm{dp}(l,r,0)$ 为原串对应的答案。那么由于覆盖情况的存在，有如下的转移关系。

$$\mathrm{dp}(l,r,c) = \min\{\mathrm{dp}(l,r,p)+1\}, 1 \leqslant p \leqslant 26, p \neq c$$

即将整个区间覆盖为另一个字符 'a' $+p-1$。结合以上两点即可解决本题，时间复杂度为 $O(n^2)$。

参考代码

```cpp
#include <bits/stdc++.h>
using namespace std;
const int N = 205;
char s1[N], s2[N];
int n, dp[N][N][27];
int main()
{
    while (~scanf("%s%s", s1 + 1, s2 + 1)) {
        n = strlen(s1 + 1);
        for (int i = n; i >= 1; i--) {
            dp[i][i][0] = s1[i] != s2[i];
            for (int j = 1; j <= 26; j++) dp[i][i][j] = 'a' + j - 1 != s2[i];
            for (int j = i + 1; j <= n; j++) {
                for (int k = 0; k <= 26; k++) {
                    dp[i][j][k] = 0x3f3f3f3f;
                    for (int z = i; z < j; z++) {
                        dp[i][j][k] = min(dp[i][z][k] + dp[z + 1][j][k],dp[i][j][k]);
                    }
                }
                //覆盖为另一个字符
                int minn = 0x3f3f3f3f;
                for (int k = 1; k <= 26; k++) minn = min(minn, dp[i][j][k] + 1);
                for (int k = 1; k <= 26; k++) {
                    dp[i][j][k] = min(dp[i][j][k], minn);
                }
                for (int z = 1; z <= 26; z++) dp[i][j][0] = min(dp[i][j][0], dp[i][j][z] + 1);
            }
        }
        printf("%d\n", dp[1][n][0]);
    }
    return 0;
}
```

习题推荐

- **HDU 4283** You Are the One　*http://acm.hdu.edu.cn/showproblem.php?pid=4283*
- **POJ 2955** Brackets　*http://poj.org/problem?id=2955*
- **Codeforces 459D** Coloring Brackets　*https://codeforces.com/problemset/problem/149/D*

7.5　树形动态规划

前面章节中讨论了区间、棋盘等 DP 问题，现在将研究一种特殊的 DP——树形 DP。树形 DP 较容易理解，它多与树形结构相结合，并具有很多灵活的形式。

在大多数树形 DP 问题中，状态转移多与子树有关。给定一个有根树，通常可以定义 $\mathrm{dp}(i)$ 为以 i 为根的子树对应的信息，然后在其子树上进行转移。

例题讲解

【例题 7.21】加分二叉树

题目描述

设一棵 n 个节点的二叉树 tree 的中序遍历为 $1,2,3,\cdots,n$，其中，数字 $1,2,3,\cdots,n$ 为节点编号。每个节点都有一个分数（均为正整数），记第 i 个节点的分数为 d_i，tree 及它的每个子树都有一个加分，任一棵子树 subtree（也包含 tree 本身）的加分计算方法如下。

subtree 的左子树的加分 ×subtree 的右子树的加分 +subtree 的根的分数。

若某个子树为空，规定其加分为 1，叶子的加分就是叶节点本身的分数。不考虑它的空子树。试求一棵符合中序遍历为 $1,2,3,\cdots,n$ 且加分最高的二叉树 tree。要求输出 tree 的最高加分和 tree 的前序遍历。

输入的第 1 行为 1 个整数 n，为节点个数。第 2 行 n 个用空格隔开的整数，为每个节点的分数。

输出的第 1 行为 1 个整数，为最高加分（$\mathrm{Ans} \leqslant 4\,000\,000\,000$）。第 2 行 n 个用空格隔开的整数，为该树的前序遍历。

数据范围：$n < 30$，分数 < 100。

输入输出样例

Input	Output
5 5 7 1 2 10	145 3 1 2 4 5

题目来源

Luogu P1040　*https://www.luogu.com.cn/problem/P1040*

解题思路

设 $\mathrm{dp}(l,r)$ 表示中序遍历为 $l,l+1,\cdots,r$ 的子树的最高加分，那么：

$$\mathrm{dp}(l,r)=\begin{cases}\max\{\mathrm{dp}(l,k-1)\mathrm{dp}(k+1,r)+\mathrm{value}(k)\}, & l<r\\ \mathrm{value}(l), & l=r\\ 1, & l>r\end{cases}$$

即枚举两棵子树的范围。

参考代码

```
#include<iostream>
using namespace std;
int op[50], n;
int rem[50][50] = {0};
int tree[50][50] = {0};
int DP(int x, int y) {
    if (x > y)return 1;
    if (x == y)return op[x];
    if (rem[x][y] != 0)return rem[x][y];
    int ans = 0;
    for (register int i = x; i <= y; i++)
        if (DP(x, i - 1) * DP(i + 1, y) + op[i] > ans)
            ans = DP(x, i - 1) * DP(i + 1, y) + op[i], tree[x][y] = i;
    return rem[x][y] = ans;
}
void print(int x, int y) {
    if (x > y)return;
    if (x == y) {
```

```
        cout << x << '\x20';
        return;
    }
    cout << tree[x][y] << '\x20';
    print(x, tree[x][y] - 1);
    print(tree[x][y] + 1, y);
}
int main() {
    cin >> n;
    for (int i = 1; i <= n; i++)cin >> op[i];
    cout << DP(1, n) << endl;
    print(1, n);
    return 0;
}
```

【例题 7.22】The More, The Better

题目描述

一个地图上有 N 座城堡，每座城堡有一定宝物，ACboy 允许攻克 M 个城堡并获得里面的宝物。有一些城堡不能直接攻克，必须先攻克某一个特定城堡后才能攻克。求 ACboy 能够取得的宝物数量的最大值。

输入多组数据，每组数据先输入 N 和 M，接下来 N 行，每行两个整数 a 和 b。在第 i 行，a 代表要攻克第 i 个城堡必须先攻克第 a 个城堡，如果 $a=0$ 则代表可以直接攻克第 i 个城堡。b 代表第 i 个城堡的宝物数量，$b \geqslant 0$。当 $N=0, M=0$ 输入结束。

对于每组数据输出一行，该行仅有一个整数表示取得的宝物数量的最大值。

输入输出样例

Input	Output
3 2 0 1 0 2 0 3 7 4 2 2 0 1 0 4 2 1 7 1 7 6 2 2 0 0	5 13

题目来源

HDU 1561 *http://acm.hdu.edu.cn/showproblem.php?pid=1561*

解题思路

将图转换为森林，如果攻克 a 城堡必须先攻克 b 城堡，那么 b 为 a 的父节点。若要选择一个节点，那么这个节点与该节点的父亲都要被选择，而这个节点的孩子可选也可不选。定义 $\mathrm{dp}(u,i)$ 表示对于以 u 为根的子树，选取 i 个节点所能得到宝物数量的最大值。再进行观察，这个动态规划与 01 背包问题极为相似，都是求在数量限制的情况下获得的价值最高。定义转移方程为

$$\mathrm{dp}(u,j)=\max\{\mathrm{dp}(u,j),\mathrm{dp}(v,k)+\mathrm{dp}(u,j-k)\}$$

其中，$1 \leqslant j \leqslant M, k<j$，$v$ 是 u 的直接子节点。只要从根遍历树一次，在退出一个节点时向其父亲节点更新信息即可。有两处优化，一是建立一个价值为 0 的 0 号节点，把森林连接成为一棵树，并将 M 加上 1。二是记录子树的节点数量 size，在转移时在满足 $k<j$ && $k \leqslant \mathrm{size}[v]$ 时才进行转移。

参考代码

```
#include<cstdio>
#include<cstring>
#include<algorithm>
#include<vector>
#define maxn 250
using namespace std;
int value[maxn];
int dp[maxn][maxn];
//记录树的孩子信息
vector<int> head[maxn];
int dfs(int u,int M){
    dp[u][1] = value[u];
    int t = 1,tt;
    for(int i = 0;i < head[u].size();i++){ //遍历节点的每棵子树
        int v = head[u][i];
        tt = dfs(v,M-1);
        for(int j = M;j >= 1; j--) //枚举当前子树中选择节点个数
            //枚举从子树v中选择节点个数
            for(int k = 1;k <= tt && k < j;k++)
                dp[u][j] = max(dp[u][j],dp[v][k]+dp[u][j-k]);
        t+=tt;
    }
    return t; //返回当前子树的节点个数
}
int main(){
    int N,M;
    while(scanf("%d%d",&N,&M),N+M){
        M++;
        for(int i = 0;i <= N;i++) //清空树的结构
            head[i].clear();
        memset(dp,0,sizeof(dp));
        value[0] = 0;
        int u;
        for(int i = 1;i <= N;i++){
            scanf("%d%d",&u,&value[i]);
            head[u].push_back(i); //添加i作为u的子节点
        }
        //遍历树
        dfs(0,M);
        printf("%d\n",dp[0][M]);
    }
    return 0;
}
```

【例题 7.23】Kingdom's Power

题目描述

Alex 正在玩战争策略游戏。世界上的王国形成一棵有根树。Alex 的王国是树根 1。

Alex 拥有几乎无限的军队，而且所有人最初都位于一号节点。每一个星期，他可以命令一支军队向临近的王国迈进一步。如果军队抵达了一个王国，那么该王国将立即被 Alex 占领。

求最少的占据所有王国的时间。

输入多组数据，第一行为样例组数 $T, 1 \leqslant T \leqslant 10^5$。对于每一组测试用例，第一行包含一个整数 $N, 1 \leqslant N \leqslant 10^6$，表示王国数。接下来一行有 $n-1$ 个整数 $f_2, f_3, \cdots, f_n$，表示 f_i 与 i 之间有一条边。n 在所有样例中的总和不超过 5×10^6。

对于每一组测试样例，输出格式为"Case #X: y" 的一行，其中，X 是样例编号（从 1 开始），y 是所求最少时间。

输入输出样例

Input	Output
2 3 1 1 6 1 2 3 4 4	Case #1: 2 Case #2: 6

题目来源

Codeforces Gym 102769K *https://codeforces.com/gym/102769/problem/K*

解题思路

本题有多种做法，这里介绍一种 DP 解法。

首先每一个军队必然会从根节点走向叶子，并最终在叶子节点结束，途中可能会遍历一些子树。那么可以将一个子树分为以下两类。

(1) 占领所有节点后，该子树中不存在一个叶子节点，使得某一个军队在此处结束。这说明该子树中的节点是经过的军队临时遍历的，**子树中的所有边必然被遍历了两遍**。

(2) 占领所有节点后，该子树中存在至少一个叶子节点，使得某一个军队在此处结束。这说明**子树中有一些边只被遍历一遍，其余边被遍历了两遍**。

有了以上的思考后，便可以得到如下的 DP 思路：设 $\mathrm{dp}(i)$ 为遍历以 i 为根的子树，并且其为上面第二类子树时，对**全局**答案的贡献。例如样例一，此时 $\mathrm{dp}(2)=1$，因为必须有一个军队来到 2 号节点，对整体的答案贡献为 1。

对于叶子节点 x，必有 $\mathrm{dp}(x)=\mathrm{depth}(x)-1$。由于将叶子视为第二类子树，必然需要派一支军队来到该叶子节点，并且在这里结束，答案显然为该叶子深度 -1。对于其他节点 x，由于被视为第二类子树，至少会有一支军队来到此处，那么对于它的所有子树，都有成为第一类和成为第二类子树这两种决策，于是状态转移方程为：

$$\mathrm{dp}(x)=\sum_{i\in S}\min(2\mathrm{size}(i),\mathrm{dp}(i))$$

其中，S 为 x 的子节点集合，$\mathrm{size}(i)$ 为 i 子树的节点数量。这里的 $2\mathrm{size}(i)$ 即为将 i 视为第一类子树时对全局的贡献。

到这里题目似乎已经得到了解决，但是还有一个问题。假设对于 $i\in S$，都有 $2\mathrm{size}(i)<\mathrm{dp}(i)$，那么所有子树均成为第一类子树，这样 x 本身就不可能成为第二类子树，这与 $\mathrm{dp}(x)$ 定义矛盾。因此，在这种情况下，需要将其中一个子树 p 手动变为第二类子树，从而使答案加上 $\mathrm{dp}(p)-2\mathrm{size}(p)$，根据最优性，当然选择附加代价最小的一个。

参考代码

```cpp
#include <bits/stdc++.h>
using namespace std;
const int N = 1000005, mod = 1e9 + 7;
typedef long long ll;
struct Edge
{
    int next, to;
} edge[N << 1];
int n, head[N], cnt, dp[N], dep[N], sz[N];
inline void add(int x, int y)
{
    edge[cnt].next = head[x], edge[cnt].to = y, head[x] = cnt++;
}
void DFS(int x)
{
    sz[x] = 1;
    for (int i = head[x]; i; i = edge[i].next) {
```

```
        if (dep[edge[i].to]) continue;
        dep[edge[i].to] = dep[x] + 1;
        DFS(edge[i].to);
        sz[x] += sz[edge[i].to];
    }
}
int DP(int x, int fa)
{
    if (~dp[x]) return dp[x]; //记忆化
    if (sz[x] == 1) return dp[x] = dep[x] - 1; //叶子节点
    int tmp = 0, flag = 1, minn = 0x3f3f3f3f;
    for (int i = head[x]; i; i = edge[i].next) {
        if (edge[i].to == fa) continue; //防止向父节点回溯
        tmp += min(DP(edge[i].to, x), 2 * sz[edge[i].to]);
        if (2 * sz[edge[i].to] >= DP(edge[i].to, x)) flag = 0;
    }
    if (flag == 0) return dp[x] = tmp;
    //附加代价，将其中一棵子树变为第二类子树
    for (int i = head[x]; i; i = edge[i].next) {
        if (edge[i].to == fa) continue;
        //选择最小的附加代价
        minn = min(minn, DP(edge[i].to, x) - 2 * sz[edge[i].to]);
    }
    tmp += minn;
    return dp[x] = tmp;
}
int main()
{
    int T, tt = 0;
    scanf("%d", &T);
    while (T--) {
        scanf("%d", &n);
        cnt = 1;
        for (int i = 1; i <= n; i++) head[i] = dep[i] = sz[i] = 0, dp[i] = -1;
        for (int i = 2, x; i <= n; i++) {
            scanf("%d", &x);
            add(x, i), add(i, x);
        }
        dep[1] = 1, DFS(1);
        printf("Case #%d: %d\n", ++tt, DP(1, 0));
    }
    return 0;
}
```

习题推荐

- **POJ 1655** Balancing Act　*http://poj.org/problem?id=1655*
- **HDU 4616** Game　*http://acm.hdu.edu.cn/showproblem.php?pid=4616*
- **HDU 4714** Tree2cycle　*http://acm.hdu.edu.cn/showproblem.php?pid=4714*

7.6　数位动态规划

在动态规划问题中，有一类问题需要在数位上进行操作，这一类操作往往与计数相关。对于这样的问题，动态规划算法可以在较低的时空消耗下解决它们，这样的 DP 模型被称为数位动态规划，即数位 DP。数位 DP 对于不同的选手，在逻辑以及写法上差异可能较大，本节提供的思路仅供读者学习参考。

数位 DP 是动态规划问题中较复杂的模型。在引入之前，先来看一道例题：Luogu2602 数字计数。给定两个正整数 a 和 b，求在 $[a,b]$ 中的所有整数中，每个数码各出现了多少次。其中，$1 \leqslant a \leqslant b \leqslant 10^{12}$。

对于这样同时限制上界和下界的问题，首先应能够想到将区间问题转换为前缀和问题，即考虑求 $[1,x]$ 中所有整数中，各个数码出现的次数。

数位 DP 的核心思想是**逐位拆分，按位讨论**。假设现在要求 $[1,p]$ 中，w 这个数码出现的次数，可以定义 $\mathrm{dp}(x,w,\mathrm{isU},\mathrm{isZ})$ 这个四元函数，其含义如下。

(1) x，表示范围。即讨论在 $[1,p\%\ 10^{x+1}]$ 范围内的数。假设 $p=12345$，那么 $x=1$ 时表示 $[1,45]$ 这个范围。

(2) w，需要求解的数码，只有 $0,1,\cdots,9$ 这 10 种可能。

(3) isU，布尔值，表示是否可以超过当前范围（$\mathrm{isU}=1$ 时可以超过）。若 $\mathrm{isU}=0$，那么范围即框定在 x 指定的范围内，否则框定在 $[1,10^k-1]$ 内，其中，k 是 x 指定范围上界的十进制位数。例如，$p=12345$，若 $x=1,\mathrm{isU}=0$，则范围为 $[1,45]$，若 $x=1,\mathrm{isU}=1$，则范围为 $[1,99]$。

(4) isZ，布尔值，表示是否允许前导零（$\mathrm{isZ}=1$ 时允许前导零）。若 $\mathrm{isZ}=1$，则对于 x,isU 指定范围内的数，前导零也将计入数码 0 的出现次数中，否则不计入。

$\mathrm{dp}(x,w,\mathrm{isU},\mathrm{isZ})$ 表示在 x,isU 指定范围（规则如上）内，结合 isZ，数码 w 的出现次数。根据该规则，容易发现 $[1,p]$ 中 w 出现的次数就是 $\mathrm{dp}(k,w,0,0)$，在这里 k 是 p 的十进制位数。接下来考虑如何进行状态转移。

在数位 DP 中，状态通常是根据当前位 x 的选择来进行转移的，即需要考虑 x 位填入的数字。

先考虑 $\mathrm{isU}=1$ 的情况，此时 x 位可以选择全部的 10 种数码。若此时 $\mathrm{isZ}=1$，那么必然有且只有一种数码可以契合 w，这一位 w 出现的次数为 10^x。除了 x 这一位的 w 之外，还需要考虑 x 低位的计数，其显然为 $10\mathrm{dp}(x-1,w,1,1)$，于是

$$\mathrm{dp}(x,w,1,1)=10^x+10\mathrm{dp}(x-1,w,1,1)$$

若 $\mathrm{isZ}=0$，那么当 $w=0$ 时，x 这一位取 0 将不被计入，于是 x 这一位不做贡献；而对于 x 低位，在 x 取 $1,2,\cdots,9$ 时，低位贡献为 $9\mathrm{dp}(x-1,w,1,1)$（由于高位已经存在非零值，之后便允许前导零），x 位取 0 时，贡献即为 $\mathrm{dp}(x-1,w,1,0)$。于是：

$$\mathrm{dp}(x,0,1,0)=9\mathrm{dp}(x-1,0,1,1)+\mathrm{dp}(x-1,0,1,0)$$

$w\neq 0$ 时，x 位取其他数不受 isZ 影响，于是可以计入贡献，但是仍然要考虑高位非零抹去低位 isZ 这个细节。

$$\mathrm{dp}(x,w,1,0)=10^x+9\mathrm{dp}(x-1,w,1,1)+\mathrm{dp}(x-1,w,1,0),w\neq 0$$

再考虑 $\mathrm{isU}=0$ 的情况，此时 x 位最高也只能取到 p 在此位的数码 s。当 x 位取较小的值 q（$q<s$）时，若 $q=0$ 且 $\mathrm{isZ}=0$，那么这一位不能计入数码 0 的贡献，当然也不会对其他数码产生贡献，此时贡献只有低位贡献，即为 $\mathrm{dp}(x-1,w,1,0)$（因为高位 $q<s$ 较小，因此低位的 $\mathrm{isU}=1$）。若 $q\neq 0$ 或者 $\mathrm{isZ}=1$，那么 q 可以计入贡献，其贡献为 $[q=w]10^x$（$[M]$ 在 M 条件成立时为 1，否则为 0），另外还有低位贡献 $\mathrm{dp}(x-1,w,1,1)$。

当 x 位恰好取 s 数码时，低位贡献为 $\mathrm{dp}(x-1,w,0,\mathrm{isZ}||s\neq 0)$（由于高位取到了 s，之后不能使 $\mathrm{isU}=1$，同时需要考虑 isZ 的变化）。而本位只有 $s=w$ 时才会对 w 数码产生贡献，同时需要考虑 isZ 的限制，综合来看这个本位贡献为：

$$[s=w\ \&\&\ (\mathrm{isZ}||w\neq 0)](p\%10^x+[\mathrm{isZ}||w\neq 0])$$

综合上面所有讨论，可以得到如下的参考代码。

参考代码

```
#include <bits/stdc++.h>

using namespace std;
long long n, m, dp[15][10][2][2];
```

```
long long ans[10], bin[15], ori;

int dig[20];

long long DP(int x, int w, int isU, int isZ)
{
    if (x < 0) return 0;
    if (~dp[x][w][isU][isZ]) return dp[x][w][isU][isZ];
    if (isU) { //允许超过
        if (isZ) return dp[x][w][isU][isZ] = bin[x] + 10 * DP(x - 1, w, 1, 1);
          //允许前导零
        return dp[x][w][isU][isZ]=(w != 0) * bin[x] + 9 * DP(x - 1, w, 1, 1)+DP(x - 1, w, 1, 0);
    }
    dp[x][w][isU][isZ] = DP(x - 1, w, 0, isZ || dig[x]);
    dp[x][w][isU][isZ] += ( dig[x] == w && (isZ || w != 0) ) * (ori % bin[x] + (isZ || w != 0));
    for (int i = 0; i < dig[x]; i++) {
        if (!isZ && i == 0) {
            dp[x][w][isU][isZ] += DP(x - 1, w, 1, 0);
        } else {
            dp[x][w][isU][isZ] += (i == w) * bin[x] + DP(x - 1, w, 1, 1);
        }
    }
    return dp[x][w][isU][isZ];
}

void cal(long long x, int v)
{
    if (x == 0) return;
    memset(dig, 0, sizeof(dig)), ori = x, memset(dp, -1, sizeof(dp));
    for (int i = 0; x; i++) dig[i] = x % 10, x /= 10;
    for (int i = 0; i < 10; i++) ans[i] += v * DP(14, i, 0, 0);
}

int main()
{
    bin[0] = 1;
    for (int i = 1; i < 15; i++) bin[i] = 10 * bin[i - 1];
    cin >> n >> m;
    cal(m, 1);
    cal(n - 1, -1);
    for (int i = 0; i < 10; i++) cout << ans[i] << " ";
    return 0;
}
```

数位 DP 问题是动态规划中偏难的问题，需要在多种题目中反复琢磨，推敲细节，才能够熟练掌握。

例题讲解

【例题 7.24】不要 62

题目描述

给定 n 和 m，$0 \leqslant n \leqslant m \leqslant 10^6$，求 $[n,m]$ 中，十进制数码不包含 62，也不包含 4 的整数个数。

题目包含多组样例，每组样例输入两个整数 n,m，在 $n=m=0$ 时结束。

每组样例输出一行，包含一个整数，表示符合要求的整数个数。

输入输出样例

Input	Output
1 100 0 0	80

题目来源

HDU 2089 *http://acm.hdu.edu.cn/showproblem.php?pid=2089*

解题思路

根据引入题目的启发，可以定义 dp(x, isU, isS) 来进行计数，这里的 x, isU 含义与之前相同，而 isS 则表示前一个数码是否是 6。状态转移方程可以通过修改前文中的例题——数字计数一题的状态转移方程得到。

需要注意的是，由于没有了 isZ 的限制，这种方法会将整数 0 计入答案。

参考代码

```
#include <bits/stdc++.h>

using namespace std;
long long n, m, dp[15][2][2];
long long ans, bin[15];

int dig[20];

long long DP(int x, int isU, int isS)
{
    if (x < 0) return 1;
    if (~dp[x][isU][isS]) return dp[x][isU][isS];
    dp[x][isU][isS] = 0;
    for (int i = 0; i < 10; i++) {
        if (!isU && i > dig[x]) break; //超过，退出
        if (isS && i == 2) continue; //62连续，跳过
        if (i == 4) continue; //包含4跳过
        dp[x][isU][isS] += DP(x - 1, isU || i < dig[x], i == 6);
    }
    return dp[x][isU][isS];
}

void cal(long long x, int v)
{
    memset(dig, 0, sizeof(dig)), memset(dp, -1, sizeof(dp));
    for (int i = 0; x; i++) dig[i] = x % 10, x /= 10;
    ans += v * DP(14, 0, 0);
}

int main()
{
    while (~scanf("%lld%lld", &n, &m) && m) {
        ans = 0;
        cal(m, 1);
        cal(n - 1, -1);
        cout << ans << endl;
    }
    return 0;
}
```

【例题 7.25】Round Numbers

题目描述

给定 n 和 $m, 1 \leqslant n < m \leqslant 2 \times 10^9$，求 $[n, m]$ 中二进制表示下 0 的数量不小于 1 的数量的整数个数（不能包含前导 0）。

输入一行，包含两个整数 n 和 m。

输出一行一个整数，表示符合要求的整数个数。

输入输出样例

Input	Output
2 12	6

题目来源

POJ 3252 *http://poj.org/problem?id=3252*

解题思路

由于不能包含前导零，可以把之前的 isZ 套用在此处。定义 $\mathrm{dp}(x, \mathrm{minus}, \mathrm{isU}, \mathrm{isZ})$ 表示答案，这里的 minus 表示 0 的数目与 1 的数目的差值，就可以较简单地导出整个 DP 过程。

当该位选择 0 时，贡献为 $\mathrm{dp}(x-1, \mathrm{minus}-\mathrm{isZ}, \mathrm{isU}||i<s, \mathrm{isZ})$，否则为 $\mathrm{dp}(x-1, \mathrm{minus}+1, \mathrm{isU}||i<s, 1)$。其中，$s$ 是要求的区间上界 p 在该位的二进制值。

参考代码

```
#include <cstdio>
#include <cstring>
#include <iostream>

using namespace std;
int n, m, dp[35][80][2][2], ans;

int dig[35];

int DP(int x, int minus, int isU, int isZ)
{
    if (x < 0) return minus == 0;
    if (~dp[x][minus + 40][isU][isZ]) return dp[x][minus + 40][isU][isZ];
    dp[x][minus + 40][isU][isZ] = 0;
    for (int i = 0; i < 2; i++) {
        if (!isU && i > dig[x]) break; //超过，退出
        if (i == 0) {
            dp[x][minus + 40][isU][isZ] += DP(x-1, minus-isZ, isU || i<dig[x], isZ);
        } else {
            dp[x][minus + 40][isU][isZ] += DP(x-1, minus+1, isU || i<dig[x], 1);
        }
    }
    return dp[x][minus + 40][isU][isZ];
}

void cal(int x, int v)
{
    memset(dig, 0, sizeof(dig)), memset(dp, -1, sizeof(dp));
    for (int i = 0; x; i++) dig[i] = x & 1, x >>= 1;
    for (int i = 0; i < 33; i++) ans += v * DP(33, i, 0, 0);
}

int main()
{
    cin >> n >> m;
    cal(m, 1);
    cal(n - 1, -1);
    cout << ans << endl;
    return 0;
}
```

【例题 7.26】数字游戏

题目描述

科协里最近很流行数字游戏。某人命名了一种不降数，这种数字必须满足从左到右各位数字呈小于或等于的关系，如 123，446。现在大家决定玩一个游戏，指定一个整数闭区间 $[a,b]$，问这个区间内有多少个不降数。

输入多组测试用例，每组测试用例一行，包含两个整数 n, m，表示 $[n,m], 1 \leqslant n \leqslant m \leqslant 2^{31}-1$。

每组测试用例输出一行，包含一个整数，表示区间内不降数个数。

输入输出样例

Input	Output
1 9 1 19	9 18

题目来源

NowCoder 50517 *https://ac.nowcoder.com/acm/problem/50517*

解题思路

定义 $\mathrm{dp}(x, \mathrm{isU}, \mathrm{last})$ 表示答案，其中，last 为上一位选择的数码，然后即可递推得到答案。

参考代码

```
#include <cstdio>
#include <cstring>
#include <iostream>

using namespace std;
int n, m, dp[35][2][10], ans;

int dig[35];

int DP(int x, int isU, int lst)
{
    if (x < 0) return 1;
    if (~dp[x][isU][lst]) return dp[x][isU][lst];
    dp[x][isU][lst] = 0;
    for (int i = lst; i < 10; i++) {
        if (!isU && i > dig[x]) break; //超过，退出
        dp[x][isU][lst] += DP(x - 1, isU || i < dig[x], i);
    }
    return dp[x][isU][lst];
}

void cal(int x, int v)
{
    memset(dig, 0, sizeof(dig)), memset(dp, -1, sizeof(dp));
    for (int i = 0; x; i++) dig[i] = x % 10, x /= 10;
    ans += v * DP(15, 0, 0);
}

int main()
{
    while (~scanf("%d%d", &n, &m)) {
        ans = 0;
        cal(m, 1);
        cal(n - 1, -1);
        printf("%d\n", ans);
    }
    return 0;
}
```

习题推荐

- **HDU 3709** Balanced Number *http://acm.hdu.edu.cn/showproblem.php?pid=3709*
- **HDU 4734** F(x) *http://acm.hdu.edu.cn/showproblem.php?pid=4734*
- **HDU 3565** Bi-peak Number *http://acm.hdu.edu.cn/showproblem.php?pid=3565*

7.7 概率期望动态规划

动态规划问题中常常涉及概率及数学期望的求解，此类问题被归为概率期望 DP。在对动态规划的基本概念有了较完整认识后，本节将介绍与概率期望相关的问题。

在绝大多数的概率相关问题中，状态转移方程常与概率的**乘法原理**和**加法原理**结合，理解乘法加法原理便成为理解概率 DP 的关键。

下面通过例题来介绍概率期望 DP 的相关内容。

例题讲解

【例题 7.27】LOOPS

题目描述

有一个 $n \times m$ 的迷宫，你现在位于 $(1,1)$，每一次你可以消耗两点魔法值来从 (x,y) 传送到 $(x,y),(x+1,y),(x,y+1)$ 中的某一个位置，传送的方向存在概率。现给定所有位置传送的概率，求从 $(1,1)$ 传送到 (n,m) 消耗魔法值的数学期望。

输入数据包含多组样例，第一行两个整数 $n,m, 2 \leqslant n,m \leqslant 1000$，表示迷宫的规模。接下来 n 行，每一行 $3m$ 个数，以每 3 个为一组的形式给出从 (x,y) 传送到 $(x,y),(x,y+1),(x+1,y)$ 的概率。最后一行每一组的第三位数以及最后一列的第二位数保证为 0，保证每一组概率之和为 1。

对于每一个样例，输出一行一个实数，表示答案。答案需保留三位小数。

输入输出样例

Input	Output
2 2 0.00 0.50 0.50　　0.50 0.00 0.50 0.50 0.50 0.00　　1.00 0.00 0.00	6.000

题目来源

HDU 3853　*http://acm.hdu.edu.cn/showproblem.php?pid=3853*

解题思路

设 $\mathrm{dp}(x,y)$ 开始走到 (n,m) 的期望魔法值消耗，设三个概率为 p_1、p_2、p_3，那么有如下的转移关系。

$$\mathrm{dp}(x,y) = p_1\mathrm{dp}(x,y) + p_2\mathrm{dp}(x,y+1) + p_3\mathrm{dp}(x+1,y) + 2$$

这个方程是容易理解的，但是注意到两侧同时存在 $\mathrm{dp}(x,y)$，于是需要改为如下形式。

$$\mathrm{dp}(x,y) = \frac{p_2\mathrm{dp}(x,y+1) + p_3\mathrm{dp}(x+1,y) + 2}{1-p_1}$$

根据此公式递推即可。

在进行动态规划的递推时，需要保证递推是没有**循环依赖**关系的。例如，本题第一个公式中，存在 $\mathrm{dp}(x,y)$ 依赖其本身的循环依赖，需要通过移项消除这种循环依赖。

参考代码

```cpp
#include <bits/stdc++.h>
using namespace std;
const int N = 1005;

double p1[N][N], p2[N][N], p3[N][N], dp[N][N];
int n, m;
int main()
{
    while (~scanf("%d%d", &n, &m)) {
        for (int i = 1; i <= n; i++) {
            for (int j = 1; j <= m; j++)scanf("%lf%lf%lf", &p1[i][j], &p2[i][j], &p3[i]
                [j]);
        }
        dp[n][m] = 0;
        for (int i = n; i >= 1; i--) {
            for (int j = m; j >= 1; j--) {
                if (i == n && j == m) continue;
```

```
                if (fabs(p1[i][j] - 1.0) < 1e-5) continue;
                dp[i][j] = (p2[i][j] * dp[i][j + 1] + p3[i][j] * dp[i + 1][j] + 2) /
                    (1 - p1[i][j]);
            }
        }
        printf("%.3lf\n", dp[1][1]);
    }
    return 0;
}
```

【例题 7.28】Rating

题目描述

有一个比赛，每一个参赛者都有自己的评分（rating），初始 rating 为 0。当参加一场比赛时，若名次在前 200，则 rating 从 X 变为 $\min(X+50,1000)$，若不在前 200，则变为 $\max(X-100,0)$。为了达到 1000 的 rating，你注册了两个账号，每一次都用 rating 较少的账号参加比赛，若你每一次在前 200 名次的概率为 P，求至少有一个账号的 rating 达到 1000 时，比赛参加次数的数学期望。

题目存在多组样例，每一组一个实数 P，$0.3 \leqslant P \leqslant 1.0$。

对于每一组样例，输出一个实数表示期望参赛次数。题目开启 special judge，误差在 10^{-5} 内认为正确。

输入输出样例

Input	Output
1.000000 0.814700	39.000000 82.181160

题目来源

HDU 4870 *http://acm.hdu.edu.cn/showproblem.php?pid=4870*

解题思路

设 $\mathrm{dp}(x,y), x \leqslant y$ 为两个账号的 rating 分别为 x、y 时的数学期望，那么有：

$$\mathrm{dp}(x,y) = P \times \mathrm{dp}(\min(x+50,1000),y) + (1-P) \times \mathrm{dp}(\max(x-100,0),y) + 1$$

由于涨分和降分都是 50 的倍数，可以将 x、y 压缩，只记录 50 的倍数，这样状态空间压缩到 200 左右。

根据此状态转移方程就可以推出最后的答案，但是容易发现这个转移方程是存在循环依赖的，并且不仅限于一个方程，不能通过例题 7.27 中移项的方法来消除循环依赖。在这里，需要将表达式变形为：

$$\mathrm{dp}(x,y) - P \times \mathrm{dp}(\min(x+50,1000),y) - (1-p) \times \mathrm{dp}(\max(x-100,0),y) - 1 = 0$$

经过如上变形后，得到了一个三元一次方程。对每一个 $\mathrm{dp}(x,y)$ 都列出类似的方程，可以得到一个方程组，求解这个方程组，便得到最后的答案。线性方程组的求解可以使用高斯消元算法在 $O(n^3)$ 时间复杂度内完成。

提示：状态转移方程只是揭示了量之间的数学关系，而不一定是递推关系。对于此类循环依赖较为复杂的动态规划问题，简单的递推往往难以实现，可以利用数学工具（转换为方程组）来求解。

参考代码

```
#include <bits/stdc++.h>
using namespace std;
double op[500][500], ans[500];
int id[500][500];
const double EPS = 1e-12;
//高斯消元
inline int Guass(int n)
{
    for (int i = 1; i <= n; i++) {
```

```
        int maxn = i;
        for (int j = i + 1; j <= n; j++)
            if (fabs(op[j][i]) > fabs(op[maxn][i])) maxn = j;
        if (i != maxn) swap(op[i], op[maxn]);
        if (fabs(op[maxn][i]) < EPS) return 0;
        double div = op[i][i];
        for (int j = i; j <= n + 1; j++) op[i][j] /= div;
        for (int j = i + 1; j <= n; j++) {
            div = op[j][i];
            for (int z = 1; z <= n + 1; z++) op[j][z] -= op[i][z] * div;
        }
    }
    ans[n] = op[n][n + 1];
    for (int i = n - 1; i >= 1; i--) {
        ans[i] = op[i][n + 1];
        for (int j = i + 1; j <= n; j++) ans[i] -= op[i][j] * ans[j];
    }
    return 1;
}
int n;
inline int ID(int x, int y)
{
    if (x <= y) return id[x][y];
    return id[y][x];
}

int main()
{
    for (int i = 1; i <= 21; i++) {
        for (int j = i; j <= 21; j++) id[i][j] = ++n;
    }
    double P;
    while (~scanf("%lf", &P)) {
        for (int i = 1; i <= n; i++) {
            ans[i] = 0;
            for (int j = 1; j <= n + 1; j++) op[i][j] = 0;
        }
        //构建方程组
        for (int a = 1, i = 1; a <= 21; a++) {
            for (int b = a; b <= 21; b++) {
                if (a == 21 || b == 21) {
                    op[i][ID(a, b)] = 1;
                    op[i][n + 1] = 0;
                } else {
                    op[i][ID(a, b)] = 1;
                    op[i][ID(min(a + 1, 21), b)] += -P;
                    op[i][ID(max(a - 2, 1), b)] += -(1 - P);
                    op[i][n + 1] = 1;
                }
                ++i;
            }
        }
        Guass(n);
        printf("%.10lf\n", ans[1]);
    }

    return 0;
}
```

【例题 7.29】Knights

题目描述

有一个 $1 \sim n+1$ 的格子，其中有 n 个骑士，第 i 个骑士位于位置 i。每一个骑士有一个前进方向（向左或向右），每次所有骑士都会向其前进方向前进一格，当有两个骑士相遇时，它们各自有 50% 的概率击败对方（击败时间很短可以忽略）。当骑士触碰格子边界时，他们将转变方向。

现在给你所有骑士的起始方向，求 n 号骑士最终获胜（只剩下他一个骑士）的概率。

输入的第一行为一个整数 T，表示样例数量。对于每一个样例，第一行一个整数 $n, 1 \leqslant n \leqslant 1000$，然后下一行 n 个数，表示骑士的方向（0 表示向左，1 表示向右)。

对于每一个样例，输出一行，表示获胜概率在 1000000007 模意义下的值，详细格式参考样例。

输入输出样例

Input	Output
2 2 0 0 3 0 1 0	Case #1: 500000004 Case #2: 250000002

题目来源

HDU 5819 *http://acm.hdu.edu.cn/showproblem.php?pid=5819*

解题思路

容易发现骑士的相对位置是不会改变的，因此若骑士 n 最终获胜，情况必然是该骑士向左前进，然后逐一击败向右行进的若干骑士。

设 $\text{dp}(i, j)$ 表示前 i 个骑士，经过战斗后，最后有 j 个骑士向右前进的概率，考虑如何转移。

倘若骑士 i 初始向右前进，那么他本身必然包含在这 j 个骑士中，于是有

$$\text{dp}(i, j) = \text{dp}(i-1, j-1)$$

倘若骑士 i 初始向左前进，那么又可以分为两种情况：$j = 1$ 及 $j > 1$。

$j > 1$ 时，由于骑士一开始向左，因此只能从前 $i-1$ 个骑士中找出 $p(p \geqslant j)$ 个向右的骑士，使得其中一些被骑士 i 击败，最后剩余 j 个骑士。显然，骑士 i 需要击败 $p-j$ 个骑士，然后自己被击败，于是有

$$\text{dp}(i, j) = \sum_{p=j}^{i-1} \text{dp}(i-1, p) \frac{1}{2^{p-j+1}}$$

$j = 1$ 时，除了有如上情况之外，还有一种额外情况：骑士 i 击败了右行的所有骑士，然后他转向成为唯一的右行骑士，在这种情况下，$\text{dp}(i, 1)$ 应该额外加上 $\sum\limits_{j=1}^{i-1} \text{dp}(i-1, j) \frac{1}{2^j}$。

最终的答案即为 $\sum\limits_{i=1}^{n-1} \text{dp}(n-1, i) \frac{1}{2^i}$。利用前缀和优化，可以将时间复杂度降为 $O(n^2)$。

本题是一个较考验思维的概率 DP 题目，建议读者尝试。

参考代码

```
#include <bits/stdc++.h>
using namespace std;
const int N = 1005, mod = 1e9 + 7, inv = 500000004;
int dp[N][N], op[N], n, bin[N], sum[N][N], bin2[N];
int main()
{
    int T, tt = 1;
    scanf("%d", &T);
    bin[0] = bin2[0] = 1;
    for (int i = 1; i < N; i++) {
        bin[i] = 1ll * bin[i - 1] * inv % mod;
        bin2[i] = 2ll * bin2[i - 1] % mod;
    }
    while (T--) {
        scanf("%d", &n);
        for (int i = 1; i <= n; i++) scanf("%d", op + i);
```

```
        sum[0][0] = dp[0][0] = 1;
        for (int i = 1; i <= n; i++) {
            for (int j = 1; j <= i; j++) {
                if (op[i] == 0) {
                    dp[i][j] = 1ll * ((sum[i - 1][i - 1] - sum[i - 1][j - 1]) % mod)*
                         bin2[j - 1] % mod;
                    if (j == 1) dp[i][j] = (dp[i][j] + sum[i - 1][i - 1]) % mod;
                } else {
                    dp[i][j] = dp[i - 1][j - 1];
                }
            }
            for (int j = 1; j <= i; j++) sum[i][j] = (sum[i][j - 1] + 1ll * dp[i][j]*
                bin[j] % mod) % mod;
        }
        printf("Case #%d: %d\n", tt++, (sum[n - 1][n - 1] + mod) % mod);
    }
    return 0;
}
```

习题推荐

- **HDU 4405** Aeroplane chess　*http://acm.hdu.edu.cn/showproblem.php?pid=4405*
- **HDU 4089** Activation　*http://acm.hdu.edu.cn/showproblem.php?pid=4089*

7.8　插头动态规划

插头 DP 也是状态压缩 DP 的一种，也称为轮廓线 DP。插头 DP 通常是解决二维空间上的状态压缩问题，且约束条件是每个位置只需要关心与自己邻近的几个点。所以处理此类问题时，只需要按照一定的顺序逐个位置进行处理即可。

例题讲解

【例题 7.30】Light

题目描述

Mai 老师有 N 行 M 列的网格，网格中每个格子有一盏灯，0 表示这盏灯是关着的状态，1 表示这盏灯是开着的状态。Mai 老师有两种操作：一种是选择一盏灯，并将该灯相邻的四盏灯状态取反；另一种是选择一盏灯，并将该灯和该灯相邻四盏灯状态取反。求最少多少步操作可以使得所有的灯都处于关着的状态。

输入数据为多组，每组数据先输入 N 和 M，表示网格有 N 行 M 列。接下来输入 N 行 M 列的矩阵表示灯的状态。当输入 N 和 M 都为 0 时结束。$1 \leqslant N, M \leqslant 10$。

对于每组数据输出一行 “Case #t: ans”，t 表示第几组数据，ans 为该组数据的解。

输入输出样例

Input	Output
3 3 111 111 111 3 3 000 010 000 0 0	Case #1: 3 Case #2: 2

题目来源

HDU 4949　*http://acm.hdu.edu.cn/showproblem.php?pid=4949*

解题思路

对于每个格子的操作最多影响包括它自身在内的五个格子。按照从上到下、从左到右的顺序来枚举每一个格子做的操作，可以知道，每个格子会因为上边和左边格子的操作而改变开着或者关着的状态。在这个位置的操作同样也会影响周围四个格子的状态。

用三进制数来表示处理到一个格子时涉及的其他格子组成状态情况，如果现在处理到坐标为 (i,j) 的格子。那么这个三进制数的前 $j-1$ 个数字表示的是这个格子左边格子的状态，后 $m-j+1$ 个数字表示 (i,j) 位置上一行从位置 j 开始到最右边的格子的状态。如图7.3所示，现在要处理的是坐标为 $(3,3)$ 的格子（X 标记），线条占据的格子是与当前处理相关的格子。在线条上方的格子因为处理过了，并且不会影响之后需要处理的格子的状态，所以并不需要记录这些格子的状态，同时要保证线条上方的位置都已经处于关着的状态，才能保证转移的正确性。"-" 标记的是还未处理的格子。

处理完 $(3,3)$ 的格子后，$(2,3)$ 上的状态不会被 "-" 所标记的位置的操作所影响，于是只要把 $(3,3)$ 格子上的状态覆盖 $(2,3)$ 的状态即可，当然首先要保证做完操作后格子 $(2,3)$ 的状态为 0。这样只要保存 M 个位置的状态即可。图7.4是处理完格子 $(3,3)$ 后，处理格子 $(3,4)$ 时所要考虑的格子的状态。

0	0	0	0	0	0	0
0	0					
		X	-	-	-	-
-	-	-	-	-	-	-

图 7.3 网格示意图一

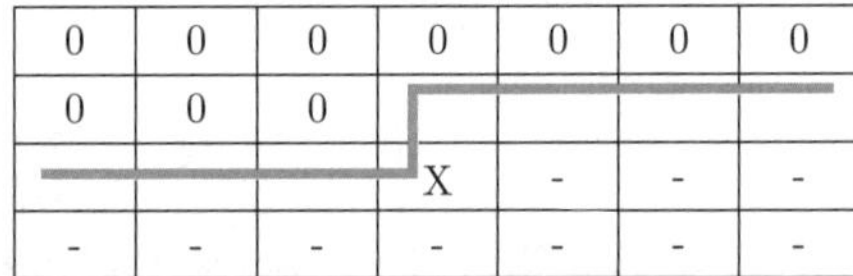

0	0	0	0	0	0	0
0	0	0				
			X	-	-	-
-	-	-	-	-	-	-

图 7.4 网格示意图二

再定义三进制数中每个数字表示的意义。对于每个格子上的值，0 表示这个格子未做操作，但是处于关着的状态，1 表示这个格子操作过一次后处于关着的状态，2 表示这个格子未操作过处于开着的状态。因为有两种操作，如果一个格子上进行了至少一次操作，那么它可以选择一种方式让自己变成关着的状态，就不用考虑被其他格子的操作影响变成开着的状态的情况。

把格子进行编号，$(1,1)$ 位置上编号为 0，然后按照从上到下、从左到右的顺序依次递增。每当处理一个格子时，只要枚举与该格子相关的格子组成的所有可能的状态，然后计算这个格子上边和左边相邻的格子对这个位置造成的影响，再枚举这个格子的操作即可。用 $\mathrm{dp}(i,j)$ 表示处理第 i 个格子时，与该格子相关的其他格子处在状态 j 的最少操作次数。转移时只需要保证 i 上方的格子处于关着的状态。由于对一个格子操作奇数次与操作一次等效，操作非零偶数次与操作两次等效，因此最多只要考虑这个格子操作 0 次、1 次、2 次的情况。时间复杂度为 $O(nm3^m)$。

可知处理格子的顺序是按编号从小到大进行的，处理第 i 个格子时只需考虑处理 $i-1$ 格子所得到的所有状态即可，而处理 $i-2$ 格子得到的状态将不再使用。因此可以在空间上进行优化，利用滚动数组节约空间。

参考代码

```
#include<cstdio>
//函数作用为令x等于x与y中的最小值
void min(int &x,int y){
    x>y?x=y:0;
}
int len[15]; //len[i]保存3i
int dp[2][60000];
char word[11][11];
//初始化函数
void init(){
    len[0]=1;
    for(int i = 1;i <= 14;i++)
        len[i] = len[i-1]*3;
```

```
}
//左边格子状态为v时，当前格子处在i列且状态变成n后
//得到的状态信息
int nextstate(int v,int n,int i,int s){
    if(i == 0) return s+n;
    if(n==1) {
        if(v == 0) v = 2;
        else if(v == 2) v = 0;
    }
    return v*len[i-1]+n*len[i]+s;
}
int main(){
    init();
    int n,m,tt=1;
    int i,j,k,u,v,no,s,s1,s2;
    while(scanf("%d%d",&n,&m),n+m){
        for( i = 0;i < n; i++){ //输入矩阵信息
            getchar();
            for(j=0;j<m;j++)
                scanf("%c",&word[i][j]);
        }
        //用于滚动数组的标记
        int p=0,q=1;
        //由于处理第一个格子时，上方没有格子，因此除了状态0
        //外其他状态都用无穷标记该状态不存在
        for( i=0;i<len[m];i++)
            dp[0][i]=1000000;
        dp[0][0] = 0;
        for( i = 0;i < n;i++){ //从上到下、从左到右处理每个格子
            for( j = 0;j < m;j++){
                for(k=0;k<len[m];k++) //初始化处理完当前格子后的状态为无穷
                    dp[q][k]=1000000;
                for(k=0;k<len[m];k++){ //枚举与该格子相关的格子组成的所有情况
                    u = k/len[j]%3; //获得当前格子上方的格子状态
                    //获得当前格子左方格子的状态
                    v = j==0?0:k/len[j-1]%3;
                    s2 = j==0?k-u*len[j]:k-u*len[j]-v*len[j-1];
                    //计算当前格子受影响后得到的状态
                    no=word[i][j]-'0';
                    if((u+v)&1)
                        no^=1;
                    //以下操作必须将上方格子的灯的状态变成0
                    if(u == 2){
                        s = nextstate(v,1,j,s2);
                        min(dp[q][s],dp[p][k]+1);
                    }
                    else if(u == 1){
                        if(no == 0){
                            s = nextstate(v,0,j,s2);//不做操作
                            min(dp[q][s],dp[p][k]);
                            s = nextstate(v,1,j,s2);//做一次操作
                            min(dp[q][s],dp[p][k]+1);
                        }
                        else if(no == 1){
                            s = nextstate(v,2,j,s2);//不做操作
                            min(dp[q][s],dp[p][k]);
                            s = s-2*len[j];//做两次操作不改变左边的状态
                            min(dp[q][s],dp[p][k]+2);
                            s = nextstate(v,1,j,s2);//做一次操作
                            min(dp[q][s],dp[p][k]+1);
                        }
                    }
```

```
                    else if(u == 0){
                        s = nextstate(v,0,j,s2);
                        if(no==0)min(dp[q][s],dp[p][k]);
                        //两次操作保持上方位置处于关着的状态
                        min(dp[q][s],dp[p][k]+2);
                        s=s+2*len[j];
                        if(no==1)min(dp[q][s],dp[p][k]);
                        //两次操作保持上方位置处于关着的状态
                        min(dp[q][s],dp[p][k]+2);
                    }
                    //第一行可以不需要考虑上方的位置的状态
                    if(i==0) {
                        s1 = nextstate(v,1,j,s2);
                        min(dp[q][s1],dp[p][k]+1);
                    }
                }
                k=p,p=q,q=k;
            }
        }
        //选择最终状态中可行状态的最小值
        int ans = 100000,flag;
        for(i = 0;i < len[m];i++){
            flag = 1;
            for( j=0;j<m;j++)
                if((i/len[j])%3==2)flag=0;
            if(flag==1)min(ans,dp[p][i]);
        }
        printf("Case #%d: %d\n",tt++,ans);
    }
    return 0;
}
```

【例题 7.31】排兵布阵

题目描述

郑将军带着他的军队在一个 $N \times M$ 的平原上准备布阵。每个士兵可以攻击到且只能攻击到与之曼哈顿距离为 2 的位置以及士兵本身所在的位置。平原上有些位置不能安排士兵。已知平原阵地的地形，在保证没有士兵相互攻击的情况下，求郑将军在这个阵地上最多能安排多少个士兵。

输入包含多组数据，每组数据先输入 N 和 M，接下来 N 行每行 M 个数，表示矩形阵地，其中，1 表示该位置可以安排士兵，0 表示该地形不允许安排士兵。其中 $N \leqslant 100, M \leqslant 10$。

对于每组数据输出一行，该行仅有一个整数表示最多能安排的士兵个数。

输入输出样例

Input	Output
6 6 0 0 0 0 0 0 0 0 0 0 0 0 0 0 1 1 0 0 0 0 0 0 0 0 0 0 0 0 0 0 0 0 0 0 0 0	2

题目来源

HDU 4539 *http://acm.hdu.edu.cn/showproblem.php?pid=4539*

解题思路

因为每个士兵只会攻击与自己曼哈顿距离恰好是 2 的位置上的士兵，那么把这张地图做黑白染色，相邻格子的颜色不能相同，可知颜色不同的格子的士兵是不会相互攻击的，只需将两种颜色的格子分开计算即可。考虑同一种颜色的格子的情况，用二进制数表示状态，0 表示这个位置不安排士兵，1 表示这个位置安排士兵。对于一个位置是否能放士兵，除了看这个位置是否能放士兵外，只需要考虑这个位置左边、左上方、上方、右上方这四个方向相邻同颜色的位置是否已经安排士兵，如果没有安排，这个位置就可以安排一个士兵。

事实上，这个状态压缩是压缩了三行的信息，比上一个例子多一行信息，但是因为相邻两行的同颜色点是错位的，所以并不会发生状态表示错误的情况。处理顺序为从上到下、从左到右。定义 $\mathrm{dp}(i,j)$ 表示处理第 i 个位置，产生的状态为 j 时最多可以放置士兵个数，$\mathrm{dp}(i,j)=-1$ 表示这个状态不可达。如图7.5所示为处理 X 所在位置状态是 0001001 时，对应士兵的安排情况（$M=7$ 时）。由于在 X 所在位置的左上角已经安排一个士兵，在该状态下，X 所在位置是不能安排士兵的，因此该状态只能转移到状态 0001001。如果当前处理的位置可以安排士兵，转移时只需将 dp 值加 1 即可，并且每个状态记录能安排士兵的最大值即可。

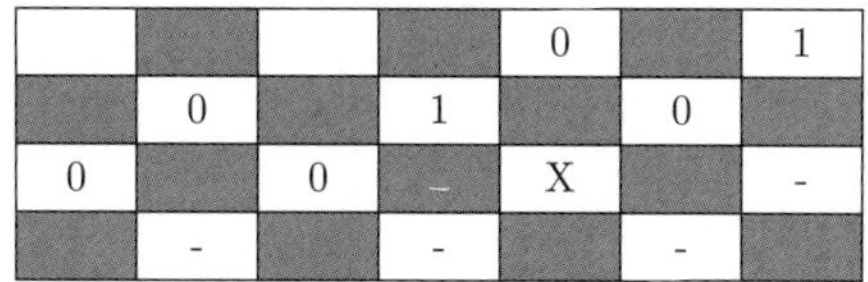

图 7.5　排兵布阵

复杂度分析：状态数为 2^m 种，需要处理的位置数为 $N\times M$，复杂度为 $O(NM2^m)$。

参考代码

```
#include<iostream>
#include<cstring>
#include<algorithm>
#include<cstdio>
using namespace std;
int map[101][11];
//滚动数组记录状态
int dp[2][1077];
int n,m;
//计算染色为f的格子最多安排士兵个数
int work(int f){
    int p = 0 ,q = 1; //滚动数组标记指针
    int ans = 0,u,v,i,j,k;
    //初始化除状态0外的其他状态为不可达
    memset(dp[p],-1,sizeof(dp[p]));
    dp[p][0] = 0;
    for( i = 0;i < n; i++){ //从上到下、从左到右枚举每个位置
        for( j = 0;j < m; j++){
            if((i+j)%2 != f) //染色结果不为f则跳过该位置
                continue;
            //处理新位置时，初始化所有状态为不可达
            for( k = (1<<m)-1;k >= 0;k--)
                dp[q][k] = -1;
            for( k = (1<<m)-1;k >= 0;k--){
                if(dp[p][k] < 0) //跳过不可达的状态
                    continue;
                if(map[i][j]){ //如果该位置可以安排士兵
                    v = (1<<j);
                    //判断当前位置上方、右上方、左上方、左方位置是否安排了士兵
                    if((!(k&v)) && (!(k&(v<<1)))&& (!(k&(v>>1))) && (!(k&(v>>2)))){
                        //不存在冲突，对该位置安排士兵，并进行状态转移
                        u = k|v;
                        if(dp[q][u] < dp[p][k]+1)
                            dp[q][u] = dp[p][k]+1;
                    }
                }
                //对当前不安排士兵产生的状态转移
                u = k;
```

```
                if(u&(1<<j))
                    u -= (1<<j);
                if(dp[q][u] < dp[p][k])
                    dp[q][u] = dp[p][k];
            }
            p^=1,q^=1;
        }
    }
    //处理完最后一个位置时，取可行安排的最大值
    for( k = (1<<m)-1; k >= 0;k--)
        if(dp[p][k] > ans)
            ans = dp[p][k];
    return ans;
}

int main(){
    while(scanf("%d%d",&n,&m)!=EOF){
        for(int i = 0;i < n; i++) //输入矩阵信息
            for(int j = 0;j < m; j++)
                scanf("%d",&map[i][j]);
        //最大士兵安排数量=染色后两张图的最大士兵安排之和
        int ans = work(0) + work(1);
        printf("%d\n",ans);
    }
    return 0;
}
```

7.9 动态规划的优化

在大多数的动态规划问题中，如果设计出了正确的状态以及合适的状态转移方程，通常是可以通过递推的方式求解的。但是对于另外一些问题，单纯使用状态转移方程效率较为低下，此时就需要使用优化方法来降低时间复杂度。动态规划的优化方法是程序设计中重要的内容，同时也是动态规划学习过程中不可忽视的一环。事实上，在之前的章节已经初步了解到了一些优化方法（例如前缀和优化），本节将更深入地介绍其他优化方法，供读者参考。

值得注意的是，这里的优化通常指时间复杂度上的优化，关于空间复杂度，可以使用数组压缩以及滚动数组来进行优化，详见本章前半部分。

7.9.1 四边形不等式优化

在介绍四边形不等式之前，先来回顾一下 7.1.2 节中区间动态规划例题石子合并问题，它具有如下的状态转移方程。

$$\mathrm{dp}(i,j)=\min\{\mathrm{dp}(i,k)+\mathrm{dp}(k+1,j)+S(i,j)\}, i\leqslant k<j$$

如果使用这个方程直接进行计算，那么由于状态本身复杂度为 $O(n^2)$，枚举 k 复杂度为 $O(n)$，总时间复杂度为 $O(n^3)$。对于这种形态的方程，可以转换为如下通用形式。

$$\mathrm{dp}(i,j)=\min\{\mathrm{dp}(i,k)+\mathrm{dp}(k+1,j)\}+m(i,j), i\leqslant k<j$$

其中，$m(i,j)$ 是转移引起的代价，在石子合并问题中就是 $S(i,j)$。

在引入代价函数 m 的基础上，有如下定义。

定义 7.1 四边形不等式

当函数 m 满足如下关系时，称 m 满足四边形不等式：

$$m(a,j)+m(i,b)\leqslant m(i,j)+m(a,b), a\leqslant i\leqslant j\leqslant b$$

♣

这个结论可以简记为交叉小于包含。关于四边形不等式，有以下三个重要定理。

定理 7.1

m 满足四边形不等式的充分必要条件是:

$$m(i,j)+m(i+1,j+1)\leqslant m(i+1,j)+m(i,j+1), i<j$$

♡

证明

显然这个定理就是定义的特殊情况，因此必要性成立，只需要证明充分性。

采用数学归纳法。首先有 $m(i,j)+m(i+1,j+1)\leqslant m(i+1,j)+m(i,j+1), i<j$ 成立，假设 $m(i,j)+m(i+k,j+1)\leqslant m(i+k,j)+m(i,j+1)$ 成立，那么根据已知结论有:

$$m(i+k,j)+m(i+k+1,j+1)\leqslant m(i+k+1,j)+m(i+k,j+1)$$

与假设的式子联立，消去两侧相同的项，得到:

$$m(i,j)+m(i+k+1,j+1)\leqslant m(i,j+1)+m(i+k+1,j)$$

这意味着对于 $k+1$ 也是成立的，根据数学归纳法，可以知道对于 k，总有 $m(i,j)+m(i+k,j+1)\leqslant m(i+k,j)+m(i,j+1)$ 成立。可以对 j 类似地进行数学归纳，最终得到对于 a,b 有:

$$m(i,j)+m(i+a,j+b)\leqslant m(i+a,j)+m(i,j+b), i\leqslant i+a\leqslant j\leqslant j+b$$

而上式即为四边形不等式定义的变形，于是定理成立。这个定理常用来快速判断 m 是否满足四边形不等式。

定义 7.2 区间包含单调性

当函数 m 满足如下关系时，称 m 满足区间包含单调性:

$$m(a,b)\leqslant m(i,j), i\leqslant a\leqslant b\leqslant j$$

♣

定理 7.2

若函数 m 满足四边形不等式以及区间包含单调性，那么函数 dp 满足四边形不等式。

♡

证明

设 $l_1\leqslant l_2\leqslant r_1\leqslant r2$，对长度进行数学归纳，假设对于 $\mathrm{dp}(a,b)$，其中，$b-a<r_2-l_1$ 时四边形不等式成立。

$r_1>l_2$ 时，设 u 是 $\mathrm{dp}(l_1,r_2)$ 的最优决策点，v 是 $\mathrm{dp}(l_2,r_1)$ 的最优决策点，显然有 $l_1\leqslant u<r_2, l_2\leqslant v<r_1$。

当 $u\leqslant v$ 时，有 $l_1\leqslant u<r_1, l_2\leqslant v<r_2$，根据 dp 求最小代价的定义，有:

$$\mathrm{dp}(l_1,r_1)\leqslant \mathrm{dp}(l_1,u)+\mathrm{dp}(u+1,r_1)+m(l_1,r_1)$$
$$\mathrm{dp}(l_2,r_2)\leqslant \mathrm{dp}(l_2,v)+\mathrm{dp}(v+1,r_2)+m(l_2,r_2)$$

又由于 $l_1<u+1\leqslant v+1\leqslant r_1\leqslant r_2$，根据归纳假设，有 $\mathrm{dp}(u+1,r_1)+\mathrm{dp}(v+1,r_2)\leqslant \mathrm{dp}(u+1,r_2)+\mathrm{dp}(v+1,r_1)$。

累加上面三个不等式，可以得到:

$$\mathrm{dp}(l_1,r_1)+\mathrm{dp}(l_2,r_2)\leqslant \mathrm{dp}(l_1,u)+\mathrm{dp}(u+1,r_2)+\mathrm{dp}(l_2,v)+\mathrm{dp}(v+1,r_1)+m(l_1,r_1)+m(l_2,r_2)$$

而 $m(l_1,r_1)+m(l_2,r_2)\leqslant m(l_1,r_2)+m(l_2,r_1)$，于是:

$$\mathrm{dp}(l_1,r_1)+\mathrm{dp}(l_2,r_2)\leqslant \mathrm{dp}(l_1,r_2)+\mathrm{dp}(l_2,r_1)$$

从而 dp 满足四边形不等式，$u>v$ 同理可证明。

而在 $r_1 = l_2$ 时，若 $u < l_2 = r_1$，则有 $\mathrm{dp}(l_1, r_1) \leqslant \mathrm{dp}(l_1, u) + \mathrm{dp}(u+1, r_1) + m(l_1, r_1)$。根据归纳假设，有 $\mathrm{dp}(u+1, r_1) + \mathrm{dp}(l_2, r_2) \leqslant \mathrm{dp}(u+1, r_2) + \mathrm{dp}(l_2, r_1)$，两个不等式相加并利用 $m(l_1, r_1) \leqslant m(l_1, r_2)$ 得到：

$$\mathrm{dp}(l_1, r_1) + \mathrm{dp}(l_2, r_2) \leqslant \mathrm{dp}(l_1, r_2) + \mathrm{dp}(l_2, r_1)$$

另一种情况同理可证。

定理 7.3

若函数 dp 满足四边形不等式，设 $g(i,j)$ 为 $\mathrm{dp}(i,j)$ 的最优决策点，那么有 $g(i, j-1) \leqslant g(i,j) \leqslant g(i+1, j)$。♡

证明

设 $\mathrm{dp}_k(i,j) = \mathrm{dp}(i,k) + \mathrm{dp}(k+1,j) + m(i,j), g(i,j) = d, k > i$，那么有：

$$\begin{aligned} & (\mathrm{dp}_k(i+1,j) - \mathrm{dp}_d(i+1,j)) - (\mathrm{dp}_k(i,j) - \mathrm{dp}_d(i,j)) \\ = \ & (\mathrm{dp}(i+1,k) + \mathrm{dp}(i,d)) - (\mathrm{dp}(i+1,d) + \mathrm{dp}(i,k)) \end{aligned}$$

若 $k < d$，那么根据四边形不等式有 $\mathrm{dp}(i,k) + \mathrm{dp}(i+1,d) \leqslant \mathrm{dp}(i,d) + \mathrm{dp}(i+1,k)$，结合上式说明：

$$\mathrm{dp}_k(i+1,j) - \mathrm{dp}_d(i+1,j) \geqslant \mathrm{dp}_k(i,j) - \mathrm{dp}_d(i,j)$$

而由于 $g(i,j) = d$，于是 $\mathrm{dp}_k(i,j) - \mathrm{dp}_d(i,j) \geqslant 0$，所以 $\mathrm{dp}_k(i+1,j) \geqslant \mathrm{dp}_d(i+1,j)$。这个式子说明 $k < d$ 时不会得到比 d 更优的解，于是 $g(i+1,j) \geqslant d$，$g(i,j-1) \leqslant d$ 同理可证。

到这里证明了四边形不等式的三个重要性质，考虑使用四边形不等式性质来优化石子合并问题。

注意到石子合并问题中的 $S(i,j)$ 是满足四边形不等式的，据此可以利用定理 7.3 来减少决策点的枚举量，将时间复杂度降至 $O(n^2)$，这里值得注意的地方是，四边形不等式只适用于最小值的情况，最大值不可以用四边形不等式进行优化。

参考代码

```
#include <iostream>

#define N 100 * 2 + 1
using namespace std;
int n, op[N], sum[N];
int dp[N][N], g[N][N];
int ans = 0x7fffffff;

int main()
{
    cin >> n;
    for (int i = 1; i <= n; i++) {
        cin >> op[i];
        op[i + n] = op[i];
    }
    for (int i = 1; i <= 2 * n; i++) sum[i] = op[i] + sum[i - 1]; //前缀和
    for (int j = 2 * n; j >= 1; j--) { //最小值
        for (int z = j; z <= 2 * n; z++) {
            if (j == z) g[j][z] = j, dp[j][z] = 0;
            else {
                dp[j][z] = 0x7fffffff;
                for (int k = g[j][z - 1]; k <= g[j + 1][z] && k < z; k++) {
                    if (dp[j][k] + dp[k+1][z] + sum[z] - sum[j-1] < dp[j][z])
```

```
                dp[j][z] = dp[j][k] + dp[k+1][z] + sum[z] - sum[j-1], g[j][z]=k;
            }
        }
    }
  }
  for (int i = 1; i <= n; i++) ans = min(ans, dp[i][i + n - 1]);
  cout << ans;
  return 0;
}
```

四边形不等式具有其他的常见形式，例如：

$$\mathrm{dp}(i,j) = \min\{\mathrm{dp}(i-1,k) + m(k+1,j)\}, k < j$$

形如这样的方程形式具有类似的性质：设 $g(i,j)$ 为 $\mathrm{dp}(i,j)$ 的最优决策点，那么有

$$g(i-1,j) \leqslant g(i,j) \leqslant g(i,j+1)$$

例题讲解

【例题 7.32】Lawrence

题目描述

一条线上有 N 个数字，把它们分成 $M+1$ 段，每段的费用是这区间中的数字两两乘积之和。计算出这 $M+1$ 段区间费用和的最小值。

输入多组数据，每组数据先输入 N 和 M，接下来一行输入 N 个 1~100 的整数，当 N、M 同时为 0 时结束输入。$1 < N < 1000, 0 < M < N$。

对于每组数据输出一行，该行仅有一个整数表示所求最小值。

输入输出样例

Input	Output
4 1 4 5 1 2 4 2 4 5 1 2 0 0	17 2

题目来源

HDU 2829　*http://acm.hdu.edu.cn/showproblem.php?pid=2829*

解题思路

设 $\mathrm{dp}(i,j)$ 为对于前 j 个数分割 i 次的最优解，那么有：

$$\mathrm{dp}(i,j) = \min\{\mathrm{dp}(i-1,k) + \mathrm{cost}(k+1,j)\}, 0 \leqslant k < j$$

这里 $\mathrm{cost}(i,j)$ 为区间 $[i,j]$ 的代价，容易得到（设给定序列为 s）：

$$\mathrm{cost}(i,j) = \frac{\left(\sum_{a=i}^{j} s_i\right)^2 - \sum_{a=i}^{j} s_i^2}{2}$$

可以证明其满足四边形不等式，符合四边形不等式的第二种形式，加入四边形不等式优化，复杂度为 $O(nm)$。

参考代码

```
#include <bits/stdc++.h>
using namespace std;
const int N = 1005;
typedef long long ll;
int op[N], n, m, g[N][N];
ll s2[N], s1[N], cost[N][N], dp[N][N];
int main()
{
```

```
    while (~scanf("%d%d", &n, &m) && (n || m)) {
        for (int i = 1; i <= n; i++) scanf("%d", op + i);
        for (int i = 1; i <= n; i++) {
            s1[i] = s1[i - 1] + op[i];
            s2[i] = s2[i - 1] + op[i] * op[i];
        }
        for (int i = 1; i <= n; i++) {
            for (int j = i + 1; j <= n; j++) {
                cost[i][j] = ((s1[j] - s1[i - 1]) * (s1[j] - s1[i - 1]) - (s2[j] - s2
                    [i - 1])) / 2ll;
            }
        }
        for (int i = 1; i <= n; i++) dp[0][i] = cost[1][i], g[0][i] = 0;
        for (int i = 1; i <= m; i++) {
            g[i][n + 1] = n;
            for (int j = n; j >= 1; j--) {
                dp[i][j] = 1ll << 60;
                for (int z = g[i - 1][j]; z <= g[i][j + 1]; z++) {
                    ll tmp = dp[i - 1][z] + cost[z + 1][j];
                    if (tmp < dp[i][j]) dp[i][j] = tmp, g[i][j] = z;
                }
            }
        }
        printf("%lld\n", dp[m][n]);
    }
    return 0;
}
```

7.9.2 斜率优化

在引入斜率优化之前，先来看一道例题。

【例题 7.33】Print Article

题目描述

现在给你 n 个单词，每个单词的打印成本是 c_i，将 k 个单词打印在一行的成本为 $\left(\sum_{i=1}^{k} c_i\right)^2 + M$，其中，$M$ 是一个常数。求打印所有单词所需要的最低成本。$0 \leqslant n \leqslant 500\,000, 0 \leqslant M \leqslant 1000, c_i \geqslant 0$。

解题思路

在熟悉动态规划的基本方法之后，不难设计状态。令 $\mathrm{dp}(x)$ 表示前 x 个单词打印的最低成本，需要枚举最后一行的范围，于是有状态转移方程：

$$\mathrm{dp}(x) = \min\{\mathrm{dp}(k) + (S(x) - S(k))^2 + M\}, 0 \leqslant k < x$$

其中，$S(x)$ 是前 x 个单词打印成本的前缀和，即 $S(x) = \sum_{i=1}^{x} c_i$。

由于状态本身是 $O(n)$ 的，而转移需要 $O(n)$ 的代价，于是总体时间复杂度为 $O(n^2)$。容易发现引起这个额外复杂度的主要原因是，无法在 $0 \leqslant k < x$ 中定位最优的 k，只能进行遍历然后求出最小值，从而导致时间消耗增加。考虑到四边形不等式优化中，可以缩小枚举的范围从而提高效率，那么此处是否也有类似的方法？答案是肯定的，考虑 $0 \leqslant a < b < x$ 这两个点对应的值 $\mathrm{dp}(a) + (S(x) - S(a))^2 + M$ 以及 $\mathrm{dp}(b) + (S(x) - S(b))^2 + M$。令前者更优，即

$$\mathrm{dp}(a) + (S(x) - S(a))^2 + M < \mathrm{dp}(b) + (S(x) - S(b))^2 + M$$

化简上式，可以得到：

$$\frac{\mathrm{dp}(b) + S^2(b) - \mathrm{dp}(a) - S^2(a)}{S(b) - S(a)} > 2S(x)$$

令 $g(x)=\mathrm{dp}(x)+S^2(x)$，就是：

$$\frac{g(b)-g(a)}{S(b)-S(a)}>2S(x)$$

将 $(S(x),g(x))$ 看作二维平面上的点，那么上式中的比值就是一个斜率。现在给出三个点：$0\leqslant a<b<c<x$，将它们对应的点画在二维平面上，得到图7.6。

在这里考虑如下三种情况（设 k_{ab} 表示 a 与 b 之间的斜率）。

(1) $k_{ab}\geqslant k_{bc}\geqslant 2S(x)$，那么 b 比 c 更优，a 比 b 更优。

(2) $k_{ab}\geqslant 2S(x)\geqslant k_{bc}$，那么 a 比 b 更优，c 比 b 更优。

(3) $2S(x)\geqslant k_{ab}\geqslant k_{bc}$，那么 b 比 a 更优，c 比 b 更优。

容易发现，无论哪一种情况，b 都不是最优的决策点，此时 b 就可以剔除，从而提高了效率，这就是斜率优化的核心思想。

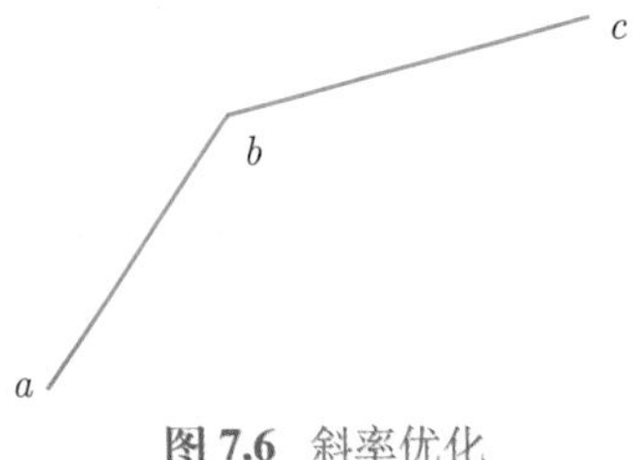

图 7.6　斜率优化

在这个问题中，为了防止出现冗余的决策点，不能让决策点出现如图 7.6 所示的情况（即 $k_{ab}\geqslant k_{bc}$），也就是斜率递减的形式。于是需要保证斜率是递增的，即下凸包的形式。

在该思路的基础上还需要考虑如何在程序上实现这个优化。具体来说需要解决的问题有两个：一是如何维护下凸包，二是如何在下凸包上快速找出最优决策点。

对于第一个问题，当计算出 $\mathrm{dp}(x)$ 之后，就可以很快计算出 $g(x)$，由于 $S(x)$ 是增的，使用栈（或者双端队列）就可以轻易地维护这个下凸包。而对于第二个问题，需要快速找出下凸包中第一个满足 $k_{ab}\geqslant 2S(x)$ 的点对 (a,b)，这里的 a 就是最优决策点。由于下凸包中斜率是递增的，可以考虑使用二分查找，但是在本题中由于 $2S(x)$ 具有单调性，可以使用双指针的思路省略这一步二分查找，做到整体 $O(n)$ 的枚举。

另外，在程序编写上还有一些问题需要注意：比较斜率通常不使用除法，而是使用等价的乘法比较，可以避免精度问题。其次，本题中 c_i 可能为 0，这会使得对于不同的 i，$(S(i),g(i))$ 为同一个点，这会对凸包维护造成影响，因此需要剔除同点，方法比较简单，只需要维护一个严格的下凸包即可（不允许斜率相同）。

加入了斜率优化之后，算法的时间复杂度降为 $O(n)$。

参考代码

```
#include <bits/stdc++.h>
using namespace std;
const int N = 500005;
typedef long long ll;
int c[N], n, m, que[N], f, b;
ll S[N], dp[N], g[N];

int main()
{
    while (~scanf("%d%d", &n, &m)) {
        for (int i = 1; i <= n; i++) scanf("%d", c + i);
        for (int i = 1; i <= n; i++) S[i] = S[i - 1] + c[i]; //前缀和
        b = 0, f = 1;
        que[0] = 0; //que队列维护下凸包
        for (int i = 1; i <= n; i++) {
            //存在至少两个决策点，根据斜率剔除冗余点
            while (f - b >= 2 && g[que[b+1]] - g[que[b]] < (S[que[b+1]] - S[que[b]]) *
                2 * S[i]) ++b;
            //此时que[b]就是最优决策点
            dp[i] = dp[que[b]] + (S[i] - S[que[b]]) * (S[i] - S[que[b]]) + m;
            g[i] = dp[i] + S[i] * S[i];
```

```
            //维护下凸包
            while (f - b >= 2 && (g[i] - g[que[f - 1]])*(S[que[f - 1]] - S[que[f - 2]])
                 <= (g[que[f - 1]] - g[que[f - 2]])*(S[i] - S[que[f - 1]]))
                --f;
            que[f++] = i; //加入队列
        }
        printf("%lld\n", dp[n]);
    }
    return 0;
}
```

7.9.3 数据结构优化

数据结构优化是动态规划中较为复杂的一个部分。在列出状态转移方程之后，方程常常会涉及求最值、求和等操作，如果朴素地进行求解会导致时间复杂度过高，因此大部分情况下需要使用数据结构进行维护，以快速地求出最值或和等信息，这是数据结构优化的基本原理。常用来优化动态规划过程的数据结构有单调队列、线段树、平衡树和树状数组等。

限于篇幅，这里着重介绍一类常用的优化方法：单调队列优化。关于其余的数据结构优化，将在之后的例题中讲解。

单调队列优化的一个经典问题就是多重背包问题，在之前的小节中已经介绍了朴素解法以及二进制优化方法，这里将补充它的单调队列优化。设 $\text{dp}(i,y)$ 表示前 i 个物品，容量是 y 的最大价值，用 c_i 表示物品 i 数量，v_i 表示价值，w_i 表示重量，那么：

$$\text{dp}(i,y)=\max\{\text{dp}(i-1,y-kw_i)+kv_i\},kw_i\leqslant y,0\leqslant k\leqslant c_i$$

可以发现，在 y 一定时，转移的方向 $y-kw_i$ 与 y 在模 w_i 意义下同余，即它们在一个剩余系中。既然它们都是同余的，不妨将 y 写成 $y=uw_i+e,0\leqslant e<w_i$ 的形式，那么：

$$\text{dp}(i,y)=\max\{\text{dp}(i-1,uw_i+e-kw_i)+kv_i\},kw_i\leqslant y,0\leqslant k\leqslant c_i$$

变形得到：

$$\text{dp}(i,y)=\max\{\text{dp}(i-1,uw_i+e-kw_i)+kv_i-uv_i\}+uv_i,kw_i\leqslant y,0\leqslant k\leqslant c_i$$

即

$$\text{dp}(i,y)=\max\{\text{dp}(i-1,e+w_i(u-k))-v_i(u-k)\}+uv_i,kw_i\leqslant y,0\leqslant k\leqslant c_i$$

用 k 来代替 $u-k$，得到：

$$\text{dp}(i,y)=\max\{\text{dp}(i-1,e+kw_i)-kv_i\}+uv_i,l_i\leqslant k\leqslant r_i$$

其中，l_i、r_i 是 k 的限制条件，容易得到 $l_i=\max(0,u-c_i),r_i=u$。即 k 的范围中，两个端点随 u 都是递增的，那么可以使用单调队列进行优化，快速求最大值（即滑动窗口）。在实现上，需要先枚举剩余系，内部再加入单调队列优化。

以多重背包一节的例题 7.15 为例，可以加入单调队列优化。这里值得注意的是，为了进一步提高效率，还需要加入一些等价的变换：当物品数量为 1 时，转换为 01 背包问题，当物品数量较多以至于超出背包容量时，转换为完全背包问题。

参考代码

```
#include<iostream>
#include<cstdio>

using namespace std;
int n, m, A[105], C[105], dp[2][100005], temp[100005], que[100005], key=0, l, r, ans;

inline int read() {//快速读入
    char e = getchar();
```

```
    while ((e < '0' || e > '9') && (e != '-'))e = getchar();
    bool k = false;
    if (e == '-')k = true, e = getchar();
    int s = 0;
    while (e >= '0' && e <= '9')s = s * 10 + e - '0', e = getchar();
    return k ? -s : s;
}

int main() {
    while (true) {
        n = read(), m = read(), key = 0, ans = 0;
        if (!n && !m)return 0;
        for (int i = 1; i <= n; i++)A[i] = read();
        for (int i = 1; i <= n; i++)C[i] = read();
        for (int i = 0; i <= m; i++)dp[0][i] = min(i / A[1], C[1]) * A[1];
        for (int i = 2; i <= n; i++) {
            key = !key;
            if (C[i] == 1) {//01背包
                for (int j = 0; j <= m; j++) {
                    if (j>=A[i])dp[key][j]=max(dp[!key][j], dp[!key][j-A[i]]+A[i]);
                    else dp[key][j] = dp[!key][j];
                }
            } else if (A[i] * C[i] >= m) {//完全背包
                for (int j = 0; j <= m; j++) {
                    if (j>=A[i])dp[key][j]=max(dp[!key][j], dp[key][j-A[i]]+A[i]);
                    else dp[key][j] = dp[!key][j];
                }
            } else {//多重背包+单调队列
                for (int j = 0; j < A[i]; j++) {
                    l = 0, r = -1;
                    for (int z = j, p = 0; z <= m; z += A[i], p++) {
                        temp[p] = dp[!key][z] - p * A[i];
                        while (r >= l && temp[que[r]] <= temp[p])r--;//入队
                        que[++r] = p;
                        while (que[l] < p - min(C[i], p))l++;//出队
                        dp[key][z] = temp[que[l]] + p * A[i];
                    }
                }
            }
        }
        for (int i = 1; i <= m; i++)ans += dp[key][i] == i;
        cout << ans << endl;
    }
    return 0;
}
```

例题讲解

【例题 7.34】Trade

题目描述

某股票第 i 天买入价格为 AP_i，卖出价格为 BP_i，第 i 天最多可以买 AS_i 股，卖出 BS_i 股，买入或卖出算一次交易，在第 i 天做了一次交易，那么 $i+W+1$ 天才能做第二次交易。每天允许持有最多 MaxP 股，求在 T 天内如何交易使得获益最大。初始无股票，但是有无限多的钱。

输入数据为多组第一行输入数据组数。对于每组数据，先输入 T, MaxP, W。接下来 T 行每行输入 $\mathrm{AP}_i, \mathrm{BP}_i, \mathrm{AS}_i, \mathrm{BS}_i$。其中，$0 \leqslant W < T \leqslant 2000, 1 \leqslant \mathrm{MaxP} \leqslant 2000, 1 \leqslant \mathrm{BP}_i \leqslant \mathrm{AP}_i \leqslant 1000, 1 \leqslant \mathrm{AS}_i, \mathrm{BS}_i \leqslant \mathrm{MaxP}$。

对于每组数据输出一行，该行仅有一个整数表示最大收益。

输入输出样例

Input	Output
1 5 2 0 2 1 1 1 2 1 1 1 3 2 1 1 4 3 1 1 5 4 1 1	3

题目来源

HDU 3401 *http://acm.hdu.edu.cn/showproblem.php?pid=3401*

解题思路

可以定义 $\mathrm{dp}(i,j)$ 表示现在是第 i 天，持有 j 股，能够得到的最大收益，那么可以枚举这一天买入或者卖出的股票数量（易知，一天之内不会既买入又卖出）。买入时：

$$\mathrm{dp}(i,j)=\max\{\mathrm{dp}(i+W+1,j+k_1)-k_1\mathrm{AP}_i\},1\leqslant k_1\leqslant\min(\mathrm{MaxP}-j,\mathrm{AS}_i)$$

同理可得卖出时：

$$\mathrm{dp}(i,j)=\max\{\mathrm{dp}(i+W+1,j-k_2)+k_2\mathrm{BP}_i\},1\leqslant k_2\leqslant\min(\mathrm{BS}_i,j)$$

不交易时 $\mathrm{dp}(i,j)=\mathrm{dp}(i+1,j)$。

显然对于这个状态转移方程，时间复杂度高达 $O(T\times\mathrm{MaxP}^2)$，并不可取。观察买入时的转移方程，用 x 替换 $j+k_1$，可以得到：

$$\mathrm{dp}(i,j)=\max\{\mathrm{dp}(i+W+1,x)-x\mathrm{AP}_i\}+j\mathrm{AP}_i,j+1\leqslant x\leqslant\min(\mathrm{MaxP},\mathrm{AS}_i+j)$$

容易发现，此时 x 的取值范围中，左端点和右端点都随 j 增长而增长（严格来说是不降），因此可以加入单调队列优化，从而将复杂度降低到 $O(T\times\mathrm{MaxP})$。卖出的转移方程可以同理进行优化。

参考代码

```
#include <bits/stdc++.h>

using namespace std;

deque<int> dq1, dq2;
int T, MaxP, W, AP[2005],BP[2005],AS[2005],BS[2005],dp[2005][2005], now1, now2;

inline void add1(int i, int j)
{
    while (!dq1.empty() && -AP[i] * j + dp[i + W + 1][j] > -AP[i]*dq1.back() + dp[i + W + 1][dq1.back()])
        dq1.pop_back();
    dq1.push_back(j);
}

inline int f1(int j)
{
    while (dq1.front() < j) dq1.pop_front();
    return dq1.front();
}

inline void add2(int i, int j)
{
    while (!dq2.empty() && -BP[i] * j + dp[i + W + 1][j] > -BP[i]*dq2.back() + dp[i + W + 1][dq2.back()])
        dq2.pop_back();
    dq2.push_back(j);
```

```
}

inline int f2(int j)
{
    while (dq2.front() < j) dq2.pop_front();
    return dq2.front();
}

int main()
{
    int tt;
    scanf("%d", &tt);
    while (tt--) {
        scanf("%d%d%d", &T, &MaxP, &W);
        for (int i = 1; i <= T; i++) scanf("%d%d%d%d", AP+i, BP+i, AS+i, BS+i);
        for (int i = 0; i <= MaxP; i++) dp[T][i] = min(i, BS[T]) * BP[T];
        for (int i = T - 1; i >= 1; i--) {
            dq1.clear(), dq2.clear(), now1 = 0, now2 = max(1 - BS[i], 0) - 1;
            for (int j = 0; j <= MaxP; j++) {
                dp[i][j] = 0;
                if (i + W >= T)
                    dp[i][j] = max(dp[i + 1][j], min(j, BS[i]) * BP[i]);
                else {
                    if (j != MaxP) {
                        for (int ss = now1 + 1; ss <= min(MaxP, AS[i] + j); ss++)
                            add1(i, ss), now1 = ss;
                        dp[i][j] = max(dp[i][j], j * AP[i] - AP[i] * f1(j+1) + dp[i + W
                            + 1][f1(j + 1)]);
                    }
                    if (j != 0) {
                        for (int ss = now2+1; ss <= j - 1; ss++) add2(i, ss), now2=ss;
                        dp[i][j] = max(dp[i][j],
                                   j * BP[i] - BP[i] * f2(max(j-BS[i], 0)) + dp[i + W
                                      + 1][f2(max(j - BS[i], 0))]);
                    }
                    dp[i][j] = max(dp[i][j], dp[i + 1][j]);
                }
            }
        }
        printf("%d\n", max(0, dp[1][0]));
    }
    return 0;
}
```

【例题 7.35】Counting Sequences

题目描述

给定一个长度为 N 的整数序列，它有 2^n 个子序列。如果子序列长度不小于 2，而且相邻两个整数 $\text{num}[i]$、$\text{num}[i+1]$ 的差的绝对值不大于 d，称为完美子序列。求一个整数序列完美子序列的个数，结果对 9901 取模。

输入数据有多组，每组数据格式为先输入 N 和 d，接下来输入 N 个整数（$2 \leqslant N \leqslant 100\,000, 1 \leqslant d \leqslant 10\,000\,000$）。

对于每组数据输出一行，该行仅有一个整数表示完美子序列个数。

输入输出样例

Input	Output
4 2 1 3 7 5	4

题目来源

HDU 3450　*http://acm.hdu.edu.cn/showproblem.php?pid=3450*

解题思路

先不考虑长度不小于 2 的限制，令 $\text{dp}(i)$ 表示以 i 结尾的合法序列数量，那么有如下的转移方程。

$$\text{dp}(i) = 1 + \sum_{j=1}^{i-1} \text{dp}(j)[|p_j - p_i| \leqslant d]$$

其中，p_i 为序列的第 i 个数。显然，这个方程的复杂度为 $O(n^2)$，需要进行优化。

事实上，从方程上来看，需要找到 $1 \sim i-1$ 位置上，满足 $|p_i - p_j| \leqslant d$ 的 j，然后对它们的 dp 值求和，即需要满足 $p_j \in [p_i - d, p_i + d]$。这是一个区间求和，使用任何一个支持单点修改，区间求和的数据结构都可以完成这一步的优化。可以使用平衡树、线段树、树状数组等数据结构，需要注意的是，若使用线段树和树状数组需要进行离散化，以减少空间消耗。

参考代码

```
#include <bits/stdc++.h>
using namespace std;
const int N = 100005, mod = 9901;
typedef long long ll;
int n, d, op[N], tmp[N], dp[N], tr[N], id[N], sv;
void add(int x, int v) //树状数组
{
    for (int i = x; i <= n; i += i & -i) tr[i] = (tr[i] + v) % mod;
}
int sum(int x)
{
    int s = 0;
    for (int i = x; i >= 1; i -= i & -i) s = (s + tr[i]) % mod;
    return s;
}
int findAns(int x)
{
    int pos = upper_bound(tmp + 1, tmp + sv, x) - tmp - 1;
    return sum(pos);
}
int main()
{
    while (~scanf("%d%d", &n, &d)) {
        for (int i = 1; i <= n; i++) scanf("%d", op + i), tmp[i] = op[i];
        for (int i = 1; i <= n; i++) tr[i] = 0;
        sort(tmp + 1, tmp + n + 1);
        sv = unique(tmp + 1, tmp + n + 1) - tmp;
        for (int i = 1; i <= n; i++) id[i]=lower_bound(tmp + 1, tmp + sv, op[i])- tmp;
            //离散化
        for (int i = 1; i <= n; i++) {
            dp[i] = (1 + findAns(op[i] + d) - findAns(op[i] - d - 1)) % mod;
            add(id[i], dp[i]);
        }
        int ans = 0;
        for (int i = 1; i <= n; i++) ans = (ans + dp[i]) % mod;
        ans = (ans - n) % mod;
        printf("%d\n", (ans + mod) % mod);
    }
    return 0;
}
```

习题推荐

- **Codeforces 115E** Linear Kingdom Races *https://codeforces.com/problemset/problem/115/E*
- **HDU 6606** Distribution of books *http://acm.hdu.edu.cn/showproblem.php?pid=6606*

7.10　动态规划例题

本节为扩展内容，将综合运用这一章中的知识，来解决实际问题。例题中将会补充一些前文中未能提到的知识点，以及与其他章节的内容结合的部分（数论、多项式等），部分题目具有一定的难度，供读者学习参考。

【例题 7.36】Roads in the North

题目描述

有若干个村庄（不超过 10 000 个），村庄编号从 1 开始。它们之间有一些双向道路连接两个村庄，这些道路可以使所有村庄彼此可达，同时任意两个村庄之间有且仅有一条可行路线。求距离最远的两个村庄之间的距离。

输入数据有若干行，每一行包含三个整数，表示一条道路连接的两个村庄编号以及道路的长度。

输出一行包含一个整数，即最远村庄之间的距离。

输入输出样例

Input	Output
5 1 6 1 4 5 6 3 9 2 6 8 6 1 7	22

题目来源

POJ 2631　*http://poj.org/problem?id=2631*

解题思路

首先根据题意易得这是一个树形图，最长的距离即为树的直径。直径可以通过两次 DFS 进行求解，但在这里将介绍 DP 的解法。

设 $\mathrm{dp}(x)$ 表示有根树中以 x 为根的子树，距其叶节点最长的距离。那么有如下的转移关系。

$$\mathrm{dp}(x) = \max\{V(e) + \mathrm{dp}(\mathrm{to}(e))\}$$

其中，e 为 x 的出边，$V(e), \mathrm{to}(e)$ 分别为边 e 的边权（即道路长度）以及出点编号，这样可以在 $O(n)$ 时空复杂度下完成递推。

在递推到点 x 之后，需要从 x 开始引出一条或者两条到叶子节点的边来构成直径，在递归过程中更新答案即可。

参考代码

```
#include <cstdio>
#include <iostream>
using namespace std;
const int N = 30005, mod = 1e9 + 7;
typedef long long ll;
struct Edge
{
    int next, to, v;
} edge[N << 1];
int head[N], cnt = 1, dp[N], ans;
inline void add(int x, int y, int v)
{
    edge[cnt].v = v, edge[cnt].next = head[x], edge[cnt].to = y, head[x] = cnt++;
}

void DP(int x, int fa)
{
    int maxn = 0;
    for (int i = head[x]; i; i = edge[i].next) {
```

```
            if (edge[i].to == fa) continue;
            DP(edge[i].to, x), dp[x] = max(dp[x], dp[edge[i].to] + edge[i].v);
            //记录答案
            ans = max(ans, dp[edge[i].to] + edge[i].v + maxn);
            maxn = max(maxn, dp[edge[i].to] + edge[i].v);
        }
}

int main()
{
    int a, b, c;
    while (~scanf("%d%d%d", &a, &b, &c)) add(a, b, c), add(b, a, c);
    DP(1, 0);
    printf("%d", ans);
    return 0;
}
```

【例题 7.37】烹调方案

题目描述

有 n 个食材，每一个食材有 a_i, b_i, c_i 三个属性，在第 t 时刻完成第 i 个食材可以得到 $a_i - tb_i$ 的美味值，完成这个食材需要 c_i 的时间，

设计一种方案使得最终得到的美味值之和最大。

输入的第一行为两个整数 T, n，表示一共具有的时间以及食材的数量。接下来一行 n 个数，表示 a_i，之后一行 n 个数表示 b_i，接下来一行 n 个数表示 c_i。

输出一行，包含一个整数，表示所求最大值。

数据范围：$1 \leqslant n \leqslant 50$，其余数字均不超过 10^5。

输入输出样例

Input	Output
74 1 502 2 47	408

题目来源

Luogu P1417 *https://www.luogu.com.cn/problem/P1417*

解题思路

将时间 T 看作背包容量，c_i 看作物品体积，$a_i - tb_i$ 看作价值，本题转化为一个 01 背包问题。但是这里的背包价值与放入顺序有关（与 t 有关），因此需要考虑物品加入顺序。

考虑相邻的两个物品 i, j，在 p 时刻开始加入 i，之后加入 j，那么价值为：

$$a_i - (p + c_i)b_i + a_j - (p + c_i + c_j)b_j$$

交换两者顺序得到

$$a_j - (p + c_j)b_j + a_i - (p + c_j + c_i)b_i$$

若前者更优，那么

$$a_i - (p + c_i)b_i + a_j - (p + c_i + c_j)b_j > a_j - (p + c_j)b_j + a_i - (p + c_j + c_i)b_i$$

即

$$c_i b_j < c_j b_i$$

于是，需要先将所有物品按照如上的关系进行排序，之后再进行 01 背包问题的求解，即可解决本题。

参考代码

```
#include<iostream>
#include<algorithm>

using namespace std;
long long t, n;

struct node {
    long long a, b, c;

    bool operator<(node p) {//排序
        return c * p.b < b * p.c;
    }
} op[51];

long long vis[60][100001];

int main() {
    cin >> t >> n;
    for (int i = 1; i <= n; i++)cin >> op[i].a;
    for (int i = 1; i <= n; i++)cin >> op[i].b;
    for (int i = 1; i <= n; i++)cin >> op[i].c;
    sort(op + 1, op + n + 1);
    for (int i = n; i >= 1; i--) {
        for (long long j = t; j >= 1; j--) {
            if (op[i].c + j - 1 > t)vis[i][j] = vis[i + 1][j];
            else vis[i][j]=max(op[i].a - (j+op[i].c-1) * op[i].b + vis[i+1][j+op[i].c],
                    vis[i + 1][j]);
        }
    }
    cout << vis[1][1];
    return 0;
}
```

【例题 7.38】Misunderstood...Missing

题目描述

给定初始攻击力 A 以及增量 D。现在进行 n 轮操作，每一轮都有参数 a_i, b_i, c_i，且在一轮开始时，A 会提升 D，即 $A = A + D$，A, D 起初都是 0。在任意一轮，你可以进行以下三个操作中的任意一个。

(1) 造成 $A + a_i$ 的伤害。

(2) D 提高 b_i，即 $D = D + b_i$。

(3) A 提高 c_i，即 $A = A + c_i$。

求 n 轮之后，你可以造成的最大伤害总和。$1 \leqslant n \leqslant 100, 1 \leqslant a_i, b_i, c_i \leqslant 10^9$。

输入的第一行为一个整数 $T, T \leqslant 10$ 表示测试数据组数，每一组数据，第一行为一个整数 n，接下来 n 行每一行三个整数表示 a_i, b_i, c_i。n 的总和不会超过 100。

对于每一组测试数据，输出一行一个整数，表示最大的伤害总和。

输入输出样例

Input	Output
3 2 3 1 2 3 1 2 3 3 1 2 3 1 2 3 1 2 5 3 1 2 3 1 2 3 1 2 3 1 2 3 1 2	6 10 24

题目来源

Codeforces Gym 102056I *https://codeforces.com/gym/102056/problem/I*

解题思路

由于 A, D 可能很大，直接将它们作为 DP 的参数显然不可取，需要考虑其他做法。

考察第 i 轮的操作二与操作三对之后的影响。若使用操作三，那么之后的 A 都提升了 c_i，设 $i+1 \sim n$ 轮里一共使用了 j 次操作一，那么第 i 轮使用操作三带来的全局总贡献为 jc_i。

若使用操作二，那么 D 提升了 b_i，设之后某一次操作一轮数编号为 x，那么 A 经历了 $x-i$ 次提升，第 x 轮 A 的额外提升为 $(x-i)b_i$。设 x 的和为 k，那么对全局的贡献为 $kb_i - jib_i = (k-ji)b_i$。

此时，可以得到一个状态设计思路。设 $\mathrm{dp}(i,j,k)$ 为 A, D 都为 0 时，从第 i 轮开始，进行了 j 次操作一，进行操作一的轮编号和为 k 的最大伤害，那么状态转移方程如下。

$$\mathrm{dp}(i,j,k) = \max\{\mathrm{dp}(i+1,j-1,k-i) + a_i, \mathrm{dp}(i+1,j,k) + (k-ij)b_i, \mathrm{dp}(i+1,j,k) + jc_i\}$$

使用滚动数组优化空间，最终时间复杂度为 $O(n^4)$，空间复杂度为 $O(n^3)$。

参考代码

```
#include <bits/stdc++.h>

#define inf (1ll<<60)
using namespace std;
long long dp[2][105][5100];
int t, n, a[105], b[105], c[105], k;

int main() {
    scanf("%d", &t);
    while (t--) {
        scanf("%d", &n);
        for (int i = 1; i <= n; i++)scanf("%d%d%d", a + i, b + i, c + i);
        k = 0;
        for (int j = 0; j <= n; j++) {
            for (int z = 0; z <= 5050; z++)dp[k][j][z] = -inf;
        }
        dp[k][1][n] = a[n], dp[k][0][0] = 0;
        for (int i = n - 1; i >= 1; i--) {
            k = !k;
            for (int j = 0; j <= n; j++) {
                for (int z = 0; z <= 5050; z++)dp[k][j][z] = -inf;
            }
            dp[k][0][0] = 0;
            for (int j = 0; j <= n; j++) {
                for (int z = 0; z <= 5050; z++) {
                     if (j >= 1 && z >= i)dp[k][j][z] = max( 1ll * a[i] + dp[!k][j - 1][z - i], dp[k][j][z]);
                     dp[k][j][z] = max(dp[!k][j][z] + 1ll * (z - j * i) * b[i], dp[k][j][z]);
                     dp[k][j][z] = max(dp[!k][j][z] + 1ll * j * c[i], dp[k][j][z]);
                }
            }
        }
        long long ans = 0;
        for (int i = 1; i <= n; i++) {
            for (int j = 0; j <= 5050; j++)ans = max(ans, dp[k][i][j]);
        }
        printf("%lld\n", ans);
    }
    return 0;
}
```

【例题 7.39】The Bakery

题目描述

给定一个包含 n 个数的序列，你需要将它们分为连续的 k 段，每一段为连续的若干个数，且每一段至少包含一个数。划分的价值为各个段中数的种类数目之和。求最大的划分价值。

输入的第一行为两个整数 $n, k, 1 \leqslant n \leqslant 35\,000, 1 \leqslant k \leqslant \min(n, 50)$，接下来一行 n 个数，表示序列 $a_i, 1 \leqslant a_i \leqslant n$。

输出一行，包含一个整数，表示最大价值。

输入输出样例

Input	Output
8 3 7 7 8 7 7 8 1 7	6

题目来源

Codeforces 833B *https://codeforces.com/problemset/problem/833/B*

解题思路

设 $\mathrm{dp}(i, j)$ 表示将前 j 个数划分为 i 段的最大价值，那么转移方程为：

$$\mathrm{dp}(i, j) = \max\{\mathrm{dp}(i-1, k) + V(k+1, j)\}$$

其中，$V(i, j)$ 为 $[i, j]$ 中数的种类数目。容易发现这是一个 $O(n^2k)$ 的算法，需要优化。

假设已知 $V(k, j-1), 1 \leqslant k \leqslant j-1$ 的值，根据 j 处的数字类型，可以很快地求出 $V(k, j), 1 \leqslant k \leqslant j$。例如，第 j 位为数字 p，而数字 p 上一次出现的位置为 s，那么有：

$$V(k, j) = \begin{cases} V(k, j-1), & 1 \leqslant k \leqslant s \\ V(k, j-1) + 1, & s < k < j \end{cases}$$

即更新 V 的本质是一个区间加的操作，将它们与 $\mathrm{dp}(i, j)$ 配合，利用线段树进行维护，就可以将枚举 k 的时间复杂度降到 $O(\log n)$。

使用线段树优化，可以在 $O(nk \log n)$ 复杂度下解决本题。

参考代码

```
#include <bits/stdc++.h>
using namespace std;
const int N = 35005;
int dp[51][N], n, k, op[N], pos[N], tr[N << 2], lz[N << 2];
void build(int l = 1, int r = n, int k = 1)//线段树初始化
{
    tr[k] = lz[k] = 0;
    if (l == r) return;
    int mid = (l + r) >> 1;
    build(l, mid, k << 1), build(mid + 1, r, k << 1 | 1);
}
void down(int k)//下压lazy tag
{
    if (lz[k] == 0) return;
    tr[k << 1] += lz[k], tr[k << 1 | 1] += lz[k];
    lz[k << 1] += lz[k], lz[k << 1 | 1] += lz[k];
    lz[k] = 0;
}
//区间修改
void modify(int l, int r, int v, int L = 1, int R = n, int k = 1)
{
    if (L > R) return;
    if (L >= l && R <= r) {
        lz[k] += v, tr[k] += v;
        return;
    }
    down(k);
```

```
    int mid = (L + R) >> 1;
    if (r <= mid) modify(l, r, v, L, mid, k << 1);
    if (l > mid) modify(l, r, v, mid + 1, R, k << 1 | 1);
    if (l <= mid && r > mid) modify(l, mid, v, L, mid, k << 1), modify(mid + 1, r, v,
        mid + 1, R, k << 1 | 1);
    tr[k] = max(tr[k << 1], tr[k << 1 | 1]);
}
//区间查询最大值
int query(int l, int r, int L = 1, int R = n, int k = 1)
{
    if (L >= l && R <= r) return tr[k];
    down(k);
    int mid = (L + R) >> 1;
    if (r <= mid) return query(l, r, L, mid, k << 1);
    if (l > mid) return query(l, r, mid + 1, R, k << 1 | 1);
    return max(query(l, mid, L, mid, k<<1), query(mid + 1, r, mid + 1, R, k<<1 | 1));
}
int main()
{
    scanf("%d%d", &n, &k);
    for (int i = 1; i <= n; i++) scanf("%d", op + i);
    for (int i = 1; i <= n; i++) {
        dp[1][i] = dp[1][i - 1];
        if (pos[op[i]] == 0) ++dp[1][i], pos[op[i]] = i;
    }
    for (int i = 2; i <= k; i++) {
        build();
        //加入上一次计算的dp值
        for (int j = 1; j <= n; j++) modify(j, j, dp[i - 1][j]), pos[j] = 1;
        for (int j = 1; j <= n; j++) {
            //维护V, 即区间的数种类数目
            if (j > 1) modify(pos[op[j]], j - 1, 1);
            pos[op[j]] = j;
            dp[i][j] = j == 1 ? -0x3f3f3f3f : query(1, j - 1);
        }
    }
    printf("%d", dp[k][n]);
    return 0;
}
```

【例题 7.40】Steps to One[1]

题目描述

给定一个空数组以及一个常数 m，进行如下操作。

从 1 到 m 的整数中随机（概率平均）选择一个数 x，将其加入到数组的末尾。重复以上步骤直到数组中所有数的最大公因数为 1。

求数组长度的数学期望，答案对 10^9+7 取模。

输入一行，包含一个整数 $m, 1 \leqslant m \leqslant 10^5$。

输出一行包含一个整数，表示数组的期望长度。

输入输出样例

Input	Output
4	333333338

题目来源

Codeforces 1139D *https://codeforces.com/problemset/problem/1139/D*

[1]本题需要数论前缀知识，详见本书其他章节。

解题思路

设 $\mathrm{dp}(x)$ 表示数组内所有数的最大公因数为 x 时，可以向后添加长度的数学期望，显然 $\mathrm{dp}(1)=0$，并且有转移方程：

$$\mathrm{dp}(x)=1+\frac{\sum\limits_{i=1}^{m}\mathrm{dp}(\gcd(i,x))}{m}$$

由于最大公因数也是自己的因数，于是上式可以简化为

$$\mathrm{dp}(x)=1+\frac{\sum\limits_{d|x}\mathrm{dp}(d)f(x,d)}{m}$$

其中，$f(x,d)$ 表示 $1\sim m$ 中，与 x 的最大公因数为 d 的数的数量。在这里，可以发现方程的右侧也包含 $\mathrm{dp}(x)$，这不利于递推，将其单独提出得到

$$\mathrm{dp}(x)=1+\frac{\sum\limits_{d|x,d\neq x}\mathrm{dp}(d)f(x,d)}{m}+\frac{\mathrm{dp}(x)f(x,x)}{m}$$

于是

$$\mathrm{dp}(x)=\frac{m+\sum\limits_{d|x,d\neq x}\mathrm{dp}(d)f(x,d)}{m-f(x,x)}$$

考虑如何求 $f(x,d)$，结合数论相关知识，可以得到

$$f(x,d)=\sum_{s|\frac{x}{d}}\mu(s)\lfloor\frac{m}{ds}\rfloor$$

这里的 $\mu(s)$ 为莫比乌斯函数。

使用 $O(n\log n)$ 的算法预处理所有数的因子，就可以在 $O(n\sigma^2(n))$ 的复杂度下解决本题，$\sigma(x)$ 为 x 的因子数。

注：动态规划并不是一个孤立的算法思想，在实践中动态规划常常与数论、组合数学等部分结合起来。

参考代码

```
#include <bits/stdc++.h>
using namespace std;
const int N = 100005, mod = 1e9 + 7;
typedef long long ll;
int dp[N], m, mu[N], pr[N], tot, bin[N];
vector<int> vec[N];
int qpow(int x, int y)
{
    int ans = 1, sta = x;
    while (y) {
        if (y & 1) ans = 1ll * ans * sta % mod;
        sta = 1ll * sta * sta % mod, y >>= 1;
    }
    return ans;
}
int f(int x, int d)
{
    int s = 0;
    for (int i = 0; i < vec[x / d].size(); i++) {
        s = (s + mu[vec[x / d][i]] * (m / d / vec[x / d][i])) % mod;
    }
    return s;
}

int main()
{
```

```
    mu[1] = 1;//预处理莫比乌斯函数
    for (int i = 2; i < N; i++) {
        if (!bin[i]) pr[++tot] = i, mu[i] = -1;
        for (int j = 1; j <= tot; j++) {
            if (1ll * pr[j] * i >= N) break;
            bin[pr[j] * i] = 1;
            if (i % pr[j] == 0)
                break;
            else
                mu[i * pr[j]] = -mu[i];
        }
    }
    scanf("%d", &m);
    for (int i = 1; i <= m; i++) {//预处理因子
        for (int j = i; j <= m; j += i) vec[j].push_back(i);
    }
    dp[1] = 0;
    for (int i = 2; i <= m; i++) {
        for (int j = 0; j < vec[i].size(); j++) {
            if (vec[i][j] != i) dp[i] = (dp[i] + 1ll * dp[vec[i][j]] * f(i, vec[i][j])
                % mod) % mod;
        }
        dp[i] = (dp[i] + m) % mod;
        dp[i] = 1ll * dp[i] * qpow(m - f(i, i), mod - 2) % mod;
    }
    int ans = 0;
    for (int i = 1; i <= m; i++) ans = (ans + 1 + dp[i]) % mod;
    ans = 1ll * ans * qpow(m, mod - 2) % mod;
    printf("%d", (ans + mod) % mod);
    return 0;
}
```

【例题 7.41】New Year and Handle Change

题目描述

给你一个长度为 n 的字符串，每一次你可以将长度为 l 的区间中的所有小写字母变为大写字母（或者反之），最多进行 k 次这样的操作，求 $\min(\text{lower}, \text{upper})$ 的最小值，这里 lower 为小写字母数量，upper 为大写字母数量。$1 \leqslant n \leqslant 10^6, l \leqslant n, 1 \leqslant k \leqslant 10^6$。

输入的第一行包含三个整数 n, k, l，接下来一行一个字符串。

输出一行包含一个整数，表示所求最小值。

输入输出样例

Input	Output
15 2 2 AaAaAAaaAAAAaaA	2

题目来源

Codeforces 1279F *https://codeforces.com/contest/1279/problem/F*

解题思路

这里只进行最小化小写字母数量的操作，对于大写字母只需要重复一步即可。

可以考虑设 $\text{dp}(n, k)$ 为前 n 个字符中，覆盖 k 次的小写字母最少的数量，此时的时空复杂度为 $O(nk)$，对于本题的数据范围来说显然不可取。这里可以使用二分法来降低时间复杂度[1]。

注意到，对于整个字符串，随着 k 的增加，答案的可优化空间将会逐渐减少。换句话说，$\text{dp}(n, k)$ 随 k 的增长表现出**凸性**，如图7.7所示。

[1]详见 IOI2012 中国国家集训队论文《浅谈一类二分方法》。

此时，可以通过二分查找斜率的值来定位到 $\mathrm{dp}(n,k)$。设 $f(k)=\mathrm{dp}(n,k)$，当二分出一个斜率 p 时，假设其与曲线切于 $(k,f(k))$，切线方程为 $y=px+b$，那么有 $b=f(k)-pk$。

对于若干条相同斜率的切线，其中实际上与凸包相切的切线，其纵截距 b 应是最小的，如图7.8所示。因此需要最小化 $b=f(k)-pk$。观察 $f(k)-pk$，它相当于对每一次操作额外添加了 $-p$ 的代价。

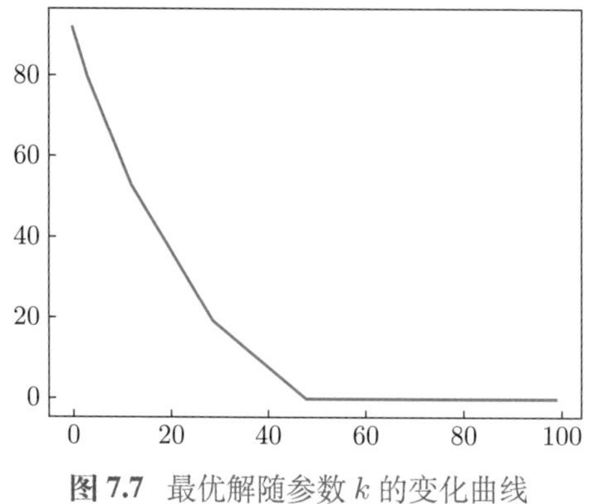

图 7.7　最优解随参数 k 的变化曲线

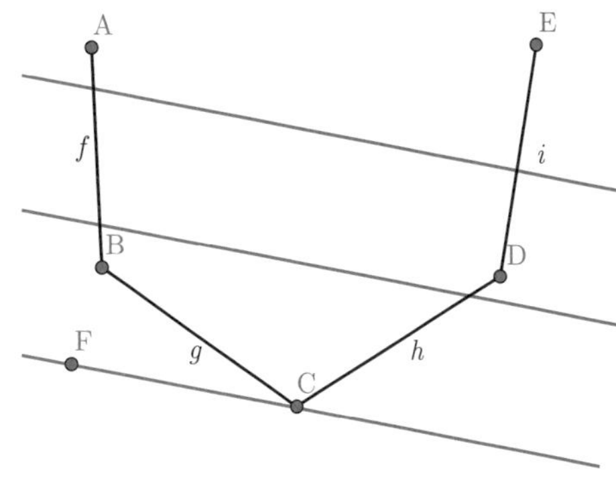

图 7.8　通过切线求最小值示意图

回到原问题，可以尝试使用如下思路解决本题：二分查找斜率的值，对于每一个斜率 p，求使 $f(k)-pk$ 最小的 k，根据 k 的大小来修改 p 的二分区间，从而确定最后的斜率 p。确定斜率后，再根据 k 的值，求出 $f(k)$，得到答案。

现在问题转换为如何在确定 p 时，求使得 $f(k)-pk$ 最小的 k。这一步可以通过 $O(n)$ 的 DP 解决。

设 $g(x)$ 为二元组 (v,k)，其中，v 表示最小的 $\mathrm{dp}(x,k)-pk$，k 即为取到最小值时的 k 值。转移时按照 x 是否被覆盖进行讨论，完成转移。更多细节见参考代码。

本题使用二分法巧妙地将约束问题（操作 k 步以内）转换为非约束问题，从而提升了算法效率。

参考代码

```
#include <bits/stdc++.h>
using namespace std;
typedef long long ll;
const int N = 1000005;
char str[N];
int op[N << 1], n, k, l;
ll tmpk, tmpb, ans = 1ll << 60;
pair<ll, ll> dp[N];
inline int check(int kk)
{
    //DP过程
    dp[0] = {0, 0};
    for (int i = 1; i <= n; i++) {
        dp[i] = {dp[i - 1].first + op[i], dp[i - 1].second};
        if (i >= l) {
            dp[i] = min(dp[i], {dp[i - l].first - kk, dp[i - l].second + 1});
        } else {
            dp[i] = min(dp[i], {-kk, 1});
        }
    }
    return dp[n].second;
}
inline int getAns()
{
    //二分斜率
    int l = -1000005, r = 1, mid;
```

```
    while (l < r) {
        if (r == l + 1) break;
        mid = (l + r) >> 1;
        if (check(mid) > k)
            r = mid;
        else
            l = mid;
    }
    return l;
}
int main()
{
    scanf("%d%d%d%s", &n, &k, &l, str + 1);
    for (int i = 1; i <= n; i++) op[i] = str[i] >= 'A' && str[i] <= 'Z';
    tmpk = getAns();
    check(tmpk);
    tmpb = dp[n].first;
    ans = min(ans, tmpk * k + tmpb);
    for (int i = 1; i <= n; i++) op[i] = str[i] >= 'a' && str[i] <= 'z';
    tmpk = getAns();
    check(tmpk);
    tmpb = dp[n].first;
    ans = min(ans, tmpk * k + tmpb);
    printf("%lld\n", ans);
    return 0;
}
```

第8章　分　　治

分治，就是“分而治之”，是指把一个复杂的问题分成两个或更多相同或相似的子问题，再把子问题分成更小的子问题……直到最后子问题可以简单地直接求解，原问题的解即子问题的解的合并。在计算机科学中，分治法是运用分治思想的一种很重要的算法。分治法是很多高效算法的基础，如排序算法（快速排序、归并排序），傅里叶变换（快速傅里叶变换）等。

分治策略：对于一个规模为 n 的问题，若该问题可以容易地解决（如规模 n 较小）则直接解决，否则将其分解为 k 个规模较小的子问题，这些子问题互相独立且与原问题形式相同，递归地解这些子问题，然后将各子问题的解合并得到原问题的解。

如果原问题可分割成 k 个子问题，且这些子问题都可解并可利用这些子问题的解求出原问题的解，那么这种分治法就是可行的。由分治法产生的子问题往往是原问题的较小模式，这就为使用递归技术提供了方便。在这种情况下，反复应用分治手段，可以使子问题与原问题类型一致而其规模却不断缩小，最终使子问题缩小到很容易直接求出其解。这自然导致递归过程的产生。分治与递归像一对孪生兄弟，经常同时应用在算法设计之中，并由此产生许多高效算法。

分治法大概流程可以分为三步：分解 → 解决 → 合并。

(1) 分解原问题为结构相同的子问题。

(2) 分解到某个容易求解的边界之后，进行递归求解。

(3) 将子问题的解合并成原问题的解。

分治法能解决的问题一般具有如下特征。

(1) 该问题的规模缩小到一定的程度就可以容易地解决。

(2) 该问题可以分解为若干个规模较小的相同问题，即该问题具有最优子结构性质，利用该问题分解出的子问题的解可以合并为该问题的解。

(3) 该问题所分解出的各个子问题是相互独立的，即子问题之间不包含公共的子问题。

8.1　二分答案

在程序设计竞赛中，很多题目要求在不超过限制代价的条件下求出最优答案，但正向入手却十分困难。如果发现该问题可以反向入手，对于某个确定的答案，可以轻松求出达到该答案所需的代价，则可以枚举答案并判定是否可行。而如果答案具有单调性，即花费代价关于答案单调，则可以通过二分答案加速枚举的过程，从而计算出满足不超过限制的最优答案。

在具有答案单调性的问题中，通过二分答案，可将难以正面入手的问题转换为判定问题，从而进行求解。

注：请不要忽略“答案单调性”这一重要条件。

例题讲解

【例题 8.1】跳石头

题目描述

一年一度的“跳石头”比赛又要开始了！

这项比赛将在一条笔直的河道中进行，河道中分布着一些巨大岩石。组委会已经选择好了两块岩石作为比赛起点和终点。在起点和终点之间，有 N 块岩石（不含起点和终点的岩石）。在比赛过程中，选手们将从起点出发，每一步跳向相邻的岩石，直至到达终点。

为了提高比赛难度，组委会计划移走一些岩石，使得选手们在比赛过程中的最短跳跃距离尽可能长。由于预算限制，组委会至多从起点和终点之间移走 M 块岩石（不能移走起点和终点的岩石）。

输入第一行包含三个整数 L, N, M，分别表示起点到终点的距离，起点和终点之间的岩石数，以及组委会至多移走的岩石数。保证 $L \geqslant 1$ 且 $N \geqslant M \geqslant 0$。

接下来 N 行每行一个整数，第 i 行的整数 $D_i(0 < D_i < L)$ 表示第 i 块岩石与起点的距离。这些岩石按与起点距离从小到大的顺序给出，且不会有两个岩石出现在同一个位置。

$0 \leqslant M \leqslant N \leqslant 50\,000, 1 \leqslant L \leqslant 1\,000\,000\,000$

输出一个整数，即最短跳跃距离的最大值。

输入输出样例

Input	Output
25 5 2 2 11 14 17 21	4

样例解释

将与起点距离为 2 和 14 的两个岩石移走后，最短的跳跃距离为 4（从与起点距离 17 的岩石跳到距离 21 的岩石，或者从距离 21 的岩石跳到终点）。

题目来源

Luogu P2678 *https://www.luogu.com.cn/problem/P2678*

解题思路

题目限制最多移走 M 块石头，使得最短跳跃距离最远，可以发现从正向并不好入手。观察可得，若限定最短跳跃距离至少为一定值，则可以利用贪心算法求出最少需要移走的石头数。显然，当该定值增大时，需要移走的石头数非严格单调递增，满足单调性。

因此可以二分最短跳跃距离的值，然后求出在该条件下最少需要移走的石头数量，从而求出在题目限制下最短跳跃距离的最大值。

时间复杂度为 $O(N \log L)$。

参考代码

```
#include <bits/stdc++.h>
using namespace std;
const int MAXN=51000;
int L,N,M;
int a[MAXN];
int ans;
bool OK(int w){
    int now=0,cnt=0;
    for(int i=1;i<=N;i++){
        if(a[i]-now>=w){
            now=a[i];
        }else cnt++;
    }
    if(cnt>M||L-now<w) return false;
    return true;
}
void work(){
    int r=ans=L,l=0,mid;
    while(l<=r){
        mid=(l+r)>>1;
        if(OK(mid)){
```

```
            ans=mid;
            l=mid+1;
        }
        else r=mid-1;
    }
}
int main(){
    scanf("%d%d%d",&L,&N,&M);
    for(int i=1;i<=N;i++) scanf("%d",&a[i]);
    work();
    printf("%d",ans);
    return 0;
}
```

【例题 8.2】架设电话线

题目描述

Farmer John（FJ）打算将电话线引到自己的农场，但电信公司并不打算为他提供免费服务。于是，FJ 必须为此向电信公司支付一定的费用。

FJ 的农场周围分布着 $N(1 \leqslant N \leqslant 1000)$ 根按 $1 \sim N$ 顺次编号的废弃的电话线杆，任意两根电话线杆间都没有电话线相连。一共 $P(1 \leqslant P \leqslant 10\,000)$ 对电话。线杆间可以拉电话线，其余的那些由于隔得太远而无法被连接。第 i 对电话线杆的两个端点分别为 A_i、B_i，它们间的距离为 $L_i(1 \leqslant L_i \leqslant 1\,000\,000)$。数据中保证每对 A_iB_i 最多只出现 1 次。编号为 1 的电话线杆已经接入了全国的电话网络，整个农场的电话线全都连到了编号为 N 的电话线杆上。也就是说，FJ 的任务仅仅是找一条将 1 号和 N 号电话线杆连起来的路径，其余的电话线杆并不一定要连入电话网络。

经过谈判，电信公司最终同意免费为 FJ 连接 $K(0 \leqslant K \leqslant N)$ 对由 FJ 指定的电话线杆。对于此外的那些电话线，FJ 需要为它们付出费用，等于其中最长的电话线的长度（每根电话线仅连接一对电话线杆）。如果需要连接的电话线杆不超过 K 对，那么 FJ 的总支出为 0。请你计算一下，FJ 最少需要在电话线上花多少钱。

输入第 1 行包含 3 个用空格隔开的整数：N，P，以及 K。

接下来的 P 行每行为 3 个用空格隔开的整数：A_i，B_i，L_i。

输出 1 个整数，为 FJ 在这项工程上的最小支出。如果任务不可能完成，输出 -1。

输入输出样例

Input	Output
5 7 1 1 2 5 3 1 4 2 4 8 3 2 3 5 2 9 3 4 7 4 5 6	4

题目来源

LOJ 10074　*https://loj.ac/p/10074*

解题思路

观察题意，若是有一根比较贵的电话线被铺设了，那么比它便宜的电线都可以铺设，因为这样不会使得答案变大。若是指定了最贵的付费电话线，将所有价格大于它的电话线都铺设，就可以将问题转换为判定能不能再利用 K 个免费电话线将 1 和 N 连起来。

判定的方法就是将已经铺设的电话线的权值设为 0，没有铺设的电话线的权值设为 1，然后求出 1 到 N 的最短路，判断最短路长度是否小于或等于 K。

时间复杂度为 $O(NP\log(\max\{L_i\}))$。

参考代码

```
#include <bits/stdc++.h>
using namespace std;

char buf[10000000], *ptr = buf - 1;
inline int readint(){
    int n = 0;
    char ch = *++ptr;
    while(ch < '0' || ch > '9') ch = *++ptr;
    while(ch <= '9' && ch >='0'){
        n = (n << 1) + (n << 3) + ch - '0';
        ch = *++ptr;
    }
    return n;
}
const int maxn = 1000 + 10, maxm = 10000 + 10;
struct Edge{
    int to, val, next;
    Edge(){}
    Edge(int _t, int _v, int _n): to(_t), val(_v), next(_n){}
}e[maxm * 2];
int fir[maxn] = {0}, cnt = 0;
inline void ins(int u, int v, int w){
    e[++cnt] = Edge(v, w, fir[u]); fir[u] = cnt;
    e[++cnt] = Edge(u, w, fir[v]); fir[v] = cnt;
}
int n, p, k;
int dis[maxn];
bool inq[maxn] = {false};
int q[maxn], h, t;
inline bool Judge(int mid){
    memset(dis, 127, sizeof dis);
    dis[1] = 0;
    inq[1] = true;
    h = t = 0;
    q[t++] = 1;
    int u, v, w;
    while(h != t){
        u = q[h++];
        if(h == 1010) h = 0;
        inq[u] = false;
        for(int i = fir[u]; i; i = e[i].next){
            v = e[i].to;
            w = e[i].val > mid;
            if(dis[v] > dis[u] + w){
                dis[v] = dis[u] + w;
                if(!inq[v]){
                    inq[v] = true;
                    q[t++] = v;
                    if(t == 1010) t = 0;
                }
            }
        }
    }
    return dis[n] <= k;
}
int main(){
    fread(buf, sizeof(char), sizeof(buf), stdin);
    n = readint();
    p = readint();
    k = readint();
    for(int u, v, w, i = 1; i <= p; i++){
        u = readint();
        v = readint();
        w = readint();
        ins(u, v, w);
```

```
    }
    int l = 0, r = 1000000, mid, ans = -1;
    while(l <= r){
        mid = l + r >> 1;
        if(Judge(mid)){
            ans = mid;
            r = mid - 1;
        }
        else l = mid + 1;
    }
    printf("%d\n", ans);
    return 0;
}
```

【例题 8.3】MOS-Bridges

题目描述

给定一个图，边有权值且正着走和逆着走有不同权值，在这个图上求一条最大边权最小的欧拉回路，从点 1 出发，要求输出方案。

输入的第一行包括两个整数 n 和 m，分别代表点的个数和边的个数。接下来 m 行每行包括 4 个整数 a,b,l,p，分别代表边的两个端点和正着走的权值和逆着走的权值。

如果没有符合要求的路径输出 NIE，否则输出两行。第一行一个整数表示最小的权值，第二行 m 个整数表示依次经过的边的编号。

$2 \leqslant n \leqslant 1000$，$1 \leqslant m \leqslant 20\,000$，$1 \leqslant a_i, b_i \leqslant n$，$a_i \neq b_i$，$1 \leqslant l_i, p_i \leqslant 1000$。

输入输出样例

Input	Output
4 4 1 2 2 4 2 3 3 4 3 4 4 4 4 1 5 4	4 4 3 2 1

题目来源

Luogu P3511　*https://www.luogu.com.cn/problem/P3511*

解题思路

最小化最大权，可以想到二分。二分得到限制“花费不超过 c”，发现有一些边的某一个方向的花费超过 c，该方向不能通行，变成了有向边；另一些边两个方向都可以走，是无向边（两个方向都不能通行显然不合法）。判断二分出的答案是否可行，就是判断这个既有无向边又有有向边的图有没有欧拉回路。

无向图的欧拉回路在某种程度上可以转换为有向图的欧拉回路，即给每条边指定一个方向；只要存在一种指定方向的方案，使得得到的有向图有欧拉回路，就说明原无向图有欧拉回路。同样该题可以判断“是否存在一种给无向边指定方向的方案，使得新图有欧拉回路”。

根据有向图有欧拉回路的条件可知，该题可以用网络流来解决，最后 DFS 求出有向图欧拉回路的方案即可，代码请读者仔细思考，自行完成。

【例题 8.4】疫情控制

题目描述

H 国有 n 个城市，这 n 个城市用 $n-1$ 条双向道路相互连通构成一棵树，1 号城市是首都，也是树中的根节点。

H 国的首都爆发了一种危害性极高的传染病。当局为了控制疫情，不让疫情扩散到边境城市（叶子节点所表示的城市），决定动用军队在一些城市建立检查点，使得从首都到边境城市的每一条路径上都至少有一个检查点，边境城市也可以建立检查点。但特别要注意的是，首都是不能建立检查点的。

现在，在H国的一些城市中已经驻扎有军队，且一个城市可以驻扎多支军队。一支军队可以在有道路连接的城市间移动，并在除首都以外的任意一个城市建立检查点，且只能在一个城市建立检查点。一支军队经过一条道路从一个城市移动到另一个城市所需要的时间等于道路的长度（单位：小时）。

请问最少需要多少个小时才能控制疫情。注意：不同的军队可以同时移动。

输入第一行一个整数 n，表示城市个数。

接下来的 $n-1$ 行，每行 3 个整数 u,v,w，每两个整数之间用一个空格隔开，表示从城市 u 到城市 v 有一条长为 w 的道路。数据保证输入的是一棵树，且根节点编号为 1。

接下来一行一个整数 m，表示军队数。

接下来一行 m 个整数，每两个整数之间用一个空格隔开，分别表示这 m 支军队所驻扎的城市的编号。

输出一个整数，表示控制疫情所需要的最少时间。如果无法控制疫情则输出 -1。

保证军队不会驻扎在首都。$2 \leqslant m \leqslant n \leqslant 50\,000$，$0 < w < 10^9$。

输入输出样例

Input	Output
4 1 2 1 1 3 2 3 4 3 2 2 2	3

题目来源

Luogu P1084 *https://www.luogu.com.cn/problem/P1084*

解题思路

若在一个时间限制内能够控制疫情，则所有比它大的时间限制一定都满足，因此本题答案具有单调性，可以想到二分答案求解。

对于所有军队，它最后停留的节点深度越小越好，因为这样可以控制最多的路径。因此让所有的军队尽量地向上走，若一支军队可以走到根节点，则令其暂时停在根节点的子节点；否则走到时间限制内能够走到的深度最小的节点。这个步骤可以用树上倍增进行优化。

经过这步处理后，先找出所有以根节点的子节点为根的子树中，是否有到叶子节点的路径还未被驻扎，并记录下还有路径未被驻扎的这些子树的根节点。对于这些节点，可以证明，若该节点上停留有军队，则剩余时间最小的军队驻扎在该节点一定是最优的。这样处理过这些节点后，把剩下的节点按照到根节点的距离从小到大排序。

现在可能还会有一些军队未确定最后的驻扎节点，把这些军队按照剩余时间从小到大排序，然后和上一步处理出来的这些节点一一进行贪心匹配。若所有未被驻扎的节点都有军队驻扎，则说明当前的时间限制可行，反之则不可行。

代码请读者仔细思考，自行完成。

8.2 快 速 幂

若一个运算具有结合性，且元素与自身做多次该运算，则可以使用快速幂算法。例如，求实数的非负整数次幂、方阵的非负整数次幂。

算法思想

将幂次进行二进制拆分，最多能拆成 log 个数，例如 $22 = 16 + 4 + 2$。由运算（以实数乘法为例）的结合性可以得到 $a^{22} = a^{16} \cdot a^4 \cdot a^2$。而 $a^{2p} = a^p \cdot a^p$，可以递推得到 a^1，a^2，a^4，a^8，$\cdots$，a^{2^k}。这样就可以在 $O(\log n)$ 的时间内得到 a^n。

注：请注意在该运算下的单位元选取，例如，实数乘法单位元为 1，矩阵乘法单位元为单位矩阵。

例题讲解

【例题 8.5】快速幂 || 取余运算

题目描述

给出三个整数 b，p，k，求 $b^p \bmod k$（$0 \leqslant b, p < 2^{31}, 1 \leqslant k \leqslant 2^{31}$）。

输入只有一行三个整数，分别代表 b，p，k。

输出一行一个字符串 $b\,\hat{}\,p \bmod k = s$，其中，b、p、k 分别为题目给定的值，s 为运算结果。

输入输出样例

Input	Output
2 10 9	2^10 mod 9=7

题目来源

Luogu P1226 *https://www.luogu.com.cn/problem/P1226*

解题思路

在模意义下的乘法仍然具有结合性，满足使用快速幂算法条件。在乘法过程中可能会超出 int 范围，需要使用 long long 存储变量。

参考代码

```
#include <iostream>
using namespace std;
typedef long long LL;
LL ksm(LL a,LL b,LL mod){
    LL s=1;
    while(b){
        if(b&1) s=s*a%mod;
        a=a*a%mod;
        b>>=1;
    }
    return s;
}
int main(){
    LL b,p,k;
    cin>>b>>p>>k;
    cout<<b<<"^"<<p<<" mod "<<k<<"="<<ksm(b,p,k);
    return 0;
}
```

【例题 8.6】矩阵快速幂

题目描述

给定 $n \times n$ 的矩阵 A，求 A^k（$1 \leqslant n \leqslant 100$，$0 \leqslant k \leqslant 10^{12}, |A_{i,j}| \leqslant 1000$）。

输入第一行两个整数 n, k，

接下来 n 行，每行 n 个整数，第 i 行的第 j 个数表示 $A_{i,j}$。

输出 A^k，共 n 行，每行 n 个数，第 i 行第 j 个数表示 $(A^k)_{i,j}$，每个元素对 $10^9 + 7$ 取模。

输入输出样例

Input	Output
2 1 1 1 1 1	1 1 1 1

题目来源

Luogu P3390 *https://www.luogu.com.cn/problem/P3390*

解题思路

矩阵乘法具有结合性，满足使用快速幂算法条件。注意乘法单位元为单位矩阵。

参考代码

```
#include <bits/stdc++.h>
using namespace std;
const int mod = 1e9 + 7;
struct Matrix{
    int n, m;
    int num[100][100];
    Matrix(){}
    Matrix(int n, int m): n(n), m(m){
        memset(num, 0, sizeof num);
    }
    friend Matrix operator * (const Matrix &a, const Matrix &b){
        Matrix c(a.n, b.m);
        for(int i = 0; i < c.n; i++){
            for(int j = 0; j < c.m; j++){
                for(int k = 0; k < a.m; k++){
                    c.num[i][j] = (c.num[i][j] + (long long)a.num[i][k] * b.num[k][j] %
                        mod) % mod;
                }
            }
        }
        return c;
    }
};
Matrix ksm(Matrix a, long long b){
    Matrix s(a.n, a.n);
    for(int i = 0; i < a.n; i++) s.num[i][i] = 1;
    while(b){
        if(b & 1) s = s * a;
        a = a * a;
        b >>= 1;
    }
    return s;
}
int main(){
    int n;
    long long k;
    cin >> n >> k;
    Matrix M(n, n);
    for(int i = 0; i < n; i++){
        for(int j = 0; j < n; j++){
            cin >> M.num[i][j];
        }
    }
    M = ksm(M, k);
    for(int i = 0; i < n; i++){
        for(int j = 0; j < n; j++){
            cout << M.num[i][j] << ' ';
        }
        cout << "\n";
    }
    return 0;
}
```

习题推荐

- **HNOI 2008** GT 考试 *https://www.luogu.com.cn/problem/P3193*

8.3 CDQ 分 治

在算法竞赛中，经常需要解决一些多维偏序问题。若题目允许离线处理，CDQ 分治是一种比大部分在线算法更优的算法。

算法思想

多维偏序问题的一般形式为：给定若干 n 维多元组 $A=(a_1,a_2,a_3,\cdots,a_n)$，若存在两组多元组满足其中一组多元组各项小于（大于/小于或等于/大于或等于）另一多元组的对应项，则产生相应贡献。

逆序对问题可以算得上是最经典的二位偏序问题，即给定 n 个二元组 $(i,a_i),(i=1,2,\cdots,n)$，若存在两个二元组 (i,a_i)，(j,a_j)，满足 $i\leqslant j\&\&a_i\geqslant a_j$，则产生一组逆序对。

对于多维偏序问题，首先需要通过排序，保证多元组的第一维是有序的。在逆序对问题中，二元组 (i,a_i) 本身即保证了第一维有序。

定义 $\mathrm{CDQ}(l,r)$ 函数能够计算 $A_l,A_{l+1},\cdots,A_r$ 所产生的贡献。考虑贡献的组成，若将区间 $[l,r]$ 拆分成 $[l,\mathrm{mid}],[\mathrm{mid}+1,r]$ 左右两个区间，则所有贡献只会属于 $\mathrm{CDQ}(l,\mathrm{mid})$ 和 $\mathrm{CDQ}(\mathrm{mid}+1,r)$ 或是由位于左区间多元组与位于右区间多元组产生的。显然当 $l=r$ 时，$\mathrm{CDQ}(l,r)=0$。

在逆序对问题中，若将区间 $[l,r]$ 拆分成 $[l,\mathrm{mid}]$ 和 $[\mathrm{mid}+1,r]$ 两个子区间，则最终的答案为 $[l,\mathrm{mid}]$ 区间的贡献加上 $[\mathrm{mid}+1,r]$ 区间的贡献加上满足 $l\leqslant i\leqslant \mathrm{mid}\&\&\mathrm{mid}+1\leqslant j\leqslant r\&\&a_i\geqslant a_j$ 的 (i,j) 组数。

递归处理完 $[l,\mathrm{mid}]$ 和 $[\mathrm{mid}+1,r]$ 两个子区间后，因为已经按照第一维排序，所以在求两个区间之间的贡献时不需要考虑第一维，只需要考虑剩下的维。若按照第二维进行归并，则可以使接下来的统计工作更加方便。

注意，对第二维进行归并之后，不能保证第一维有序。但由于已经处理完子区间的贡献，以后再也不会去求其贡献，并且在将两个小区间合并为大区间的时候，必然满足左边区间的所有多元组的第一维均与右边区间的所有多元组的第一维有序，并不在意第一维不有序这一点。

另外，由于只关心大小关系，因此为了便于处理，离散化是常用的方法。

例题讲解

【例题 8.7】逆序对

题目描述

统计序列中逆序对数量。

输入的第一行包含一个整数 n，表示序列中有 n 个数。

第二行包含 n 个整数，表示给定的序列。序列中每个数字不超过 10^9。

输出一个整数，表示序列中逆序对的数量。

输入输出样例

Input	Output
6 5 4 2 6 3 1	11

题目来源

Luogu P1908 *https://www.luogu.com.cn/problem/P1908*

参考代码

```
#include <bits/stdc++.h>
using namespace std;
const int maxn = 500000 + 10;
int a[maxn];
int tp[maxn];
```

```cpp
long long ans;
void CDQ(int l, int r){
    if(l == r) return;
    int mid = l + r >> 1;
    CDQ(l, mid); CDQ(mid + 1, r);
    int ll = l, rr = mid + 1, tcnt = 0;
    while(ll <= mid && rr <= r){
        if(a[ll] <= a[rr]) tp[++tcnt] = a[ll++];
        else{
            ans += mid - ll + 1;
            tp[++tcnt] = a[rr++];
        }
    }
    while(ll <= mid) tp[++tcnt] = a[ll++];
    while(rr <= r) tp[++tcnt] = a[rr++];
    for(int i = 1; i <= tcnt; i++) a[l + i - 1] = tp[i];
}
int main(){
    int n;
    cin >> n;
    for(int i = 1; i <= n; i++) cin >> a[i];
    CDQ(1, n);
    cout << ans << endl;
    return 0;
}
```

【例题 8.8】陌上花开

题目描述

有 n 个元素，第 i 个元素有 a_i, b_i, c_i 三个属性，设 $f(i)$ 表示满足 $a_j \leqslant a_i$ 且 $b_j \leqslant b_i$ 且 $c_j \leqslant c_i$ 且 $j \neq i$ 的 j 的数量。

对于 $d \in [0, n)$，求 $f(i) = d$ 的数量。

输入第一行两个整数为 n, k，表示元素数量和最大属性值。

接下来 n 行，每行三个整数 a_i, b_i, c_i，分别表示三个属性值。

输出 n 行，第 $d+1$ 行表示 $f(i) = d$ 的 i 的数量。

输入输出样例

Input	Output
10 3 3 3 3 2 3 3 2 3 1 3 1 1 3 1 2 1 3 1 1 1 2 1 2 2 1 3 2 1 2 1	3 1 3 0 1 0 1 0 0 1

题目来源

Luogu P3810　*https://www.luogu.com.cn/problem/P3810*

解题思路

本题只需求出每个 $f(i)$ 即可。

由于两个完全相同的元素能互相给对方产生贡献，不好处理，故将相同的元素合并。

首先保证序列中的元素按照 a 有序，然后在合并两个区间时按照 b 归并。在归并过程中，用树状数组插入左区间的 c，用右区间的 c 去查询。

注意清空树状数组时需要使用插入的逆操作，若使用 memeset 时间复杂度会上升。

时间复杂度 $O(n\log^2 n)$。

参考代码

```
#include <bits/stdc++.h>
using namespace std;
inline int readint(){
    int n = 0;
    char ch = getchar();
    while(ch < '0' || ch > '9') ch = getchar();
    while(ch <= '9' && ch >= '0'){
        n = (n << 1) + (n << 3) + ch - '0';
        ch = getchar();
    }
    return n;
}
const int maxn = 100000 + 10, maxk = 200000 + 10;
int n, k;
int arr[maxk];
inline void Update(int w, int s){
    for(; w <= k; w += w & -w) arr[w] += s;
}
inline int Query(int w){
    int s = 0;
    for(; w; w -= w & -w) s += arr[w];
    return s;
}
struct Node{
    int a, b, c, id, s;
    Node(){}
    Node(int _a, int _b, int _c, int _id=0, int _s=1) : a(_a), b(_b), c(_c), id(_id), s(_s){}
}tp[maxn], no[maxn];
class cmp{
    public:
        bool operator () (const Node &x, const Node &y){
            return x.a == y.a ? x.b == y.b ? x.c < y.c : x.b < y.b : x.a < y.a;
        }
};
int Rank[maxn], cnt[maxn];
void CDQ(int l, int r){
    if(l == r) return;
    int mid = l + r >> 1, ll = l, rr = mid + 1, tcnt = 0;
    CDQ(l, mid); CDQ(mid + 1, r);
    while(ll <= mid && rr <= r){
        if(no[ll].b <= no[rr].b){
            Update(no[ll].c, no[ll].s);
            tp[++tcnt] = no[ll++];
        }
        else{
            Rank[no[rr].id] += Query(no[rr].c);
            tp[++tcnt] = no[rr++];
        }
    }
    while(ll <= mid){
        Update(no[ll].c, no[ll].s);
        tp[++tcnt] = no[ll++];
    }
    while(rr <= r){
        Rank[no[rr].id] += Query(no[rr].c);
        tp[++tcnt] = no[rr++];
    }
    for(int i = l; i <= mid; i++) Update(no[i].c, -no[i].s);
    for(int i = 1; i <= tcnt; i++) no[l + i - 1] = tp[i];
}
int main(){
```

```
    int N = readint(); n = 0;
    k = readint();
    tp[0] = Node(0, 0, 0, 0, 0);
    for(int a, b, c, i = 1; i <= N; i++){
        a = readint();
        b = readint();
        c = readint();
        tp[i] = Node(a, b, c);
    }
    sort(tp + 1, tp + N + 1, cmp());
    for(int i = 1; i <= N; i++){
        if(tp[i].a==no[n].a && tp[i].b==no[n].b && tp[i].c==no[n].c) no[n].s++;
        else no[++n] = Node(tp[i].a, tp[i].b, tp[i].c, n);
    }
    CDQ(1, n);
    for(int i = 1; i <= n; i++) cnt[Rank[no[i].id] + no[i].s - 1] += no[i].s;
    for(int i = 0; i < N; i++) printf("%d\n", cnt[i]);
    return 0;
}
```

【例题 8.9】Mokia

题目描述

维护一个 $W \times W$ 的矩阵，每个格子初始值均为 S，每次操作可以增加某格子的权值, 或询问某子矩阵的总权值。修改操作数 $M \leqslant 160\,000$, 询问数 $Q \leqslant 10\,000, W \leqslant 2\,000\,000$。

输入第一行两个整数 S,W，其中，S 为矩阵初始值，W 为矩阵行数（列数）。

接下来每行为以下三种输入之一 (不包含引号):

"1 x y a"

"2 x_1 y_1 x_2 y_2"

"3"

输入 1: 需要把 (x, y)(第 x 行第 y 列) 的格子权值增加 a。

输入 2: 需要求出以左下角为 (x_1, y_1), 右上角为 (x_2, y_2) 的矩阵内所有格子的权值和, 并输出。

输入 3: 表示输入结束。

对于每个输入 2, 输出一行, 即输入 2 的答案。

输入输出样例

Input	Output
0 4 1 2 3 3 2 1 1 3 3 1 2 2 2 2 2 2 3 4 3	3 5

题目来源

Luogu P4390 *https://www.luogu.com.cn/problem/P4390*

解题思路

对于一次查询操作，将其拆成四个查询操作，具体分解方法可参见 2.4 节中的二维前缀和。

可以发现，一次修改操作能对查询操作产生影响，当且仅当修改操作在查询操作之前。

如果按照操作的顺序，赋予其一个新的属性“时间 t”，这样就能将问题转换成 (t, x, y) 的三维偏序问题。而初始 t 即有序，无须单独排序。

清空树状数组也可以采用打时间戳的方式。

时间复杂度为 $O(n \log^2 n)$。

参考代码

```
#include <bits/stdc++.h>
using namespace std;
char buf[10000000], *ptr = buf - 1;
inline int readint() {
    int f = 1, n = 0;
    char ch = *++ptr;
    while (ch < '0' || ch > '9') {
        if (ch == '-') f = -1;
        ch = *++ptr;
    }
    while (ch <= '9' && ch >= '0') {
        n = (n << 1) + (n << 3) + ch - '0';
        ch = *++ptr;
    }
    return f * n;
}
int s, w;
int C[2000000 + 10], T[2000000 + 10], flag;
inline int Query(int pos) {
    int ret = 0;
    for (int i = pos; i; i -= i & -i)
        if (T[i] == flag) ret += C[i];
    return ret;
}
inline void Update(int pos, int val) {
    for(int i = pos; i <= w; i += i & -i)
        if (T[i] != flag) {
            T[i] = flag;
            C[i] = val;
        }
        else C[i] += val;
}
struct Que {
    int type, x, y, val;
    Que() {}
    Que(int _type,int _x,int _y,int _val):type(_type), x(_x), y(_y), val(_val) {}
}q[200000 + 10], tp[200000 + 10];
int ans[10000 + 10];
void CDQ(int l, int r) {
    if (l == r) return;
    int mid = l + r >> 1, ll = l, rr = mid + 1, tcnt = 0;
    CDQ(l, mid); CDQ(mid + 1, r);
    flag++;
    while (ll <= mid && rr <= r) {
        if (q[ll].x <= q[rr].x) {
            if (q[ll].type == 1) Update(q[ll].y, q[ll].val);
            tp[++tcnt] = q[ll++];
        }
        else {
            if (q[rr].type == 2) ans[q[rr].val] += Query(q[rr].y);
            else if(q[rr].type == 3) ans[q[rr].val] -= Query(q[rr].y);
            tp[++tcnt] = q[rr++];
        }
    }
    while (ll <= mid) tp[++tcnt] = q[ll++];
    while (rr <= r) {
        if (q[rr].type == 2) ans[q[rr].val] += Query(q[rr].y);
        else if(q[rr].type == 3) ans[q[rr].val] -= Query(q[rr].y);
        tp[++tcnt] = q[rr++];
    }
    for (int i = 1; i <= tcnt; i++) q[l + i - 1] = tp[i];
}
int sz = 0;
int main() {
    fread(buf, sizeof(char), sizeof(buf), stdin);
```

```
    s = readint();
    w = readint();
    int opt, x1, y1, x2, y2, a, qtime = 0;
    while ((opt = readint()) != 3) {
        x1 = readint();
        y1 = readint();
        if (opt == 1) {
            a = readint();
            q[++sz] = Que(1, x1, y1, a);
        }
        else {
            qtime++;
            x2 = readint();
            y2 = readint();
            q[++sz] = Que(2, x2, y2, qtime);
            q[++sz] = Que(2, x1 - 1, y1 - 1, qtime);
            q[++sz] = Que(3, x1 - 1, y2, qtime);
            q[++sz] = Que(3, x2, y1 - 1, qtime);
            ans[qtime] = (x2 - x1 + 1) * (y2 - y1 + 1) * s;
        }
    }
    CDQ(1, sz);
    for (int i = 1; i <= qtime; i++)
        printf("%d\n", ans[i]);
    return 0;
}
```

习题推荐

- **Luogu P5459** 回转寿司 *https://www.luogu.com.cn/problem/P5459*
- **Luogu P4169** 天使玩偶/SJY 摆棋子 *https://www.luogu.com.cn/problem/P4169*

8.4 整体二分

在程序设计竞赛中，有一部分题目可以使用二分法来解决。但是当这种题目有多次询问且每次询问对每个查询都直接二分时，可能会超时。这时候就会用到整体二分。整体二分的主体思路就是把多个查询一起解决。

算法思想

可以使用整体二分解决的题目需要满足以下性质。[1]

(1) 询问的答案具有可二分性。

(2) 修改对判定答案的贡献互相独立，修改之间互不影响效果。

(3) 修改如果对判定答案有贡献，则贡献为一确定的与判定标准无关的值。

(4) 贡献满足交换律、结合律，具有可加性。

(5) 题目允许使用离线算法。

记 $[l,r]$ 为答案的值域，$[L,R]$ 为答案的定义域（即求答案时仅考虑在区间 $[L,R]$ 内的操作和询问，这其中询问的答案在 $[l,r]$ 内）。

首先把所有操作按时间顺序存入数组中，然后开始分治。

在每一层分治中，利用数据结构（常见的是树状数组）统计当前查询的答案和 mid 之间的关系。

根据查询出来的答案和 mid 间的关系（小于或等于 mid 或大于 mid）将当前处理的操作序列分为 q_1 和 q_2 两份，并分别递归处理。

---

[1] 引自许昊然《浅谈数据结构题几个非经典解法》。

当 $l = r$ 时，找到答案，记录答案并返回即可。

需要注意的是，在整体二分过程中，若当前处理的值域为 $[l, r]$，则最终答案范围不在 $[l, r]$ 的询问会在其他时候处理。[1]

例题讲解

【例题 8.10】静态区间第 k 小值

题目描述

给定 n 个整数构成的序列 a，将对于指定的闭区间 $[l, r]$ 查询其区间内的第 k 小值。

输入第一行包含两个整数，分别表示序列的长度 n 和查询的个数 m。

第二行包含 n 个整数，第 i 个整数表示序列的第 i 个元素 a_i。

接下来 m 行每行包含三个整数 l, r, k, 表示查询区间 $[l, r]$ 内的第 k 小值。

$1 \leqslant n, m \leqslant 2 \times 10^5$，$|a_i| \leqslant 10^9$，$1 \leqslant l \leqslant r \leqslant n$，$1 \leqslant k \leqslant r - l + 1$。

对于每次询问，输出一行一个整数表示答案区间内的第 k 小值。

题目来源

Luogu P3834　*https://www.luogu.com.cn/problem/P3834*

解题思路

把在序列中的数看作往某个位置插入一个数的操作。

然后可以使用整体二分解决问题。

参考代码

```cpp
#include <bits/stdc++.h>
using namespace std;
const int N = 200020;
const int INF = 1e9;
int n, m;
int ans[N];
//BIT begin
int t[N];
int a[N];
int sum(int p) {
  int ans = 0;
  while (p) {
    ans += t[p];
    p -= p & (-p);
  }
  return ans;
}
void add(int p, int x) {
  while (p <= n) {
    t[p] += x;
    p += p & (-p);
  }
}
//BIT end
int tot = 0;
struct Query {
  int l, r, k, id, type; // set values to -1 when they are not used!
} q[N * 2], q1[N * 2], q2[N * 2];
void solve(int l, int r, int ql, int qr) {
  if (ql > qr) return;
  if (l == r) {
    for (int i = ql; i <= qr; i++)
      if (q[i].type == 2) ans[q[i].id] = l;
    return;
```

[1]引自 OI-wiki https://oi-wiki.org/misc/parallel-binsearch/

```
  }
  int mid = (l + r) / 2, cnt1 = 0, cnt2 = 0;
  for (int i = ql; i <= qr; i++) {
    if (q[i].type == 1) {
      if (q[i].l <= mid) {
        add(q[i].id, 1);
        q1[++cnt1] = q[i];
      } else
        q2[++cnt2] = q[i];
    } else {
      int x = sum(q[i].r) - sum(q[i].l - 1);
      if (q[i].k <= x)
        q1[++cnt1] = q[i];
      else {
        q[i].k -= x;
        q2[++cnt2] = q[i];
      }
    }
  }
  //rollback changes
  for (int i = 1; i <= cnt1; i++)
    if (q1[i].type == 1) add(q1[i].id, -1);
  //move them to the main array
  for (int i = 1; i <= cnt1; i++) q[i + ql - 1] = q1[i];
  for (int i = 1; i <= cnt2; i++) q[i + cnt1 + ql - 1] = q2[i];
  solve(l, mid, ql, cnt1 + ql - 1);
  solve(mid + 1, r, cnt1 + ql, qr);
}
pair<int, int> b[N];
int toRaw[N];
int main() {
  scanf("%d%d", &n, &m);
  //read and discrete input data
  for (int i = 1; i <= n; i++) {
    int x;
    scanf("%d", &x);
    b[i].first = x;
    b[i].second = i;
  }
  sort(b + 1, b + n + 1);
  int cnt = 0;
  for (int i = 1; i <= n; i++) {
    if (b[i].first != b[i - 1].first) cnt++;
    a[b[i].second] = cnt;
    toRaw[cnt] = b[i].first;
  }
  for (int i = 1; i <= n; i++) {
    q[++tot] = {a[i], -1, -1, i, 1};
  }
  for (int i = 1; i <= m; i++) {
    int l, r, k;
    scanf("%d%d%d", &l, &r, &k);
    q[++tot] = {l, r, k, i, 2};
  }
  solve(0, cnt + 1, 1, tot);
  for (int i = 1; i <= m; i++) printf("%d\n", toRaw[ans[i]]);
}
```

【例题 8.11】Meteors

题目描述

Byteotian Interstellar Union(BIU) 有 n 个成员国。现在它发现了一颗新的星球，这颗星球的轨道被分为 m 份（第 m 份和第 1 份相邻），第 i 份上有第 a_i 个国家的太空站。

这个星球经常会下陨石雨。BIU 已经预测了接下来 k 场陨石雨的情况。

BIU 的第 i 个成员国希望能够收集 p_i 单位的陨石样本。你的任务是判断对于每个成员国，它需要在第几次陨石雨之后，才能收集足够的陨石。

输入第一行是两个数 n,m。

第二行有 m 个数，第 i 个数 o_i 表示第 i 段轨道上有第 o_i 个国家的太空站。

第三行有 n 个数，第 i 个数 p_i 表示第 i 个国家希望收集的陨石数量。

第四行有一个数 k，表示 BIU 预测了接下来的 k 场陨石雨。接下来 k 行，每行有三个数 l_i,r_i,a_i，表示第 k 场陨石雨的发生地点在从 l_i 顺时针到 r_i 的区间中（如果 $l_i \leqslant r_i$，则是 $l_i,l_i+1\cdots,r_i$，否则就是 $l_i,l_i+1,\cdots m-1,m,1,2,\cdots,r_i$），向区间中的每个太空站提供 a_i 单位的陨石样本。

$1\leqslant n,m,k\leqslant 3\times 10^5$，$1\leqslant p_i,a_i\leqslant 10^9$。

输出 n 行。第 i 行的数 w_i 表示第 i 个国家在第 w_i 波陨石雨之后能够收集到足够的陨石样本。如果到第 k 波结束后仍然收集不到，输出 NIE。

输入输出样例

Input	Output
3 5 1 3 2 1 3 10 5 7 3 4 2 4 1 3 1 3 5 2	3 NIE 1

题目来源

Luogu P3527　*https://www.luogu.com.cn/problem/P3527*

解题思路

将所有国家收集陨石的数量进行整体二分计算，每次对时间二分后计算每个国家收集的陨石数量，将已经完成的国家分为一组，不能完成的国家分为另一组，再继续二分求得答案。

参考代码

```
#include <vector>
#include <cstdio>
using namespace std;
typedef long long ll;
const int maxn = 300000+10, maxm = 300000+10, maxk = 300000+10, INF = 0x7f7f7f7f;
int n, m, k;
ll bit[maxm] = {0};
inline void Update(int x, int val){
    for(int i = x; i <= m; i += i & -i) bit[i] += val;
}
inline ll Query(int x){
    ll s = 0;
    for(int i = x; i; i -= i & -i) s += bit[i];
    return s;
}
vector<int> w[maxn];
int p[maxn], id[maxn], ans[maxn];
struct Node{
    int l, r, val;
    Node(){}
    Node(int _l, int _r, int _v): l(_l), r(_r), val(_v){}
    void read(){
        scanf("%d %d %d", &l, &r, &val);
    }
}q[maxk];
inline void Just_Do_It(int x, int f){
    if(q[x].l <= q[x].r){
        Update(q[x].l, f * q[x].val); Update(q[x].r + 1, -f * q[x].val);
```

```
    }
    else{
        Update(q[x].l, f * q[x].val);
        Update(1, f * q[x].val); Update(q[x].r + 1, -f * q[x].val);
    }
}
int T = 0, tp[maxn];
bool mark[maxn] = {false};
void solve(int ql, int qr, int vl, int vr){
    if(ql > qr) return;
    if(vl == vr){
        for(int i = ql; i <= qr; i++)
            ans[id[i]] = vl;
        return;
    }
    int mid = vl + vr >> 1;
    while(T < mid) Just_Do_It(++T, 1);
    while(T > mid) Just_Do_It(T--, -1);
    int cnt = 0;
    ll sum;
    for(int size, i = ql; i <= qr; i++){
        sum = 0;
        size = w[id[i]].size();
        for(int j = 0; j < size; j++){
            sum += Query(w[id[i]][j]);
            if(sum >= p[id[i]]) break;
        }
        if(sum >= p[id[i]]){
            mark[i] = true;
            cnt++;
        }
        else mark[i] = false;
    }
    int ll = ql, rr = ll + cnt;
    for(int i = ql; i <= qr; i++)
        if(mark[i]) tp[ll++] = id[i];
        else tp[rr++] = id[i];
    for(int i = ql; i <= qr; i++) id[i] = tp[i];
    solve(ql, ll - 1, vl, mid);
    solve(ll, qr, mid + 1, vr);
}
int main(){
    scanf("%d %d", &n, &m);
    for(int x, i = 1; i <= m; i++){
        scanf("%d", &x);
        w[x].push_back(i);
    }
    for(int i = 1; i <= n; i++)
        scanf("%d", p + i);
    scanf("%d", &k);
    for(int i = 1; i <= k; i++) q[i].read();
    k++;
    q[k] = Node(1, m, INF);
    for(int i = 1; i <= n; i++) id[i] = i;
    solve(1, n, 1, k);
    for(int i = 1; i <= n; i++)
        if(ans[i] == k) puts("NIE");
        else printf("%d\n", ans[i]);
    return 0;
}
```

习题推荐

- 矩阵乘法 *https://vjudge.net/problem/%E9%BB%91%E6%9A%97%E7%88%86%E7%82%B8-2738*
- **ZJOI 2013** K 大数查询 *https://www.luogu.com.cn/problem/P3332*

8.5 树 分 治

在程序设计竞赛中，经常会遇到一类树形问题，其特点是以路径为询问对象。这类题目朴素的做法往往时间开销很大，也难以直接用数据结构维护。树的分治算法可以高效地维护此类问题。

树的分治有两种常见的形式：基于点的分治和基于边的分治，其中，点分治算法应用较多，故本节内容将以点分治为主进行展开。

算法思想

树分治算法是分治思想在树形结构上的体现。其意义在于，除去树中的某些对象，使原树被分成若干互不相交的子树部分。

以基于点的分治为例（后文均简称为点分治），问题求解的过程分为以下两步。

(1) 选取一个点作为根，将无根树转换为有根树。

(2) 以根节点划分，递归处理每一棵以根节点的子节点为根的子树。

这样就将树上的问题分而治之，化简成方便维护求解的子问题。当然，分治点的选取将会直接决定算法的效率。这里给出结论，可以证明在点分治过程中，如果每次都选取当前树的重心（删除该点后最大联通块的节点数最少）进行分治，则至多递归 $O(\log n)$ 层。证明过程，读者不妨联系重心的定义，思考递归问题规模的变化，利用主定理（常用于计算分治法时间复杂度）计算，详细过程不单独展开。

考虑如何统计树中长度不超过 limit 的路径数量的问题，对于树中任一路径，它的状态有且只有以下两种。

(1) 路径跨过根节点，分布在左右两棵子树中。

(2) 路径完全分布在同一棵子树内。

只要能够维护这两种路径，那么就能统计全部的答案。分治的优势在于，对于 2 类路径，显然不需要做额外的维护，在递归求解的过程中便可以当作 1 类路径处理。那么解题的重点就在于如何求解 1 类路径。

在递归求解的过程中，维护 $\text{dist}[u]$ 数组记录节点 u 到根节点的路径长度，那么跨根节点的路径数量即满足 $\text{dist}[u]+\text{dist}[v] \leqslant \text{limit}$ 且 u,v 不在同一子树的点对数。这里显然是可以利用简单的数据结构来维护和查询的。

至此，对于两类路径的求解方法都已掌握，整个问题就得以求解。在线性复杂度维护 dist 的前提下，就得到了 $O(n\log n)$ 复杂度的算法。

树的分治算法是一个基本的分析思想，在实际的解题中，需要对具体题目进行具体分析，以最佳的方式解决题目。下面给出经典例题的讲解，读者可以自行总结。

例题讲解

【例题 8.12】Tree

题目描述

给定一棵 n 个节点的树，每条边有边权，求出树上两点距离小于或等于 k 的点对数量。

第一行输入一个整数 n，表示节点个数。第二行到第 n 行每行输入三个整数 u,v,w，表示 u 与 v 有一条边，边权是 w。第 $n+1$ 行一个整数 k。

输出一行包含一个整数，表示满足要求的点对数。

输入输出样例

Input	Output
7 1 6 13 6 3 9 3 5 7 4 1 3 2 4 20 4 7 2 10	5

解题思路

此题即为统计树中长度不超过 limit 的路径数量问题，详细思路已在前文中提及。

方案统计需要维护 dist 数组，在统计答案时，可以将 dist 数组进行排序求解。参考代码中，stack 数组即为题解中讨论的 dist 数组。

题目来源

Luogu P4718 *https://www.luogu.com.cn/problem/P4718*

参考代码

```
#include<iostream>
#include<cstdio>
#include<algorithm>
using namespace std;
#define maxn 80010
int n,root,siz,ans,stack[maxn],top,K;
struct Edgenode{
    int to,next,val;
    Edgenode(){}
    Edgenode(int _next, int _to, int _val){
        next = _next; to = _to; val = _val;
    }
}edge[maxn<<1];
int head[maxn],cnt=1;
void add(int u,int v,int w){
    edge[++cnt] = Edgenode(head[u], v, w); head[u]=cnt;
}
void insert(int u,int v,int w) {add(u,v,w);add(v,u,w);}
int size[maxn],maxx[maxn],val[maxn]; bool visit[maxn];
void DFSroot(int now,int last){
    size[now]=1; maxx[now]=0;
    for (int i=head[now]; i; i=edge[i].next)
        if (edge[i].to!=last && !visit[edge[i].to]){
            DFSroot(edge[i].to,now);
            size[now]+=size[edge[i].to];
            maxx[now]=max(maxx[now],size[edge[i].to]);
        }
    maxx[now]=max(maxx[now],siz-size[now]);
    if (maxx[now]<maxx[root]) root=now;
}
void DFSval(int now,int last){
    stack[++top]=val[now];
    for (int i=head[now]; i; i=edge[i].next)
        if (edge[i].to!=last && !visit[edge[i].to]){
            val[edge[i].to]=val[now]+edge[i].val;
            DFSval(edge[i].to,now);
        }
}
int Getans(int now,int va){
    val[now]=va; top=0; DFSval(now,0);
    sort(stack+1,stack+top+1);
    int re=0,l=1,r=top;
    while (l<r) if (stack[l]+stack[r]<=K) re+=r-l,l++; else r--;
```

```
    return re;
}
void work(int now){
    ans+=Getans(now,0);
    visit[now]=1;
    for (int i=head[now]; i; i=edge[i].next)
        if (!visit[edge[i].to]){
            ans-=Getans(edge[i].to,edge[i].val);
            root=0; siz=size[edge[i].to];
            DFSroot(edge[i].to,0); work(root);
        }
}
int main(){
    scanf("%d",&n);
    for (int u,v,w,i=1; i<=n-1; i++){
        scanf("%d%d%d",&u,&v,&w);
        insert(u,v,w);
    }
    scanf("%d",&K);
    maxx[0]=siz=n;
    DFSroot(1,0);
    work(root);
    printf("%d\n",ans);
    return 0;
}
```

【例题 8.13】统计点对

题目描述

给定一棵 n 个节点的树，每条边有边权，问有多少点对，使得两点间路径长度是 3 的倍数。

第一行输入一个整数 n，表示节点个数。

第二行到第 n 行每行输入三个整数 u,v,w，表示 u 与 v 有一条边，边权是 w。

输出长度为 3 的倍数的路径数/总路径数的最简整数比形式。

输入输出样例

Input	Output
5 1 2 1 1 3 2 1 4 1 2 5 3	13/25

解题思路

按照例 8.12 的想法去考虑，路径同样分为两类，只需要考虑如何求解跨越当前根节点且满足要求的点对数量。

这里只需要记录路径和对 3 的余数，然后组合计数一下即可。有一点值得注意的是，此处求解跨越根的答案时，可以通过先计算出总的方案数，再减去每一个划分的子树块中不符合的答案来得到。统计答案的方法和例题 8.12 略有不同，这两种思路便是点分治问题中常见的两类统计方法，读者可以进一步理解。

题目来源

Luogu P2634 *https://www.luogu.com.cn/problem/P2634*

参考代码

```
#include<bits/stdc++.h>
using namespace std;
int n,root,siz,ans,an[5];
#define maxn 20010
```

```
struct Edgenode{
    int to,next,val;
    Edgenode(){}
    Edgenode(int _next, int _to, int _val){
        next = _next; to = _to; val = _val;
    }
}edge[maxn<<1];
int head[maxn],cnt=1;
void add(int u,int v,int w){
    edge[++cnt] = Edgenode(head[u], v, w); head[u]=cnt;
}
void insert(int u,int v,int w){add(u,v,w);add(v,u,w);}
int gcd(int a,int b){
    if (b==0) return a; return gcd(b,a%b);
}
int size[maxn],maxx[maxn],val[maxn]; bool visit[maxn];
void DFSroot(int now,int last){
    size[now]=1; maxx[now]=0;
    for (int i=head[now]; i; i=edge[i].next)
        if (edge[i].to!=last && !visit[edge[i].to]){
            DFSroot(edge[i].to,now);
            size[now]+=size[edge[i].to];
            maxx[now]=max(maxx[now],size[edge[i].to]);
        }
    maxx[now]=max(maxx[now],siz-size[now]);
    if (maxx[now]<maxx[root]) root=now;
}
void DFSval(int now,int last){
    an[val[now]%3]++;
    for (int i=head[now]; i; i=edge[i].next)
        if (edge[i].to!=last && !visit[edge[i].to]){
            val[edge[i].to]=val[now]+edge[i].val;
            DFSval(edge[i].to,now);
        }
}
int Getans(int now,int va){
    memset(an,0,sizeof(an));
    val[now]=va; DFSval(now,0);
    return an[1]*an[2]*2+an[0]*an[0];
}
void work(int now){
    ans+=Getans(now,0);
    visit[now]=1;
    for (int i=head[now]; i; i=edge[i].next)
        if (!visit[edge[i].to]){
            ans-=Getans(edge[i].to,edge[i].val);
            root=0; siz=size[edge[i].to];
            DFSroot(edge[i].to,0); work(root);
        }
}
int main(){
    scanf("%d",&n);
    for (int u,v,w,i=1; i<=n-1; i++){
        scanf("%d%d%d",&u,&v,&w);
        insert(u,v,w);
    }
    maxx[0]=siz=n;
    DFSroot(1,0);
    work(root);
```

```
    int Gcd=gcd(ans,n*n);
    printf("%d/%d\n",ans/Gcd,n*n/Gcd);
    return 0;
}
```

习题推荐

- **Luogu P4149** Race　*https://www.luogu.com.cn/problem/P4149*
- **Codeforces 715C** Digit Tree　*http://codeforces.com/problemset/problem/715/C*
- **Luogu P2993** 最短路径树问题　*https://www.luogu.com.cn/problem/P2993*
- **Luogu P3085** [USACO13OPEN]Yin and Yang G　*https://www.luogu.com.cn/problem/P3085*

第9章　数　学

数学可以分为高等代数、概率论、数论、组合数学等多个板块，主要研究数量、结构、变化、空间以及信息等概念。

本章将从计算机科学的角度，介绍程序设计竞赛中数学的几个常用板块。

由于本章知识交错复杂，读者可在各板块间交叉阅读。

本章将尽量保持数学的严谨性，但为了更好表述，对部分讲解有所改动，若有出入，请以数学相关书籍为准。

记号约定

记号	含义	记号	含义
(a,b)	最大公约数	$[a,b]$	最小公倍数
$\lfloor x \rfloor$	向下取整	$\lceil x \rceil$	向上取整
$\wedge$	并且	$\vee$	或
$\leftrightarrow$	等价	$\Leftrightarrow$	等值
P_i	第 i 个质数	$\varphi(x)$	欧拉函数
$\sum$	求和	$\prod$	求积
$\mu(x)$	莫比乌斯函数	$\sigma(x)$	约数和函数
$\mathrm{inv}(x)$	逆元	$\binom{n}{m}$	C_n^m 组合数

9.1　数学基础

9.1.1　组合数学基础

在程序设计竞赛中，经常把计算满足一定条件的组合模型的计数问题称为组合数学。小到斐波纳契数列，大到多元函数卷积求解都可以作为组合数学的一部分。

二项式系数常出现在二项式定理中。

定义 9.1　二项式定理

二项式定理（Binomial Theorem）给出将两个变量的和的幂转换为若干二项式系数与变量的幂的和的恒等式。二项式定理写作

$$(x+y)^n = \sum_{k=0}^{n} \binom{n}{k} x^k y^{n-k}$$

♣

n 为正整数，等号右边的多项式为二项展开式，$\binom{n}{k}$ 为二项式系数，意为从 n 个互不相同的物品中选出 k 个物品的方案数，其中，n 称为上指数，k 称为下指数。$\binom{n}{k}$ 满足 $\binom{n}{k} = \dfrac{n!}{k!(n-k)!} = \binom{n-1}{k} + \binom{n-1}{k-1}$。表9.1给出了在 n 与 k 较小时 $\binom{n}{k}$ 的值。表9.2指出了二项式系数的部分性质。

表 9.1　二项式系数前若干项

上指数	下指数					
	0	1	2	3	4	5
0	1					
1	1	1				
2	1	2	1			
3	1	3	3	1		
4	1	4	6	4	1	
5	1	5	10	10	5	1

表 9.2　二项式系数的部分性质

公式	限制	常用名称
$\binom{n}{k}=\frac{n!}{k!(n-k)!}$	$n\geqslant k\geqslant 0$	阶乘展开
$\binom{n}{k}=\binom{n}{n-k}$	$n\geqslant 0$	对称律
$\binom{n}{k}=\frac{n}{k}\binom{n-1}{k-1}$	$k\neq 0$	吸收律
$\binom{n}{k}\binom{k}{t}=\binom{n}{t}\binom{n-t}{k-t}$		三项修正
$\sum_{0\leqslant k\leqslant n}\binom{n}{k}=2^n$		求和
$\sum_{0\leqslant k\leqslant n}\binom{n+k}{k}=\binom{n+k+1}{n}$		类似求和
$\sum_{0\leqslant n\leqslant m}\binom{n}{k}=\binom{m+1}{k+1}$	$n,m\geqslant 0$	上求和
$\sum_{k}\binom{n}{k}\binom{m}{t-k}=\binom{n+m}{t}$		卷积

下面给出计算二项式系数的参考代码。

参考代码

```
typedef long long LL;
//计算二项式系数取模
LL JS[N],IJS[N];
void init(int n) {
    //计算 1!,2!,3!,…,n!
    JS[0]=1;
    for(int i=1;i<=n;++i) {
        JS[i]=JS[i-1]*i%mod;
    }
    //计算 1/1!,1/2!,1/3!,…,1/n!
    //省略了函数inv的代码,其作用是求取JS[n]在mod下的逆元
    IJS[n]=inv(JS[n],mod);
    for(int i=n-1;i>=0;--i) {
        IJS[i]=IJS[i+1]*(i+1)%mod;
    }
}
//用公式 C(n,m) = n!/(m!*(n-m)!) 求解
LL C(int n,int m) {
    return JS[n]*IJS[m]%mod*IJS[n-m]%mod;
}
```

例题讲解

【例题 9.1】放球问题 1

题目描述

将 n 个小球放入 m 个盒子，小球彼此相同，盒子彼此不同，可以有空盒，求不同的方案数。例如，3 个小球放入 2 个盒子，共有 4 种方案，分别是 $<1,2>,<2,1>,<3,0>,<0,3>$。

解题思路

可以认为是从 m 个盒子中选取 n 个可重复组合，至少要选 1 个盒子，根据二项式系数的定义，答案是 $\binom{n+m-1}{m-1}$。

【例题 9.2】放球问题 2

题目描述

将 n 个小球放入 m 个盒子，小球彼此相同，盒子彼此不同，不可以有空盒，求不同的方案数。

解题思路

可以认为相当于每个盒子中都提前放了一个球的方案，答案是 $\binom{n-1}{m-1}$。

9.1.2 线性代数基础

1. 矩阵

定义 9.2 矩阵

由 $m \times n$ 个数 $a_{ij}(i = 1, 2, \cdots, m; j = 1, 2, \cdots, n)$ 排成的 m 行 n 列的矩形数表：

$$\begin{bmatrix} a_{11} & a_{12} & \cdots & a_{1n} \\ a_{21} & a_{22} & \cdots & a_{2n} \\ \vdots & \vdots & \ddots & \vdots \\ a_{m1} & a_{m2} & \cdots & a_{mn} \end{bmatrix}$$

称为一个 $m \times n$ 的矩阵，记为 $A_{m\times n}$。当 $m = n$ 时，称 A 为 n 阶方阵。

特别地，n 阶方阵若主对角元素 (即 a_{ii}) 均为 1，其余元素为 0，则称为单位矩阵，记作 I。♣

矩阵可以用一个结构体封装:

```
struct Matrix {
    const int N = 510;
    int n, m, a[N][N];
    Matrix(int _n, int _m) : n(_n), m(_m) { };
};
```

矩阵的运算

矩阵加法: 两矩阵对应位置元素相加。

```
Matrix operator + (const Matrix& rhs) const {
    Matrix c(n, m);
    for (int i = 1; i <= n; ++ i)
        for (int j = 1; j <= m; ++ j)
            c.a[i][j] = a[i][j] + rhs.a[i][j];
    return c;
}
```

矩阵乘法: 设 A 是 $n \times m$ 的矩阵, B 是 $m \times p$ 的矩阵（即 A, B 相容）, 它们的乘积 C 是一个 $n \times p$ 的矩阵, 其中

$$C_{i,j} = \sum_{k=1}^{m} A_{i,k} \times B_{k,j}$$

需要注意的是，矩阵乘法满足结合律、分配率，但一般情况下不满足交换律。

```
Matrix operator * (const Matrix& rhs) const {
    Matrix c(n, rhs.m);
    for (int i = 1; i <= n; ++ i)
        for (int k = 1; k <= m; ++ k) //局部性原理
            for (int j = 1; j <= rhs.m; ++ j)
```

```
            c.a[i][j] += a[i][k] * rhs.a[k][j];
    return c;
}
```

矩阵的幂：若 A 为 n 阶方阵，则

$$A^0 = I$$

$$A^m = A^{m-1} \times A(m > 0)$$

由于矩阵乘法满足结合律，所以可以使用快速幂将其复杂度优化为 $O(n^3 \log m)$

```
res = I; //I 是单位矩阵
for (; y; y >>= 1, x = x * x)
    if (y & 1) res = res * x;
```

矩阵的转置：$n \times m$ 的矩阵 A 的转置 A^{T} 是个 $m \times n$ 的矩阵, 可以通过 A 交换行列得到。

```
Matrix inverse(Matrix x) {
    Matrix res(x.m, x.n);
    for (int i = 1; i <= x.n; ++ i)
        for (int j = 1; j <= x.m; ++ j)
            res.a[j][i] = x.a[i][j];
    return res;
}
```

矩阵的初等变换

(1) **倍乘变换**：一个非零常数乘以矩阵的某一行（列）。

(2) **互换变换**：互换矩阵中某两行（列）的元素。

(3) **倍加变换**：将矩阵的某一行（列）的 k 倍加到另一行（列）。

以上三种变换称为矩阵的初等行（列）变换。这些变换在求解线性基、求解矩阵的逆、解线性方程组等中发挥了重要作用。

2. 线性方程组

线性方程组是各个方程关于未知量均为一次的方程组：

$$\begin{cases} a_{1,1}x_1 + a_{1,2}x_2 + \cdots + a_{1,n}x_n = b_1 \\ \vdots \\ a_{m,1}x_1 + a_{m,2}x_2 + \cdots + a_{m,n}x_n = b_m \end{cases}$$

也可以表示为 $Ax = B$, 其中，A 是 $m \times n$ 的矩阵, $\boldsymbol{x}$ 是 n 维列向量, $\boldsymbol{b}$ 是 m 维列向量。向量可以看作 $n \times 1$ 的矩阵，关于向量的计算可以参考计算几何章节, 即

$$\begin{pmatrix} a_{1,1} & \cdots & a_{1,n} \\ \vdots & \ddots & \vdots \\ a_{m,1} & \cdots & a_{m,n} \end{pmatrix} \begin{pmatrix} x_1 \\ \vdots \\ x_n \end{pmatrix} = \begin{pmatrix} b1 \\ \vdots \\ b_m \end{pmatrix}$$

单独考虑元 x_i, 仅有系数矩阵的第 i 列与之相乘，也就是说，如果对该矩阵进行初等行倍加变换，元与系数的对应关系不会发生改变，故方程组的解与元的次序排列无关。

因此定义增广矩阵为

$$\begin{pmatrix} a_{1,1} & \cdots & a_{1,n} & b_1 \\ \vdots & \ddots & \vdots & \vdots \\ a_{m,1} & \cdots & a_{m,n} & b_m \end{pmatrix}$$

显然，若第 i 行仅有一个 a_{ij} 不为 0，则可以计算得 $x_j = b_i/a_{ij}$，故只需要通过初等行倍加变换，消去其他 a_{ij} 得出首个确定元，再将确定元的值带回继续寻找确定元，即可求解整个方程组。

在第 i 次消元时，用一个第 i 列不为 0 的行消去其他所有行在这一列的系数，最终即可得到一个上三角矩阵。

需要注意的是，如果第 x 行 $\forall j, a_{xj} = 0$ 而 $b_x \neq 0$ 无解。若元的个数大于消元后非零行的个数，则有无穷解。

由于在消元过程中需要用到除法，所以会有浮点运算精度问题，不同的消元顺序可能会导致较大的差异，推荐使用绝对值较大的主元进行消元，能达到比较好的效果。或者使用辗转相除法进行消元，这样做可以保证系数为整数。

例题讲解

【例题 9.3】球形空间产生器

题目描述

有一个球形空间产生器能够在 n 维空间中产生一个坚硬的球体。现在，你被困在了这 n 维球体中，只知道球面上 $n+1$ 个点的坐标，你需要以最快的速度确定这个 n 维球体的球心坐标，以便于摧毁这个球形空间产生器。

输入第一行一个整数 n，接下来 $n+1$ 行，每行有 n 个实数，表示球面上一点的 n 维坐标。

输出只有一行，一次给出球心的 n 维坐标，精确到小数点后 3 位。

输入输出样例

Input	Output
2 0.0 0.0 -1.0 1.0 1.0 0.0	0.500 1.500

题目来源

Luogu P4035 *https://www.luogu.com.cn/problem/P4035*

解题思路

根据 $n+1$ 个点可以列出一个有二次项的方程组，利用减法将二次项 x^2 和 y^2 消去，可以得到线性方程组，利用高斯消元进行求解即可。

参考代码

```
#include <bits/stdc++.h>
using namespace std;

double a[20][20], b[20], c[20][20];
int n;

int main() {
  cin >> n;
  for (int i = 1; i <= n + 1; ++ i)
  for (int j = 1; j <= n; ++ j) scanf("%lf", &a[i][j]);
  for (int i = 1; i <= n; ++ i)
    for (int j = 1; j <= n; ++ j) {
      c[i][j] = 2 * (a[i][j] - a[i + 1][j]);
      b[i] += a[i][j] * a[i][j] - a[i + 1][j] * a[i + 1][j];
    }
  for (int i = 1; i <= n; ++ i) {
    for (int j = i; j <= n; ++ j) {
      if (fabs(c[j][i]) > 1e-8) {
        for (int k = 1; k <= n; ++ k) swap(c[i][k], c[j][k]);
        swap(b[i], b[j]);
        break;
      }
```

```
    }
    for (int j = 1; j <= n; ++ j) {
      if (i == j) continue;
      double rate = c[j][i] / c[i][i];
      for (int k = i; k <= n; ++ k) c[j][k] -= c[i][k] * rate;
      b[j] -= b[i] * rate;
    }
  }
  for (int i = 1; i < n; ++ i) printf("%.3f ", b[i] / c[i][i]);
  printf("%.3f\n", b[n] / c[n][n]);
}
```

习题推荐

- **SDOI 2010** 外星千足虫 *https://www.luogu.com.cn/problem/P2447*
- **SDOI 2006** 线性方程组 *https://www.luogu.com.cn/problem/P2455*
- **HNOI 2011** XOR 和路径 *https://www.luogu.com.cn/problem/P3211*

3. 线性基

基本概念

在线性代数中，基是一个向量组，线性无关且可以构成向量空间 V，则该向量组称为 V 的基。

定义 9.3 张成

于向量空间 V 上的 n 个向量组 $(v_1, v_2, \cdots, v_n)$，其所有线性组合构成的集合称为 $(v_1, v_2, \cdots, v_n)$ 的张成，记为 $\mathrm{span}(v_1, v_2, \cdots, v_n)$。♣

线性基在程序设计竞赛中常用来解决子集异或一类题目。对于子集的问题，枚举的时间复杂度是让人难以接受的，线性基则可以快速处理。一个集合满足其子集异或和构成的集合与给定集合子集异或和构成的集合相同，并且这个集合是极小的，也就是缺少任意一个元素都会使得两集合不等。我们就称这个集合为线性基。

例如，给定集合$01_{(2)}, 10_{(2)}, 11_{(2)}$，可以求出三个满足条件的线性基，即这三个数字任选两个。

性质

(1) 线性基中没有异或和为 0 的子集。

证明：若存在，可以删除此子集中任意元素，仍然满足线性基要求，且减少了元素个数。

(2) 线性基中没有两个不同子集异或和相等。

证明：若存在，此两个子集的并减去交构成的集合的异或和为 0，不满足上一条性质。

(3) 一定存在一个线性基，使得每个元素的二进制最高位互不相同。

证明：若存在 a 和 b 的最高位相同，那么 a 和 a^ b 的最高位一定不同，而且也满足性质，可以等价代换。

可以将任何一个数的二进制形式看作一个 01 向量，那么向量组 $a_1, a_2, \cdots, a_n$ 可以张成一个向量集合 $\mathrm{span}(a_1, a_2, \cdots, a_n)$，经过各种运算可形成一个向量空间 V。可以利用向量组求得向量空间 V 的一个基，这个基实际上就是一些数的集合。同时上面的性质也可以用向量组来证明，例如性质 1，如果存在异或和为 0 的子集，那么这个向量组线性相关，不满足定义。其余性质也可类似证明。

算法流程

设原集合中元素二进制最高位为第 w 位，根据鸽巢定理，线性基中最多有 w+1 个元素。所以时间复杂度为 $O(nw)$。在本节内容中，约定用 a_i 表示线性基中二进制最高位为 i 的元素，若不存在此元素，则 a_i 为 0。

构建线性基时，将原集合依次插入线性基中。根据约定，线性基内所有数的最高位不同，如果对于当前插入的数 x 的最高位 i，不存在其他数，则插入 x。如果已经存在了其他数 a_i，那么继续判断 $x = x\,\hat{}\,a_i$。

注：如果 $x\,\hat{}\,a_i = 0$ 则结束，因为这说明 x 可以用集合中的若干个数异或得到。

参考代码

```
void insert(int t){
    //逆序枚举二进制位
    for (int j = MAXL; j >= 0; j--){
        //如果 t 的第 j 位为 0，则跳过
        if (!(t & (1ll << j))) continue;

        //如果 a[j] != 0，则用 a[j] 消去 t 的第 j 位上的 1
        if (a[j]) t ^= a[j];
        else{ //插入到 a[j] 的位置上
            a[j] = t;
            return;
        }
    }
}
```

算法应用

线性基最基本的应用就是求解子集最大异或和，求出集合的所有子集中异或和的最大值，实际上求出线性基后发现，每一位上都只有一个数，可以从最高位判断是否需要选择，如果当前集合异或值该位为 1，则不加入该位上的数，否则加入该位的数。

注：可以对线性基进行一定的修改，如果 a_i 的数位 $j(j \neq i)$ 为 1，则 $a_i = a_i\,\hat{}\,a_j$，也就是消元操作，那么子集的最大异或和可以简化成线性基的异或和。

同时两个线性基是可以合并的，只需要将一个线性基中的所有元素插入到另一个线性基中即可得到两个集合的并的线性基，复杂度为 $O(\log^2 n)$，这也提示了线性基具有区间合并性。

习题推荐

- **HDU 3949** XOR *https://acm.hdu.edu.cn/showproblem.php?pid=3949*
- **HDU 6579** Operation *https://acm.hdu.edu.cn/showproblem.php?pid=6579*

9.1.3 数论基础

1. 整除

在开始数论板块讲解前，需要预先定义一个最重要的工具：整除。

定义 9.4 整除

假设 m 和 n 为整数，若存在整数 k 使得 $n = mk$，则 m 整除 n，记为 $m|n$。♣

也称 m 是 n 的因数，或者 n 是 m 的倍数。特别地，任何整数都整除 0。

由于数论研究的数域是自然数，所以借助整除性避开无理数等不在数论讨论范围中的数，也借助整除性，逐步构建数论的体系，例如素数、因数分解、同余式等。

2. 最大公约数

由整除性定义能够得到最大公约数（gcd）的定义。

定义 9.5 最大公约数

若 a,b 不同时为 0，则

$$\gcd(a,b) = \max\{m \big| (m \mid a) \wedge (m \mid b)\}$$

♣

3. 欧几里得算法

最常用的求解两数 gcd 的方法是欧几里得算法。欧几里得算法，也就是通俗的辗转相除法，原理是 $\gcd(a,b)=\gcd(b,a\%b)$。

参考代码

```
int gcd(int a, int b) {
  return !b ? a : gcd(b, a%b);
}
```

4. 更相减损术

由于大数的取模和除法运算实现困难，复杂度较高，故对于大数的 gcd 求解，可以采用更相减损术来求解。

算法 9.1　更相减损术

输入: a,b 两数
输出: $\gcd(a,b)$

```
function GCD(a, b)
    if a < b then Swap(a, b)
    end if
    if isEven(a) and isEven(b) then GCD(a/2, b/2)
    else if isEven(a) then GCD(a/2, b)
    else if isEven(b) then GCD(a, b/2)
    else GCD(b, a − b)
    end if
end function
```

5. 最小公倍数

类似最大公约数，可以定义最小公倍数（lcm）。

定义 9.6　最小公倍数

若 a,b 不为 0，则

$$\operatorname{lcm}(a,b)=\min\{m|a|m\wedge b|m\}$$

♣

6. 相关结论

定理 9.1　最小公倍数定理

$$\operatorname{lcm}(a,b)=\frac{a\times b}{\gcd(a,b)}$$

♡

引理 9.1　算数基本定理

任意整数 x 可以被唯一表示为素数乘积：

$$x=p_1^{k_1}p_2^{k_2}p_3^{k_3}\cdots$$

♡

证明

$$\begin{aligned}(a,b)&=p_1^{\min(k_{a_1},k_{b_1})}p_2^{\min(k_{a_2},k_{b_2})}\cdots p_s^{\min(k_{a_s},k_{b_s})}\\ [a,b]&=p_1^{\max(k_{a_1},k_{b_1})}p_2^{\max(k_{a_2},k_{b_2})}\cdots p_s^{\max(k_{a_s},k_{b_s})}\end{aligned}\tag{9.1}$$

由于 $k_a+k_b=\max(k_a,k_b)+\min(k_a,k_b)$，故

$$\gcd(a,b)\times\operatorname{lcm}(a,b)=a\times b$$

定理 9.2 幂次 gcd

若 $a > b \wedge \gcd(a, b) = 1$ 则

$$\gcd(a^n - b^n, a^m - b^m) = a^{\gcd(n,m)} - b^{\gcd(n,m)}$$

♡

证明

假设 $n \leqslant m, r = n\%m$ 则

$$a^n - b^n = (a^m - b^m)(a^{n-m} + a^{n-2m}b^m + \cdots + a^r b^{n-m-r}) + a^r b^{n-r} - b^n$$

$$\gcd(a^n - b^n, a^m - b^m) = \gcd(a^r b^{n-r} - b^n, a^m - b^m) = \gcd(b^{n-r}(a^r - b^r), a^m - b^m)$$

设 $b^{n-r} = b^{m\lfloor n/m \rfloor} = b^{km}$, 考虑 $\gcd(b^{km}, a^m - b^m)$, 则

$$b^{km} = (a^m - b^m)(-b^{(k-1)m} - a^m b^{(k-2)m} - \cdots - a^{(k-1)m} + a^{km})$$

$$\gcd(b^{km}, a^m - b^m) = \gcd(a^{km}, a^m - b^m) = d$$

所以

$$d \mid b^{km}, d \mid a^{km}, d \mid \gcd(a^{km}, b^{km}) = 1$$

即

$$\gcd(b^{n-r}, a^m - b^m) = 1$$

所以

$$\gcd(a^n - b^n, a^m - b^m) = \gcd(a^{n\%m} - b^{n\%m}, a^m - b^m) = a^{\gcd(n,m)} - b^{\gcd(n,m)}$$

习题推荐

- **Luogu 2152** SuperGCD *https://www.luogu.com.cn/problem/P2152*
- **HDU 5726** GCD *http://acm.hdu.edu.cn/showproblem.php?pid=5726*
- **HDU 5869** Different GCD Subarray Query *http://acm.hdu.edu.cn/showproblem.php?pid=5869*

7. 裴蜀定理

定理 9.3 裴蜀定理

对于给定 a, b, 取任意 x, y, 令 $c = ax + by$, 则 $\gcd(x, y)|c$。

♡

反向看，则能知道线性方程（丢番图方程）解存在的充要条件 $\gcd(x, y)|c$。

并且，也能知道 a, b 互质的充要条件是存在整数 x, y, 使 $ax + by = 1$。

8. 扩展欧几里得算法

对于求解 $ax + by = \gcd(a, b)$ 方程，可以类似考虑 $\gcd(a, b)$ 在欧几里得算法下的步骤。

$$\begin{cases} ax + by = \gcd(a, b) \\ bx + (a\%b)y = \gcd(b, a\%b) \end{cases} \tag{9.2}$$

联立式 (9.2)，第二个式子做换元：$a' = b, b' = a\%b$，可得同形方程 $a'x + b'y = \gcd(a', b')$。

所以只需要求出 x', y' 与 x, y 的关系，就能在递归求解 gcd 时一同递归求解。

由于 $a\%b = a - \lfloor \frac{a}{b} \rfloor b$, 那么

$$bx' + \left(a - \left\lfloor \frac{a}{b} \right\rfloor b\right)y' = \gcd(a, b)$$

以 a, b 为主元合并同类项得

$$ax + by = ay' + b\left(x' - \left\lfloor \frac{a}{b} \right\rfloor y'\right) = \gcd(a, b)$$

所以

$$x = y', y = x' - \left\lfloor \frac{a}{b} \right\rfloor y'$$

递归边界 $b = 0$，显然有 $x = 1, y = 0$。

这一过程就是扩展欧几里得算法，此时得到的就是该方程的一组平凡解 (x_0, y_0)（满足 $|x_0+y_0|$ 最小）。

通解为

$$\left(x_0 + \frac{kb}{\gcd(a,b)}, y_0 - \frac{ka}{\gcd(a,b)}\right)$$

参考代码

```
int exgcd(int a, int b, int &x, int &y) {
  if (b == 0) {x = 1, y = 0; return a; }
  int r = exgcd(b, a % b, y, x);
  y -= x * (a / b); return r;
}
```

更一般地，对于方程

$$ax + by = c = k\gcd(a,b)$$

只需要在解出 $ax + by = \gcd(a,b)$ 后，对 (x_0, y_0) 乘 k 即可。

习题推荐

- **POJ 1061** 青蛙的约会 *https://poj.org/problem?id=1061*
- **POJ 2142** The Balance *https://poj.org/problem?id=2142*

9.1.4 素数

定义 9.7 素数

素数，又叫质数，是指在大于 1 的自然数中，除了 1 和它本身以外不再有其他因数的自然数。♣

除了了解最基本的素数 $2, 3, 5, 7, 11, \cdots$ 外，三个较大的素数 19 260 817，$998\,244\,353 = 7 \times 17 \times 2^{23} + 1$，$1\,000\,000\,007 = 10^9 + 7$ 常常被用于计算，需要读者了解。

本节将从如何求出素数和如何判断一个数是否是素数两方面介绍素数。

1. 素数检验

朴素检验

由定义能够得到最朴素的检验素数的方法，即对于 n 依次检查 $1 \sim \sqrt{n}$ 每个数是否是 x 的因子，时间复杂度为 $O(\sqrt{n})$。

Miler Rabin 素数检验

定理 9.4 费马小定理

设 p 是素数，a 是任意整数且 $a \not\equiv 0 \pmod p$ 则

$$a^{p-1} \equiv 1 \pmod p$$

♡

证明 事实上，a 的幂次模 p 构成的集合 $\{a^0, a^1 \cdots\}$ 是以 a 为生成元的循环群，模 p 意义下每隔 $p-1$ 个开始重复（没有与 p 同余的），故 $a^{p-1} \equiv a^0 \equiv 1$。

考查费马小定理的逆命题 $a^n \equiv a \pmod n \implies n$为素数，此命题不成立。

把满足 $a^n \equiv a \pmod n$ 但不是素数的 n 称为 a-伪素数。

由于伪素数数量较少,在前 10^8 个自然数中只有 0.011% 的伪素数,如果用多个 a 进行检验,出现伪素数的概率会更小,因而可以用这种方法以可接受的正确率用快速幂快速判断大素数。

能够通过所有检测的数称为**卡迈克尔数**,例如,$561 = 3 \times 11 \times 17$ 能够通过所有 a 的检测。由于 k是卡迈克尔数 $\longrightarrow 2^k - 1$是卡迈克尔数,卡迈克尔数是无穷的。

幸运的是,卡迈克尔数的数量极少,10^9 内仅有 $561, 41\,041, 825\,265, 321\,197\,185$ 这 4 个,因此一般讲 Miller Rabin 算法正确性能够得到满足。

参考代码

```
bool MillerRabin(long long x) {
    int a[] = {2, 3, 5, 7, 19260817, 998244353};
    for (int i = 0; i < 6 && a[i] > x; i++)
        if (qpow(a[i], x, x) != a[i])
            return false;
    return true;
}
```

2. 素数求法

朴素求法

由定义能够得到最朴素的求出素数表的算法,即对于每个数 x 依次检查 $1 \sim \sqrt{x}$ 是否是 x 的因子,时间复杂度为 $O(n\sqrt{n})$。

埃拉托斯特尼筛法(埃氏筛)

考虑朴素做法,发现一个数的因子占这个数要判断的所有数的比例很小,将大多数时间花在了不影响这个数是否是质数的部分。

考查每次检查能否必定对一些数的判定做出贡献,所以不从“判定数是否是质数”入手,而从“一个因数能够让哪些数变成合数”入手,这就保证每次判断都是“有效的”。

对于一个质数 x,x 的所有倍数都是合数,当进行到 n 时,如果 n 未被标记,说明 n 不是小于 n 的素数的倍数,故 n 也为素数。

时间复杂度为 $O(n \log\log n)$,已经接近于线性。

参考代码

```
int Eratosthenes(int n) {
    int p = 0;
    for (int i = 0; i <= n; ++i) is_prime[i] = 1;
    is_prime[0] = is_prime[1] = 0;
    for (int i = 2; i <= n; ++i) {
         if (is_prime[i]) {
             prime[p++] = i;
             if ((long long) i * i <= n)
                 for (int j = i * i; j <= n; j += i)
                      is_prime[j] = 0;
         }
    }
    return p;
}
```

欧拉筛

埃氏筛算法能不能更快?发现埃氏筛的过程中会出现重复筛一个数的情况,例如,2 筛去 $4, 6, 8, \cdots$,而 3 筛去 $6, 9, 12, \cdots$。

可以看到 6 被筛去了两次,只要能够避免这一点,保证每一个合数都仅被自己的最小质因数筛掉,那么每个数只会被标记一次,就能将复杂度降到 $O(n)$,所以欧拉筛常被称为线性筛。

算法流程

算法 9.2 欧拉筛

输入: $n > 1$

输出: $P[]$ 表示 $2 \sim n$ 的质数

```
function EulerSieve(n)
    for i = 2 → n do
        if i 未被标记未合数 then
            i 加入到 P 中
            for p ∈ P do
                标记 p * i 为合数
                if i 可被 p 整除 then
                    Break
                end if
            end for
        end if
    end for
end function
```

注意，若 i 可被 p 整除，则代表 i 存在一个比 p 更小的因数 i/p，此时应该停止，因为在这之后所有 $i \times p$ 都已经被 i/p 筛掉。

参考代码

```
int Euler(int n) {
    int &cnt = prime[0];
    fill(is_prime + 1, is_prime + n + 1, 1);
    for (int i = 2; i <= n; ++ i) {
        if (is_prime[i]) prime[++cnt] = i;
        for (int j = 1; j <= cnt && i * prime[j] <= n; ++ j) {
            is_prime[i * prime[j]] = 0;
            if (i % prime[j] == 0) break;
        }
    }
}
```

9.2 同 余 式

定义 9.8 同余

如果 $m \mid a - b$，则 a 与 b 模 m 同余，记为 $a \equiv b \pmod{m}$。♣

同余式能够更加方便地描述整除性质，“同余”这一概念就是在对剩余类进行划分，这个划分内的每个元素之差都能被 m 整除。

算法竞赛中更加侧重于同余式的运算和求解，在整数域与多项式域中都有涉及[1]。

9.2.1 同余方程

同余方程的实质等价于解一般方程

$$ax \equiv c \pmod{b} \leftrightarrow ax + by = c$$

应用裴蜀定理即可。

[1]同余的数构成一个剩余类，有兴趣的读者可以自行学习群论有关剩余系的相关内容，其中有很多精妙的性质。

9.2.2 逆元

定义 9.9 逆元

一个存在单位元素 e 的代数系统 $<\mathbb{S},*>$，如果对 $\mathbb{S}$ 内的元素 a 存在 t，使得 $t \circ a = a \circ t = e$，则称为 a 对运算 $\circ$ 的逆元，记 t 为 a^{-1}。♣

在同余式中，$e=1$ 而 $\circ$ 表示模意义下的乘法。

可以考虑这样一种情况：

$$3 \equiv 9 \equiv 0 \pmod 3$$

同除一个数，发现这个式子不等 3：

$$3/3 \not\equiv 9/3 \pmod 3$$

这是因为除法在同余式中不成立，所以需要使用乘逆元 3^{-1} 代替除 3。

由定义知，求 a 的逆元相当于求解同余方程 $ax \equiv 1 \pmod p$，可以通过扩展欧几里得算法求得。下面介绍基于快速幂的更常用的求法。

1. 费马小定理求逆元

由定理 9.4 知，若 p 是素数，则 $a^{-1} = a^{-1+(p-1)} = a^{p-2}$，所以除法可以用乘 a^{p-2} 代替。

此时，称 a 在模 p 意义下的逆元等于 a^{p-2}，应用快速幂可在 $O(\log p)$ 时间解决。

参考代码

```
long long qpow(int a, int b, int p) {
    long long res = 1;
    for (; b; b >>= 1, a = a * a % p)
        if (b & 1) res = res * a % p;
    return res;
}

long long inv(x) {
    return qpow(x, p-2, p);
}
```

2. 线性求逆元

如果需要求 $[1,n]$ 整段区间的逆元，可以遍历 $[1,n]$ 然后使用扩展欧几里得算法，但复杂度会达到 $O(n\log p)$。

定理 9.5 逆元递推

设 $p = ai + b$，则

$$\mathrm{inv}(i) = p - a \times \mathrm{inv}(b)\%p$$

♡

证明 设 $ai + b = p \equiv 0 \pmod p$，则

$$ai \equiv -b \longrightarrow i \equiv -\frac{b}{a} \longrightarrow i^{-1} \equiv -a \times b^{-1}$$

参考代码

```
inv[1] = 1;
for (int i = 2; i <= n; i++)
    inv[i] = p - (p / i * inv[p % i]) % p;
```

3. 阶乘逆元

阶乘逆元的递推式如下。

证明

$$\frac{1}{x!} \equiv \frac{1}{(x+1)!} \times (x+1)$$

参考代码

```
inline void init(int n) {
    f[0] = 1;
    for (int i = 1; i < n; ++ i) f[i] = f[i - 1] * i % n;
    rf[n - 1] = qpow(f[n - 1], n - 2, n);
    for (int i = n - 1; i; -- i) rf[i - 1] = rf[i] * i % n;
}
```

9.2.3　欧拉公式

定义 9.10 欧拉函数

$\varphi(m)$ 表示 $1 \sim m$ 中与 m 互素的数的个数，也称为欧拉函数。♣

根据定义，能够写出欧拉函数的通式：

$$\varphi(x) = x\prod\left(1 - \frac{1}{p_i}\right)$$

其中，p_i 是 x 的质因子。

性质

(1) 如果 m 是素数，$\varphi(m) = m - 1$。

(2) 如果 m 是素数，且 $k \geqslant 1$，$\varphi(m^k) = m^k - m^{k-1}$（即除了 m 的倍数，都与 m^k 互质）。

(3) 如果 $\gcd(m,n) = 1$，则 $\varphi(mn) = \varphi(m)\varphi(n)$。

欧拉函数的求法会在积性函数中涉及。

定理 9.6　欧拉公式

如果 $\gcd(a,m) = 1$，则 $a^{\varphi(m)} \equiv 1 \pmod m$。♡

可以注意到，费马小定理描述的是模数是质数的情况，而欧拉公式对模数不做要求。

9.2.4　欧拉降幂

由欧拉定理可知，

$$a^b \equiv a^{b \bmod \varphi(p)} \times (a^{\varphi(p)})^{\lfloor \frac{b}{\varphi(p)} \rfloor} \equiv a^{b \bmod \varphi(p)} \pmod p \quad \gcd(a,p) = 1$$

更一般地，有下述性质[1]：

$$a^b \equiv \begin{cases} a^{b \bmod \varphi(p)} & \gcd(a,p) = 1 \\ a^b & \gcd(a,p) \neq 1,\ b < \varphi(q) \\ a^{b \bmod \varphi(p) + \varphi(p)} & \gcd(a,p) \neq 1,\ b \geqslant \varphi(p) \end{cases}$$

参考代码

```
ll phi(ll x) {
    ll ans = x;
```

[1]注意在 $b < \varphi(m)$ 时 $a^b \equiv a^{b \bmod \varphi(p)+\varphi(p)}$ 不一定正确。

```
    for (int i = 2; i * i <= x; ++ i) if (x % i == 0) {
        ans -= ans / i;
        while (x % i == 0) x /= i;
    }
    if (x > 1) ans -= ans / i;
    return ans;
}

ll eulerFastPow(ll a, ll b, ll p) {
    int d = phi(p);
    if (b > d) return qpow(a, b % d + d, d);
    else return qpow(a, b, d);
}
```

习题推荐

- **FZU 1759** Super A^B mod C *http://acm.fzu.edu.cn/problem.php?pid=1759*
- **HDU 2837** Calculation *http://acm.hdu.edu.cn/showproblem.php?pid=2837*

9.2.5 中国剩余定理

求解同余方程组

$$\begin{cases} x \equiv a_1 & \pmod{m_1} \\ x \equiv a_2 & \pmod{m_2} \\ \vdots \\ x \equiv a_n & \pmod{m_n} \end{cases}$$

定理 9.7 中国剩余定理

设 $m_1, m_2, \cdots, m_n$ 是两两互质的整数，$m = \prod_{i=1}^{n} m_i, M_i = m/m_i$ ，t_i 是线性同余方程 $M_i t_i \equiv 1 \bmod m_i$ 的一个解，对于任意的 n 个数 $a_1, a_2, \cdots, a_n$，方程组

$$x \equiv a_i \pmod{m_i}$$

有整数解，解为 $x = \sum_{i=1}^{n} a_i M_i t_i + kM (k \in \mathrm{Z})$, 最小非负整数解为 $(x\%M + M)\%M$。

证明 因为 $M_i = m/m_i$，是除 m_i 以外所有数的倍数，所以 $\forall k \neq i, a_i M_i t_i = 0 \pmod{m_k}$, 又因为 $a_i M_i t_i = a_i \pmod{m_i}$，所以带入 x，原方程成立。

参考代码

```
inline void CRT() {
    for (int i = 1; i <= n; ++ i) M *= m[i];
    for (int i = 1; i <= n; ++ i) base[i] = M / m[i];
    ll y;
    for (int i = 1; i <= n; ++ i) {
        exgcd(base[i], m[i], ans[i], y);
        (res += ans[i] * a[i] * base[i]) %= M;
    }
    printf("%lld", (res + M) % M);
}
```

如果模数并不两两互质，可以考虑**依次合并**的思路，进行**扩展中国剩余定理**。

9.2.6 扩展中国剩余定理

先考虑两个方程的情形。

设两个方程分别为

$$\begin{cases} x \equiv a_1 \pmod{m_1} \\ x \equiv a_2 \pmod{m_2} \end{cases} \tag{9.3}$$

将式 (9.3) 转换为不定方程:

$$x = m_1p + a_1 = m_2q + a_2 \ (p, q \in \mathbb{Z})$$

则有

$$m_1p - m_2q = a_2 - a_1$$

由裴蜀定理可知，当 $a_2 - a_1$ 不能被 $\gcd(m_1, m_2)$ 整除时，无解。

其他情况下，可以通过扩展欧几里得算法解出来一组可行解 (p, q)。

则原来的两方程组成的模方程组的解为 $x \equiv b \pmod{M}$，其中

$$b = m_1p + a_1, M = \text{lcm}(m_1, m_2)$$

类似数学归纳法，依次合并可以得到整个方程组的解。

参考代码

```
ll qmul(ll x, ll y, ll mod) {
    ll res = 0;
    for (; y; y >>= 1, x = (x + x) % mod)
    if (y & 1) res = (res + x) % mod;
    return res;
}

inline void exCRT() {
    ans = a[1];
    M = m[1];
    ll x, y;
    for(int i = 2; i <= n; ++i){
        ll B = ((a[i] - ans) % m[i] + m[i]) % m[i];
        ll d = exgcd(M, m[i], x, y);
        x = qmul(x, B / d, m[i]);
        ans += M * x;
        M *= m[i] / d; // lcm(M, m[i])
        ans = (ans + M) % M;
    }
    printf("%lld\n", ans);
}
```

习题推荐

- **UOJ 396** 屠龙勇士 *https://uoj.ac/problem/396*
- **Luogu 3868** 猜数字 *https://www.luogu.com.cn/problem/P3868*

9.2.7 卢卡斯定理与扩展卢卡斯

定理 9.8 卢卡斯定理

$$C_n^m \equiv C_{\lfloor \frac{n}{p} \rfloor}^{\lfloor \frac{m}{p} \rfloor} \cdot C_{n \bmod p}^{m \bmod p} \pmod{p} \quad p \in \mathbb{P}$$

♡

证明[1] 考虑 $\binom{p}{n} \bmod p$ 的取值，注意到 $\binom{p}{n} = \frac{p!}{n!(p-n)!}$，分子的质因子分解中 p 次项恰为 1，因此只有当 $n=0$ 或 $n=p$ 的时候 $n!(p-n)!$ 的质因子分解中含有 p，因此 $\binom{p}{n} \bmod p = [n = 0 \vee n = p]$。进而可以得出

$$(a+b)^p = \sum_{n=0}^{p}\binom{p}{n}a^n b^{p-n} \quad \equiv \sum_{n=0}^{p}[n=0\vee n=p]a^n b^{p-n} \equiv a^p + b^p \pmod p$$

注意过程中没有用到费马小定理，因此这一推导不仅适用于整数，也适用于多项式。因此可以考虑二项式 $f(x) = (ax^n + bx^m)^p \bmod p$ 的结果：

$$(ax^n + bx^m)^p \equiv a^p x^{pn} + b^p x^{pm} \quad \equiv ax^{pn} + bx^{pm} \equiv f(x^p)$$

考虑二项式 $(1+x)^n \bmod p$，那么 $\binom{n}{m}$ 就是求其在 x^m 次项的取值。使用上式，可以得到：

$$(1+x)^n \equiv (1+x)^{p\lfloor n/p\rfloor}(1+x)^{n \bmod p} \quad \equiv (1+x^p)^{\lfloor n/p\rfloor}(1+x)^{n \bmod p}$$

注意前者只有在 p 的倍数位置才有取值，而后者最高次项为 $n \bmod p \leqslant p-1$，因此这两部分的卷积在任何一个位置只有最多一种方式贡献取值，即在前者部分取 p 的倍数次项，后者部分取剩余项，即

$$\binom{n}{m} \bmod p = \binom{\lfloor n/p\rfloor}{\lfloor m/p\rfloor} \times \binom{n \bmod p}{m \bmod p} \bmod p$$

使用卢卡斯定理求解组合数要求模数 p 为质数，复杂度大致为 $O(p)$。参考代码如下。

参考代码

```
int C(int n, int m, int p) {
    if (n < 0 || m < 0) return 0;
    return f[n] * rf[n - m] % p * rf[m] % p;
}

int lucas(int n, int m, int p) {
    if (!m || n == m) return 1;
    return C(n % p, m % p, p) * lucas(n / p, m / p, p) % p;
}
```

当 p 为合数时可以使用扩展卢卡斯定理解决。

扩展卢卡斯定理是将 p 进行质因数分解 $p = \prod p_i^{k_i}$，以分别应用卢卡斯定理。因为 $p_i^{k_i}$ 两两互质，完成后使用 CRT 合并即可。

分解后，即求

$$C_n^m \bmod p_i^{k_i} = \frac{n!}{m!(n-m)!} \bmod p_i^{k_i}$$

发现

$$n! \bmod p^k = \left(\prod_{i=1\,\&\, i \bmod p>0}^{p^k} i\right)^{\frac{n}{p^k}} \times \left(\prod_{i=1\,\&\, i \bmod p>0}^{n \bmod p^k} i\right) \times \left(\left\lfloor\frac{n}{p}\right\rfloor\right)! \cdot p^{\lfloor\frac{n}{p}\rfloor} \bmod p^k$$

而其中的 $\left(\frac{n}{p}\right)! \bmod p^k$ 可以用同样的方式递归求解。

使用扩展卢卡斯定理求解组合数的参考代码如下。

---

[1]证明来自：*https://oi-wiki.org/math/lucas/*

参考代码

```
ll calc(ll n, ll x, ll P) {
    if (!n) return 1;
    ll s = 1;
    for (ll i = 1; i <= P; i++)
    if (i % x) s = s * i % P;
    s = ksm(s, n / P, P);
    for (ll i = n / P * P + 1; i <= n; i++)
    if (i % x) s = i % P * s % P;
    return s * calc(n / x, x, P) % P;
}

ll multilucas(ll n, ll m, ll x, ll P) {
    if (n < m) return 0;
    int cnt = 0;
    for (ll i = n; i; i /= x) cnt += i / x;
    for (ll i = m; i; i /= x) cnt -= i / x;
    for (ll i = n - m; i; i /= x) cnt -= i / x;
    return ksm(x, cnt, P) % P * calc(n, x, P) % P * a_1(calc(m, x, P), P) %
    P * a_1(calc(n - m, x, P), P) % P;
}

ll exlucas(ll n, ll m, ll P) {
    int cnt = 0;
    ll p[20], a[20];
    for (ll i = 2; i * i <= P; i++) {
    if (P % i == 0) {
        p[++cnt] = 1;
        while (P % i == 0) p[cnt] = p[cnt] * i, P /= i;
        a[cnt] = multilucas(n, m, i, p[cnt]);
    }
    }
    if (P > 1) p[++cnt] = P, a[cnt] = multilucas(n, m, P, P);
    return CRT(cnt, a, p);
}
```

习题推荐

- **LOJ 10229** 古代猪文　*https://loj.ac/problem/10229*

9.2.8　非对称加密——RSA 算法

非对称加密在现实网络中有非常广泛的应用。所谓非对称，就是指该算法需要一对密钥，使用其中一个公钥加密，则需要用另一个私钥才能解密。

原理

RSA 算法基于这样的数学事实：两个大质数相乘得到的大数难以被因式分解。给出两个大质数 p,q，很容易算出 $N=pq$ 。但是给出 N，比较难找出 p,q，只能不断尝试。

(1) 选取两个大质数 p,q，计算 $N=pq$，$\varphi(N)=\varphi(p)\cdot\varphi(q)=(p-1)\cdot(q-1)$。

(2) 选择一个 $[1,\varphi(N)]$ 之间的数 e，使得 e 和 $\varphi(N)$ 互质。

(3) 计算密钥 d，满足 $de\equiv 1(\bmod \varphi(N))$，即 $e \bmod \varphi(N)$ 意义下的逆元。

(4) (N,e) 是公钥，(N,d) 是私钥，假设 m 为明文，加密以后为密文 c：$m^e \bmod N=c$。

解密

$$c^d=m^{e^d}=m^{ed} \pmod N = m^1 \pmod N = m$$

9.3 数论函数

9.3.1 积性函数

定义 9.11 数论函数

1. 数论函数

   $f(n)$ 的定义域为正整数域，值域为复数。

2. 积性函数

   考虑一个数论函数 f，对于任意两个互质的正整数 a, b，均满足 $f(ab) = f(a)f(b)$。

3. 完全积性函数

   考虑一个定义在 $\mathbb{N}_+$ 的函数 f，对于任意两个正整数 a, b，均满足 $f(ab) = f(a)f(b)$。♣

性质

(1) 对于任意积性函数有 $f(1) = 1$。

(2) 积性函数的前缀和也是积性函数。

常见积性函数

(1) 除数函数 $\sigma_k(n) = \sum_{d|n} d^k$，表示 n 的约数的 k 次幂和。

(2) 约数个数函数 $\tau(n) = \sigma_0(n) = \sum_{d|n} 1$，表示 n 的约数个数，一般也写为 $d(n)$。

(3) 约数和函数 $\sigma_1(n) = \sum_{d|n} d$，表示 n 的约数之和。

(4) 欧拉函数 $\varphi(n) = \sum_{i=1} n[(i,n)=1]$，表示不大于 n 且与 n 互质的正整数个数 $\sum_{i=1}^{n}[(i,n)=1]\times i = \dfrac{n\times\varphi(n)+[n=1]}{2}$，其中，$[n=1]$ 表示只有 $n=1$ 时，其值为 1，否则为 0。

(5) 莫比乌斯函数 $\mu(n)$ 在狄利克雷卷积的乘法中与恒等函数互为逆元。

(6) 元函数 $e(n) = [n = 1]$，是狄利克雷卷积的乘法单位元，完全积性。

(7) 恒等函数 $I(n) = 1$，单位函数 $id(n) = n$，幂函数 $id^k(n) = n^k$，完全积性。

9.3.2 狄利克雷卷积

定义 9.12 狄利克雷卷积

数论函数 f 和 g 的狄利克雷卷积定义为

$$(f * g)(n) = \sum_{d|n} f(d) \cdot g(\frac{n}{d})$$

♣

性质

(1) $f * g = g * f$（交换律）。

(2) $(f * g) * h = f * (g * h)$（结合律）。

(3) $f * (g + h) = f * g + f * h$（分配律）。

(4) 存在单位元函数 $e(n) = [n = 1]$ 使得 $f * e = f$。

(5) 若 f 和 g 为积性函数，则 $f * g$ 也为积性函数。

9.3.3 莫比乌斯函数

定义 9.13　莫比乌斯函数

设 $n=p_1^{q_1}\cdot p_2^{q_2}\cdots p_k^{q_k}$，其中，$p_i$ 为素数，$q_i>0$，则定义莫比乌斯函数 $\mu(n)$ 如下。

$$\mu(n)=\begin{cases}1, & n=1\\ (-1)^k, & \prod_{i=1}^{k} q_i=1\\ 0, & \exists\, q_i>1\end{cases}$$

♣

通俗地讲，莫比乌斯函数的定义如下。

(1) 莫比乌斯函数 $\mu(n)$ 的定义域是 $\mathbb{N}$。

(2) $\mu(1)=1$。

(3) 当 n 存在平方因子时，$\mu(n)=0$。

(4) 当 n 是素数或奇数个不同素数之积时，$\mu(n)=-1$。

(5) 当 n 是偶数个不同素数之积时，$\mu(n)=1$。

此处常用的是将 n 代替为 $\gcd(a,b)$, 或者将 $[n=1]$ 写作 $e(n)$ ，读者需要对这些变换有所了解。

性质一

$$\sum_{d|n}\mu(d)=[n=1]$$

证明　当 $n=1$ 时显然成立, 当 $n\neq 1$ 时，设 $n=p_1^{q_1}\cdot p_2^{q_2}\cdots p_m^{q_m}$。

在 n 的所有因子中，μ 值不为 0 的只有所有质因子次数都为 1 的因子，其中质因子个数为 r 个的有 C_k^r 个。显然有

$$\sum_{d|n}\mu(d)=C_k^0-C_k^1+C_k^2+\cdots+(-1)^kC_k^k=\sum_{i=0}^{k}(-1)^iC_k^i$$

由二项式定理知 $(x+y)^n=\sum_{i=0}^{n}C_n^ix^iy^{n-i}$。令 $x=-1,y=1$ 得证。

性质二

$$\sum_{d|n}\frac{\mu(d)}{d}=\frac{\varphi(n)}{n}$$

证明　令 $F(n)=n,f(n)=\varphi(n)$ 带入莫比乌斯反演的公式得证。

性质三

$$n=\sum_{d|n}\varphi(d)$$

证明　即证明

$$\varphi*1=\mathrm{id}$$

将 n 分解质因数 $n=\prod_{i=1}^{k}{p_i}^{c_i}$。

首先，因为 φ 是积性函数，故只要证明当 $n'=p^c$ 时 $\varphi*1=\sum_{d|n'}\varphi\left(\frac{n'}{d}\right)=\mathrm{id}$ 成立即可。

因为 p 是质数，于是 $d = p^0, p^1, p^2, \cdots, p^c$。

则

$$
\begin{aligned}
\varphi * 1 &= \sum_{d|n} \varphi\left(\frac{n}{d}\right) \\
&= \sum_{i=0}^{c} \varphi(p^i) \\
&= 1 + p^0 \cdot (p-1) + p^1 \cdot (p-1) + \cdots + p^{c-1} \cdot (p-1) \\
&= p^c \\
&= \mathrm{id}
\end{aligned}
$$

利用莫比乌斯函数是积性函数的性质，可以用欧拉筛求得莫比乌斯函数，参考代码如下。

参考代码

```
inline void sieve() {
    mu[1] = 1;
    for (int i = 2; i <= n; ++ i) {
        if (!prime[i]) prime[++ tot] = i, mu[i] = -1;
        for (int j = 1; j <= tot && prime[j] * i <= n; ++ j) {
            prime[i * prime[j]] = 1;
            if (i % prime[j] == 0) break;
            mu[i * prime[j]] = -mu[i];
        }
    }
}
```

9.3.4 莫比乌斯反演

定理 9.9 莫比乌斯反演

对于定义于非负整数集合上的两个函数 $F(n)$ 和 $f(n)$，若它们满足

$$F(n) = \sum_{d|n} f(d)$$

则可得

$$f(d) = \sum_{d|n} \mu(d) F(\frac{n}{d})$$

♡

证明 根据 μ 与 I 在狄利克雷卷积中互为逆元，得

$$F = f * 1 \Longleftrightarrow f = \mu * F$$

经典变形

(1) $\sum_{i=1}^{n}\sum_{j=1}^{m} f(\gcd(i,j)) = \sum_{T=1}^{n} \left\lfloor \frac{n}{T} \right\rfloor \left\lfloor \frac{m}{T} \right\rfloor \sum_{d|T} \mu(d) f\left(\frac{T}{d}\right)$

(2) $\sum_{i=1}^{n}\sum_{j=1}^{m} [\gcd(i,j) = d] = \left(2\sum_{i=1}^{\lfloor \frac{n}{d} \rfloor} \varphi(i)\right) - 1$

(3) $d(i * j) = \sum_{d_1|i}\sum_{d_2|j} [(d_1, d_2) = 1]$

(4) $d(i * j * k) = \sum_{d_1|i}\sum_{d_2|j}\sum_{d_3|k} [(d_1, d_2) = 1][(d_1, d_3) = 1][(d_2, d_3) = 1]$

分块优化

对于 $\lfloor n/d \rfloor$ 只有 $2\sqrt{n}$ 种不同的取值，所以商相同的一段可以一同计算。如图 9.1 所示为分块数表。

d	1	2	3	4	5	6	7	8	9	10	11	12	13	14	15	16
$\left\lfloor \frac{n}{k*d} \right\rfloor$	16	8	5	4	3	2	2	2	1	1	1	1	1	1	1	1
$\left\lfloor \frac{m}{k*d} \right\rfloor$	20	10	6	5	4	3	2	2	2	2	1	1	1	1	1	1
$\mu(d)$	1	−1	−1	0	−1	1	−1	0	0	1	−1	0	−1	1	1	0

图 9.1　分块数表

关于莫比乌斯往往都会出现除法且向下取整，此时就可以用分块将复杂度降为 $\sqrt{n}$。

利用分块求法的前提是，一些积性函数能够预处理出前缀和。预处理前缀和的方法有很多，若 n 较小可以采用线性筛，n 较大则要使用杜教筛、Min_25 筛、洲阁筛等。

下面将对较为复杂的两个例题进行讲解，便于更灵活应用其中的变形，本节内容重点在于公式推导，请读者在推导完成后自行完成代码。

例题讲解

【例题 9.4】GCD and LCM

题目描述

求

$$\sum_{i=1}^{n}\sum_{j=1}^{n}\sum_{k=1}^{n}\sum_{l=1}^{n}[(i,j),(k,l)] \bmod 2^{32}\ n \leqslant 10^7$$

题目来源

HDU 5341　*https://acm.hdu.edu.cn/showproblem.php?pid=5341*

解题思路

令 $f(n,d)=\sum_{I=1}^{n}\sum_{j=1}^{n}[(i,j)=d]=\left(2\sum_{i=1}^{\lfloor \frac{n}{d} \rfloor}\varphi(i)\right)-1$

$$\begin{aligned}
\text{Ans} &= \sum_{d_1=1}\sum_{d_2=1}[d_1,d_2]*f(n,d_1)*f(n,d_2)\\
&= \sum_{d=1}^{n} d \sum_{d_1=1}^{\lfloor \frac{n}{d} \rfloor}\sum_{d_2=1}^{\lfloor \frac{n}{d} \rfloor}[(d_1,d_2)=1]d_1*d_2*f(n,d*d_1)*f(n,d*d_2)\\
&= \sum_{d=1}^{n} d \sum_{k=1}^{\lfloor \frac{n}{d} \rfloor}\mu(k)*k^2\sum_{d_1=1}^{\lfloor \frac{n}{dk} \rfloor}\sum_{d_2=1}^{\lfloor \frac{n}{dk} \rfloor} d_1*d_2*f(n,d_1*d*k)*f(n,d_2*d*k)
\end{aligned}$$

令 $T=dk$

$$\text{Ans}=\sum_{T=1} n \sum_{d_1=1}^{\lfloor \frac{n}{T} \rfloor}\sum_{d_2=1}^{\lfloor \frac{n}{T} \rfloor} d_1*d_2*f(n,d_1*T)*f(n,d_2*T)\sum_{k|T}\mu(k)*k^2*\frac{T}{k}$$

令 $g(T)=T\sum_{k|T}\mu(k)*k,\ s(n)=\left(2*\sum_{i=1}^{n}\varphi(i)\right)-1,\ S(n)=\sum_{i=1}^{n} i*s\left(\left\lfloor\frac{n}{i}\right\rfloor\right)$

$$\text{Ans}=\sum_{T=1}^{n} S\left(\left\lfloor\frac{n}{T}\right\rfloor\right)^2 g(T)$$

【例题 9.5】51nod 1594 Gcd and Phi

题目描述

求 $F(n)=\sum_{i=1}^{n}\sum_{j=1}^{n}\varphi(\gcd(\varphi(i),\varphi(j)),\ n\leqslant 2\times 10^6$

题目来源

51NOD 1594 *http://www.51nod.com/Challenge/Problem.html#problemId=1594*

解题思路

记 $C_k=\sum_{i=1}^{n}[\varphi_i=k]$

$$\sum_{i=1}^{n}\sum_{j=1}^{n}\varphi(\varphi_i,\varphi_j))=\sum_{d=1}\varphi_d\sum_{i=1}^{\lfloor\frac{n}{d}\rfloor}\sum_{j=1}^{\lfloor\frac{n}{d}\rfloor}C_{id}*C_{jd}[(i,j)=1]$$

反演得

$$=\sum_{d=1}\varphi_d\sum_{k=1}^{\lfloor\frac{n}{d}\rfloor}\mu_k\sum_{i=1}^{\lfloor\frac{n}{dk}\rfloor}\sum_{j=1}^{\lfloor\frac{n}{dk}\rfloor}C_{idk}*C_{jdk}$$

令 $T=k*d$

$$G(T)=\sum_{d|T}\varphi_d\mu\left(\frac{T}{d}\right),F(T)=\sum_{i=1}^{\lfloor\frac{n}{T}\rfloor}C_{iT}$$

G 是一个积性函数，可以利用线性筛进行预处理 $\text{Ans}=\sum_{T=1}^{n}G(T)F(T)^2$。

习题推荐

- **Luogu 2522** Problem b *https://www.luogu.com.cn/problem/P2522*
- **LOJ 2185** 约数个数和 *https://loj.ac/problem/2185*
- **Luogu 1829** Crash 的数字表格 *https://www.luogu.com.cn/problem/P1829*

9.3.5 杜教筛

当需要计算一个积性函数 f 的前缀和

$$S(n)=\sum_{i=1}^{n}f(i)$$

可以构造两个积性函数 h,g, 使得 $h=g*f$, 那么就有

$$\sum_{i=1}^{n}h(i)=\sum_{i=1}^{n}\sum_{d|i}g(d)\cdot f\left(\frac{i}{d}\right)=\sum_{d=1}^{n}g(d)\sum_{i=1}^{\frac{n}{d}}f(i)=\sum_{d=1}^{n}g(d)S\left(\left\lfloor\frac{n}{d}\right\rfloor\right)$$

要求 $S(n)$ 可令 $d=1$，则问题转为求 $g(1)S(n)$。而

$$g(1)S(n)=\sum_{i=1}^{n}h(i)-\sum_{d=2}^{n}g(d)S\left(\left\lfloor\frac{n}{d}\right\rfloor\right)$$

对于等式右侧，如果能够快速得到 g 函数和 h 函数的前缀和，就可以进行数论分块递归求解。代码框架如下。

```
ll S(int x) {
    ll res = get_h(x);
    for (ll l = 2, r; l <= x; l = r + 1) {
        r = n / (n / l);
        res -= (get_g(r) - get_g(l - 1)) * S(n / l);
    }
```

```
    return res;
}
```

如果先算出前 m 个答案，则复杂度可优化为:

$$T(n)=\sum_{i=1}^{\lfloor\frac{n}{m}\rfloor}O\left(\sqrt{\frac{n}{i}}\right)=O(\frac{n}{\sqrt{m}})$$

显然 m 取 $n^{\frac{2}{3}}$ 时复杂度最优，为 $O\left(n^{\frac{2}{3}}\right)$。

经典构造

莫比乌斯函数前缀和

由于 $\mu * I=e$，令 $h=e,g=I$ 即可。

欧拉函数前缀和

由于 $\varphi * I=id$, 令 $h=id,g=I$ 即可。

例题讲解

【例题 9.6】huntian oy

题目描述

给定 n 计算函数

$$f(n,a,b)=\sum_{i=1}^{n}\sum_{j=1}^{i}\gcd(i^a-j^a,i^b-j^b)[\gcd(i,j)==1]\bmod 1e9+7$$

题目来源

HDU 6706　*https://acm.hdu.edu.cn/showproblem.php?pid=6706*

解题思路

由于

$$\gcd(i^a-j^a,i^b-j^b)=i^{\gcd(a,b)}-j^{\gcd(a,b)}=i-j$$

那么原式变为

$$\sum_{i=1}^{n}\sum_{j=1}^{i}(i-j)[\gcd(i,j)==1]$$

先只考虑内层循环

$$\sum_{j=1}^{i}(i-j)[\gcd(i,j)==1]=i\varphi(i)-\frac{i\varphi(i)}{2}(i>1)$$

则原式可以化为 $\sum_{i=1}^{n}i\varphi(i)$。

设 $f(x)=x\varphi(x)$ 则有

$$(f*id)(x)=\sum_{d|n}f\left(\frac{n}{d}\right)*id(d)=\sum_{d|n}\frac{n}{d}*\varphi\left(\frac{n}{d}\right)*id(d)=n\sum_{d|n}\varphi\left(\frac{n}{d}\right)=n^2$$

则有

$$\sum_{i=1}^{n}(id*f)=\sum_{i=1}^{n}i^2$$

令 $S(n)=\sum_{i=1}f(i)$，反向枚举求和有

$$\sum_{i=1}^{n}\sum_{d|i}id(d)f\left(\frac{i}{d}\right)=\sum_{d=1}^{n}\sum_{i=1}^{\lfloor\frac{n}{d}\rfloor}id(d)f(i)=\sum_{d=1}^{n}id(d)\sum_{i=1}^{\lfloor\frac{n}{d}\rfloor}f(i)=\sum_{d=1}^{n}id(d)S\left(\left\lfloor\frac{n}{d}\right\rfloor\right)$$

$$\sum_{d=1}^{n} id(d)S\left(\left\lfloor\frac{n}{d}\right\rfloor\right) = id(1)S(n) + \sum_{d=2}^{n} id(d)S\left(\left\lfloor\frac{n}{d}\right\rfloor\right) = \sum_{i=1}^{n} i^2$$

所以

$$S(n) = \frac{n(n+1)(2n+1)}{6} - \sum_{d=2}^{n} dS\left(\left\lfloor\frac{n}{d}\right\rfloor\right)$$

参考代码

```
#include<bits/stdc++.h>

using namespace std;
const int N = 1e6 + 5;
const int mod = 1e9 + 7;
const int inv6 = 166666668;
const int inv2 = 500000004;
long long phi[N];
bool vis[N];
int prime[N];
int cnt;
void init() {
    phi[1] = 1;
    cnt = 0;
    for (int i = 2; i < N; i++) {
        if (!vis[i]) {
            prime[cnt++] = i;
            phi[i] = i - 1;
        }
        for (int j = 0; j < cnt && i * prime[j] < N; j++) {
            vis[i * prime[j]] = 1;
            if (i % prime[j] == 0) {
                phi[i * prime[j]] = phi[i] * prime[j];
                break;
            } else
                phi[i * prime[j]] = phi[i] * (prime[j] - 1);
        }
    }
    for (int i = 1; i < N; i++)
    phi[i] = (phi[i - 1] + 1ll * i % mod * phi[i] % mod) % mod;
}
map < long long, long long > P;
long long S(long long n) {
    if (n < N) return phi[n];
    if (P.find(n) != P.end()) return P[n];
    long long sum = n * (n + 1) % mod * (2 * n + 1) % mod * inv6 % mod;
    for (long long i = 2, last; i <= n; i = last + 1) {
        last = n / (n / i);
        sum = (sum - (last + i) * (last - i + 1 + mod) % mod * inv2 % mod * (S(n / i)
            % mod) % mod + mod) % mod;
    }
    P[n] = sum;
    return sum;
}
int main() {
    init();
    int t;
    scanf("%d", & t);
    while (t--) {
```

```
        int n, a, b;
        scanf("%d%d%d", & n, & a, & b);
        long long ans = (S(n) - 1 + mod) % mod;
        printf("%lld\n", ans * inv2 % mod);
    }
    return 0;
}
```

习题推荐

- **HDU 5608**function　*http://acm.hdu.edu.cn/showproblem.php?pid=5608*
- **51Nod 1238** 最小公倍数之和 V3　*http://www.51nod.com/Challenge/Problem.html#problemid=1238*
- **51Nod 1227** 平均最小公倍数　*http://www.51nod.com/Challenge/Problem.html#problemid=1227*

9.3.6　Min_25 筛

Min_25 筛用于解决具有如下性质的积性函数 f 的前缀和。

(1) $f(p)$ 是一个关于 p 的多项式（在 p 处可以被拆成单项式求和）。

(2) $f(x)$ 是积性函数。

(3) 对于一个质数 p，$f(p^k)$ 的表达式必须可以由 $f(p)$ 快速得到。

在 Min_25 本人博客中提到了 $O(n^{\frac{2}{3}})$ 的筛法，但是本处只介绍 $O\left(\dfrac{n^{0.75}}{\log n}\right)$ 的筛法。

记号约定

(1) $\operatorname{minp}(x)$: x 的最小质因子。

(2) p_i: 第 i 个质数，特别地 $p_0 = 1$。

(3) $\mathbb{P}$: 质数集合。

算法思路

目标求解

$$F(x) = \sum_{i=2}^{n} f(i)$$

可以分为质数和合数两部分考虑。

对于质数部分，可以考虑线性筛的思路：

(1) 遍历到 x 时 x 未被标记，则记 x 为素数。

(2) 标记以 x 为最小质因子的数为合数。

令 $f'(x)$ 是 $x \in \mathbb{P}$ 时，$f(x)$ 关于 x 的多项式表达式。

可以先求

$$F'(x) = \sum_{i=2}^{n} f'(i)$$

然后类似筛法逐步“删去”合数位置的 $f'(x)$。

记

$$g(n,k) = \sum_{i=2}^{n} [i \in \mathbb{P} \vee \operatorname{minp}(i) > p_k] f'(i)$$

则 $g(n,k)$ 表示用前 k 个质数筛去后剩下的项的和。

k 最大可以取到 $\pi(\sqrt{n})$，则 $g(n,\pi(\sqrt{n}))$ 表示所有质数项的和，注意到 $f'(x) = f(x), x \in \mathbb{P}$，所以

$$g(n,\pi(\sqrt{n})) = \sum_{i=2}^{n} [i \in \mathbb{P}] f(i)$$

考虑进行下一次筛法，即从 $j-1$ 到 j 时 $g(n,j)$ 和 $g(n,j-1)$ 关系。

若 $n<p_j^2$，则无以 p_j 为最小质因子的合数，此时

$$g(n,j)=g(n,j-1)$$

若 $n\geqslant p_j^2$，则需要计算会被 p_j 筛去的项

$$\begin{aligned}g(n,j)&=g(n,j-1)-\sum_{i=2}^{n}[\operatorname{minp}(i)=p_j]f'(i)\\&=g(n,j-1)-f'(p_j)\sum_{i=2}^{\lfloor\frac{n}{p_j}\rfloor}[\operatorname{minp}(i)\geqslant p_j]f'(i)\\&=g(n,j-1)-f'(p_j)\left(g\left(\left\lfloor\frac{n}{p_j}\right\rfloor,j-1\right)-\sum_{i=1}^{j-1}f'(p_j)\right)\end{aligned}$$

注意到 $\left\lfloor\dfrac{n}{p_j}\right\rfloor$ 最多有 $\sqrt{n}$ 个取值，可以分块解决。

求答案时，设

$$S(n,j)=\sum_{i=2}^{n}[\operatorname{minp}(i)>p_j]f'(i)$$

那么答案就是 $S(n,0)$。

S 的计算可以分为质数合数两部分求解。

质数部分为

$$g(n,\pi(\sqrt{n}))-\sum_{i=1}^{j}f'(p_i)$$

合数部分枚举最小质因子和它的次数

$$\sum_{k=j+1}^{p_k\leqslant\sqrt{n}}\sum_{c=1}^{p_k^c\leqslant n}f'(p_k^c)\left(S\left(\left\lfloor\frac{n}{p_k^c}\right\rfloor,k\right)+[c>1]\right)$$

两部分相加即可。

算法实现

由于 n 很大，$g(n,i)$ 中无法直接建立长度为 n 的数组，因此需要离散化。

进行数论分块并将 $n/i\leqslant\sqrt{n}$ 的块的下标存于 sp 中，而 $n/i\geqslant\sqrt{n}$ 的块的下标存于 sp2 中。

注意到 g 数组第二维可以滚动掉，所以只需要建立一维数组即可。

下面通过例题给出参考代码。

例题讲解

【例题 9.7】Min_25 筛

题目描述

定义积性函数 $f(x)$，且 $f(p^k)=p^k(p^k-1)$（p 是一个质数），求

$$\sum_{i=1}^{n}f(i)\bmod 10^9+7$$

题目来源

Luogu 5325 *https://www.luogu.com.cn/problem/P5325*

解题思路

将 $f(p^k)$ 拆成 p^{2k} 和 p^k，进行计算。

参考代码

```
#include <cstdio>
#include <cmath>
using namespace std;

const int N = 2e5 + 10;
//#define int long long
typedef long long ll;
const int p = 1e9 + 7;
const int iv3 = (p + 1) / 3;
ll n;
int b;
int prime[N], len, sp[N], sp2[N];
void sieve() {
    b = (int)(sqrt(n + 0.5));
    for (int i = 2; i <= b; ++ i) {
        if (!prime[i]) prime[++len] = i, sp[len] = (sp[len - 1] + i) % p, sp2[len] = (
             sp2[len - 1] + i * 1ll * i) % p;
        for (int j = 1; j <= len && i * prime[j] <= b; ++j) {
            prime[i * prime[j]] = 1;
            if (i % prime[j] == 0) break;
        }
    }
}
int cc(ll x) {
    x %= p;
    return (x * (x + 1) / 2 + p - 1) % p;
}
int cc2(ll x) {
    x %= p;
    return (x * (x + 1) / 2 % p * (2 * x + 1) % p * iv3 + p - 1) % p;
}
ll g1[N], g2[N], a[N];
int a1[N], a2[N];
int pos(ll x) {
    return x <= b ? a1[x] : a2[n / x];
}
void getg() {
    int tot = 0;
    for (ll l = 1, r; l <= n; l = r + 1) {
        r = n / (n / l);
        ++tot;
        a[tot] = n / l;
        if (a[tot] <= b) a1[a[tot]] = tot;
        else a2[n / a[tot]] = tot;
        g1[tot] = cc(a[tot]), g2[tot] = cc2(a[tot]);
    }
    for (int i = 1; i <= len; ++ i)
    for (int j = 1; prime[i] * 1ll * prime[i] <= a[j]; ++j) {
        g1[j] = (g1[j] + p - prime[i] * 1ll * (g1[pos(a[j] / prime[i])] + p - sp[i -
             1]) % p) % p;
        g2[j] = (g2[j] + p - prime[i] * 1ll * prime[i] % p * (g2[pos(a[j] / prime[i])]
              + p - sp2[i - 1]) % p) % p;
    }
}

int g(int x) {
    return (g2[x] < g1[x] ? g2[x] - g1[x] + p : g2[x] - g1[x]);
}
int f(ll x) {
    x %= p;
    return x * (x - 1) % p;
}

int s(ll n, int k) {
    if (n <= prime[k]) return 0;
```

```
    int re = (1ll * g(pos(n)) + p - sp2[k] + sp[k]) % p;
    for (int i = k + 1; prime[i] * 1ll * prime[i] <= n && i <= len; ++i) {
        ll cur = prime[i];
        for (int e = 1; cur <= n; ++e) {
            re = (re + f(cur) * 1ll * (s(n / cur, i) + (e != 1))) % p;
            cur *= prime[i];
        }
    }
    return re;
}

int main() {
    scanf("%lld", &n);
    sieve();
    getg();
    printf("%lld\n",(s(n, 0) + 1) % p);
    return 0;
}
```

【例题 9.8】function

题目描述

定义 $f(n)$ 表示 n 分解质因数后，各个质因子的幂次之和，现在让你计算

$$\sum_{i=1}^{n} f(i!) \bmod 998244353$$

题目来源

计蒜客 41390 *https://nanti.jisuanke.com/t/41390*

解题思路 [1]

显然只需要考虑质数，计算质数的贡献。

令

$$g(p) = (n+1)\left\lfloor \frac{n}{p} \right\rfloor - p \times \frac{\lfloor \frac{n}{p} \rfloor \times (\lfloor \frac{n}{p} \rfloor + 1)}{2}$$

那么质数 p 的贡献就是

$$h(p) = g(p) + g(p^2) + \cdots + g(p^{\lfloor \log_p n \rfloor})$$

对于小于 $\sqrt{n}$ 的质数，可以直接暴力求解。对于大于 $\sqrt{n}$，显然有 $h(p) = g(p)$。

对于这部分显然不能直接暴力做，观察到函数 $h(p)$=$g(p)$ 在这种情况下可以写成 $h\left(\left\lfloor \frac{n}{p} \right\rfloor\right)$ 和 $g\left(\left\lfloor \frac{n}{p} \right\rfloor\right)$。然后会发现，这是可以数论分块的。把 $g\left(\left\lfloor \frac{n}{p} \right\rfloor\right)$ 用减号分为前后两个部分，前半部分相当于 $(n+1)$ 乘以某段区间内的质数个数，而后半部分相当于 $\frac{\lfloor \frac{n}{p} \rfloor \times (\lfloor \frac{n}{p} \rfloor + 1)}{2}$ 乘以某段区间内的质数和，那么问题转换为求质数个数和质数和的前缀和。

参考代码

```
#include<bits/stdc++.h>
#define ll long long
using namespace std;

const int N = 2e5 + 10;
```

[1] 题解来自：*https://blog.csdn.net/u013534123/article/details/100822845?spm=1001.2014.3001.5501*

```
const ll mod = 998244353;
const ll inv = (1 + mod) / 2;

ll n, sz, p[N], w[N], g[N], h[N], id[N], ps[N];
bool isp[N];

inline void init(int N) {
    sz = 0;
    for (int i = 2; i <= N; i++) {
        if (!isp[i]) p[++sz] = i, ps[sz] = (ps[sz - 1] + i) % mod;
        for (int j = 1; j <= sz && i * p[j] <= N; j++) {
            isp[i * p[j]] = 1;
            if (i % p[j] == 0) break;
        }
    }
}

int main() {
    scanf("%lld", & n);
    ll block = sqrt(n);
    init(block);
    ll ans = 0;
    for (int i = 1; i <= sz; i++) {
        if (p[i] > n) break;
        for (ll x = p[i]; x <= n; x *= p[i]) {
            ll tmp = n / x % mod;
            ans += ((n + 1) % mod * tmp % mod - (1 + tmp) % mod * tmp % mod * inv % mod
                 * x % mod + mod) % mod;
        }
        ans = (ans % mod + mod) % mod;
    }
    int M = 0;
    for (ll i = 1, last; i <= n; i = last + 1) {
        ll len = n / i;
        last = n / len;
        w[++M] = len;
        g[M] = (w[M] - 1) % mod;
        h[M] = w[M] % mod * ((w[M] + 1) % mod) % mod;
        h[M] = (h[M] * inv % mod - 1 + mod) % mod;
        if (len <= block) id[len] = M;
    }
    for (int i = 1; i <= sz; i++)
        for (int j = 1; j <= M && p[i] * p[i] <= w[j]; j++) {
            int op = w[j] / p[i] <= block ? id[w[j] / p[i]] : n / (w[j] / p[i]);
            (g[j] -= g[op] - i + 1) %= mod;
            (h[j] -= p[i] * (h[op] - ps[i - 1]) % mod) %= mod;
            if (h[j] < 0) h[j] += mod;
            if (g[j] < 0) g[j] += mod;
        }
    for (ll i = 1; i < block; i++) {
        (ans += (n + 1) % mod * i % mod * (g[i] - g[i + 1] + mod) % mod) %= mod;
        (ans -= i % mod * (i + 1) % mod * inv % mod * (h[i] - h[i + 1] + mod) % mod)
            %= mod;
        (ans += mod) %= mod;
    }
    printf("%lld\n", ans);
}
```

习题推荐

- **51NOD 1575** Gcd and Lcm　*http://www.51nod.com/Challenge/Problem.html#problemid=1575*
- **51NOD 1847** 奇怪的数学题　*http://www.51nod.com/Challenge/Problem.html#problemid=1847*

9.4 数　　列

9.4.1 卡特兰数

定义 9.14 卡特兰数

卡特兰数又称为卡塔兰数、括号数，是组合数学中一种常出现于各种计数问题中的数列。卡特兰数列的第 n 项可记作 C_n。

$$C_n = \begin{cases} 1, & n = 0 \\ \sum_{k=1}^{n-1} C_{k-1}C_{n-k}, & \text{其他} \end{cases}$$

♣

表9.3给出了卡特兰数列的前若干项。在 $n \geqslant 2$ 时，卡特兰数列满足以下公式。

$$\begin{aligned} C_n &= \binom{2n}{n} - \binom{2n}{n+1} \\ &= \frac{1}{n+1}\binom{2n}{n} \\ &= \frac{4n-2}{n+1}C_{n-1} \end{aligned} \tag{9.4}$$

表 9.3 卡特兰数列的前若干项

n	0	1	2	3	4	5	6	⋯
C_n	1	1	2	5	14	42	132	⋯

求卡特兰数列第 n 项的参考代码如下。

参考代码

```
typedef long long LL;
LL Catalan(int n) {
    if (n==0||n==1) return 1;
    //省略了求取二项式系数的代码
    return (C(2*n,n) - C(2*n,n+1) + mod) %mod;
}
```

卡特兰数的应用

卡特兰数列常见于路径计数问题，例如，以下问题的答案均是 C_n。

(1) 从 $(0,0)$ 走 $2n$ 步走到 $(2n,0)$ 的方案数，其中每次只能向右上或右下走 $\sqrt{2}$ 个单位长度且不能越过 x 轴。

(2) n 个不同的数依次进栈，求有多少种不同的出栈结果。

(3) n 个节点能构成多少种不同的二叉树。

(4) 圆上选择 $2n$ 个点成对连线组成 n 条线段，求使得各条线段互不相交的方案数。

现对问题 1 简单证明，其余结论可自行证明。

证明 考虑去掉限制“不能越过 x 轴”，由于最后一定回到 $(2n,0)$，向右上和右下走的次数必然相等，答案是 $\binom{2n}{n}$。

再考虑加上限制，该限制意为不能越过直线 $y=0$，即不能接触直线 $y=-1$，把所有与 $y=-1$ 接触的那些路径，在直线 $y=-1$ 以上的部分反转过来可让终点变为 $(2n,-2)$。例如，图9.2展示了其中一种不合法的方案的图像和其反转图像。这些路径的条数自然是向右下走的次数比向左上走的次数多 2 的方案数，即 $\binom{2n}{n-1}$。

用所有方案减去与 $y=-1$ 接触的那些方案就是 $\binom{2n}{n}-\binom{2n}{n-1}$，即 C_n。

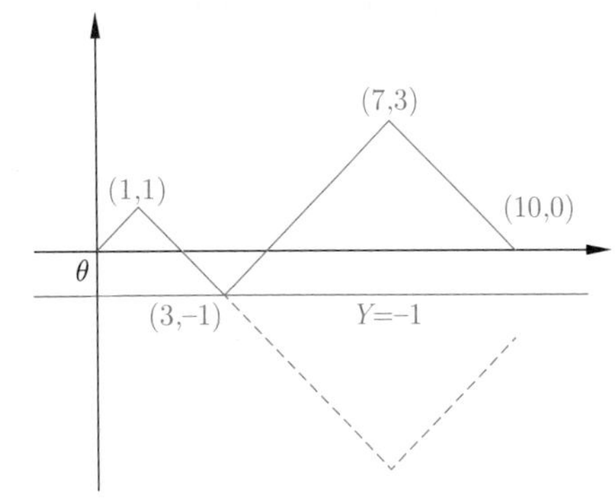

图 9.2　不合法的一组方案

例题讲解

【例题 9.9】生成字符串

题目描述

求有多少个字符串满足以下条件。

(1) 恰好包含 n 个 1 和 m 个 0。

(2) 在其任意前缀中，1 的个数不少于 0 的个数。

满足 $1\leqslant m\leqslant n\leqslant 10^6$。

题目来源

Luogu P1641　*https://www.luogu.com.cn/problem/P1641*

解题思路

套用问题 1 的解法，从 $(0,0)$ 开始，将 1 视作向右上方走，将 0 视作向右下方走。在任意的前 k 个字符中，1 的个数不能少于 0，意为不能越过 x 轴，最终终点便是 $(n+m,n-m)$。

可得答案为 $\binom{n+m}{m}-\binom{n+m}{m-1}$。

【例题 9.10】有趣的数列

题目描述

求有多少个数列满足以下条件。

(1) 长度为 $2n$。

(2) $\langle a_1,a_2,\cdots,a_{2n}\rangle$ 构成一个 $1\sim 2n$ 的排列。

(3) 所有奇数位置上的值递增，所有偶数位置上的值也递增。

(4) 对任意正整数 i，均满足 $a_{2i-1}<a_{2i}$。

输出满足条件的数列的数量，答案对 p 取模。

满足 $n\leqslant 10^6$，$p\leqslant 10^9$。

题目来源

Luogu P3200　*https://www.luogu.com.cn/problem/P3200*

解题思路

转换题意，题目变成把 $1\sim 2n$ 依次放入数列。对每次放的数，要么将其放在最前的奇数位，要么放在最前的偶数位。

此时，若在某一时刻，偶数位上放的数的个数要多于奇数位上的数的个数，则最后一个偶数位和它前面的需要在之后填入的奇数位必定违反条件 (4)，因此任意时刻偶数位上放的数的个数必定不能多于奇数位上数的个数。

将向奇数位填数视作入栈操作，向偶数位上填数视作出栈操作，即上面卡特兰数列的一种应用方式，因此答案即为 C_n。

9.4.2　斐波那契数列

斐波那契数列 (Fibonacci Sequence) 在现代物理、化学、生物学等方面有诸多应用。

定义 9.15 斐波那契数列

斐波那契数列从第三项开始，每一项都等于前两项之和。斐波那契数列的第 n 项记作 F_n。

$$F_n = \begin{cases} 0, & n=0 \\ 1, & n=1 \\ F_{n-1}+F_{n-2}, & 其他 \end{cases}$$

♣

表9.4给出了斐波那契数列的前若干项，表9.5给出了斐波那契数列的部分性质。

表 9.4 斐波那契数列的前若干项

n	0	1	2	3	4	5	6	$\cdots$
F_n	0	1	1	2	3	5	8	$\cdots$

表 9.5 斐波那契数列的部分性质

公　式	常用名称
$F_1+F_2+\cdots+F_n=F_{n+2}-1$	前缀和
$F_1^2+F_2^2+\cdots+F_n^2=F_nF_{n+1}$	平方前缀和
$F_1+F_3+\cdots+F_{2n-1}=F_{2n}$	奇数项和
$F_2+F_4+\cdots+F_{2n}=F_{2n+1}$	偶数项和
$F_{n-1}F_{n+1}-F_n^2=(-1)^n$	卡西尼性质
$F_{n+k}=F_kF_{n+1}+F_{k-1}F_n$	附加性质
$F_{2n}=F_n(F_{n+1}+F_{n-1})$	倍增性质
$F_a \mid F_b \Leftrightarrow a \mid b$	整除
$\gcd(F_m,F_n)=F_{\gcd(m,n)}$	欧几里得性质
斐波那契数列在取模意义下存在循环节	循环节

求取斐波那契数列

定义法 直接根据定义 9.15 求取是求取斐波那契数列的最重要方法。

参考代码

```
typedef long long LL;
LL F[N];
void init(int n) {
    F[0]=0;
    F[1]=1;
    for(int i=2;i<=n;++i) {
        F[i]=(F[i-1]+F[i-2])%mod;
    }
}
```

矩阵乘法法 根据定义 9.15，斐波那契数列的递推式为线性齐次递推式，因此可以采用矩阵乘法的方式来进行递推计算。

$$\begin{bmatrix} F_{n-1} & F_n \end{bmatrix} = \begin{bmatrix} F_{n-2} & F_{n-1} \end{bmatrix} \begin{bmatrix} 0 & 1 \\ 1 & 1 \end{bmatrix}$$

令

$$P = \begin{bmatrix} 0 & 1 \\ 1 & 1 \end{bmatrix}$$

则有

$$\begin{bmatrix} F_{n-1} & F_n \end{bmatrix} = \begin{bmatrix} F_0 & F_1 \end{bmatrix} P^n \tag{9.5}$$

使用矩阵快速幂计算 P^n，最后提取 F_n 即可。

参考代码

```
typedef long long LL;

LL F(int n) {
//省略了矩阵乘法相关基础内容
    matrix f0(1,2);
    f0[0][0]=0; f0[0][1]=1;

    matrix P(2,2);
    P[0][0]=0; P[0][1]=1;
    P[1][0]=1; P[1][1]=1;

    matrix f=matrix_mul(f0,matrix_pow(P,n));
    return f[0][1];
}
```

通项公式法　在求取范围较小或者要求精度较低的时候，可以采用通项公式直接求取。

$$F_n = \frac{1}{\sqrt{5}}(\phi^n - \hat{\phi}^n)$$
$$\phi = \frac{1+\sqrt{5}}{2} \tag{9.6}$$
$$\hat{\phi} = \frac{1-\sqrt{5}}{2}$$

参考代码

```
typedef long long LL;
LL F(int n) {
    const double sqrt5=sqrt(5);
    const double phi=(1+sqrt5)/2;
    const double hphi=(1-sqrt5)/2;
    const double fn= (pow(phi,n)-pow(hphi,n))/sqrt5;//此处pow表示实数求幂，而
        //非整数
    return fn;
}
```

模域特殊情况　在求取斐波那契数列时常会遇到对结果取模的情况，此时若模数特殊，也可以采用通项公式求解。例如，在对 10^9+9 取模的域中，若存在数 x，满足 $x^2 \equiv 5 \pmod{1000000009}$，此时 x 为 5 在该域下的二次剩余，可以认为 x 在该模域中与 $\sqrt{5}$ 等价，代入式 (9.6) 即可。

在这个例子中，x 可以为 383 008 016 或者 616 991 993。

参考代码

```
typedef long long LL;
const LL mod =1E9+9;
LL F(int n) {
    const LL sqrt5=383008016;//或者616991993
    const LL inv2=inv(2,mod);
    const LL phi=(1+sqrt5)*inv2%mod;
    const LL hphi=(1-sqrt5)*inv2%mod;
    const LL fn= (pow(phi,n)-pow(hphi,n)+mod)%mod*inv(sqrt5,mod)%mod;
    //此处pow表示整数求幂
    return fn;
}
```

例题讲解

【例题 9.11】变系数斐波那契数列

题目描述

变系数斐波那契数列定义为

$$F_n = \begin{cases} 0, & n=0 \\ 1, & n=1 \\ s_{n-1}F_{n-1}+s_{n-2}F_{n-2}, & \text{其他} \end{cases}$$

序列 s 为**近似**循环周期为 N 的无限长度序列，即对于大部分的 $i \geqslant N$，满足 $s_i = s_{(i \bmod N)}$。例如，对 N=4 时，只在 $i=6$ 时，$s_i \neq s_{(i \bmod 4)}$ 的情况。

$$s = \langle 5,3,8,11,5,3,7,11,5,3,8,11,\cdots \rangle$$

输入给出 $s_0, s_1, \ldots, s_{N-1}$ 和 M 个 $s_i \neq s_{(i \bmod N)}$ 的位置 i 和此处的 s_i，计算 $F_K \bmod P$。满足 $K \leqslant 10^{18}, P \leqslant 10^9, N \leqslant 5\times 10^4, M \leqslant 5\times 10^4$。

题目来源

51NOD 1544 *http://www.51nod.com/Challenge/Problem.html#problemId=1544*

解题思路

称满足条件 $s_i = s_{(i \bmod N)}$ 的位置为周期点，不满足的则称为非周期点；每 N 个连续位置称作一个完整周期，不足 N 个连续位置称作非完整周期。

由 $F_n = s_{n-1}F_{n-1}+s_{n-2}F_{n-2}$ 构造矩阵

$$\begin{bmatrix} F_n & F_{n-1} \end{bmatrix} = \begin{bmatrix} F_{n-1} & F_{n-2} \end{bmatrix} \begin{bmatrix} s_{n-1} & 1 \\ s_{n-2} & 0 \end{bmatrix}$$

因此对某个完整周期有

$$\begin{bmatrix} F_n & F_{n-1} \end{bmatrix} = \begin{bmatrix} F_{n-N} & F_{n-N-1} \end{bmatrix} \prod_{i=n-N}^{n} \begin{bmatrix} s_{i-1} & 1 \\ s_{i-2} & 0 \end{bmatrix} \tag{9.7}$$

令

$$S_F(l,r) = \prod_{i=l}^{r} \begin{bmatrix} s_{i-1} & 1 \\ s_{i-2} & 0 \end{bmatrix}$$

在非周期点处，可直接使用公式逐步转移，来计算 F_n, F_{n-1}。

两个相邻非周期点 $i=a$ 与 $i=b$ 间必须计算 $S_F(a+1,b-1)$，可直接使用矩阵转移。

(1) 若区间 $[a+1,b-1]$ 至少包含 x 个完整周期，对这些完整周期，可以使用快速幂计算 $S_F(0,N-1)^x$。

(2) 若区间 $[a+1,b-1]$ 不包含完整周期，或区间两侧有不完整周期，可以使用线段树维护矩阵乘法计算 S_F 函数，每次计算整个区间的转移矩阵时通过线段树求取对应区间的矩阵乘积即可。

最终复杂度是 $O(\log K + N\log N)$。

参考代码

```
#include <bits/stdc++.h>
using namespace std;
#define ll long long

const int maxn=100100;
int P,n,m,s[maxn];ll K;
struct que{
    ll x;int prey,y;
    bool operator < (const que &a)const{return x<a.x;}
}q[maxn];
struct Matrix{
    int a[2][2];
    Matrix(){memset(a,0,sizeof a);}
    Matrix(int a_,int b_){
```

```
        a[0][0]=a_,a[0][1]=1;
        a[1][0]=b_,a[1][1]=0;
    }
    void init(int x){
        memset(a,0,sizeof a);
        a[0][0]=a[1][1]=x;
    }
    Matrix operator *(const Matrix &b){
        Matrix c;c.init(0);
        for(int i=0;i<2;i++)
            for(int j=0;j<2;j++)
                for(int k=0;k<2;k++)
                    c.a[i][j]=(c.a[i][j]+1ll*a[i][k]*b.a[k][j]%P)%P;
        return c;
    }
}tr[maxn*4];
int le,ri;
void build(int rt,int l,int r){
    if(l==r){tr[rt]=Matrix(s[l],s[l-1]);return;}
    int mid=(l+r)/2;
    build(rt*2,l,mid);build(rt*2+1,mid+1,r);
    tr[rt]=tr[rt*2]*tr[rt*2+1];
}
Matrix query(int rt,int l,int r){
    if(le<=l&&ri>=r) return tr[rt];
    int mid=(l+r)/2;
    if(ri<=mid) return query(rt*2,l,mid);
    if(le>mid) return query(rt*2+1,mid+1,r);
    return query(rt*2,l,mid)*query(rt*2+1,mid+1,r);
}
Matrix qk_pow(Matrix a,ll b){
    Matrix p;p.init(1);
    for(;b;b/=2,a=a*a)if(b&1)p=p*a;
    return p;
}
int get(int x){return x?x:n;}
Matrix query(ll l,ll r){
    ll rr=l+n-get((l-1)%n);
    if(rr>r){
        le=get((l-1)%n),ri=get((r-1)%n);
        return query(1,1,n);
    }else{
        Matrix c;c.init(0);
        le=get((l-1)%n),ri=n;c=query(1,1,n);
        c=c*qk_pow(tr[1],(r-rr)/n);
        if((r-rr)%n)
            le=1,ri=(r-rr)%n,c=c*query(1,1,n);
        return c;
    }
}
int main(){
    scanf("%lld%d%d",&K,&P,&n);
    if(K==0||K==1){printf("%lld",K%P);return 0;}

    for(int i=0;i<n;i++) scanf("%d",&s[i]);
    s[n]=s[0];
    build(1,1,n);

    scanf("%d",&m);
```

```
    for(int i=1;i<=m;i++)
        scanf("%lld%d",&q[i].x,&q[i].y);

    sort(q+1,q+m+1);
    while(q[m].x>K) m--;
    if(q[m].x!=K)q[++m].x=K,q[m].y=s[m%n];

    Matrix ans;ans.a[0][0]=1;

    for(int i=1;i<=m;i++)
        q[i].prey=q[i-1].x+1==q[i].x?q[i-1].y:s[(q[i].x-1)%n];
    q[0].x=1,q[0].y=s[1],q[0].prey=s[0];

    for(int i=1;i<=m;i++){
        ans=ans*Matrix(q[i-1].y,q[i-1].prey);
        if(q[i].x==q[i-1].x+1) continue;
        ans=ans*Matrix(s[(q[i-1].x+1)%n],q[i-1].y);
        if(q[i].x==q[i-1].x+2) continue;
        ans=ans*query(q[i-1].x+3,q[i].x);
    }
    printf("%d\n",ans.a[0][0]);
    return 0;
}
```

9.4.3 伯努利数列

伯努利数是由伯努利引入的，它被用来解决自然数幂之和的问题，即对给定的自然数 n 和给定的自然数幂 m, 求式 (9.8)。

$$S_m(n) = 1^m + 2^m + \cdots + (n-1)^m = \sum_{k=1}^{n-1} k^m \tag{9.8}$$

伯努利发现 $S_m(n)$ 总能表示成 $m+1$ 次多项式的形式，如

$$S_1(n) = \frac{1}{2}n^2 - \frac{1}{2}n$$

$$S_2(n) = \frac{1}{3}n^3 - \frac{1}{2}n^2 + \frac{1}{6}n$$

$$S_3(n) = \frac{1}{4}n^4 - \frac{1}{2}n^3 + \frac{1}{4}n^2$$

$S_m(n)$ 被总结成以下形式：

$$S_m(n) = \frac{1}{m+1}\sum_{k=0}^{m}\binom{m+1}{k}B_k n^{m+1-k} \tag{9.9}$$

其中，B 代表伯努利数列, 表9.6给出了伯努利数列的前若干项，该数列由隐含递推关系定义。

$$\begin{cases} B_n = 1 & ,n=0 \\ \displaystyle\sum_{k=0}^{n}\binom{n+1}{k}B_k = 0 & ,\text{其他} \end{cases}$$

表 9.6 伯努利数列的前若干项

n	0	1	2	3	4	5	6	7	8	…
B_n	1	$-\frac{1}{2}$	$\frac{1}{6}$	0	$-\frac{1}{30}$	0	$\frac{1}{42}$	0	$-\frac{1}{30}$	…

以下是在取模意义下求取伯努利数和自然数幂之和的代码，时间复杂度为 $O(n^2)$。

参考代码

```
//省略了求取组合数和逆元的代码
void init_Bernoulli(int N) {//求取前N项伯努利数
    B[0]=1;
    for(int i=1;i<=N;++i) {
        LL sum=0;
        for(int j=0;j<i;++j) {
            sum+=C(i+1,j)*B[j]%mod;
            sum%=mod;
        }
        B[i]=mod-sum*inv(i+1,mod)%mod;
        B[i]%=mod;
    }
}
LL S(LL N,LL K) {//用伯努利数求自然数幂之和
    LL npk=pow(N,K+1,mod);//提前算出{n}^{k+1}
    LL inv_n=inv(N,mod);
    LL sum=0;
    for(int i=0;i<=K;++i) {
        sum+=C(K+1,i)*B[i]%mod*npk%mod;
        sum%=mod;
        npk=npk*inv_n%mod;
    }
    sum=sum*inv(K+1,mod)%mod;
    return sum;
}
```

例题讲解

【例题 9.12】序列求和

题目描述

给出 n 和 k，求 $S(n) \mod 10^9+7$，共有 T 组测试数据。

$$f(n)=n^k$$

$$S(n)=\sum_{i=1}^{n} f(i)$$

输入的第一行为测试组数 T，接下来 T 行，每行两个整数 n,k。对于每组测试数据输出一个整数，表示计算结果。

满足 $1 \leqslant n \leqslant 10^9$，$1 \leqslant k \leqslant 2000$，$1 \leqslant T \leqslant 5000$。

题目来源

51NOD 1228　*http://www.51nod.com/Challenge/Problem.html#problemId=1228*

解题思路

本题中 n 十分大，k 却很小，而且测试数据组数较大。可以使用递推方法求得 k 项伯努利数然后代入 $n+1$ 进行求解。

预处理伯努利数是 $O(k^2)$ 的，单次求解的复杂度是 $O(k)$，总计复杂度是 $O(k^2+Tk)$ 的。

参考代码

```
#include <bits/stdc++.h>
using namespace std;
typedef long long LL;
const int MAXN=2E5+10;
const LL mod=1000000007;

LL JS[MAXN],IJS[MAXN],B[MAXN];

LL pow(LL a,LL b,LL mod) {
    LL ans=1;
    while(b) {
```

```
        if(b&1)ans=ans*a%mod;
        a=a*a%mod;b>>=1;
    }
    return ans;
}
LL inv(LL x,LL mod) {
    return pow(x,mod-2,mod);
}
LL C(LL n,LL m) {
    return JS[n]*IJS[m]%mod*IJS[n-m]%mod;
}
void init_binom(LL N) {
    JS[0]=1;
    for(int i=1;i<=N;++i) {
        JS[i]=JS[i-1]*i%mod;
    }
    IJS[N]=inv(JS[N],mod);
    for(int i=N-1;i>=0;--i) {
        IJS[i]=IJS[i+1]*(i+1)%mod;
    }
}
void init_Bernoulli(LL N) {
    B[0]=1;
    for(int i=1;i<=N;++i) {
        LL sum=0;
        for(int j=0;j<i;++j) {
            sum+=C(i+1,j)*B[j]%mod;
            sum%=mod;
        }
        B[i]=mod-sum*inv(i+1,mod)%mod;
        B[i]%=mod;
    }
}
void init() {
    init_binom(2000+11);//二项式系数应当多初始化一位
    init_Bernoulli(2000+10);
}
LL S(LL N,LL K) {
    N%=mod; //提前取模防止之后溢出
    LL npk=pow(N,K+1,mod);//提前算出{n+1}^{k+1}
    LL inv_n=inv(N,mod);
    LL sum=0;
    for(int i=0;i<=K;++i) {
        sum+=C(K+1,i)*B[i]%mod*npk%mod;
        sum%=mod;

        npk=npk*inv_n%mod;
    }
    sum=sum*inv(K+1,mod)%mod;
    return sum;
}
int main() {
    init();
    int T;
    scanf("%d",&T);
    for(int i=1;i<=T;++i) {
        LL N,K;
        scanf("%lld%lld",&N,&K);
        printf("%lld\n",S(N+1,K));
    }
    return 0;
}
```

9.5　多项式理论

9.5.1　傅里叶变换

傅里叶变换可以将多项式的系数表示与多项式的点值表示互相转换，即

$$f(x) = \sum_{i \geqslant 0} a_i x^i$$

$$\Leftrightarrow \langle (x_0, f(x_0)), (x_1, f(x_1)), (x_2, f(x_2)), (x_3, f(x_3)), \cdots \rangle$$

在点值表示下，$n+1$ 个点的坐标能唯一确定一个最高次项为 n 的多项式，反之亦然。同时，对多项式的加减乘除等操作都可以在 $O(n)$ 复杂度内完成。

例如对多项式乘法，如公式 (9.10) 所示，只需将函数傅里叶变换后的点值表示的对应值相乘即可。

$$\begin{aligned} f(x) \Leftrightarrow & \quad \langle (x_0, f(x_0)), (x_1, f(x_1)), (x_2, f(x_2)), \cdots \rangle \\ g(x) \Leftrightarrow & \quad \langle (x_0, f(x_0)), (x_1, g(x_1)), (x_2, g(x_2)), \cdots \rangle \\ h(x) = (f \cdot g)(x) \Leftrightarrow & \quad \langle (x_0, f(x_0)g(x_0)), (x_1, f(x_1)g(x_1)), (x_2, f(x_2)g(x_2)), \cdots \rangle \end{aligned} \tag{9.10}$$

朴素的转换方法具有 $O(n^2)$ 的复杂度，只需简单选取 $n+1$ 个点代入求得相应坐标即可；快速傅里叶变换（FFT）通过巧妙选取点位来将其复杂度转换为 $O(n \log n)$。

在快速傅里叶变换中，假设 $\deg A(x) = n-1, \log_2 n \in \mathbb{N}$，则选取的点位为 $x_k = w_n^k = (\cos(\frac{2\pi}{n})) + i\sin(\frac{2\pi}{n}))^k$，其中，$w_n$ 为方程 $w^n = 1$ 的解，称作 n 次单位根。

在此基础上，对函数 $A(x) = \sum\limits_{k=0}^{n-1} a_k x^k$ 的各个单项式按照下标的奇偶性进行分类，并在奇数侧提取公因式 x：

$$A(x) = (a_0 + a_2x^2 + ... + a_{n-2}x^{n-2}) + x(a_1x^1 + a_3x^3 + ... + a_{n-1}x^{n-1})$$

将奇数侧记为函数 $A_1(x)$，偶数侧记为 $A_0(x)$：

$$\begin{aligned} A_0(x) &= a_0 + a_2x + a_4x^2 + ... + a_n - 2x^{\frac{n}{2}-1} \\ A_1(x) &= a_1 + a_3x + a_5x^2 + ... + a_n - 1x^{\frac{n}{2}-1} \end{aligned}$$

此时有

$$A(x) = A_0(x^2) + xA_1(x^2) \tag{9.11}$$

对 $x_k = w_n^k, k < \frac{n}{2}$：

$$\begin{aligned} A(w_n^k) &= A_0((w_n^k)^2) + w_n^k A_1((w_n^k)^2) \\ &= A_0(w_n^{2k}) + w_n^k A_1(w_n^{2k}) \\ &= A_0(w_{\frac{n}{2}}^k) + w_n^k A_1(w_{\frac{n}{2}}^k) \qquad \left(w_n^{2k} = w_{\frac{n}{2}}^k\right) \end{aligned} \tag{9.12}$$

同时，对 $x_{k+\frac{n}{2}} = w_n^{k+\frac{n}{2}}$：

$$\begin{aligned} A(w_n^{k+\frac{n}{2}}) &= A_0((w_n^{k+\frac{n}{2}})^2) + w_n^{k+\frac{n}{2}} A_1((w_n^{k+\frac{n}{2}})^2) \\ &= A_0(w_n^{2k+n}) - w_n^k A_1(w_n^{2k+n}) \\ &= A_0(w_{\frac{n}{2}}^k) - w_n^k A_1(w_{\frac{n}{2}}^k) \end{aligned} \tag{9.13}$$

若已知 $A_0(w^k_{\frac{n}{2}})$ 与 $A_1(w^k_{\frac{n}{2}})$，即可同时得到 $A(w^k_n)$ 与 $A(w_n^{k+\frac{n}{2}})$。因此可采用分治算法来递归求得对应的 A_0 与 A_1 的结果，每次递归只扫描前一半序列，得出后面一半序列的答案。

算法 9.3 傅里叶变换

输入: A 为数组，长度为 2 的正整次幂
输出: B 为 A 进行傅里叶变换的结果

function FFT(A)
    $n \leftarrow 1 + \deg A$
    if $n == 1$ **then**
        return A
    end if
    $w_n \leftarrow (\cos(\frac{2\pi}{n}) + i\sin(\frac{2\pi}{n}))$
    $A_0(x) \leftarrow \sum_{k\geqslant 0} a^{2k}x^k$
    $A_1(x) \leftarrow \sum_{k\geqslant 0} a^{2k+1}x^k$
    $B_0 \leftarrow$FFT(A_0)
    $B_1 \leftarrow$FFT(A_1)
    for $k = 0$ to $\frac{n}{2} - 1$ **do**
        $[x^k]B(x) \leftarrow [x^k](B_0(x) + w_n^k B_1(x))$
        $[x^{k+\frac{n}{2}}]B(x) \leftarrow [x^k](B_0(x) - w_n^k B_1(x))$
    end for
end function

在实际运行中，递归实现的 FFT 效率较低，不能满足要求时，可考虑 FFT 的迭代实现，即由自顶向下的拆分递归转换为自底向上的合并迭代。迭代实现中系数序列下标的变换方式最重要。考虑递归实现中对系数序列按奇偶下标进行拆分，例如：

$$A = \langle a_0, a_1, a_2, ..., a_{n-1}\rangle$$

拆分为

$$A_0 = \langle a_0, a_2, ..., a_{n-2}\rangle$$

$$A_1 = \langle a_1, a_3, ..., a_{n-1}\rangle$$

继续拆分，A_0 可拆分为 A_{00} 与 A_{01}，分别包括 A_0 中的奇数项和偶数项：

$$A_{00} = \langle a_0, a_4, ..., a_{n-4}\rangle$$
$$A_{01} = \langle a_2, a_6, ..., a_{n-2}\rangle$$

A_1 也同理可拆分为 A_{10} 与 A_{11}

重复以上拆分直到每个序列只剩一个项。该项对应的就是 FFT 递归实现的最底层单元。例如，对 $A = \langle a_0, a_1, a_2, a_3, a_4, a_5, a_6, a_7\rangle$ 最终拆分得到的序列如表 9.7 所示：

表 9.7 奇偶拆分后的序列

A	A_{000}	A_{001}	A_{010}	A_{011}	A_{100}	A_{101}	A_{110}	A_{111}
a 序列	$\langle a_0\rangle$	$\langle a_4\rangle$	$\langle a_2\rangle$	$\langle a_6\rangle$	$\langle a_1\rangle$	$\langle a_5\rangle$	$\langle a_3\rangle$	$\langle a_7\rangle$

可以发现，最终 A_* 构成的序列，下标与其包含的元素的下标的 $\log n$ 位二进制表示正好成倒序关系，例如 $A_{001} = \langle a_4\rangle$ 中 4 正好是 $100_{(2)}$，与 001 呈倒序关系；A_{110} 同理。因此实现迭代 FFT 时可首先将原函数的系数序列按照下标进行反转，再从下到上合并模拟递归 FFT 操作。

实现下标反转有多种方法，朴素方法是计算每个下标的 $\log n$ 位二进制字符串表示再将其反转，最后按照新下标排序，这种方法的复杂度为 $O(n\log n)$，足以满足需求。同时还有两种利用位运算的方法，一种是按位反转，另一种是逆向进位法，两者的复杂度均为 $O(n)$。这里给出按位反转法的算法流程，图9.3是按位反转算法的原理。

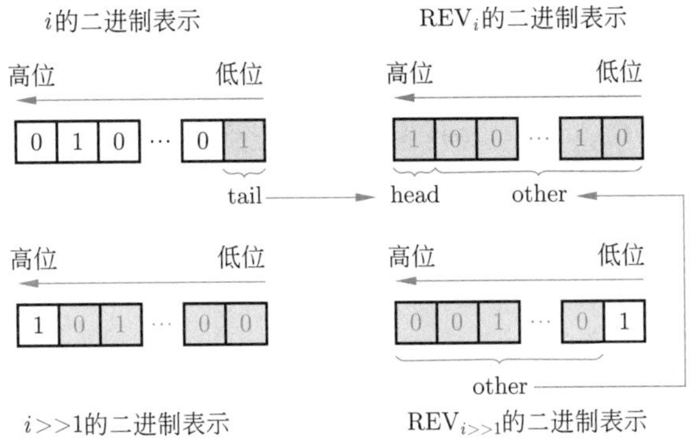

图 9.3　按位反转的图示

算法 9.4　数组的下标按位反转

输入: A 为数组，长度为 2 的正整次幂
输出: NULL

function $FFT\_Reverse(A)$
　　$n \leftarrow length(A)$
　　$REV \leftarrow [0, 1, 2, \cdots, n-1]$
　　for $i = 0$ to $n-1$ **do**
　　　　$other = (REV_{i>>1}) >> 1$
　　　　$tail = (REV_i)\&1$
　　　　$head = tail << ((\log n) - 1)$
　　　　$REV_i \leftarrow head \mid other$
　　end for
　　for $i = 0$ to $n-1$ **do**
　　　　if $REV_i < i$ **then**
　　　　　　$swap(A, A_{REV_i})$
　　　　end if
　　end for
end function

同时，若已有某函数的点值表示，可以通过 FFT 方便地将其转换为系数表示，这一过程称作 IFFT。此时只需要将点值序列当作 FFT 的输入，取 $x_k = (w_n)^{-k}$ 代入，再将最后序列每个位置分别对 N 做除法即可，读者可自行推导。

参考代码

```
//根据需要使用long double 或者double,这里使用double
typedef double Decimal;
const Decimal pi=acos(-1);
//自定义复数类，加快运算
struct Complex {
    Decimal x,y;
    Complex(const Decimal & a=0.0,const Decimal & b=0.0) : x(a),y(b) {}

    //复数 加 复数
    Complex operator + (const Complex &z)
    const {return Complex (x+z.x,y+z.y); }

    //复数 减 复数
    Complex operator - (const Complex &z)
    const {return Complex (x-z.x,y-z.y); }

    //复数 乘 复数
    Complex operator * (const Complex &z)
    const {return Complex (x*z.x-y*z.y,x*z.y+y*z.x); }

    //复数 乘 实数
    Complex operator * (const Decimal &z)
```

```
    const {return Complex (x*z,y*z); }

    //复数 除以 实数
    Complex operator / (const Decimal &z)
    const {return Complex (x/z,y/z); }

};

//对长度为N的a序列进行翻转，N是2的整数次幂
void fft_reverse(Complex*a,int N) {
    for(int i=1,j=0;i<N;++i) {
        int k=N;
        do {
            j^=(k>>=1);
        }while(j<k);
        if(i<j) {
            std::swap(a[i],a[j]);
        }
    }
}
//对长度为N的a序列进行FFT操作，N是2的整数次幂
//当is=1时进行的是FFT操作，当is=-1时进行的是逆FFT操作
void fft(Complex*a,int N,const int is=1) {
    fft_reverse(a,N);//进行按位反转
    const Decimal PI=2*is*pi;
    //根据is选择w或者-w,通过这里改变PI的值实现
    for(int m=2;m<=N;m<<=1) {
        const int mh=m>>1;
        const Complex wm=Complex(cos(PI/m),sin(PI/m));
        //此处的wm为单位根
        for(int r=0;r<N;r+=m) {
            Complex w=Complex(1.0,0.0);
            //a[r,r+2mh)为本次计算的新函数 A
            //a[r,r+mh) 与 a[r+mh,r+mh)为上次计算的 A_0和A_1
            Complex*b=a+r;
            Complex*c=a+r+mh;
            for(int k=0;k<mh;++k) {
                const Complex u=b[k];//保存A_0
                const Complex v=c[k]*w;//保存A_1
                b[k]=u+v;
                c[k]=u-v;
                w=w*wm; //维护w,此处w实际为pow(wm,k)
            }
        }
    }
    if(is<0) { //逆FFT操作过程
        const Decimal inv=1.0/N;
        for(int i=0;i<N;++i) a[i]=a[i]*inv;
    }
}
//多项式乘法
//输入为函数A、B的系数表示，输出为函数C，满足C=A*B
//长度 N > deg A+deg B，且N为2的幂，函数A、B不足的部分用0补足
void mul(Complex*A,Complex*B,Complex*C,int N) {
    fft(A,N,1);//将A转换为点值表示
    fft(B,N,1);//将B转换为点值表示
    for(int i=0;i<N;++i) {
        //点值表示下，多项式乘法为点值的乘法
        C[i]=A[i]*B[i];
    }
    fft(C,N,-1);//将C转换为系数表示
}
```

例题讲解

【例题 9.13】力

题目描述

给出 n 个浮点数，第 i 个数为 q_i。F_j 定义为

$$F_j=\sum_{i<j}\frac{q_iq_j}{(i-j)^2}-\sum_{i>j}\frac{q_iq_j}{(i-j)^2}$$

设 $E_i=\frac{F_i}{q_i}$，对每个 $1\leqslant i\leqslant n$，输出对应的 E_i。

约定 $n\leqslant 10^5$。

题目来源

Luogu P3338　*https://www.luogu.com.cn/problem/P3338*

解题思路

互换下标可得

$$E_i=\sum_{j<i}\frac{q_j}{(i-j)^2}-\sum_{j>i}\frac{q_j}{(i-j)^2}$$

令

$$A_i=\sum_{j<i}\frac{q_j}{(i-j)^2},B_i=\sum_{j>i}\frac{q_j}{(i-j)^2}$$

则

$$E_i=A_i-B_i$$

对于 A_i，令

$$c_i=q_i,d_i=\frac{1}{i^2}$$

则形式转换为 $A_i=\sum\limits_{j<i}c_jd_{i-j}$，满足卷积形式，使用多项式乘法即可求得 A。将 q 序列前后反转再求即可求得 B，按顺序相减即可求得答案。

参考代码

```
#include <cstdio>
#include <cmath>
#include <algorithm>
using namespace std;
//根据需要使用long double 或者double ,这里使用double
typedef double Decimal;
const Decimal pi=acos(-1);

void fft_reverse(Complex*a,int N);

void fft(Complex*a,int N,const int is=1);

void mul(Complex*A,Complex*B,Complex*C,int N);

const int MAXN=1E6+10;
double f[MAXN];
Complex c[MAXN],d[MAXN],a[MAXN];
Complex cc[MAXN],dd[MAXN],b[MAXN];
int main() {
    int N,len;
    scanf("%d",&N);
    //函数存储范围为[0,N+1), 而非[1,N]
    for(int i=1;i<=N;++i) {
        scanf("%lf",f+i);
```

```
        c[i].x=f[i];
        d[i].x=1.0/i/i;
    }//转换为Complex
    for(int i=1;i<=N;++i) {
        cc[i]=c[N-i+1];
        dd[i]=d[i];
    }//反转c，准备求取b
    //求取最小的len=pow(2,m) > N+1
    for(len=1;len<=N+1;len<<=1);
    //乘法的答案长度应该为len+len
    mul(c,d,a,len*2);
    mul(cc,dd,b,len*2);

    for(int i=1;i<=N;++i){
        Complex e=a[i]-b[N+1-i];
        printf("%.3lf\n",e.x);
    }
    return 0;
}
```

9.5.2 原根

设对于整数 M，存在正整数 g，满足 $g < M$，对于任意的 $i,j < M, i \neq j$，都有 $g^i \not\equiv g^j \pmod M$，则称 g 为 M 的原根。

数 M 有原根的充要条件是

$$M \in \{1,2,4,p^k,2p^k | p\text{是奇质数}\&k \in \mathrm{N}^+\}$$

若 M 有原根，则根据鸽巢原理和费马小定理可知其有 $\varphi(\varphi(M))$ 个原根。

若确定 M 有原根，求取 M 的原根可采用枚举判断的方法。

(1) 从小到大枚举可能的原根 g_0。

(2) 枚举最小循环长度 l 判断是否有 $g_0^l \equiv 1 \pmod M$，这里 l 是 $\varphi(M)$ 的质约数。

(3) 若存在 l，返回 1 继续枚举，否则返回 g_0 作为原根。

参考代码

```
//质因数分解
int cnt,num[64];
void Breaker(int N) {
    cnt=0;
    for(int i=2; 1ll*i*i<=N; ++i) {
        if(N%i==0)
        {
            num[++cnt]=i;
        }
        while(N%i==0)N/=i;
    }
    if(N>1)num[++cnt]=N;
}
//求原根
int getRoot(int N) {
    Breaker(N-1);
    for(int j,i=2; i<N; ++i) {
        for(j=1; j<=cnt; ++j) {
            if(pow(i,(N-1)/num[j],N)==1)break;
        }
        if(j>cnt)return j;
    }
    return 0;
}
```

9.5.3 快速数论变换

FFT 虽然能在 $O(n\log n)$ 的复杂度内完成多项式乘法，但是其主要运算对象是实数或者复数函数，而在程序设计竞赛中最常遇到的是整数函数。运算结果通常巨大，而且需要取模，FFT 难以胜任。基于此种需求，快速数论变换 (NTT) 被应用到了算法竞赛中。

NTT 中，在 mod M 域下，若质数 M 满足 $M = a2^k + 1$ 的形式且原根为 g，则可使用其原根 $g^{\frac{M-1}{N}}$ 代替 FFT 中的单位根 w_n 进行运算。NTT 具有与 FFT 相似的流程。

算法竞赛中最常使用的模域为 $M = 998\,244\,353 = 7\times17\times2^{23}+1, g = 3$ 和 $M = 100\,453\,509 = 479\times2^{21}+1, g = 3$。

参考代码

```
typedef long long LL;
const LL M=998244353,g=3;//可以替换为题目要求的模数及其原根
void rotate(LL *a,int N) {
    for(int i=1,j=0;i<N;++i) {
        int k=N;
        do {k>>=1;j^=k;} while(j<k);
        if(i<j)std::swap(a[i],a[j]);
    }
}
//输入格式与FFT相同
void NTT(LL *a,int N,const int is=1) {
    rotate(a,N);
    for(int m=2;m<=N;m<<=1) {
        const int mh=m>>1;
        const LL wn=pow(g,is==1?M-1-(M-1)/m:(M-1)/m);
        for(int r=0;r<N;r+=m) {
            LL w=1,*b=a+r,*c=a+r+mh;
            for(int k=0;k<mh;++k) {
                const LL u=b[k],v=c[k]*w%M;
                b[k]=(u+v)%M;
                c[k]=(u-v+M)%M;
                w=w*wn%M;
            }
        }
    }if(is<0) {//这里求取N的逆元
        const LL invN=pow(N,M-2);
        for(int i=0;i<N;++i) {
            a[i]=a[i]*invN%M;
        }
    }
}
```

9.5.4 生成函数

在组合数学中，生成函数通常指的是数列的多项式表示。

定义 9.16　生成函数

对数列 $\langle a_0, a_1, a_2, \cdots, a_n\rangle$，若存在函数满足

$$A(x) = \sum_n a_n K_n(x)$$

则称 $A(x)$ 为该数列的生成函数。♣

其中，$K_n(x)$ 称作核，且满足条件

$$\forall n \in \mathbb{Z}, \sum_n a_n K_n(x) = 0 \Rightarrow a_n = 0$$

当 $K_n(x)=x^n$ 时，$A(x)$ 被称作普通生成函数；当 $K_n(x)=x^n/n!$ 时，$A(x)$ 被称作指数生成函数；当 $K_n(x)=1/n^x$ 时，$A(x)$ 被称作狄利克雷生成函数。

例如，对数列 $\langle a_0,a_1,a_2,\cdots,a_n\rangle$，其普通生成函数是 $A(x)=a_0+a_1x^1+a_2x^2+\cdots+a_nx^n=\sum_{k=0}^{n}a_kx^k$。生成函数常常是多项式的形式，但生成函数不必须是多项式。

组合数学中，生成函数通常只分析其多项式形式的系数和其封闭形式的性质，未知量 x 从来不指定一个数值，且对收敛和发散的问题不感兴趣，因此生成函数又是形式幂级式的一种。

1. 从数列构建生成函数

数列的生成函数通常具有简单的封闭形式，在构建数列的生成函数之后，对数列进行求通项公式、求卷积等复杂运算可以大大简化，因此从数列的通项公式构建生成函数是重要的方法。

对于一些足够简单的数列，可以快速写出其生成函数，如表9.8所示。

表 9.8 部分数列及其生成函数

数　　列	生成函数	封闭形式
$<1,0,0,0,0,\cdots>$	$\sum_{n\geqslant 0}[n=0]x^n$	1
$<1,1,1,1,1,\cdots>$	$\sum_{n\geqslant 0}x^n$	$\frac{1}{1-x}$
$<1,q,q^2,q^3,q^4,\cdots>$	$\sum_{n\geqslant 0}q^nx^n$	$\frac{1}{1-(qx)}$
$<1,2,3,4,5,\cdots>$	$\sum_{n\geqslant 0}(n+1)x^n$	$\frac{1}{(1-x)^2}$
$<0,1,\frac{1}{2},\frac{1}{3},\frac{1}{4},\cdots>$	$\sum_{n\geqslant 1}\frac{1}{n}x^n$	$\ln\frac{1}{1-x}$
$<1,1,\frac{1}{2},\frac{1}{6},\frac{1}{24},\cdots>$	$\sum_{n\geqslant 0}\frac{1}{n!}x^n$	e^{x}

形式较复杂的数列，也可以采用特定步骤将其生成函数转换为封闭形式。例如，对斐波那契数列：

$$f_n=\begin{cases}0 & ,n\leqslant 0\\ 1 & ,n=1\\ f_{n-1}+f_{n-2} & ,\text{其他}\end{cases} \tag{9.14}$$

在构造其生成函数前，首先要将其递推式归化为用单个公式表达的形式。

$$f_n=f_{n-1}+f_{n-2}+[n=1] \tag{9.15}$$

因此斐波那契数列的生成函数是：

$$F(x)=\sum_{n\geqslant 0}f_nx^n \tag{9.16}$$

尝试将其转换为封闭形式。

$$\begin{aligned}F(x)&=\sum_{n>0}f_nx^n\\ &=\sum_{n>0}f_{n-1}x^n+\sum_{n>0}f_{n-2}x^n+\sum_{n>0}[n=1]x^n\\ &=\sum_{n>0}f_nx^{n+1}+\sum_{n>0}f_nx^{n+2}+x\\ &=xF(x)+x^2F(x)+x\end{aligned}$$

进行移项合并可得斐波那契数列的生成函数的封闭形式为:

$$F(x) = \frac{x}{1-x-x^2} \tag{9.17}$$

在得知其生成函数的封闭形式后,可推出斐波那契数列的通项公式。公式 (9.17) 可以被分解为

$$\frac{1}{\sqrt{5}}\left(\frac{1}{1-\frac{1+\sqrt{5}}{2}x} - \frac{1}{1-\frac{1-\sqrt{5}}{2}x}\right) \tag{9.18}$$

根据表9.8,形如 $\frac{1}{1-qx^n}$ 的函数,对应的数列为 $\langle 1, q, q^1, q^2, ...\rangle$。因此斐波那契数列实际是两个等比数列通项之差,这两个数列的公比分别为 $\phi = \frac{1+\sqrt{5}}{2}$ 和 $\hat{\phi} = \frac{1-\sqrt{5}}{2}$,由此推得

$$f_n = \frac{1}{\sqrt{5}}\left(\phi^n - \hat{\phi}^n\right) \tag{9.19}$$

类似斐波那契数列递推式形式的递推式称作线性常系数齐次递推式。

定义 9.17 线性常系数齐次递推式

若存在一组确定的常数数列 $\langle a_1, a_1, a_2, \cdots, a_k\rangle$ 和 $\langle b_0, b_1, b_2, \cdots, b_k\rangle$,使得

$$g_n = \begin{cases} b_n & ,n < k \\ \sum_{i=1}^{k} a_i g_{n-i} & ,n \geqslant k \end{cases}$$

则 g 的递推式称作线性常系数齐次递推式。 ♣

若某个数列拥有线性常系数齐次递推式,则可以仿照此法化简出其生成函数的封闭形式和其通项公式。例如,对数列 g,其生成函数 $G(x)$ 满足 $G(x) = \frac{P(x)}{Q(x)}, Q(x) = q_0(1-\rho_1 x)\cdots(1-\rho_k x)$,若 $\rho_1\cdots\rho_k$ 互不相同,那么该数列的通项公式满足:

$$g_n = [x^n]G(x) = a_1\rho^n + ... + a_k\rho_k^n, a_i = \frac{\rho_i P(1/\rho_i)}{Q'(1/\rho_i)} \tag{9.20}$$

这个公式的证明过长,而且并不常用,读者可以翻阅参考文献 [3] 或者自行证明。

例题讲解

【例题 9.14】红色病毒问题

题目描述

现在有一类长度为 N 的字符串,满足以下条件。

(1) 字符串仅由 A,B,C,D 四个字母组成。

(2) A 出现偶数次 (也可以不出现)。

(3) C 出现偶数次 (也可以不出现)。

请计算满足条件的字符串个数对 100 取模的结果。

例如,当 $N = 2$ 时,满足条件的字符串有 6 个:BB,BD,DB,DD,AA,CC。

满足 $1 \leqslant N \leqslant 2^{64}$。

题目来源

HDU 2065 *https://acm.hdu.edu.cn/showproblem.php?pid=2065*

解题思路

令 $f_S[n]$ 表示使用集合 S 中字母组成长度为 n 的合法字符串的个数。根据题意,对 $S = \{B\}$ 或 $S = \{D\}$,则有 $f_{\{S\}}[n] = 1$。

对 $S=\{A\}$ 或 $S=\{C\}$ 满足

$$f_S[n]=\begin{cases}1, & n\equiv 0 \pmod 2\\ 0, & n\equiv 1 \pmod 2\end{cases} \tag{9.21}$$

计算 $f_{\{B,D\}}$，每个长度为 N 的字符串都是由若干个 B 和若干个 D 排列组合而成：

$$f_{\{B,D\}}[n]=\sum_{k=0}\binom{n}{k}f_{\{B\}}[k]f_{\{D\}}[n-k]$$

$$f_{\{B,D\}}[n]=\sum_{k=0}\frac{n!}{k!(n-k)!}f_{\{B\}}[k]f_{\{D\}}[n-k]$$

$$\frac{f_{\{B,D\}}[n]}{n!}=\sum_{k=0}\frac{f_{\{B\}}[k]}{k!}\frac{f_{\{D\}}[n-k]}{(n-k)!}$$

可得 $\dfrac{f_{\{B,D\}}[n]}{n!}$ 是两个数列的卷积，令 $g_S[n]=\frac{f_S[n]}{n!}$，可得：

$$g_{\{A\}}=\left\langle 1,0,\frac{1}{2!},0,\frac{1}{4!},\cdots\right\rangle$$

$$g_{\{B\}}=\left\langle 1,\frac{1}{1!},\frac{1}{2!},\frac{1}{3!},\frac{1}{4!},\cdots\right\rangle$$

$$g_{\{C\}}=\left\langle 1,0,\frac{1}{2!},0,\frac{1}{4!},\cdots\right\rangle$$

$$g_{\{B\}}=\left\langle 1,\frac{1}{1!},\frac{1}{2!},\frac{1}{3!},\frac{1}{4!},\cdots\right\rangle$$

根据表9.8，分别将其转换为生成函数的封闭形式：

$$G_{\{A\}}(x)=G_{\{C\}}(x)=\sum_{k=0}\frac{1}{(2k)!}x^{2k}=\frac{\mathrm{e}^x+\mathrm{e}^{-x}}{2}$$

$$G_{\{B\}})(x)=G_{\{D\}}(x)=\sum_{k=0}\frac{1}{k!}x^k=\mathrm{e}^x$$

因此 $G_{\{B,D\}}=G_{\{B\}})(x)G_{\{D\}})(x)=\mathrm{e}^{2x}$，同理可得

$$G_{\{A,B,C,D\}}=G_{\{B,D\}}(x)G_{\{A,C\}})(x)=\frac{\mathrm{e}^{4x}+2\mathrm{e}^{2x}+1}{4}$$

根据系数还原可得

$$\frac{f_{\{A,B,C,D\}}[n]}{n!}=\frac{1}{4}\left(\frac{4^n}{n!}+2\frac{2^n}{n!}+[n=0]\right)$$

由于题中 $N\geqslant 1$，故最终结果

$$f_{\{A,B,C,D\}}[n]=4^{n-1}+2^{n-1}$$

使用快速幂取模即可求得，最终复杂度为 $O(\log n)$。

2. 多项式运算

在使用生成函数解决问题的时候，通常会用到有关多项式运算的操作，如多项式的加法、减法、乘法、除法、开方等。这些操作的结果通常不能直接由原多项式得出，但基本都可以由多项式转换而来。

多项式的度

定义 9.18 多项式的度

对于多项式 $f(x)$，称其最高次项的次数是该多项式的度，记作 $\deg f(x)$。♣

例如，对 $f(x)=1+x^2+x^4$，有 $\deg f(x)=4$。

多项式的系数

定义 9.19 多项式的系数

对于一个多项式 $f(x)=\sum_{k\geqslant 0} a_k x^k$，将其第 n 项的系数 a_n 记作 $[x^n]f(x)$，即 $[x^n]f(x)=a_n$。♣

多项式的模

定义 9.20 多项式的模

多项式的模运算基于多项式的除法，是将一个多项式 $f(x)$ 除以另一个多项式 $g(x)$ 保留其余多项式的运算，记作 $f(x) \mod g(x)$。♣

例如，对 $f(x)=x^3+2x^2+3x+1$ 和 $g(x)=x^2+x$，有 $f(x) \mod g(x)=(x(x^2+x)+1(x^2+x)+2x+1) \mod (x^2+x)=2x+1$。

在计算机中，由于内存、时间限制或者结果意义要求，多项式操作通常在模意义下进行，模域通常是 x^m，意为保留该多项式中次数小于 m 的单项式部分。若无特殊指明，本章中的多项式操作都是在模意义下进行的。

多项式加减法

定义 9.21 多项式的加法

对两个多项式 $F(x)=\sum_{k\geqslant 0} f_k x^k$,$G(x)=\sum_{k\geqslant 0} g_k x^k$，若存在多项式 $H(x)=\sum_{k\geqslant 0}(f_k+g_k)x^k$，把 $H(x)$ 称作 $F(x)$ 与 $G(x)$ 的和，求取 $H(x)$ 的运算称作多项式的加法。♣

类似地，对 $I(x)=\sum_{k\geqslant 0}(f_k-g_k)x^k$，把 $I(x)$ 称作 $F(x)$ 与 $G(x)$ 的差，求取 $I(x)$ 的运算叫作多项式的减法。

多项式加减法的复杂度与多项式的度呈线性关系，若 $n=\max\{\deg f(x), \deg g(x)\}$，则复杂度为 $O(n)$。多项式的加减法与数的加减法类似，都满足结合律和交换率，通常可以用数的加减法进行类比。

多项式乘法

定义 9.22 多项式乘法

对两个多项式 $F(x)=\sum_{k\geqslant 0} f_k x^k$，$G(x)=\sum_{k\geqslant 0} g_k x^k$，若存在多项式 $H(x)=\sum_{k\geqslant 0}(\sum_{j=0}^{k} f_j g_{k-j})x^k$，把 $H(x)$ 称作 $F(x)$ 与 $G(x)$ 的卷积，求 $H(x)$ 的运算称作多项式卷积或者多项式乘法。♣

在多项式乘法中，若 $n=\deg f(x), m=\deg g(x)$，则朴素多项式乘法的复杂度为 $O(nm)$，使用 FFT 或者 NTT 可以做到 $O((n+m)\log(n+m))$。多项式的乘法与数的乘法类似，都满足结合律和交换律，可以用数的乘法进行类比。高精度整数的乘法可以使用多项式乘法进行加速优化。

例题讲解

【例题 9.15】大数乘法 V2

题目描述

给出两个大整数 A，B，计算 A 乘 B。

输入第一行为大整数 A，第二行为大整数 B，满足 $1 \leqslant \log_{10} A, \log_{10} B \leqslant 10\,000; A, B \geqslant 0$。

输出一行为一个大整数，表示 A 乘 B 的结果。

输入输出样例

Input	Output
1234567890123456789 98765432109876543210 9876	121932631137021795224965639359 41 227861481640

题目来源

51NOD 1028 *https://www.51nod.com/Challenge/Problem.html#problemId=1028*

解题思路

对某个大整数 A，在十进制下有 $A = \sum_{k \geqslant 0} a_i 10^k$，其中，$a_i$ 为 A 在十进制下从低到高的第 i 位，满足 $0 \leqslant a_i \leqslant 9$。

对于 A 和 B 的大整数乘法，其结果

$$A \times B = \left(\sum_{k \geqslant 0} a_i 10^k\right)\left(\sum_{k \geqslant 0} b_i 10^k\right) = \sum_{k \geqslant 0}\left(\sum_{j=0}^{k} a_j b_{k-j}\right) 10^k$$

符合卷积的形式。将大整数看作多项式，$A \Longleftrightarrow A(x) = \sum_{i \geqslant 0} a_i x^i$，最终结果是将两个多项式相乘，再通过进位维护结果多项式的系数，最终多项式的系数表达即为多项式的表示。

本题中大整数函数的度较大，多项式乘法可以使用 NTT 优化，模数取 998 244 353 即可。

另外，除使用十进制表示外，可以使用其他进制表示，如一百进制、一万进制等。代码比较简单，读者可根据示例代码自行修改。

参考代码

```
#include <bits/stdc++.h>
using namespace std;
typedef long long LL;
const LL M=998244353,g=3;
LL ipow(LL a,LL b) {
    LL c=1;
    while(b) {
        if(b&1)c=c*a%M;
        a=a*a%M;
        b>>=1;
    }return c;
}
void rotate(LL *a,int N) {
    for(int i=1,j=0;i<N;++i) {
        int k=N;
        do {k>>=1;j^=k;} while(j<k);
        if(i<j)std::swap(a[i],a[j]);
    }
}
void NTT(LL *a,int N,const int is=1) {
    rotate(a,N);
    for(int m=2;m<=N;m<<=1) {
        const int mh=m>>1;
        const LL wn=ipow(g,is==1?M-1-(M-1)/m:(M-1)/m);
        for(int r=0;r<N;r+=m) {
            LL w=1;
            LL *b=a+r;
            LL *c=a+r+mh;
            for(int k=0;k<mh;++k) {
                const LL u=b[k];
```

```
                const LL v=c[k]*w%M;
                b[k]=(u+v)%M;
                c[k]=(u-v+M)%M;
                w=w*wn%M;
            }
        }
    }if(is<0) {
        //这里求取N的逆元
        const LL invN=ipow(N,M-2);
        for(int i=0;i<N;++i) {
            a[i]=a[i]*invN%M;
        }
    }
}
const LL MAXN=4E5+10; //数组长度要尽量的大，3倍或4倍即可
const LL Base=10;//本题中使用十进制
const LL Blen=1;
namespace Big{

struct Int{
    int N;//大整数长度
    LL w[MAXN];//十进制表示，从0开始存储，w[i]表示从低到高第i+1位

    //无参数传入时，初始化为0
    Int() {
        N=1;
        memset(w,0,sizeof w);
    }

    //将字符串转换为大整数
    void fromString(string s) {
        memset(w,0,sizeof w);
        LL T=s.length();
        N=ceil(1.0*T/Blen);
        reverse(s.begin(),s.end());
        for(int i=0;i<T;i+=Blen) {
            w[i/Blen]=0;
            for(int j=min(T,i+Blen)-1;j>=i;--j) {
                w[i/Blen]=w[i/Blen]*10+s[j]-'0';
            }
        }
    }

    //将大整数输出
    void print() {
        char nums[22]="";
        sprintf(nums,"%%0%lldlld",Blen);//"%01d" 1位输出，不足用0补齐
        printf("%lld",w[N-1]);
        for(int i=N-2;i>=0;--i) {
            printf(nums,w[i]);
        }
    }
};

Int C;
LL a[MAXN],b[MAXN];
Int operator * (const Int&A,const Int&B) {
    //将A,B保存到临时数组中，减少NTT运算量
    memcpy(a,A.w,sizeof(LL)*A.N);
    memcpy(b,B.w,sizeof(LL)*B.N);

    int len=1;
```

```
    while(len<=A.N+B.N)len<<=1;

    //防止之前运算的结果影响
    memset(C.w,0,sizeof(LL)*len);
    memset(a+A.N,0,sizeof(LL)*(len-A.N));
    memset(b+B.N,0,sizeof(LL)*(len-B.N));

    //多项式乘法
    NTT(a,len,1);NTT(b,len,1);
    for(int i=0;i<len;++i) {
        C.w[i]=a[i]*b[i]%M;
    }
    NTT(C.w,len,-1);

    //进位维护
    C.N=A.N+B.N-1;
    for(int i=0;i<C.N;++i) {
        LL x=C.w[i]/Base;
        C.w[i+1]+=x;
        C.w[i]%=Base;
    }
    if(C.w[C.N])++C.N;

    return C;
}

}
Big::Int A,B;
int main() {
    string a,b;
    cin>>a>>b;
    A.fromString(a);
    B.fromString(b);
    (A*B).print();
    return 0;
}
```

3. 多项式求逆

定义 9.23　多项式求逆

多项式 $f(x)$，若存在 $g(x)$，满足 $f(x)g(x) \equiv 1$，则称 $g(x)$ 是 $f(x)$ 的逆，记作 $g(x) \equiv f^{-1}(x)$。♣

$g(x)$ 通常是非多项式的形式，因此常采用其在模 x^n 域下的多项式形式。此时，$g(x)$ 存在当且仅当常数项可逆，即 $[x^0]g(x) = \dfrac{1}{[x^0]f(x)}$。

在程序设计竞赛中可使用倍增的方法求取 $g(x)$。设已经求得 $f(x)$ 在模 $x^{\frac{n}{2}}$ 下的逆 $h(x)$，满足 $h(x) \equiv g(x) \pmod{x^{\frac{n}{2}}}$。可推出：

$$
\begin{aligned}
f(x)h(x) &\equiv 1 \pmod{x^{\frac{n}{2}}} && \{1\} \\
f(x)g(x) &\equiv 1 \pmod{x^{\frac{n}{2}}} && \{2\} \\
g(x)-h(x) &\equiv 0 \pmod{x^{\frac{n}{2}}} && \{3\}=\{2\}-\{1\} \\
g^2(x)-2g(x)h(x)+h^2(x) &\equiv 0 \pmod{x^n} && \{4\}=\{3\}^2 \\
g(x)-2h(x)+f(x)h^2(x) &\equiv 0 \pmod{x^n} && \{5\}=\{4\}\times h(x) \\
g(x) &\equiv (2-f(x)h(x))h(x) \pmod{x^n} && \{6\}
\end{aligned}
$$

因此可首先求出 $f(x)$ 在模 x 下的逆，再套用公式 {6} 不断倍增即可得到 $f(x)$ 在 x^n 下的逆 $g(x)$。

单次运算的复杂度是 $O(n\log n)$，总计需要进行 $O(\log n)$ 次运算，每次运算长度翻倍，复杂度 $T(n)=T(n/2)+O(n\log n)=O(n\log n)$。

参考代码

```
void Inv(LL*a,LL*b,int N) {
    if(N==1) {
        b[0]=ipow(a[0],mod-2,mod);
        return ;
    }
    //先解决N/2时的情况
    Inv(a,b,N>>1);

    //多项式乘法，长度翻倍
    const int mh=N<<1;

    //用临时数组保存a，减少NTT次数
    static type temp[MAXN];
    memcpy(temp,a,sizeof(LL)*N);

    NTT(temp,mh,1);NTT(b,mh,1);
    for(int i=0;i<mh;++i) {
        //b =b *(2 -b *a)
        b[i]=b[i]*(2+mod-b[i]*temp[i]%mod)%mod)%mod;
    }ntt(b,mh,-1);

    //在x^N模域下运算，多余部分需要置为0
    memset(b+N,0,sizeof(type)*N);
}
```

例题讲解

【例题 9.16】异化多肽

题目描述

由若干个任意种类的氨基酸脱水缩合形成的化合物称为多肽。

给出 m 种氨基酸的质量，其中第 i 种氨基酸有无数个，每个氨基酸的质量为 w_i。不考虑脱水缩合等化学因素引起的质量变化，求拼成质量为 n 的多肽有多少种方案。本题中，单个氨基酸也视作多肽。

满足 $1\leqslant m,n,w\leqslant 10^5$。

题目来源

COGS 2259 *http://cogs.pro:8081/cogs/problem/problem.php?pid=vNNyyVVgP*

解题思路

设这 m 种氨基酸的质量组成的生成函数为 $F(x)=\sum\limits_{k\geqslant 0} f_k x^k$，其中，$f_k$ 表示质量为 k 的氨基酸的种类数，例如，对 $m=3, w=<1,2,4,4>$ 时,$F(x)=1x^1+1x^2+2x^4$。

则组成质量为 a 的多肽时，使用的氨基酸数为 1 个的方案数为 $[x^a]F(x)$。

使用的氨基酸数为 2 个的方案数是 $[x^a]\sum\limits_{i\geqslant 0}(\sum\limits_{j=0}^{i} f_j f_{i-j})x^i$，即 $[x^a]F^2(x)$。

使用的氨基酸数为 b 个时的方案数为 $[x^a]F^b(x)$；特殊地，使用的氨基酸数为 0 个时的方案数为 $[x^a]F^0(x)$。

将这些方案相加可得答案 $[x^a]\sum\limits_{k\geqslant 0}F^k(x)$，即 $[x^a]\dfrac{1}{1-F(x)}$。使用多项式求逆即可。

最终复杂度为 $O(n\log n)$。本题中模数较大，需要使用快速乘法模进行优化。代码参考公式自行实现。

例题讲解

4. 多项式开平方

定义 9.24 多项式开平方

对多项式 $f(x)$，若存在 $f(x)\equiv g^2(x)$，则称 $g(x)$ 为 $f(x)$ 的平方根，求 $g(x)$ 的运算称作多项式开平方。♣

与多项式求逆类似，多项式开平方通常也在模意义下使用倍增法计算。$f(x)$ 有平方根的条件是常数项有整数平方根，或者常数项在模意义下有二次剩余。

设已求得 $f(x)$ 在模 $x^{\frac{n}{2}}$ 下的平方根 $h(x)$，满足 $h(x)\equiv g(x)(\mod x^{\frac{n}{2}})$。有

$$
\begin{aligned}
h^2(x) &\equiv f(x) \pmod{x^{\frac{n}{2}}} \quad \{1\}\\
(h^2(x)-f(x)) &\equiv 0 \pmod{x^{\frac{n}{2}}} \quad \{2\}\\
(h^2(x)-f(x))^2 &\equiv 0 \pmod{x^{\frac{n}{2}}} \quad \{3\}=\{2\}^2\\
(h^2(x)+f(x))^2 &\equiv 4h^2(x)f(x) \pmod{x^n} \quad \{4\}\\
\left(\frac{h^2(x)+f(x)}{2h(x)}\right)^2 &\equiv f(x) \pmod{x^n} \quad \{5\}\\
\frac{h^2(x)+f(x)}{2h(x)} &\equiv g(x) \pmod{x^n} \quad \{6\}\\
g(x) &\equiv 2^{-1}h(x)+2^{-1}h^{-1}(x)f(x) \pmod{x^n} \quad \{7\}
\end{aligned}
$$

每次计算 $g(x)$ 时，需先计算 $h(x)$ 和其逆元 $h^{-1}(x)$，总时间复杂度为 $T(n)=T(n/2)+O(n\log n)=O(n\log n)$。

多项式开平方的代码与多项式求逆元的代码类似，可参考其实现。

【例题 9.17】带权二叉树

题目描述

给出长度为 n 的序列 c，求有多少个不同的带权二叉树满足每个顶点的权值都在 c 中且所有顶点权值之和为 m。答案对 998 244 353 取模。

满足 $1\leqslant n,m,c_i\leqslant 10^5$。

题目来源

Codeforces 438E *http://codeforces.com/contest/438/problem/E*

解题思路

设 $S(x)$ 为 c 组成的集合的生成函数，$s_i=1$ 当且仅当 i 在 c 组成的集合中。

$F(x)=\sum\limits_{k\geqslant 0}f_kx^k$ 表示所求答案的生成函数，f_m 为最终答案。特殊地，$f_0=1$。

对每个二叉树，其根的权值在 $S(x)$ 中，左右两侧的子二叉树的权值都在 $F(x)$ 中，因此

$$F(x)=C(x)F(x)F(x)+1$$

解得 $F(x)=\dfrac{2}{1\pm\sqrt{1-4C(x)}}$。由于 $[x^0](1-\sqrt{1-4C(x)})=0$，不满足存在逆的条件，舍去。

最终求得 $F(x)=\dfrac{2}{1+\sqrt{1-4C(x)}}$。多项式开方后求逆即可。

5. 多项式除法与多项式取模

定义 9.25　多项式除法与多项式取模

对 n 次多项式 $F(x)$ 和 m 次多项式 $G(x)$，若存在 $n-m$ 次多项式 $Q(x)$ 和小于 m 次的多项式 $R(x)$ 满足 $F(x)=G(x)Q(x)+R(x)$，则称 $Q(x)$ 为 $F(x)$ 和 $G(x)$ 的商，$R(x)$ 为余。♣

例如，$F(x)=(2x^2+5x+7)$，$G(x)=(x+1)$，有 $Q(x)=2x+3$，$P(x)=4$。

多项式的余可以在多项式除法的过程中一并求出，因此只需求出商即可。

定义 $f^r(x)=x^nf(x^{-1})$，即 $f(x)$ 的系数反转。

$$\begin{aligned}
F(x)&=G(x)Q(x)+R(x) \pmod{x^{n+1}}\\
F^r(x)&=(GQ+R)^r(x) \pmod{x^{n+1}}\\
F^r(x)&=(GQ)^r(x) \pmod{x^{n+1-m}}\ (\deg(R(x))<m)\\
F^r(x)&=G^r(x)Q^r(x) \pmod{x^{n+1-m}}\\
Q(x)&=\left(\frac{F^r}{G^r}\right)^r(x) \pmod{x^{n+1-m}}
\end{aligned}\tag{9.22}$$

过程中只需要用到多项式求逆，最终复杂度为 $O(n\log n)$。

6. 多项式取对数

定义 9.26　多项式取对数

对多项式 $F(x)$，若存在多项式 $G(x)$ 使得 $G(x)=\ln F(x)$，则 $G(x)$ 为 $F(x)$ 的对数函数。♣

多项式的对数函数也常常在模意义下求取。推导过程如下，这里的积分省略了常数项

$$\begin{aligned}
G(x)&=\ln F(x)\\
G'(x)&=\frac{F'(x)}{F(x)}\\
G(x)&=\int\frac{F'(x)}{F(x)}\mathrm{d}x
\end{aligned}\tag{9.23}$$

对数函数计算只需要求取逆元、微分和积分即可，逆元只需要 $O(n\log n)$ 的时间，导数和积分都可以在 $O(n)$ 的时间复杂度内求出。

7. 多项式指数函数

定义 9.27　多项式指数函数

对 $F(x)$，若存在多项式 $G(x)$ 使得 $G(x)=e^{F(x)}$，则称 $G(x)$ 为 $F(x)$ 的指数函数。♣

$$\begin{aligned}
G(x)&=e^{F(x)}\\
\ln(G(x))-F(x)&=0
\end{aligned}\tag{9.24}$$

令 $D(G(x))=\ln(G(x))-F(x)$，原式子变为求取 $D(G(x))$ 在 $G(x)$ 上的零点。根据牛顿迭代，有 $G_k(x)=G_{k-1}(x)-\dfrac{D(G_{k-1}(x))}{D'(G_{k-1}(x))}$，而 $D'(G(x))=G^{-1}(x)$ 代入得:

$$G_k(x)=G_{k-1}(x)(1-\ln(G_{k-1}(x))+F(x))$$

每次迭代可以使得 G_k 长度翻倍。初始令 $G_0(x)=0$ 即可。

8. 拉格朗日反演

定义 9.28 复合逆

如果存在两个常数项为 0，一次项不为 0 的多项式 $F(x), G(x)$，满足 $G(F(x)) \equiv x$，称这两个多项式互为复合逆。♣

若已知 $F(x)$，求取 $G(x)$ 第 n 项的系数的过程可以使用拉格朗日反演。

设 $G(x) = \sum_{k\geqslant 1} g_k x^k, F(x) = \sum_{k\geqslant 1} f_k x^k$，原式可以写成：

$$\sum_{k\geqslant 1} g_k F^k(x) = x$$

两侧求导：

$$\sum_{k\geqslant 1} k g_k F^{k-1}(x)F'(x) = 1$$

两侧同时除以 $F^n(x)$。考察 $[x^{-1}]$：

$$[x^{-1}]\sum_{k\geqslant 1} i g_i F^{i-n-1}F'(x) = [x^{-1}]F^{-n}(x)$$

在 $k \neq n$ 时，$F^{k-n-1}(x)F'(x) = \dfrac{\mathrm{d}\frac{F^{k-n}(x)}{k-n}}{\mathrm{d}F(x)}$，任何多项式求导之后必然有 -1 次项为 0。

$$[x^{-1}]ng_nF^{-1}(x)F'(x) = [x^{-1}]\frac{1}{F^n(x)}$$

因此只需考虑 $k = n$ 时：

$$\begin{aligned} F^{-1}(x)F'(x) &= \frac{f_1 + 2f_2x + 3f_3x^2 + \cdots}{f_1x + f_2x^2 + f_3x^3 + \cdots} \\ &= \left(\frac{1}{x} + 2\frac{f_2}{f_1} + 3\frac{f_3}{f_1}x + \cdots\right)\frac{1}{1 + (\frac{f_2}{f_1}x + \frac{f_3}{f_1}x^2 + \cdots)} \end{aligned} \tag{9.25}$$

函数 $\dfrac{1}{1 + (\frac{f_2}{f_1}x + \frac{f_3}{f_1}x^2 + \cdots)}$ 分子多项式的常数项不为 0，可逆，即可以表示成 $1 + \sum_{k\geqslant 1} a_k x^k$ 的形式，而与前式相乘可得 $\dfrac{1}{x}$ 项系数仍为 1。因此，$[x^{-1}]F^{-1}(x)F'(x) = 1$, 即

$$ng_n = [x^{-1}]\frac{1}{F^n(x)}$$

$$[x^n]\,G(x) = \frac{1}{n}\,[x^{-1}]\,\frac{1}{F^n(x)}$$

变换形式得

$$[x^{-1}]\frac{1}{F^n(x)} = [x^{-1}]\frac{x^n}{\left(\frac{F(x)}{x}\right)^n}$$

原式转换为

$$[x^n]\,G(x) = \frac{1}{n}\,[x^{n-1}]\,\frac{1}{\left(\frac{F(x)}{x}\right)^n} \tag{9.26}$$

例题讲解

【例题 9.18】带权多叉树

题目描述

设在多叉树中一个点的点权是所有儿子点权之和，叶节点的点权是 1，求有多少种不同的多

叉树满足根节点点权为 s 且所有非叶节点的儿子数在集合 D 中。

例如，如图 9.4 所示是 $s=4, D=2,3$ 的所有情况。

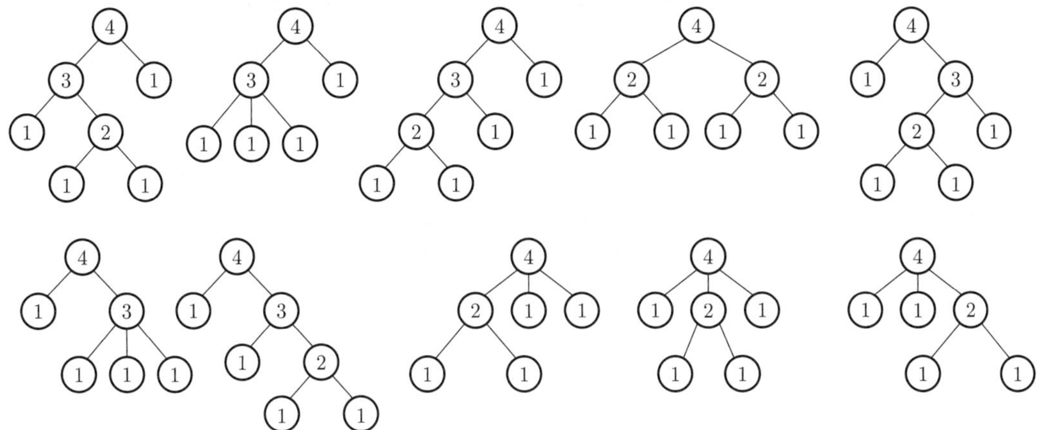

图 9.4　s=4,D=2,3

题目来源

HYSBZ 3684　*https://vjudge.net/problem/HYSBZ-3684*

解题思路

设答案关于 s 的生成函数为 $F(x)=\sum\limits_{k\geqslant 0} f_k x^k$,$f_k$ 为 $s=k$ 时的最终答案，根据树的可递归性，有

$$F(x)=x+\sum_{k\in D} F^k(x)$$

设 $G(x)=x-\sum\limits_{k\in D} x^k$，则有

$$G(F(x))=x$$

进行拉格朗日反演，有

$$[x^s]F(x)=\frac{1}{s}[x^{s-1}]\frac{1}{\left(\frac{G(x)}{x}\right)^n}$$

总结

本章中出现的多项式运算均在表9.9中。

表 9.9　多项式运算

公　式	限　制	常用名称
$g(x)=(2-f(x)h(x))h(x)$	$f(x)$ 常数项可逆	多项式求逆
$g(x)=2^{-1}h(x)+2^{-1}h(x)f(x)$	$f(x)$ 常数项为 0、1 或有二次剩余	多项式开平方
$Q(x)=\left(\frac{F^R}{G^R}(x)\right) \mod x^{n+1-m}$	$n>m$	多项式除法
$G(x)=\int \frac{F'(x)}{F(x)}\mathrm{d}x$	$F(x)$ 常数项不为 0	多项式取对数
$G(x)=H(x)(1-\ln H(x)+F(x))$	$F(x)$ 常数项为 0	多项式求 exp
$[x^n]G(x)=\frac{1}{n}\left[x^{n-1}\right]\frac{1}{\left(\frac{F(x)}{x}\right)^n}$	$F(x)$ 常数项为 0，一次项不为 0	多项式复合逆

9.6 简单博弈

博弈论是经济学的一个分支，在程序设计竞赛中，出现频率相对较低，本节主要介绍若干组合博弈模型及变型、SG 函数和 SG 定理。期望通过本节内容的学习，读者可以掌握竞赛中常见的基本模型，以及基本博弈策略的设计思路。

9.6.1 组合博弈模型及变形

什么是公平组合游戏？公平组合游戏有以下要点：两个玩家；操作规则相同；游戏任意时刻有确定的状态；规则可以决定在任一状态时，能够到达的状态集合；玩家轮流操作；当某一名玩家不能再进行操作后游戏结束；游戏一定在有限步之内结束。

为了读者能够更好地理解概念，首先引入一个简单的取石子游戏。

(1) 游戏的参与者有两名，用 A 和 B 表示这两个参与者。

(2) 有 21 枚石子摆成一堆，放在两名玩家面前。

(3) 由 A 开始，两人轮流从石子堆中拿走石子。每一轮最少拿走 1 枚石子，最多拿走 3 枚石子。

(4) 拿到最后一枚石子的玩家获胜，假设双方足够聪明。

解题思路

游戏可以采用向后归纳的分析方法，即从游戏的结束位置逆推到游戏的开始位置，过程如下。

(1) 当前局面没有石子时，说明上一个取石子的玩家获胜。

(2) 当前局面还有 1，2 或 3 枚石子时，下一玩家可以把石子全部拿走，从而获胜。

(3) 当还剩 4 枚石子时，不管下一个玩家拿走几枚石子，剩下的石子数只可能是 1，2 或 3，上一玩家一定可以取得胜利。

(4) 当还剩 5，6 或 7 枚石子时，当前玩家一定可以拿到只剩 4 枚石子的局面，使自己获得胜利。

(5) 当还剩 8 枚石子时，当前玩家无论怎样取，对手都可以取到只剩 4 枚石子的局面，因此上一玩家必胜。

由以上分析可以发现：当前玩家面临 $0, 4, \cdots, 4n$ 这样的局势时，他就一定会失败。而面临其他局势时，他总可以将局势转换为 $4n$，使得对手必败，从而获胜。所以此游戏中先手可以获胜。

为了便于叙述，下面给出组合游戏中的常见定义。

定义 9.29　组合游戏中的常见定义

(1) P 位置：前一玩家（Previous Player）获胜的位置。

(2) N 位置：后一玩家（Next Player）获胜的位置。

(3) 结束位置：由游戏的规则所确定的位置，如果游戏处于结束位置，就不能再向其他位置移动了。

(4) 普通组合游戏：结束位置是 P 位置的组合游戏。在下文中如果没有特殊说明，指的都是这种游戏。

(5) Misère 游戏：结束位置是 N 位置的游戏。 ♣

由于 Misère 游戏与普通组合游戏是对称的（只需要将 P 位置和 N 位置互换即可），所以只讨论普通组合游戏中 P 位置和 N 位置的计算。

(1) 把所有的结束位置标记为 P 位置。

(2) 把能够一步移动到 P 位置的位置标记为 N 位置。

(3) 把能够一步只能移动到 N 位置的位置标记为 P 位置。

(4) 如果在上一步没有位置被标记为 P 位置，算法结束；否则转到 (2)。

在普通组合游戏中，P 位置和 N 位置有如下的性质。

性质

(1) 所有的结束位置都是 P 位置。

(2) 从任意一个 N 位置出发，通过一步一定能到达某个 P 位置。

(3) 从任意一个 P 位置出发，移动一步所能到达的只能是 N 位置。

接下来将讨论一些常见的组合博弈模型。

1. 巴什博弈

问题描述　一堆 n 个石子，两人轮流取若干个（$1 \sim m$ 个），最后取光的人获胜。

问题解答　不妨设 $n=(m+1)\times k+r$。若 $r>0$ 即 $n\%(m+1)>0$，则先取者必胜。先拿 r 个，之后每轮对方先拿 a 个 ($a\in[1,m]$)，他就可以选 $m+1-a$ 个。若 $r=0$ 即 $n\%(m+1)==0$ 则后取者必胜。

问题引申　换以下游戏背景：两个人轮流报数，每次至少报 1，至多报 10，谁先报到 100 谁获胜。

2. Nim 博弈

问题描述　n 行硬币，两人轮流从某一行中取若干个（不能不取），当轮到某人时所有行的硬币都取完了，则判负。

问题解答　不妨考虑 $n=2$ 时，若两行有一样多的硬币，那么后手只要做到每次和先手拿不同行一样数目的硬币即可做到必胜；同理，$n>2$ 也是如此。

将模型转为二进制的形式：每一行的个数转为二进制，低位对齐，那么实际上原来两行的所谓“一样多”便可以理解为：对于某一位，有偶数个 1，那么这些不同位组起来可以看作拼成偶数行。

判别方式：将每一行的硬币数都用二进制表示，按照最低位对齐。如果每一列都有偶数个 1，那么这个棋局就是对后手“安全”的，只要有一列元素相加不为偶数，那这个棋局就是对后手“不安全”的。

进一步转换：利用异或操作，可以将每行的硬币个数异或，如果最后异或结果为 0，那么先手必输。

将这个模型的解析规范化描述如下。

状态表示

不妨将“有 k 行硬币，各包含 $x_1,x_2,\cdots,x_k$ 枚硬币”的状态记作位置 $(x_1,x_2,\cdots,x_k)$。

Nim 和

定义 9.30　Nim 和

两个正整数的 Nim 和就是这两个正整数按位异或后的结果，记作 $a\oplus b$。♣

性质

(1) 交换律：$a\oplus b=b\oplus a$。

(2) 结合律：$(a\oplus b)\oplus c=a\oplus(b\oplus c)$。

(3) 自反律：$a\oplus a=0, a\oplus 0=a$。

Bouton's 定理

引理 9.2 Bouton's Theorem

Nim 博弈中，一个位置 $(x_1, x_2, \cdots, x_k)$ 是 P 位置，当且仅当它们的 Nim 和为 0。♡

证明

(1) 结束位置为 P 位置，且 Nim 和为 0。

(2) Nim 和不为 0 时，一定存在一种方法，减小某一个变量的值，使得 Nim 和变为 0。即 N 位置能够通过一步移动到达一个 P 位置。

(3) Nim 和为 0 时，减小某一个变量的值，Nim 和一定不为 0。即 P 位置通过一步移动只能到 N 位置。

参考代码

```
/*
  HDU1849
  http://acm.hdu.edu.cn/showproblem.php?pid=1849
*/
#include <bits/stdc++.h>
using namespace std;
int main(){
    int m, a[1001];
    while(cin>>m && m){
        int res = 0;
        memset(a, 0, sizeof(a));
        for(int i = 0; i < m; i++){
            cin>>a[i];
            res ^= a[i];
        }
        if(res == 0)
            cout<<"Grass Win!"<<endl;
        else
            cout<<"Rabbit Win!"<<endl;
    }
    return 0;
}
```

问题引申 原问题是每个人一轮只能在一行内选，那么现在若是可以选不超过 k 行的多行内选若干个，则每一列的数 (0 或 1) 之和被 $k+1$ 整除。

3. Nim 模型的变种

问题一 共有 n 级楼梯，每一级楼梯上有若干颗棋子，双方轮流操作，每次操作可以将某一级楼梯上若干颗棋子移到下一级楼梯，即从第 i 级到第 $i-1$ 级。第 0 级表示平地。不能操作者负，即把最后一枚棋子移动到平地者胜。

解法 只需考虑奇数阶梯上的棋子，如果它们的 Nim 和是 0，则对应的位置是 P 位置，否则这个位置是 N 位置。

问题二 共有 n 个格子排成一排，编号为 $0, 1, 2, , n-1$。现有若干颗棋子，放在某些格子中。双方轮流操作，每次操作可以将一颗棋子移到比当前标号小的格子中。起始终态以及中间过程中允许两颗或多颗棋子在同一个格子中。无法操作者负。即使得所有棋子移进 0 号格者胜。

解法 把每颗棋子到 0 号格的距离视作一堆棋子进行 Nim 游戏即可。

问题三 有一个矩形方格棋盘，每行中恰有一黑色棋子和一白色棋子。任意两颗棋子不同格。双方轮流操作，每次操作可以将一颗棋子在同行中移动，但 A 只能移白棋，B 只能移黑棋，而且移动的过程不能越过其他棋子。无法操作者负。

解法 把每一行黑白棋子之间的距离视作一堆棋子进行 Nim 游戏即可。

问题四　在一条直线上排列着一行硬币，有的正面朝上、有的背面朝上。两名游戏者轮流对硬币进行翻转。翻转时，先选一枚正面朝上的硬币翻转，然后，如果愿意，可以从这枚硬币的左边选取一枚硬币翻转。最后翻转使所有硬币反面朝上的玩家胜。

解法　只需将第 n 个位置的正面朝上的硬币当作一个含有 n 个石子的堆，然后求 Nim 和即可。

4. 威佐夫博弈

问题描述　有两堆石子，数量任意，可以不同。游戏开始由两个人轮流取石子。游戏规定，每次有两种不同的取法，一是可以在任意的一堆中取走任意多的石子，二是可以在两堆中同时取走相同数量的石子。最后把石子全部取完者为胜者。

问题解答[1]　用 (a_k, b_k) 表示两堆物品的数量并称其为局势，如果甲面对 $(0,0)$，那么甲已经输了，这种局势称为奇异局势。前几个奇异局势是 $(0,0)$、$(1,2)$、$(3,5)$、$(4,7)$、$(6,10)$、(8.13)、$(9,15)$、$(11,18)$、$(12,20)$。可以看出：$a_0 = b_0 = 0$，a_k 是未在前面出现过的最小自然数，而 $b_k = a_k + k$。进一步可以得出：若满足 $a_k = \dfrac{k \times (1+\sqrt{5})}{2}, b_k = a_k + k$，则先手必败，否则先手必胜。

参考代码

```
/*
  HDU1527
  http://acm.hdu.edu.cn/showproblem.php?pid=1527
*/
#include <bits/stdc++.h>
using namespace std;
int main(){
    int a,b;
    while(cin>>a>>b){
        int bb = min(a, b);
        int k = abs(a - b);
        int temp=(k * (1 + sqrt(5)) / 2);
        if(bb == temp) printf("0\n");
        else printf("1\n");
    }
    return 0;
}
```

5. 斐波那契博弈

问题描述　一堆石子有 n 个，两人轮流取，先取者第一次可以取任意多个，但不能全部取完，以后每次取石子的数目不能超过上次取子数的 2 倍，先取完者胜。

问题解答[2]　首先给出结论：先手胜，当且仅当 n 不是斐波那契数列中的数。接下来讨论当 n 不是斐波那契数时先手的必胜策略。

此处借助齐肯多夫 (Zeckendorf) 定理：任何正整数都可以表示成若干个不连续的斐波那契数（不包括第一个斐波那契数）之和。例如，分解 64，注意到 64 处于斐波那契数 55 和 89 之间，于是 $64 = 55 + 9$，再分解 9，9 处于斐波那契数 8 和 13 之间，于是 $9 = 8 + 1$，因此就有 $64 = 55 + 8 + 1$。

考虑具体的策略：将 n 表示成 $n = f[a_1] + f[a_2] + \ldots + f[a_{p-1}] + f[a_p]$，其中，$f[a_1] > f[a_2] > \ldots > f[a_{p-1}] > f[a_p]$，$f[a_i]$ 为斐波那契数列的第 a_i 项。令先手先取 $f[a_p]$ 个石子，而后手最多取 $2f[a_p]$ 个石子，由齐肯多夫定理中不连续的性质知 $2f[a_p] < f[a_{p-1}]$，那么对于剩下的石子中的 $f[a_{p-1}]$ 这部分石子，后手一定取不完，那么先手一定可以取到这一部分石子的最后一颗，这样一来，对于每 $f[a_i]$ 个石子这一部分，先手都可以取到最后一颗，最终先手获胜。

---

[1]详细证明见 http://www.matrix67.com/blog/archives/6784

[2]详细证明见 https://blog.csdn.net/acdreamers/article/details/8586136

参考代码

```
/*
  HDU2516
  http://acm.hdu.edu.cn/showproblem.php?pid=2516
*/
#include <bits/stdc++.h>
using namespace std;
int main(){
    int n, tot = 0;
    long long f[50] = {1, 2};
    long long b = pow(2, 31);
    for(tot = 2; tot < 50; tot++)
    {
        f[tot] = f[tot-1] + f[tot-2];
        if(f[tot] >= b) break;
    }
    while(cin>>n && n){
        int cnt;
        for(cnt = 0; cnt < tot; cnt++)
            if(f[cnt] == n)
                break;
        if(cnt == tot)
            cout<<"First win"<<endl;
        else
            cout<<"Second win"<<endl;
    }
    return 0;
}
```

例题讲解

【例题 9.19】Being a Good Boy in Spring Festival

题目描述

桌子上有 M 堆扑克牌；每堆牌的数量分别为 $N_i(i=1,\cdots,M)$；两人轮流进行；每走一步可以任意选择一堆并取走其中的任意张牌；桌子上的扑克全部取光，则游戏结束；最后一次取牌的人为胜者。

现在不想研究到底先手为胜还是为负，只想问：

——“先手的人如果想赢，第一步有几种选择呢？”

输入数据包含多个测试用例，每个测试用例占两行，首先一行包含一个整数 $M(1<M\leqslant 100)$，表示扑克牌的堆数，紧接着一行包含 M 个整数 $N_i(1\leqslant N_i\leqslant 1\,000\,000, i=1,\cdots,M)$，分别表示 M 堆扑克的数量。M 为 0 则表示输入数据的结束。

如果先手的人能赢，请输出他第一步可行的方案数，否则请输出 0，每个实例的输出占一行。

输入输出样例

Input	Output
3 5 7 9 0	1

题目来源

HDU 1850 *http://acm.hdu.edu.cn/showproblem.php?pid=1850*

解题思路

题意明了，即找出 Nim 游戏第一步的必胜方案数。根据对模型的理解不难给出解答。

参考代码

```
#include <bits/stdc++.h>
using namespace std;

int m, a[110];

void solve(){
    int i, j, k;
    k = 0;
    for(i = 1; i <= m; i++) k = k ^ a[i];
    if(k == 0){
        printf("0\n");
        return ;
    }
    int ans = 0;
    for(i = 1; i <= m; i++){
        if((k ^ a[i]) < a[i]) ++ans; //注意理解此处，累计答案
    }
    printf("%d\n", ans);
    return ;
}

int main(){
    while(scanf("%d", &m)!=EOF)
    {
        if(m == 0) break;
        for(int i = 1; i <= m; i++) scanf("%d", &a[i]);
        solve();
    }
    return 0;
}
```

【例题 9.20】小约翰的游戏

题目描述

小约翰经常和他的哥哥玩一个非常有趣的游戏：桌子上有 N 堆石子，小约翰和他的哥哥轮流取石子，每个人取的时候，可以随意选择一堆石子，在这堆石子中取走任意多的石子，但不能一粒石子也不取，规定取到最后一粒石子的人算输。

小约翰相当固执，他坚持认为先取的人有很大的优势，所以他总是先取石子，而他的哥哥就聪明多了，他从来没有在游戏中犯过错误。小约翰一怒之下请你来做他的参谋。自然，你应该先写一个程序，预测一下谁将获得游戏的胜利。

输入由多组数据组成，第一行包括一个整数 $T(1 \leqslant T \leqslant 500)$，表示输入共有 T 组数据。

每组数据的第一行包括一个整数 $N(1 \leqslant N \leqslant 50)$，表示共有 N 堆石子，接下来有 N 个不超过 5000 的整数，分别表示每堆石子的数目。

对于每组数据，如果小约翰赢得比赛，则输出 John，否则输出 Brother，注意单词的大小写。

输入输出样例

Input	Output
2 3 3 5 1 1 1	John Brother

题目来源

Luogu P4279 *https://www.luogu.com.cn/problem/P4279*

解题思路

“取到最后一粒石子的人算输”——该题为 Anti-Nim 模型，即反 Nim。先给出结论：

一个状态为必胜态，当且仅当：

(1) 所有堆的石子数为 1，且 $\text{Nim\_sum} = 0$。

(2) 至少有一堆的石子个数大于 1，且 $\text{Nim\_sum} \neq 0$。

证明

游戏分为以下两种情况。

第一种：有 N 个堆，每堆只有一个石子。

显然，先手必胜当且仅当 N 为偶数。

第二种：其他情况。

当 Nim_sum 不为 0 时，若还有至少两堆石子的数目大于 1，则先手将 Nim_sum 值变为 0 即可；若只有一堆石子数大于 1，则先手总可以将状态变为有奇数个 1。所以，当 Nim_sum 不为 0 时先手必胜。

当 Nim_sum 为 0 时，至少有两堆石子的数目大于 1，则先手决策完之后，必定至少有一堆的石子数大于 1，且 SG 值不为 0，由上段的论证可以发现，此时，无论先手如何决策，都只会将游戏带入先手必胜局，所以先手必败。

更多的扩展请读者阅读 IOI2009 中国国家集训队论文《组合游戏略述——浅谈 SG 游戏的若干扩展及变形》(贾志豪)。

参考代码

```
#include<bits/stdc++.h>

using namespace std;

int main(){
    int T, n, a, ans, flag;
    cin>>T;
    while(T--){
        scanf("%d", &n);
        flag = 1; ans = 0;
        for(int i = 1; i <= n; i++){
            scanf("%d", &a);
            if(a > 1) flag = 2;
            ans = ans ^ a;
        }
        if(flag == 1){
            if(n % 2 == 0) printf("John\n");
            else printf("Brother\n");
        }
        else{
            if(ans != 0) printf("John\n");
            else printf("Brother\n");
        }
    }
    return 0;
}
```

在竞赛中遇到的一些博弈题，需要对题目进行分析，进行博弈思路的设计以及模型的转换。

【例题 9.21】Tic-Tac-Toe-Nim

题目描述

Alice 和 Bob 有一个 3×3 的棋盘，每个格子上有一堆石子，两人轮流取石子，每个人可以取任意一堆中任意数量的石子（可直接取完），谁先取完某一列或者某一行的最后一个石子就算胜利。Alice 先取。为了加速游戏，两个人在他自己第一次取石子的时候，必须将所选择的一堆全部取完，求解 Alice 想要必胜，第一次取石子时有多少种不同的方案。

第一行输入 $T(1 \leqslant T \leqslant 500\,000)$，表示测试数据组数。每一组数据有 3 行，每一行包含 3 个整数，$a_{ij}(1 \leqslant a_{ij} \leqslant 10^9)$，表示每堆石子的数量。

每组数据输出一行，包含一个整数，表示必胜的方案数。

输入输出样例

Input	Output
2 1 1 1 1 1 1 1 1 1 1 2 3 4 5 6 7 8 9	9 7

题目来源

HDU 6886 *http://acm.hdu.edu.cn/showproblem.php?pid=6886*

解题思路

Alice 第一轮取完后，Bob 上来取同行或者同列必败，因此一定取不同行不同列的。本题性质允许行交换列交换，不妨设 Alice 取 $(1,1)$，Bob 取 $(2,2)$。

这样除 $(3,3)$ 外，剩下的每个格子都是不论后续局面如何，谁第一个取最后一颗石子谁必败。因此 $(3,3)$ 整堆与其他每堆除一颗石子外的整堆构成一个普通 Nim 游戏，即后手必败当且仅当 $((1,2)-1) \oplus ((1,3)-1) \oplus ((2,1)-1) \oplus ((2,3)-1) \oplus ((3,1)-1) \oplus ((3,2)-1) \oplus (3,3) = 0$。

参考代码

```
#include<bits/stdc++.h>
using namespace std;
int a[4][4];
void solve(){
    for(int i = 1; i <= 3; i++){
        for(int j = 1; j <= 3; j++){
            scanf("%d", &a[i][j]);
        }
    }
    int ans = 0, cnt = 0;
    for(int i = 1; i <= 3; i++){
        for(int j = 1; j <= 3; j++){
            bool flg = true;
            for(int x = 1; x <= 3; x++){
                if(i == x) continue;
                for(int y = 1; y <= 3; y++){
                    if(j == y) continue;
                    int num = 0;
                    for(int o1 = 1; o1 <= 3; o1++){
                        for(int o2 = 1; o2 <= 3; o2++){
                           if((o1 == i && o2 == j)||(o1 == x && o2 == y))continue;
                           if(o1 != i && o2 != j && o1 != x && o2 != y)num^=a[o1][o2];
                           else num ^= a[o1][o2] - 1;
                        }
                    }
                    if(num == 0) flg = false;
                }
            }
            if(flg) ans++;
        }
    }
    cout<<ans<<endl;
    return ;
}
int main(){
    int T; cin>>T;
```

```
    while(T--){
        solve();
    }
    return 0;
}
```

习题推荐

- **HDU 1730** Northcott Game *http://acm.hdu.edu.cn/showproblem.php?pid=1730*
- **HDU 4379** Switch lights *http://acm.hdu.edu.cn/showproblem.php?pid=3404*
- **HDU 6463** 取石子游戏 *http://acm.hdu.edu.cn/showproblem.php?pid=2516*
- **HDU 6869** Slime and Stones *http://acm.hdu.edu.cn/showproblem.php?pid=6869*
- **HDU 2147** kiki's game *http://acm.hdu.edu.cn/showproblem.php?pid=2147*
- **HDU 3469** Catching the Thief *http://acm.hdu.edu.cn/showproblem.php?pid=3469*
- **HDU 5963** 朋友 *http://acm.hdu.edu.cn/showproblem.php?pid=5963*

9.6.2 SG 函数和 SG 定理

将公平组合游戏转换成一个有向无环图上的游戏：将游戏中的每一个局面看作有向无环图中的一个节点，节点 i 向节点 j 连边当且仅当游戏中可以从节点 i 表示的局面通过一次合法操作转移到节点 j 表示的局面。接下来介绍一个重要的工具 SG 函数：

$$\mathrm{SG}(x) = \mathrm{mex}\{\mathrm{SG}(y)|x \to y\}$$

其中，$x \to y$ 表示可以从节点 x 转移到节点 y，$\mathrm{mex}(Y)$ 表示的是不存在于 Y 集合中的最小自然数。例如，$\mathrm{mex}(0,2) = 1, \mathrm{mex}(1,3) = 0$。由此，易发现当前节点（局面）$x$ 为必败态当且仅当 $\mathrm{SG}(x) = 0$，而当前节点（局面）x 为必胜态当且仅当 $\mathrm{SG}(x) > 0$。

下面以在 Nim 游戏中利用 SG 函数进行分析为例。

(1) 一堆棋子的情况。

$\mathrm{SG}(0) = 0$

$\mathrm{SG}(1) = \mathrm{mex}\{\mathrm{SG}(0)\} = 1$

$\mathrm{SG}(2) = \mathrm{mex}\{\mathrm{SG}(0), \mathrm{SG}(1)\} = 2$

$\cdots$

可以推出 $\mathrm{SG}(n) = n$。

(2) 两堆棋子的情况。

$\mathrm{SG}(0,0) = 0$

$\mathrm{SG}(0,1) = \mathrm{SG}(0,1) = \mathrm{mex}(\mathrm{SG}(0,0)) = 1$

$\mathrm{SG}(1,1) = \mathrm{mex}(\mathrm{SG}(0,1)) = 0$

$\mathrm{SG}(2,0) = \mathrm{SG}(2,0) = \mathrm{mex}(\mathrm{SG}(0,0), \mathrm{SG}(1,0)) = 2$

$\cdots$

可以推出 $\mathrm{SG}(a,b) = a \oplus b$。

(3) n 堆棋子的情况：有 $\mathrm{SG}(x_1, x_2, \ldots, x_n) = x_1 \oplus x_2 \oplus \cdots \oplus x_n$。

基于上述 Nim 游戏多堆石子的 SG 函数的讨论，给出组合游戏的和的概念以及 SG 定理：假设有 k 个组合游戏 $G_1, G_2, \cdots, G_k$，可以定义一个新游戏，在每个回合中，双方轮流行动，任意选择一个子游戏 G_i 进行一次合法的操作，而保持其他游戏的局面不变，不能操作者输。把这个新游戏称为 $G_1, G_2, \cdots, G_k$ 的和。

Sprague-Grundy 定理：组合游戏的和的 SG 函数等于各个子游戏的 SG 函数的 Nim 和。

至此，读者就可以利用 SG 函数和 SG 定理方便地求解组合游戏的和这一类问题。

例题讲解

【例题 9.22】Battle for the ring

题目描述

给定 K 条链，每条链上有 n 颗石子，每颗石子的权值为 $1 \sim 100$。双方轮流操作，每次选择一条链上的某颗石子，则这条链上所有权值不超过这颗石子的石子会消失，且可能导致一条链断成多条。取走最后一枚石子的玩家获胜。问先手是否有必胜策略？如果有，则输出第一步取走的石子的位置。

输入的第一行是 K，表示链数。接下来 K 行，第一个数字是 n，表示石子数。后面 n 个数字依次表示权值。

输出第一行为 G 或 S，分别表示先手是否有必胜策略。若输出 G，则第二行为两个正整数 x 和 y，表示取走第 x 条链上第 y 个石子可以必胜。

输入输出样例

Input	Output
2 3 1 2 1 1 1	G 1 1

题目来源

Timus 1540 *http://acm.timus.ru/problem.aspx?space=1&num=1540*

解题思路

如果只考虑先手是否有必胜策略，根据 SG 定理，只需求出每条链的 SG 值，求异或和，若结果为 0，说明先手必败；反之说明先手有必胜策略。

下面考虑如果求出先手的必胜策略，只需枚举取得的石子，并判断取走所有当前链上小于或等于这个石子权值的所有石子后，所有链的 SG 值的异或值，若为 0，说明取走这个石子就是先手应该走的第一步。于是问题转换为：如何快速计算对于某条链，取走上面某些石子后剩余子链的 SG 值。

可利用动态规划求解这一问题：不妨设 sg[cur][l][r] 表示 cur 链上从 l 到 r 这一子链的 SG 值，枚举在这一段上取走某些石子后剩余子链的情况，再分别求出它们的 SG 值即可。

参考代码

```
#include<bits/stdc++.h>
using namespace std;

int sg[60][110][110];
int val[60][110];

int SG(int cur , int l, int r) {//预处理sg值
    if (sg[cur][l][r] != -1)
        return sg[cur][l][r];
    if (l > r)
        return sg[cur][l][r] = 0;
    int vis[110];
    memset(vis, 0, sizeof(vis));
    for (int i = l; i <= r; i++) {
        int j = l, k = l, ret = 0;
        while (j <= r) {
            while (j <= r && val[cur][j] <= val[cur][i])
                j++;
            k = j;
            while (k <= r && val[cur][k] > val[cur][i])
                k++;
            if (j > r)
                break;
            ret ^= SG(cur , j, k - 1);
```

```
            j = k;
        }
        vis[ret] = 1;
    }
    for (int i = 0;; i++)
        if (!vis[i])
            return sg[cur][l][r] = i;
}

int main() {
    int n;
    cin >> n;
    int ret = 0;
    memset(sg, -1, sizeof(sg)); //初始化
    for (int i = 1; i <= n; i++) {
        cin >> val[i][0];
        for (int j = 1; j <= val[i][0]; j++)
            cin >> val[i][j];
        ret ^= SG(i, 1, val[i][0]);
    }
    if (ret == 0) printf("S\n");
    else {
        int chain = -1; int num = 1000;
        for (int i = 1; i <= n; i++) {
            ret ^= SG(i, 1, val[i][0]);
            for (int c = 1; c <= val[i][0]; c++) { //枚举取走的石子位置
                int res = 0;
                int j = 1, k = 1;
                while (j <= val[i][0]) {
                    while (j <= val[i][0] && val[i][j] <= val[i][c])
                        j++;
                    k = j;
                    while (k <= val[i][0] && val[i][k] > val[i][c])
                        k++;
                    if (j > val[i][0])
                        break;
                    res ^= SG(i, j, k - 1);
                    j = k;
                }
                if ((res ^ ret) == 0) {
                    if (c < num) {
                        chain = i; num = c; //记录答案
                    }
                }
            }
            if (chain != -1) break;
            ret ^= SG(i, 1, val[i][0]);
        }
        printf("G\n%d %d\n", chain , num);
    }
    return 0;
}
```

习题推荐

- **HDU 1536** S-Nim *http://acm.hdu.edu.cn/showproblem.php?pid=1536*
- **HDU 1729** Stone Game *http://acm.hdu.edu.cn/showproblem.php?pid=1727*
- **HDU 1847** Good Luck in CET-4 Everybody! *http://acm.hdu.edu.cn/showproblem.php?pid=1847*
- **HDU 1848** Fibonacci again and again *http://acm.hdu.edu.cn/showproblem.php?pid=1848*
- **HDU 3032** Nim or not Nim? *http://acm.hdu.edu.cn/showproblem.php?pid=3032*
- **HDU 3980** Paint Chain *http://acm.hdu.edu.cn/showproblem.php?pid=3980*

第 10 章　字　符　串

字符串（string）是由零个或多个字符组成的有限序列。在程序设计竞赛中，与字符串相关的题目出现频率较高，几乎每场比赛都会出现。字符串相关的题目难易差距很大，既有非常简单的题目，又有极为困难的题目。熟练掌握有关字符串处理的各种高效算法非常重要。

由于字符串特殊的性质，如字符种类个数较少等，对于单个及多个字符串的修改、查询、比较等需求，通常有专门的算法来快速完成。同时，字符串也可以看作特殊字符的序列，所以某些序列上的数据结构也可以应用在字符串当中。本章开始将首先介绍字符串在本书中的一些约定，而后为读者讲解几种处理特定问题的字符串算法。

基础知识与约定

(1) 字符串在 C++ 中可以使用 string 类存储，但更多的是使用 C 风格的 char 数组存储。

(2) 字符串的最前若干个连续字符按照原有顺序组成的字符串，称为其前缀（prefix），如字符串"app" 的前缀有"a" "ap" 和"app"。

(3) 字符串的最后若干连续字符按照原有顺序组成的字符串称为其后缀（suffix），如字符串"app" 的后缀有"p" "pp" 和"app"。常使用 $s[l..]$ 的方式表示字符串 s 的从 l 开始的后缀。

(4) 字符串内的若干个连续字符按照原有顺序组成的字符串，称为其子串（substring），如字符串"app" 的子串有"a" "p" "p" "ap" "pp" 和"app"。通常使用 $s[l..r]$ 的方式表示字符串 s 的从 l 到 r 的子串。例如，若字符串 s 为"app"，则 $s[0..0]$ 为"a"，$s[1..1]$ 为"p"，$s[2..2]$ 为"p"，$s[0..1]$ 为"ap"，$s[1..2]$ 为"pp"，$s[0..2]$ 为"app"。

(5) 字符串的反串为将整个字符串反转得到的字符串，如"app" 的反串为"ppa"。通常用 s' 来表示字符串 s 的反串。

(6) 字符串之间比较大小的方法，通常采用字典序的比较方法，即字典中的顺序。若两个字符串的第一个字符不同，则第一个字符较小的那个字符串更小；若第一个字符相同，则比较第二个字符，若还相同，则比较第三个字符……直到某个字符串结束或者其中一个字符串已经结束为止。若一个字符串是另一个字符串的前缀，那么这个字符串更小，如"ap" 小于"app"，"aqpwq" 小于"bpp"，"app" 小于"aqp"。

10.1　Hash　算　法

判断两个字符串是否相等，需要 $O(n)$ 的时间复杂度，其中，n 为较短的字符串的长度。若需要对大量字符串反复判断是否相等，可以使用 Hash 的方法来降低其平均复杂度。虽然最坏复杂度不会降低，但是这种方法通常非常有效，极难出现最坏情况，可以按照平均复杂度来计算。

算法思想

使用 Hash 方法前，需要先使用 Rabin-Karp 方法把一个字符串压缩成一个数字。一般题目中会给出字符串中字符的范围，如所有字符均为小写英文字母（以下均以此为前提，其他情况类似），那么每个字符其实只有 26 种可能性，把字母 a~z 映射成数字 0~25，就可以把整个字符串看成一个二十六进制的数。判断两个字符串是否相等时，只需看这两个二十六进制的数是否相等即可。

显然，当字符串长度达到一定规模时，数字会变得非常大，int 和 long long 都存储不下。使用高精度数据类型来存储这个数是不合理的，更好的方式是存储这个数对某个质数的余数。当余数不等时，原字符串一定不等。当余数相等时，再对原字符串使用朴素的比较方法。这也是 Hash 的精髓。除数之所以选择一个质数，是因为选用合数会更容易产生余数相等的情况。除数的常用值有 10^9+7，10^8+7，10^7+19，10^6+3，10^5+3，10^4+7，1019，103 等。

算法实现

Hash 算法灵活运用了余数的性质。先通过 $O(n)$ 的时间复杂度扫描整个字符串，使用 $O(n)$ 的空间复杂度存储字符串每一个前缀的 Hash 值，然后就能以 $O(1)$ 的时间复杂度查询这个字符串的任意子串的 Hash 值。Hash 算法的具体实现如下。

```
//在main函数中，需要先对两个数组进行初始化
pow[0] = 1;
for (int i = 1; i <= ls; i++)
    pow[i] = (pow[i - 1] * 26) % mod; //计算基数的幂次，节约以后运算时间
hash[0] = 0;
for (int i = 0; i < ls; i++)
    hash[i + 1] = (hash[i] * 26 + s[i]) % mod; //计算s的每一个前缀的Hash值
//得到[i,j)区间内的子串的Hash值
inline int getHash(int h[], int i, int j) {
    int tmp = (h[j] - (long long)h[i] * pow[j - i]) % mod;
    if (tmp < 0) return tmp + mod;
    else return tmp;
}
//判断长度为n的两个子串是否相等
inline bool equal(char s1[], char s2[], int n) {
    for (int k = 0; k < n; k++)
        if (s1[k] != s2[k]) return false;
    return true;
}
```

使用 getHash() 函数得到 s 的任意子串的 Hash 值，使用 equal() 函数判断两个字符串是否相等。Hash 值不等时，两个字符串一定不等。但 Hash 值相等时，不能判断两个字符串是否相等，这时就需要使用 equal() 函数来判断。许多情况下，简单的 Hash 可以达到和许多复杂算法相同的平均复杂度，并且在多次调整除数的值之后，可以避开许多 Hash 值相同的情况，往往能够通过本来不能过的题目。

例题讲解

【例题 10.1】Long Long Message

题目描述

小猫发送了一个文本，但是机器坏了，输出了两大段文本。原始文本在这两大段文本中均有出现。问最长的可能的原始文本长度。

输入数据为两行，每行一个字符串，仅由小写字母构成，长度不超过 10^5。

输出数据为一个整数，表示它们的最长的原始文本的长度。

输入输出样例

Input	Output
yeshowmuchireallyi yeaphowmuchi	8

题目来源

POJ 2774 *http://poj.org/problem?id=2774*

解题思路

原始文本即为两段文本的公共子串。题目所述问题可以转换为，计算两个字符串的最长公共子串的长度。

计算两个字符串的最长公共子串是一个经典问题，一般使用后缀数组或者后缀自动机求解。但是鉴于这道题目的数据范围不太大，也可以使用二分法 +Hash 的方法来做。若最长公共子串的长度为 len，则对于所有的 $l <$ len，都存在长度为 l 的公共子串。假设两个字符串分别为 a 和 b，首先二分查找最长公共子串的长度 len，然后求出 a 串中所有长度为 len 的子串的 Hash 值，然后枚举 b 串中所有长度为 len 的子串，查看其 Hash 值是否在 a 中出现。复杂度为 $O(n\log n)$。

使用 Hash 方法求解此题并非是最好的方法，但这是 Hash 方法对于程序设计的一个很好的应用。

参考代码

```
#include <cstdio>
#include <cstring>
#include <vector>
#include <algorithm>
using namespace std;
typedef unsigned long long ull;
const int N = 100001;

int ls1, ls2;
char s1[N], s2[N];
ull h1[N], h2[N], pow[N], a[N];

inline ull getHash(ull h[], int i, int j) { //计算[i,j)子串的Hash值
    return h[j] - h[i] * pow[j - i];
}
bool haveSolution(int t) { //判断是否有长度为t的解
    int n = 0;
    for (int i = t; i <= ls1; i++)
        a[n++] = getHash(h1, i - t, i); //计算s1的每一个长度为t的子串的Hash值
    sort(a, a + n);
    for (int i = t; i <= ls2; i++) {
        ull h = getHash(h2, i - t, i); //计算s2的每一个长度为t的子串的Hash值
        if (binary_search(a, a + n, h)) //查找s1中是否有子串Hash值与其相同
            return true; //为了节约时间，当Hash值相等时直接认为相等
    }
    return false; //没有长度为t的解
}

int main() {
    scanf("%s", s1);
    scanf("%s", s2);
    ls1 = strlen(s1),ls2 = strlen(s2);
    int l = 0, r = max(ls1, ls2);
    pow[0] = 1;
    for (int i = 1; i <= r; i++)
        pow[i] = pow[i - 1] * 131; //预处理幂次
    h1[0] = 0;
    for (int i = 0; i < ls1; i++)
        h1[i + 1] = h1[i] * 131 + s1[i]; //预处理s1的前缀的Hash值
    for (int i = 0; i < ls2; i++)
        h2[i + 1] = h2[i] * 131 + s2[i]; //预处理s2的前缀的Hash值
    while (l != r) { //二分法求出答案
        int t = (l + r) / 2;
        if (haveSolution(t + 1)) l = t + 1;
        else r = t;
    }
    printf("%d\n", l);
    return 0;
}
```

习题推荐

- **HDU 3973** AC's String　*http://acm.hdu.edu.cn/showproblem.php?pid=3973*

- **HDU 1800** Flying to the Mars *http://acm.hdu.edu.cn/showproblem.php?pid=1800*
- **HDU 4821** String *http://acm.hdu.edu.cn/showproblem.php?pid=4821*

10.2 最小循环表示

一个字符串的循环表示即为该字符串的循环同构字符串，通俗地说，就是一个字符串旋转以后的结果。例如，"abcd" 的循环表示有"abcd" "bcda" "cdab" "dabc" 四个。

一个字符串的最小循环表示（简称最小表示），即为该字符串的循环表示中的字典序最小的那一种，如刚才的例子中，"abcd" 即为最小循环表示。

最小循环表示可以方便地计算出两个循环字符串是否相等。两个字符串相等，当且仅当它们的最小循环表示相等。

例如，有两个手链，每个手链均为 n 个珠子串成，每个珠子上刻有字母，问两个手链是否一样。一个珠子即为一个字符，问题就转换为求解两个循环字符串是否相等。可以先求出每个字符串的最小循环表示，然后直接判断两个最小循环表示是否相等即可。

算法实现

求出最小循环表示的算法（最小表示法）实现代码如下。

```
int minRepresentation(char s[], int l) {
//s为扩展了一倍的待求字符串，l为该字符串未扩展时的长度
//返回值为最小表示法的起始下标
    int i = 0, j = 1, k = 0;
    while (i < l && j < l && k < l) { //比较以i为起点的字符串和以j为起点的字符串
        if (s[i + k] == s[j + k]) k++; //若没能比较出结果则继续比较
        else {
            if (s[i + k] < s[j + k]) j += k + 1; //i为较小字符串
            else i += k + 1; //j为较小字符串
            k = 0;
            if (i == j) j++; //保证i与j不相等
        }
    }
    return min(i, j);
}
```

例如，求字符串"app" 的最小表示，则 s 应为"appapp"，l 应为 3，返回值为 0。

时间复杂度

求长度为 n 的字符串 s 的最小表示，复杂度为 $O(n)$。

证明

在循环的任意时刻，从 0 到 $\max(i,j)$ 中，仅有 i,j 两个位置可能成为最小表示的起点，在 i，j 前边的位置以及它们之间的位置都不可能是最小表示的起点。

当循环到 k 大于或等于 l 时，$s[i..j-1]$ 为 s 的一个循环节，再向后查找已经没有意义，这时 i 和 j 均为最小循环表示，返回任意一个即可。

当循环到 k 小于 l 时，$s[i+k]$ 不等于 $s[j+k]$。假设 $s[i+k]$ 小于 $s[j+k]$（大于的情况类似），则从 j 到 $j+k$ 开始的表示法均小于从 i 到 $i+k$ 的表示法，所以可以忽略掉 j 到 $j+k$ 这一部分，它们一定不会是最小表示的开始位置。

若 i 或 j 大于或等于 l，则那个位置已经是之前处理过的或者不合法的，此时另外一个即为解。

所以，这是一个时间复杂度为 $O(n)$ 的算法。

上述过程既可以证明该算法的时间复杂度，也可以帮助读者理解该算法。

例题讲解

【例题 10.2】Shape Number

题目描述

在计算机视觉中，链码是一个数字序列，每个数字表示一个方向，整个序列即可以表示一个物体的轮廓。每个数字可以表示的方向如图10.1(a) 所示，链码 22234446466001207560 表示的形状即为图 10.1(b)。

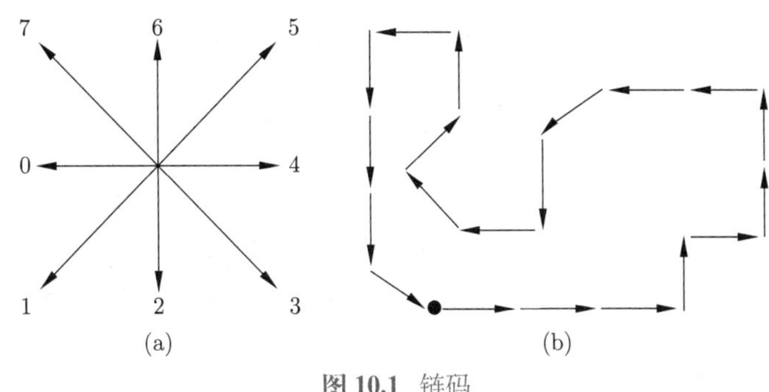

图 10.1　链码

不同链码可能表示相同的物体，因为链码可以从物体的任意一个位置开始描述，而且物体是可以旋转的。首先对链码进行逐项求差，如链码 22234446466001207560 求差后为 00110026202011676122。求差后的序列的最小循环表示被称为形状码，如 00110026202011676122 的最小循环表示为 00110026202011676122。对于一个图形，仅有一个形状码。

现在给出一个链码，请求出其对应图形的形状码。

输入数据为多组数据，每组数据仅有一行，行内仅有一个字符串，表示一个链码。

对于每组数据，输出一行，该行内仅有一个字符串，表示该链码对应的形状码。

输入输出样例

Input	Output
22234446466001207560 12075602223444646600	00110026202011676122 00110026202011676122

题目来源

HDU 4162　*http://acm.hdu.edu.cn/showproblem.php?pid=4162*

解题思路

设输入数字序列为 a，首先对其进行逐项求差，即令 $b[i] = a[i] - a[i-1]$，然后求出序列 b 的最小表示，将该最小表示输出。

参考代码

```
#include <cstdio>
#include <cstring>
#include <algorithm>
using namespace std;

const int N = 300001;
char a[N], b[N + N];
int ls;
//此处调用int minRepresentation(char s[], int l)函数
int main() {
    int i, t;
    while (scanf("%s", a) != EOF) {
        ls = strlen(a);
        for (i = 1; i < ls; i++) b[i] = (a[i] - a[i - 1] + 8) % 8 + '0';
```

```
        b[0] = (a[0] - a[ls - 1] + 8) % 8 + '0';
        for (i = 0; i < ls; i++) b[i + ls] = b[i];
        t = minRepresentation(b, ls);
        b[t + ls] = '\0';
        printf("%s\n", b + t);
    }
    return 0;
}
```

习题推荐

- **HDU 2609** How many *http://acm.hdu.edu.cn/showproblem.php?pid=2609*

10.3 Lyndon 分解

Lyndon 分解算法在算法竞赛当中属于比较冷门的内容，随着算法的不断更新，很多新的算法后来居上，不仅能够完成 Lyndon 分解算法，还实现了很多 Lyndon 分解算法不能实现的功能。但 Lyndon 分解作为字符串的重要组成部分能够更好地帮助读者理解后缀在字符串性质中占有的重要地位，为之后学习更高级的算法打下基础。

定义 10.1 Lyndon 串

一个字符串 s 为 Lyndon 串（Lyndon word）当且仅当 s 的最小后缀等于 s 自身。♣

比如"abac" "abc" "aab" 都是 Lyndon 串，而"aaa" "bbac" 不是 Lyndon 串。Lyndon 分解是将一个字符串分解为若干个 Lyndon 子串拼接的形式，如字符串"ababa"="ab"+"ab"+"a"，其中，"ab" "a" 都是 Lyndon 串。

定义 10.2 Lyndon 分解

形如 $s = s_1 s_2 \cdots s_k$，其中，$s_i (i = 1, 2, \cdots, k)$ 为 Lyndon 串的分解，称为 s 的 Lyndon 分解。♣

显然，一个串的 Lyndon 分解可能出现多种分解方式。为了将 Lyndon 分解确定化，人为对分解的条件加上一条限制，从而得到了唯一 Lyndon 分解的定义。

定义 10.3 唯一 Lyndon 分解

记字符串 S 的一个 Lyndon 分解 $L = s_1 s_2 \cdots s_k$，如果任意相邻的两个 Lyndon 串 s_i 和 $s_{i+1}, (i = 1, 2, \cdots, k-1)$，满足 $s_i \geqslant s_{i+1}$，则称 L 为字符串 S 的唯一 Lyndon 分解。♣

唯一 Lyndon 分解的重要意义在于对于任意一个字符串必然存在且唯一存在一个 Lyndon 分解方法，如此一来消除了普通 Lyndon 分解的不确定性，从而使分解后的字符串序列拥有更明显的性质，下面对这条性质进行证明。

定理 10.1 唯一 Lyndon 分解性质

任意一个字符串必然存在且唯一存在一个 Lyndon 分解方法。♡

证明 存在性：考虑极端情况，将字符串 s 的每一个字符视为一个 Lyndon 串。对于 $s_i < s_{i+1}$ 的两个子串，可将其合并为 $s_i s_{i+1}$。可以发现这样的串仍然是 Lyndon 串。持续合并直至不存在 $s_i < s_{i+1}$ 的子串对，则这样的分解必然存在。

唯一性：假设存在两个不同的唯一 Lyndon 分解方案 D、D′。取其第一处不相同的 Lyndon 串 s_i 和 s'_i，假设 $|s_i| > |s'_i|$，那么必然有 $s_i = s'_i s'_{i+1} \cdots s'_t \mathrm{pre}(s'_{t+1}, l)$。其中，$\mathrm{pre}(s'_{t+1}, l)$ 表示字符串 s'_{t+1} 的一个长度为 l 的前缀。根据 Lyndon 分解的定义以及上述假设，可以得到 $s_i > s'_i \geqslant s'_t \geqslant \mathrm{pre}(s'_{t+1}, l)$。

这里说明一下最后一个大于或等于号成立原因：如果 $s'_t < \mathrm{pre}(s'_{t+1}, l)$，那么根据字符串大小比较规则，一定有 $s'_t < s'_{t+1}$，与唯一 Lyndon 分解规定不符，故可推出 $s'_t \geqslant \mathrm{pre}(s'_{t+1}, l)$。

又因为 s_i 是 Lyndon 子串，满足 Lyndon 子串的性质，所以 $\mathrm{pre}(s'_{t+1}, l) > s_i$ 与假设不符，推出矛盾，故唯一性得证。

如果不做特殊说明，本书中接下来部分的 Lyndon 分解即为唯一 Lyndon 分解。

Duval 算法是专门用来处理字符串的 Lyndon 分解的算法。算法结构简单，只需要理解两部分即可：①保证 $s_i \geqslant s_{i+1}$；②循环节的利用方法。实现代码如下。

```
void duval(char * s, int n) {
    /*
    输入：字符串数组s,字符串长度n
    输出：s的Lyndon分解后，每个Lyndon子串的右边界
    */
    int j, k;
    for (int i = 1; i <= n; i++) {
        j = i, k = i + 1;
        while (s[j] <= s[k]) {
            if (s[j] == s[k]) j ++; //继续进行匹配
            else j = i; //公共前后缀消失，可以继续匹配
            k++;
        }
        while (i <= j) {
            cout << i + k - j - 1 << " ";
            i += k - j;
        }
    }
}
```

算法分析：算法只需要 3 个变量 i、j、k。其中，i 表示前 $i-1$ 个字符已经完成 Lyndon 划分，k 和 j 用于判断循环节。首先需要明确一个事实，即一个 Lyndon 串是不允许有循环节或者公共前后缀存在的，因为一旦出现上述两种情况，则必然不满足 Lyndon 串的定义。由此出发，结合图10.2，给出上面代码的解释。

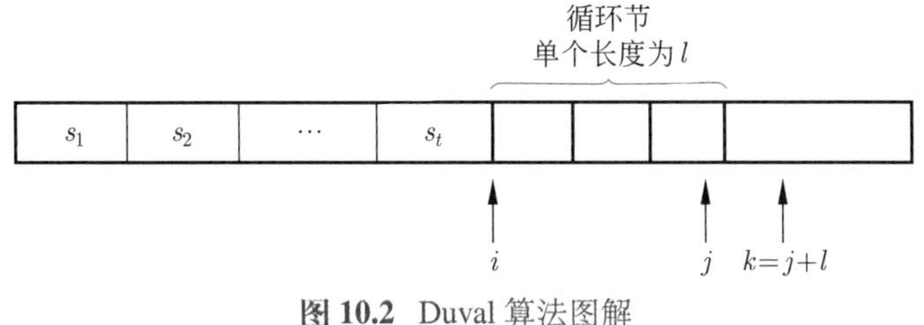

图 10.2　Duval 算法图解

对于一个确定的 i，假设 $s[1..i-1]$ 已经完成 Lyndon 划分，并且从 i 开始的子串无论怎么划分都会小于或等于前一个 Lyndon 划分串，这样就变成了一个完全相同且独立的子问题。令 $j = i$、$k = i + 1$。k 变量用于向后遍历，查看下一个字符。

(1) 若 $s[k] > s[i]$，则说明 k 可以并入当前以 i 开始的 Lyndon 串当中。

(2) 若 $s[k] < s[i]$，则说明 k 必然不能并入当前的 Lyndon 串当中，因为以 k 开始的后缀必然比以 i 开始的后缀字典序小（无论何种情况下）。此时就需要考虑内部循环节划分的情况。

(3) 若 $s[k] = s[i]$，则说明出现了公共前后缀或者循环节，此时利用 j 进行移动判断，判断方式与上面 (1)、(2) 步骤一致，只需要把 i 变量换作 j 变量即可。最后根据 k 和 j 不相同的位置向前跳跃即可完成循环节的划分。

最后，简单分析一下算法时间复杂度。全局只有三个变量进行操作，分析不难发现，i 从 1 遍

历至 n 有且仅有一次，j 和 k 全局中遍历的次数上限为 i 的二倍，故整体时间复杂度为 $O(n)$。值得一提的是，之后讲到的后缀数组应用范围更广且能够以 $O(n\log n)$ 的时间复杂度完成 Lyndon 分解，故 Duval 算法并没有受到竞赛选手的重视。但其较低时间复杂度和代码复杂度值得大家进行了解和学习。

例题讲解

【例题 10.3】Minimum Index

题目描述

给一个字符串 s，设其第 i 个前缀 $\text{prefix}(s,i)$ 的最小后缀的开始下标为 a_i，求下式：

$$\text{ans} = \sum_{i=1}^{|s|} a_i \times 1112^{i-1} \bmod (10^9+7)$$

输入数据包括多组测试数据，第一行输入一个整型 T（$1 \leqslant T \leqslant 10\,000$），表示测试数据组数。接下来每一行包括一个字符串 s，（$|s| \leqslant 10^6$）。数据保证 $\sum|s| \leqslant 2\times10^7$。

输出数据包括 T 行，第 i 行表示第 i 组测试数据的计算结果。

输入输出样例

Input	Output
1 aab	1238769

题目来源

HDU 6761 *http://acm.hdu.edu.cn/showproblem.php?pid=6761*

解题思路

此题需要对 Lyndon 分解有比较深刻的理解。假设已经得到了字符串 s 的 Lyndon 分解，$s = s_1s_2\cdots s_k$，那么对于前缀 i，假设其处于划分串 s_t 当中，那么 a_i 不可能在 s_t 串之前的任何位置，因为 Lyndon 分解具有性质 $s_i \geqslant s_{i+1}$，所以只需要考虑串内。此时只需要看 $\text{prefix}(s_t,i)$ 是否具有公共前后缀即可。如果有的话，那么 a_i 就是最长公共前后缀的后缀开始位置。此过程在 Duval 算法中进行记录即可。

此题思想难度较高，建议读者认真理解，条件允许的话可以亲自动手尝试编写代码。

参考代码

```
#include <iostream>
#include <cstdio>
#include <algorithm>
#include <set>
#include <cstring>

#define ll long long
using namespace std;
const int maxn = 1001000;
const int mod = 1000000007;
char s[maxn];
int n, ans[maxn];
int duval() {
    ans[1] = 1;
    for (int i = 1; i <= n;) {
        int j = i, k = i + 1;
        while (s[j] <= s[k]) {
            if (s[j] == s[k]) ans[k] = ans[j] + k - j, j++;
            else ans[k] = j = i;
            k++;
        }
        while (i <= j) i += k - j;
        ans[k] = i;
```

```
    }
    int Ans = 0;
    for (int i = n; i; i--)
        Ans = (111211 * Ans + ans[i]) % mod;
    return Ans;
}
int q[maxn];
int main() {
    int t;
    scanf("%d", & t);
    while (t--) {
        scanf("%s", s + 1);
        n = strlen(s + 1);
        printf("%d\n", duval());
    }
    return 0;
}
```

习题推荐

- **LOJ 129** Lyndon 分解　*https://loj.ac/problem/129*
- **Luogu P1368** 最小表示法　*https://www.luogu.com.cn/problem/P1368*

10.4 Manacher 算法

若一个字符串与它的反串相同，称这个字符串为一个回文串（Palindrome），如"" "a" "aa" "aaa" "aba" "abba" 都是回文串，而"ab" "abc" 不是回文串。

显然，一个字符串的回文子串最多有 $O(n^2)$ 个。例如，所有字符都是同一个字符的字符串，它的所有子串都是它的回文子串。回文串去掉最前和最后两个字符得到的还是回文串。如果记录下字符串 s 中以每一个字符为中心的最长回文串的长度，就可以记录下所有长度为奇数的回文串。把原字符串的每一位中间都加一个特殊字符（即一个原字符串中不会出现的字符），然后记录以每一个字符为中心的最长回文串的长度，就可以用 $O(n)$ 的空间来记录所有的回文子串。

Manacher 算法的时间复杂度为 $O(n)$，可以求出一个字符串中，以任意字符为中心的最长的回文子串的长度。

参考代码

```
int manacher(char s[], int a[], int ls) {
//s[0..ls-1]为待求字符串，ls为字符串长度，a[i]为以s[i]为中心的最长回文串的长度的
//一半
//若s[]为已经在前后添加过特殊字符的字符串，则返回值为原来字符串中最长回文串的长度
    a[0] = 0;
    int i = 0, j, ans = 0;
    while (i < ls) {
        while (i - a[i] > 0 && s[i + a[i] + 1] == s[i - a[i] -1])
            a[i]++;
        if (ans < a[i]) ans = a[i];
        j = i + 1;
        while (j <= i + a[i] && i - a[i] != i + i - j - a[i + i - j]) {
            a[j] = min(a[i + i - j], i + a[i] - j);
            j++;
        }
        a[j] = max(i + a[i] - j, 0);
        i = j;
    }
    return ans;
}
```

算法的基本原理如下。

如果已知以字符 $s[i]$ 为中心的回文子串的最长长度为 $2 \times a[i] + 1$，即 $s[i - a[i]..i + a[i]]$ 是以 $s[i]$ 为中心的最长回文子串，则对于满足 $i < j \leqslant i + a[i]$ 的某一字符 $s[j]$，可以知道其对称点为 $s[i + i - j]$，则 $a[j]$ 必为以下几种情况之一。

(1) $a[i + i - j] < i + a[i] - j$，即以 $s[i + i - j]$ 为中心的最长回文子串再加上其左右两个字符，完全被以 $s[i]$ 为中心的最长回文子串所覆盖。在这种情况下，根据回文串的对称性，可以得知，$a[j]$ 的值应该等于 $a[i + i - j]$ 的值。

(2) $a[i + i - j] > i + a[i] - j$，即以 $s[i + i - j]$ 为中心的最长回文子串已经超过了以 $s[i]$ 为中心的最长回文子串，又因为 $s[i - a[i] - 1] \neq s[i + a[i] + 1]$，所以以 $s[j]$ 为中心的最长回文子串的最右端一定等同于以 $s[i]$ 为中心的最长回文子串的最右端，即最右端为 $s[i + a[i]]$，所以 $a[j]$ 的值应该等于 $i + a[i] - j$ 的值。

(3) $a[i+i-j] = i+a[i]-j$，即以 $s[i+i-j]$ 为中心的最长回文子串的最左端恰好等同于以 $s[i]$ 为中心的最长回文字段的最左端，这时由于 $s[i-a[i]-1] \neq s[i+a[i]+1]$，得知 $a[j] \geqslant i+a[i]-j$，但还不能判断 $a[j]$ 为多少，需要从 $s[i + a[i] + 1]$ 开始逐一比较是否相等，求得以 $s[i + i - j]$ 为中心的最长回文子串的长度。

易知这个算法的时间复杂度为 $O(n)$，因为中心字符和最长回文子串的最右端均只有向右移动。

例题讲解

【例题 10.4】最长回文

题目描述

给定一个字符串，求其最长回文子串的长度。

输入数据为多组数据。每组数据为一行仅由英文小写字母构成的字符串，字符串长度不超过 110 000。

对于每组数据输出一行，仅有一个整数，表示最长回文子串的长度。

输入输出样例

Input	Output
aaaa abab	4 3

题目来源

HDU 3068 *http://acm.hdu.edu.cn/showproblem.php?pid=3068*

解题思路

直接使用 Manacher 算法求解即可。

参考代码

```
#include <cstdio>
#include <cstring>
#include <algorithm>
using namespace std;
const int N = 110001;

char os[N], s[N + N];
int a[N + N];
int ls;

//此处调用int manacher(char s[], int a[], int ls)函数
int main() {
    while (scanf("%s", os) != EOF) {
        ls = 2 * strlen(os) + 1;
        for (int i = 0; os[i] != '\0'; i++) { //将字符串每一位中间插入一个特殊
            //字符
            s[i + i] = '\0';
```

```
        s[i + i + 1] = os[i];
    }
    s[ls - 1] = '\0';
    printf("%d\n", manacher(s, a, ls));
  }
  return 0;
}
```

习题推荐

- **HDU 3613** Best Reward *http://acm.hdu.edu.cn/showproblem.php?pid=3613*
- **HDU 3294** Girls' research *http://acm.hdu.edu.cn/showproblem.php?pid=3294*

10.5 回文自动机

自动机又称有限状态机，是从初始状态，不断接收输入，根据输入数据和当前状态跳转到下一状态的一种机器。在字符串处理中，自动机的作用就是识别字符串。若一个自动机从初始态接收一个字符串之后得到的状态为一个结束态，则称这个自动机能够识别这个字符串。

回文自动机（也称回文树、PAM）是一种存储了字符串中绝大部分的回文信息的数据结构。于 2014 年由俄罗斯的信息学选手提出。回文自动机以其简洁的构建方法和优美的解题性质一经提出便处理了很多 Manachar 算法无法处理或非常难处理的问题，例如，前缀串中本质不同的子串数量，某一个回文子串在原串中出现的个数。

回文自动机的复杂度保证是依据如下重要理论。

定理 10.2 回文子串性质

任何一个字符串的本质不同回文子串个数不超过字符串本身长度 n。此处本质不同定义为两个字符串的长度不同或者相同长度但至少存在一个对应位置上的字符不同。♡

证明 归纳基础：对于一个长度为 n 的字符串 s，$s[1]$ 的本质不同回文子串个数为 1。

归纳步骤：假设字符串 $s[1..i-1]$ 的本质不同回文子串个数 $\leqslant i-1$。将 $s[i]$ 加入至 $s[1..i-1]$ 的末尾时，如果能产生新的回文子串 $s[j..i]$，那么不难推出 $s[j+1..i-1]$ 也必然为一个回文串。不妨假设 $s[j..i]$ 为最长的新出现的回文子串，那么其他任何新出现的回文串只能是 $s[j..i]$ 的一个回文后缀，如果能证明 $s[j..i]$ 的任何真回文后缀都不是新出现的回文串，那么就可以得出 $s[j..i]$ 为唯一一个加入字符 $s[i]$ 后新出现的回文串，即可推出 $s[1..i]$ 的本质不同回文子串个数 $\leqslant i$。

如图10.3所示，设 p 为 $s[j+1..i-1]$ 的一个回文后缀，因为 $s[j+1..i-1]$ 为回文串，那么图中所示字符串 $q=p$ 且 $s[k]=s[k']$。假设 $s[k]=s[i]$，那么有 $s[k']=s[k]=s[i]$。又因为 $s[j..i]$ 为回文串，所以有 $s[k']=s[k]=s[i]=s[j]$。故 $s[j..k']=s[k..i]$。即 $s[k..i]$ 回文子串之前已经出现过。

归纳总结：长度为 n 的字符串 $s[1..n]$，其本质不同回文子串个数 $\leqslant n$。

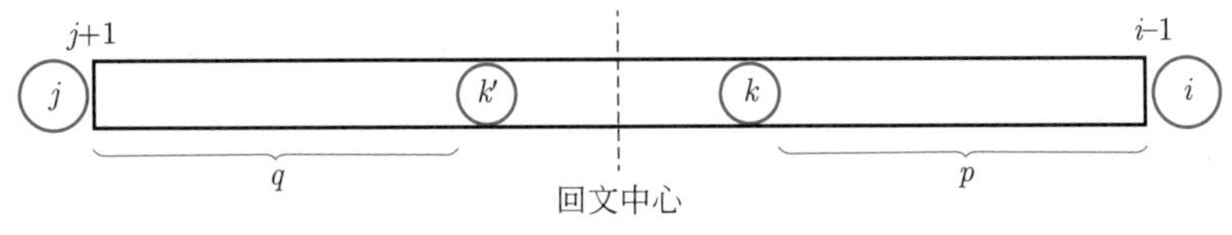

图 10.3 回文串性质证明

回文自动机中任何一个节点（除了 0、1 号节点）都代表一个本质不同的回文子串，0 号节点代表空串，1 号节点代表长度为 −1 的串，实际上 1 号节点只是为了处理奇数长度回文串，并不代表任何字符串。

那么回文自动机如何表示一个回文串呢？假设当前状态下得到的字符串为 S，当沿着一条标记为字符 'a' 的出边走到下一个状态时，表示的字符串为 aSa。若是从节点 1 连出的边，则表示的回文串就是字符本身。

了解了回文自动机基本原理和表示方法后，尝试去构建回文自动机。根据上面的证明可以发现，回文后缀对于回文子串的发现具有重要意义，回文自动机实际上就是利用了上述证明过程进行构建，称为增量构建方法。下面结合代码具体讲解。

算法实现

PAM 增量构建函数如下。str 为原字符串数组。val 表示每个节点表示的回文串长度。fail 表示每个节点表示的回文串的最长回文后缀节点编号。ch 表示 PAM 中的连边信息。last 表示上一次增量添加后的节点编号。

参考代码

```
void add(char * str, int n) {
  int p = last, c = str[n] - 'a';
  while (str[n] != str[n - val[p] - 1]) p = fail[p];
  //找到符合条件的回文后缀
  if (!ch[p][c]) { //出现了新的回文子串，添加新节点
    int np = ++node, cur = fail[p];
    while (str[n] != str[n - val[cur] - 1]) cur = fail[cur];
    fail[np] = ch[cur][c];
    val[np] = val[p] + 2;
    ch[p][c] = last = np;
  } else last = ch[p][c]; //没有出现新的回文串，更新last
}
void build(char * str, int n) {
  fail[0] = 1;
  val[1] = -1;
  node = 1;
  str[0] = -1;
  //处理1号节点的特殊情况，以及str[0]=-1防止出现str[n+1]=str[0]的情况
  for (int i = 1; i <= N; i++) add(str, i);
}
```

添加一个字符 n 必然需要看 $s[1..n-1]$ 的回文后缀（参考之前的证明过程），代码中就是上一次构造后停留的节点编号 last。需要按照长度从大到小遍历所有的回文后缀，直到找到一个可以和 $s[n]$ 形成回文串的后缀，这就需要用到 fail 数组。fail 数组表示最长回文后缀，显然只要沿着 fail 进行跳跃就必然可以找到满足要求的节点。这里需要注意 1 号节点的作用，fail[0]=1 能够使所有字符可以通过 0 号节点跳转至 1 号节点。val[1]=-1 则保证 add() 函数中第一个 while 循环必然能够停止。

找到符合条件的回文后缀 suf 代表的节点 t 后，就需要查看字符 $s[n]+\text{suf}+s[n]$ 是否出现过，即 ch[t][s[n]] 是否存在，若存在则更新 last 和 size 即可，否则就需要添加新的节点，用来表示 $s[n]+\text{suf}+s[n]$ 回文串。添加新节点也非常简单，与上述方法原理一样，沿 fail 指针转移即可。

回文自动机使用方法

回文自动机一经问世，之前很多需要 Manachar 与其他数据结构（线段树、树状数组）灵活结合的题目便成为模板题。其原因就在于 Manachar 的局限性很大，只能求出每个回文中心最长的回文子串，其他信息需要其他数据结构进行维护。回文自动机就很好地解决了这个问题，所有的信息全部保存在自动机的节点上，且便于访问。

现在针对回文自动机的题目大体上解决办法有以下几种。

(1) 根据题目信息决定在自动机构建过程中需要多维护哪些数组。例如，维护每个节点代表的回文后缀的左右端点，维护每个节点代表回文子串在原字符串中出现的次数，等等。

(2) 回文自动机也是一个 DAG 图，可以结合动态规划、拓扑等方法进行解题。

(3) 利用回文自动机本身的优势解题，例如，求字符串前缀中本质不同的回文子串数量，求本质不同的回文子串个数，求回文子串个数，求以特定字符结尾的本质不同回文子串个数，等等。

例题讲解

【例题 10.5】Palindromes

题目描述

给你一个由小写拉丁字母组成的字符串 s。定义 s 的一个子串的存在值为这个子串在 s 中出现的次数乘以这个子串的长度。

对给你的这个字符串 s，求所有回文子串中的最大存在值。

输入数据为一行，包含一个由小写拉丁字母 a~z 组成的非空字符串 s。

输出一个整数，表示所有回文子串中的最大存在值。

输入输出样例

Input	Output
abacaba	7

题目来源

UOJ 103 *https://uoj.ac/problem/103*

解题思路

使用 PAM，构建时记录每个节点代表的回文串被加入的次数。构建完 PAM 后按照节点编号从大到小将节点的 size 上传给 fail 指向的节点，其实就是做了拓扑的操作。

直接上传给 fail 做法的合理性：由 fail 定义可知，一个节点的 fail 指向的是最长回文后缀。如果当前节点出现 x 次，那么它的所有回文后缀出现次数都会加上 x。为了更新一个节点对它所有回文后缀的贡献，最简单的方法就是沿 fail 指针不断转移。这个模型就是拓扑排序。

参考代码

```
#include <cstdio>
#include <cstring>
#include <algorithm>
using namespace std;
typedef long long LL;
const int SIZEN = 300100;
int val[SIZEN] = {0}, ch[SIZEN][26] = {0}, fail[SIZEN] = {0}, size[SIZEN] = {0};
char str[SIZEN] = {0};
int node,last=0;
void add(int n) {
  int p = last, c = str[n] - 'a';
  while (str[n] != str[n - val[p] - 1]) p = fail[p];
  if (!ch[p][c]) {
    int np = ++node, cur = fail[p];
    size[np] = 1; //新生成的节点出现次数必然为1
    while (str[n] != str[n - val[cur] - 1]) cur = fail[cur];
    fail[np] = ch[cur][c];
    val[np] = val[p] + 2;
    ch[p][c] = last = np;
  } else last = ch[p][c], size[last]++;
  //已经存在的节点的出现次数+1
}
int main() {
  int N;
  scanf("%s", str + 1);
  N = strlen(str + 1);
  str[0] = -1;
  fail[0] = 1;
  val[1] = -1;
  node = 1;
  for (int i = 1; i <= N; i++) add(i);
```

```
  for (int i = node; i >= 1; i--) size[fail[i]] += size[i]; //拓扑统计出现次数
  LL ans = 0;
  for (int i = 2; i <= node; i++) ans = max(ans, 1LL * val[i] * size[i]);
  printf("%lld\n", ans);
  return 0;
}
```

【例题 10.6】Palindromes

题目描述

给你一个由小写拉丁字母组成的字符串 s 和整数 K。将 s 的所有奇数长度回文串按照长度从大到小排序，取前 K 个回文串，求这 K 个串的长度的乘积，结果对 19 930 726 取模。

输入数据为两行，第一行包括两个整数 N、K，表示字符串长度和取前 K 长的奇数长度回文子串；第二行为一个长度为 N 的字符串 s。

输出一个整数，表示计算结果。若符合条件的字符串不足 K 个则输出 -1。

输入输出样例

Input	Output
5 3 ababa	45

题目来源

Luogu P1659 *https://www.luogu.com.cn/problem/P1659*

解题思路

与例 10.5 的思路类似，统计出每个字符串出现的次数，然后用排序算法求出每个回文串长度的排名即可。因为本质不同的回文串个数小于 N，故本题可以在 $O(N)$ 的时间复杂度内解决。

参考代码

```
#include <cstdio>
#include <cstring>
#include <algorithm>
using namespace std;
typedef long long LL;
const int SIZEN = 1000100;
const int mod = 19930726;
char str[SIZEN] = {0};
LL N, K;
LL qpow(LL x, int len) {
  LL ret = 1;
  for (; len; len >>= 1) {
    if (len & 1) ret = ret * x % mod;
    x = x * x % mod;
  }
  return ret;
}
struct Palidom_AutoMaton {
  int val[SIZEN];
  int size[SIZEN];
  int fail[SIZEN];
  int ch[SIZEN][26];
  int rank[SIZEN];
  int ws[SIZEN];
  int node, last, maxlenth;

  void add(int n) {
    int p = last, c = str[n];
    while (str[n] != str[n - val[p] - 1]) p = fail[p];
    if (!ch[p][c]) {
      int np = ++node, cur = fail[p];
```

```
        size[np] = 1;
        while (str[n] != str[n - val[cur] - 1]) cur = fail[cur];
        val[np] = val[p] + 2;
        fail[np] = ch[cur][c];
        ch[p][c] = last = np;
        maxlenth = max(maxlenth, val[np]);
      } else last = ch[p][c], size[last]++;
    }
    void prosess() {
      for (int i = node; i; i--) size[fail[i]] += size[i];
      //桶排序，求出节点i代表的字符串长度的排名
      for (int i = 2; i <= node; i++) ws[val[i]]++;
      for (int i = 1; i <= node; i++) ws[i] += ws[i - 1];
      for (int i = 2; i <= node; i++) rank[ws[val[i]]--] = i;
    }
    void Build() {
      scanf("%s", str + 1);
      str[0] = -1;
      fail[0] = 1;
      node = 1;
      val[1] = -1;
      for (int i = 1; i <= N; i++) add(i);
    }
    void getans(LL k) {
      LL ans = 1;
      int i = node;
      while (k) {
        i--; //从大到小枚举长度的排名
        LL sum = size[rank[i]];
        if (!(val[rank[i]] & 1)) continue; //不是奇数回文串
        if (sum <= k) {
          k -= sum;
          ans *= qpow(val[rank[i]], sum);
          ans %= mod;
        } else {
          ans *= qpow(val[rank[i]], k);
          ans %= mod;
          k = 0;
        }
      }
      if (k) printf("-1\n");
      else printf("%lld", ans);
    }
}
pam;
int main() {
  scanf("%lld%lld", & N, & K);
  pam.Build();
  pam.prosess();
  pam.getans(K);
  return 0;
}
```

【例题 10.7】Victor and String

题目描述

给你 n 次操作 $1 \leqslant n \leqslant 10\,000$，如果为 1，则在字符串后面插入一个字符；如果为 2，则在字符串前面插入一个字符；如果为 3，则输出当前的字符串中的本质不同的回文串的个数；如果为 4，则输出字符串的回文串的个数。

输入为多组测试数据，每组测试数据中第一行包括一个整数 n，表示操作次数。接下来 n 行给出操作序列。

对于每一个操作 3 和操作 4，输出一个整数表示操作结果。

输入输出样例

Input	Output
6 1 a 1 b 2 a 2 c 3 4 8 1 a 2 a 2 a 1 a 3 1 b 3 4	4 5 4 5 11

题目来源

HDU 5421 *http://acm.hdu.edu.cn/showproblem.php?pid=5421*

解题思路

这是一道比较有意思的题目，充分地体现了回文自动机灵活多变的特点。本题中需要向前加入字符，若不考虑回文自动机方法，或许就需要多种数据结构配合或者使用可持久化数据结构来解决。但是在回文自动机中只需要加入一个函数来维护向前加入字符时自动机的状态，即维护每个节点代表回文串的最长回文前缀。一个字符串的回文前缀和回文后缀是重叠的，根据回文自动机的性质，每一种回文子串都能够在回文自动机中找到对应的状态。所以向前加入字符时仍然可以像维护向后加入字符时一样去更新 fail 数组，两个函数差距不大，只是需要分别记录向前加入的最新状态 pre 及向后加入的最新状态 suc。

另外需要注意一个细节，如果加入一个字符之后使得整个串都是回文串，那么 pre=suc 或者 suc=pre。因为此时无论从前加入或者从后加入它们面临的回文串是一样的。至于询问回文子串个数的问题，在维护回文自动机过程中实时更新即可。

此题建议读者认真思考并充分掌握解题思路。

参考代码

```
#include <cstdio>
#include <cstring>
#include <algorithm>
#include <ctime>
using namespace std;
typedef long long LL;
const int SIZEN = 210010;
int ch[SIZEN][26] = {0};
int val[SIZEN] = {0};
int size[SIZEN] = {0};
int fail[SIZEN] = {0};
int pre = 0,suc = 0,node = 1;
int N,front = 100000,back = 99999;
LL ans1 = 0,ans2 = 0;
char s[SIZEN] = {0};
void addpre(int n) {
  int p = pre, c = s[n] - 'a';
  while (s[n] != s[n + val[p] + 1]) p = fail[p]; //这里与suc有区别
  if (ch[p][c]) pre = ch[p][c];
  else {
    int np = ++node, cur = fail[p];
```

```
    ans1++;
    while (s[n] != s[n + val[cur] + 1]) cur = fail[cur]; //这里与suc有区别
    val[np] = val[p] + 2;
    fail[np] = ch[cur][c];
    size[np] = size[fail[np]] + 1;
    ch[p][c] = pre = np;
    if (val[np] == back - front + 1) suc = pre;
  }
  ans2 += size[pre];
}
void addsuc(int n) {
  int p = suc, c = s[n] - 'a';
  while (s[n] != s[n - val[p] - 1]) p = fail[p]; //这里与pre有区别
  if (ch[p][c]) suc = ch[p][c];
  else {
    int np = ++node, cur = fail[p];
    ans1++;
    while (s[n] != s[n - val[cur] - 1]) cur = fail[cur]; //这里与pre有区别
    val[np] = val[p] + 2;
    fail[np] = ch[cur][c];
    suc = ch[p][c] = np;
    size[np] = size[fail[np]] + 1;
    if (val[np] == back - front + 1) pre = suc;
  }
  ans2 += size[suc];
}
int main() {
  while (scanf("%d", & N) != EOF) {
    int opt;
    char temp[10] = { 0 };
    ans1 = 0;
    memset(ch, 0, sizeof ch);
    memset(val, 0, sizeof val);
    memset(fail, 0, sizeof fail);
    memset(s, 0, sizeof s);
    front = 100000;
    back = 99999;
    //pre和suc分别表示上一次在前面/后面加入字符后的状态节点
    pre = suc = 0;
    val[1] = -1; fail[0] = 1;
    node = 1;
    for (int i = 1; i <= N; i++) {
      scanf("%d", & opt);
      if (opt <= 2) scanf("%s", temp);
      if (opt == 1) {
        s[--front] = temp[0];
        addpre(front);
      } else if (opt == 2) {
        s[++back] = temp[0];
        addsuc(back);
      } else if (opt == 3) printf("%lld\n", ans1);
      else printf("%lld\n", ans2);
    }
  }
  return 0;
}
```

习题推荐

- **HDU 5785** Interesting　*http://acm.hdu.edu.cn/showproblem.php?pid=5785*
- **Luogu P1872** 回文串计数　*https://www.luogu.com.cn/problem/P1872*
- **Luogu P4555** 最长双回文串　*https://www.luogu.com.cn/problem/P4555*

10.6 KMP 算 法

假设有字符串 $s1$ 和字符串 $s2$，长度分别为 n 和 m。在求解 $s2$ 是否为 $s1$ 的子串这个问题中，可称 $s1$ 为匹配串，称 $s2$ 为模式串。KMP 算法是一个复杂度为 $O(n+m)$ 的算法，既可以求出字符串 $s2$ 是不是字符串 $s1$ 的子串，又可以求出字符串 $s2$ 在字符串 $s1$ 中出现了多少次，每次在什么位置出现。

算法思想

KMP 算法首先用 $O(m)$ 的复杂度求出一个 next 数组，记录了关于字符串 $s2$ 的信息。然后用 $O(n)$ 的复杂度快速求出字符串 $s2$ 在字符串 $s1$ 中出现的位置。

在 KMP 算法中，有很多种定义 next 数组的方式。本书中仅选取其中的一种讲解，其余的几种可以使用相似的方法。在使用时和查看别人代码时，要特别注意 KMP 的 next 数组的定义，以免发生混淆。

本节中的 next 数组采用以下定义。若 $\text{next}[j]==k$, 则 k 为满足以下条件的最大值: $s2[0..k-1]$ 与 $s2[j-k..j-1]$ 相同，且 $s2[k]$ 与 $s2[j]$ 不同。若不存在这样的 k，则 next[j]=-1。即 k 为满足 $s2[0..k-1]$ 是 $s2[0..j-1]$ 的后缀，且 $s2[j]\neq s2[k]$ 的最大值。

KMP 算法中的 next 数组又称为失配指针，表示了当 $s1[i]$ 和 $s2[j]$ 匹配失败时，最有效率的方法是让 $s1[i]$ 和 $s2$ 中的哪个元素进行匹配。

算法实现

假设 $s1$ 为匹配串，$s2$ 为模式串，next 数组为失配指针。以下为匹配过程的参考代码。

参考代码

```
i = j = 0;
while (s1[i] != '\0') {
  if (j != -1 && s2[j] == '\0') { // next[0] = -1
    //这时s1[i-m..i-1]等同于s2[0..m-1]
    j = 0; //如果没有这句话，则代表不允许重叠的匹配
  } else {
    while (j != -1 && s1[i] != s2[j])
      j = next[j];
    i++;
    j++;
  }
}
//最后还要检查一下s2[j]== '\0'，若满足条件，则s1[i-m..i-1]等同于s2[0..m-1]
```

首先假设已经得到了 next 数组，仅需查看所有的合法匹配。循环的任意一步都是试图判断 $s1[i-j..i]$ 与 $s2[0..j]$ 是否相等。

(1) 如果相等，则应该试图寻找 $s1[i-j]$ 开头的最大匹配长度，即令 i 和 j 都增加 1。

(2) 如果不相等，则应该将 $s2$ 右移，next 数组已经标注了将 $s2$ 右移到什么程度能够保持 $s1[i-j..i]$ 与 $s2[0..j]$ 依旧相等。

这样持续下去，当 $s2[j]==$'0' 时，就表示匹配成功了一个子串。

以下为求 next 数组的参考代码。

参考代码

```
j = 0;
k = -1;
next[0] = -1;
while (s2[j] != '\0') {
  while (k != -1 && s2[j] != s2[k])
    k = next[k];
  j++;
  k++;
```

```
  if (s2[j] != s2[k])
    next[j] = k;
  else
    next[j] = next[k];
}
```

生成 next 数组的过程和将 $s2$ 与 $s1$ 匹配的过程是类似的。生成 next 数组的过程相当于将 $s2$ 与 $s2$ 自身进行匹配。

首先令 next[0]=-1，因为对于 j=0，显然不存在满足条件的 k。

接下来，每次将 $s2[j]$ 与 $s2[k]$ 相比较，和匹配过程中 $s1[i]$ 与 $s2[j]$ 相比较是类似的。

不同之处在于，当 $s2[j] == s2[k]$ 时，需要将结果记录在 next 数组中。将 j 和 k 同时增加 1，如果 $s2[j] \neq s2[k]$，则 k 就是符合要求的，否则 next[k] 是符合要求的。

next 数组的性质

KMP 算法中的 next 数组还有许多性质，最常见的也是最常考察的性质就是，m-next[m] 为 $s2$ 的最小循环节。

如果略微修改下 next 数组的定义，不再要求 $s2[j]$ 与 $s2[k]$ 不同，对应地求 next 数组的代码仅需把 if 语句去掉，直接令 next[j]=k 即可。具体代码如下。

参考代码

```
j = 0;
k = -1;
next[0] = -1;
while (s2[j] != '\0') {
  while (k != -1 && s2[j] != s2[k])
  k = next[k];
  j++;
  k++;
  next[j] = k;
}
```

如果这样定义 next 数组，就可以求出 $s2$ 的所有循环节。易知，m-next[m]，m-next[next[m]]，以此类推，均为 $s2$ 的循环节。

例题讲解

【例题 10.8】Number Sequence

题目描述

给定两个序列 A 和 B，序列长度分别为 n 和 m。下标从 1 开始，问最小的 k，使得 $A[k..k+m-1]$ 与 B 序列相同。

输入数据的第一行为一个整数，表示一共有多少组数据，接下来依次是每组数据。每组数据的第一行为两个整数 n 和 m，m 不超过 10^4，n 不超过 10^6。每组数据的第二行为 n 个整数，表示序列 A 的内容。每组数据的第三行为 m 个整数，表示序列 B 的内容。所有整数均在 $-10^6 \sim 10^6$。

对于每组数据输出一行，仅有一个整数，表示最小的 k 的值。若不存在这样的 k，则输出 -1。

输入输出样例

Input	Output
2 13 5 1 2 1 2 3 1 2 3 1 3 2 1 2 1 2 3 1 3 13 5 1 2 1 2 3 1 2 3 1 3 2 1 2 1 2 3 2 1	6 -1

题目来源

HDU 1711　*http://acm.hdu.edu.cn/showproblem.php?pid=1711*

解题思路

直接使用 KMP 算法即可，只是把字符串换成了序列。

参考代码

```
#include <cstdio>

const int INF = ~0u >> 1;
int a[1000001], b[10001], next[10001];

int kmp(int s1[], int s2[], int next[]) { //求s1中第一次出现s2的位置
  int i, j = 0, k = -1, ans = 0;
  next[0] = -1;
  while (s2[j] != INF) { //生成next数组
    while (k != -1 && s2[j] != s2[k])
      k = next[k];
    if (s2[++j] != s2[++k])
      next[j] = k;
    else
      next[j] = next[k];
  }
  i = j = 0;
  while (s1[i] != INF) {
    if (j != -1 && s2[j] == INF) //若找到了一个s2，则返回下标
      return i - j + 1;
    while (j != -1 && s1[i] != s2[j])
      j = next[j];
    i++;
    j++;
  }
  if (s2[j] == INF) //判断s1的后缀是否为s2
    return i - j + 1;
  return -1; //若不存在s2，则返回-1
}

int main() {
  int t, n, m, i;
  scanf("%d", & t);
  while (t--) {
    scanf("%d%d", & n, & m);
    for (i = 0; i < n; i++) scanf("%d", & a[i]);
    for (i = 0; i < m; i++) scanf("%d", & b[i]);
    a[n] = b[m] = INF; //设置截止符
    printf("%d\n", kmp(a, b, next));
  }
  return 0;
}
```

【例题 10.9】剪花布条

题目描述

一块花布条，里面有些图案，另有一块直接可用的小饰条，里面也有一些图案。对于给定的花布条和小饰条，计算一下能从花布条中尽可能剪出几块小饰条来呢？

输入数据为多组数据，读取到 “#” 字符时结束。每组数据仅有一行，该行为由空格分开的花布条和小饰条。花布条和小饰条上的图案用可见的 ASCII 字符表示，花布条和小饰条的长度都不会超过 1000。

对于每组数据，输出一行，仅有一个整数，表示花布条中最多可以剪成多少个小饰条。

输入输出样例

Input	Output
abcde a3 aaaaaa aa #	0 3

题目来源

HDU 2087 *http://acm.hdu.edu.cn/showproblem.php?pid=2087*

解题思路

题目可以转换为，给 $s1$ 和 $s2$，求 $s1$ 可以分割出多少个互不重叠的 $s2$。直接使用 KMP 算法即可，计算不重叠的匹配次数。

参考代码

```
#include <cstdio>

int kmp(char s1[], char s2[], int next[]) {
  int i, j = 0, k = -1, ans = 0;
  next[0] = -1;
  while (s2[j] != '\0') { //求next数组
    while (k != -1 && s2[j] != s2[k])
      k = next[k];
    if (s2[++j] != s2[++k])
      next[j] = k;
    else
      next[j] = next[k];
  }
  i = j = 0;
  while (s1[i] != '\0') { //利用next数组进行快速匹配
    if (j != -1 && s2[j] == '\0') {
      ans++;
      j = 0;
    } else {
      while (j != -1 && s1[i] != s2[j])
        j = next[j];
      i++;
      j++;
    }
  }
  if (s2[j] == '\0')
    ans++;
  return ans;
}

char s1[100000], s2[100000];
int next[100000];

int main() {
  while (scanf("%s", s1), s1[0] != '#' || s1[1] != '\0') {
    scanf("%s", s2);
    printf("%d\n", kmp(s1, s2, next));
  }
  return 0;
}
```

【例题 10.10】Cyclic Nacklace

题目描述

有一个含有不同颜色珠子的手链。初始时手链是链式结构。现在向手链的两端添加一些带颜色的珠子，再将这个链首尾相连形成一个环。问最少添加多少个珠子，可以让连成的环恰好形成 x 个循环节？其中 x>=2，且 x 为整数。(x 不是输入变量)

输入数据为多组数据，第一行为数据的组数，接下来依次是各组数据。每组数据仅有一行，为一个字符串，表示原来的手链，仅由英文小写字母构成，长度不超过 10^5。

对于每组数据，输出一行，仅有一个整数，为最少添加的字符个数。

输入输出样例

Input	Output
3 aaa abca abcde	0 2 5

题目来源

HDU 3746 *http://acm.hdu.edu.cn/showproblem.php?pid=3746*

解题思路

题目可以转换为：给定字符串 S，求出 S 最少添加多少个字符后，可以变为一个循环了恰好整数次（大于一次）的字符串。使用 KMP 算法生成的 next 数组，找出字符串 S 的所有循环节。计算对于每一个循环节，使其恰好凑成整数次需要添加的字符个数。

因为 next 变量名与 algorithm 算法库中部分变量重名，故下面用 nxt 代替 next 变量。

参考代码

```
#include <cstdio>
#include <cstring>
#include <algorithm>

using namespace std;

void getNext(char s[], int nxt[]) { //计算nxt数组
  int j = 0, k = -1;
  nxt[0] = -1;
  while (s[j] != '\0') {
    while (k != -1 && s[j] != s[k])
      k = nxt[k];
    nxt[++j] = ++k;
  }
}

char s[100001];
int nxt[100001];
int ls;

int main() {
  int t, i, ans;
  scanf("%d", & t);
  while (t--) {
    scanf("%s", s);
    getNext(s, nxt);
    ans = ls = strlen(s);
    i = nxt[ls];
    while (i != -1) {
      int k = ls - i; //k为字符串s的一个循环节
      int p = ls % k; //p为字符串s循环若干个k次后剩余部分
      int q = (k - p) % k; //q为字符串s要想补齐成恰好整数个k所需要的最少字符数
      if (ls + q >= k * 2) //判断是否循环超过两次
        ans = min(ans, q);
      i = nxt[i];
    }
    printf("%d\n", ans);
  }
  return 0;
}
```

【例题 10.11】String Problem

题目描述

给定字符串 S，求出 S 的最小表示、S 的循环同构中最小表示出现的次数、最大表示、S 的循环同构中最大表示出现的次数。

输入数据为多组数据，每组数据仅有一行，该行仅有一个字符串 S，由英文小写字母构成，长度不超过 1 000 000。

对于每组数据，输出一行，该行有四个整数，中间由空格分隔，分别表示最小表示的起点，最小表示出现的次数，最大表示的起点，最大表示出现的次数。有多个最小或最大表示时，起点输出最小的那个。

输入输出样例

Input	Output
abcder aaaaaa ababab	1 1 6 1 1 6 1 6 1 3 2 3

题目来源

HDU 3374　*http://acm.hdu.edu.cn/showproblem.php?pid=3374*

解题思路

先用最小表示法算出最小表示，再在两倍的 S 中用 KMP 计算出最小表示出现的次数。注意若原串就是最小表示，出现次数要减 1。最大表示和最大表示出现的次数同理。

参考代码

```
#include <cstdio>
#include <cstring>
#include <algorithm>

using namespace std;

int minRepresentation(char s[], int l) { //计算最小表示
  int i = 0, j = 1, k = 0;
  while (i < l && j < l && k < l) {
    if (s[i + k] == s[j + k])
      k++;
    else {
      if (s[i + k] < s[j + k])
        j += k + 1;
      else
        i += k + 1;
      k = 0;
      if (i == j)
        j++;
    }
  }
  return min(i, j);
}
int maxRepresentation(char s[], int l) { //计算最大表示
  int i = 0, j = 1, k = 0;
  while (i < l && j < l && k < l) {
    if (s[i + k] == s[j + k])
      k++;
    else {
      if (s[i + k] > s[j + k])
        j += k + 1;
      else
        i += k + 1;
      k = 0;
      if (i == j)
        j++;
    }
  }
  return min(i, j);
}
void kmp(char s1[], char s2[], int nxt[], int & fir, int & num) {
//计算s1中s2出现的情况，第一次出现的位置记录在fir中，出现的次数（可重叠）记录在num中
  int i, j = 0, k = -1;
  fir = -1;
  num = 0;
```

```
  nxt[0] = -1;
  while (s2[j] != '\0') { //计算nxt数组
    while (k != -1 && s2[j] != s2[k])
      k = nxt[k];
    if (s2[++j] != s2[++k])
      nxt[j] = k;
    else
      nxt[j] = nxt[k];
  }
  int ls2 = j;
  i = j = 0;
  while (s1[i] != '\0') { //进行匹配
    if (j != -1 && s2[j] == '\0') {
      if (fir == -1)
        fir = i - ls2 + 1;
      num++;
    }
    while (j != -1 && s1[i] != s2[j])
      j = nxt[j];
    i++;
    j++;
  }
  if (s2[j] == '\0') {
    if (fir == -1)
      fir = i - ls2 + 1;
    num++;
  }
}

char s[2000001], s2[1000001];
int nxt[1000001];
int ls;

int main() {
  int i, k, ans1, ans2;
  while (scanf("%s", s) != EOF) {
    ls = strlen(s);
    for (i = 0; i < ls; i++)
      s[ls + i] = s[i];
    s[ls + ls] = '\0';

    k = minRepresentation(s, ls); //计算最小表示及其出现的次数
    for (i = 0; i < ls; i++)
      s2[i] = s[k + i];
    s2[ls] = '\0';
    kmp(s, s2, nxt, ans1, ans2);
    if (ans1 == 1)
      ans2--;
    printf("%d %d ", ans1, ans2);

    k = maxRepresentation(s, ls); //计算最大表示及其出现的次数
    for (i = 0; i < ls; i++)
      s2[i] = s[k + i];
    s2[ls] = '\0';
    kmp(s, s2, nxt, ans1, ans2);
    if (ans1 == 1)
      ans2--;
    printf("%d %d\n", ans1, ans2);
  }
  return 0;
}
```

习题推荐

- **HDU 3613** Best Reward *http://acm.hdu.edu.cn/showproblem.php?pid=3613*
- **HDU 3336** Count the string *http://acm.hdu.edu.cn/showproblem.php?pid=3336*
- **HDU 1358** Period *http://acm.hdu.edu.cn/showproblem.php?pid=1358*
- **HDU 2594** Simpsons' Hidden Talents *http://acm.hdu.edu.cn/showproblem.php?pid=2594*

10.7　扩展 KMP 算法

顾名思义，扩展 KMP 算法是对 KMP 算法的扩展。扩展 KMP 算法可以用 $O(n+m)$ 的复杂度求出字符串 $s1$ 的任意后缀与字符串 $s2$ 的最长公共前缀。扩展 KMP 算法也有一个 next 数组，还有一个 ex 数组，用于存放求得的最长公共前缀。

不同于 KMP 算法中 next 数组的多种定义，扩展 KMP 算法的 next 数组的定义一般没有争议。在扩展 KMP 算法中，next[i]==j 表示 $s2$ 的以 $s2[i]$ 为起始的后缀与 $s2$ 串本身的最长公共前缀的长度为 j。

算法实现

扩展 KMP 的实现代码比 KMP 算法还要更为简单一些。具体代码如下。

参考代码

```
void exkmp(char s1[], char s2[], int next[], int ex[]) {
  //计算s1的任意后缀与s2的最长公共前缀，结果存入ex中
  //next为已知的s2的任意后缀与s2的最长公共前缀
  //即ex[i]为s1[i..]与s2的最长公共前缀，next[i]为s2[i..]与s2的最长公共前缀
  int i, j, p;
  for (i = 0, j = 0, p = -1; s1[i] != '\0'; i++, j++, p--) {
    if (p == -1) {
      j = 0;
      do
        p++;
      while (s1[i + p] != '\0' && s1[i + p] == s2[j + p]);
      ex[i] = p;
    } else if (next[j] < p) {
      ex[i] = next[j];
    } else if (next[j] > p) {
      ex[i] = p;
    } else {
      j = 0;
      while (s1[i + p] != '\0' && s1[i + p] == s2[j + p])
        p++;
      ex[i] = p;
    }
  }
  ex[i] = 0;
}
```

这个函数的作用是，在已知 $s2$ 的 next 数组的情况下，求出字符串 $s1$ 的任意后缀与字符串 $s2$ 的最长公共前缀，存入数组 ex 中。

算法的思想与之前的 KMP 算法、Manacher 算法均类似。在循环的任意时刻，$s1[i..i+p-1]$ 与 $s2[j..j+p-1]$ 相同，且 $s1[i+p]$ 与 $s2[j+p]$ 不同，那么 $s1[i..]$ 与 $s2$ 的最长公共前缀分为以下几种情况。

(1) 若 next[j]<p，则 $s1[i..]$ 与 $s2$ 的最长公共前缀的长度就是 next[j]。

(2) 若 next[j]>p，则 $s1[i..]$ 与 $s2$ 的最长公共前缀的长度就是 p。

(3) 若 next[j]==p，则无法直接判断最长公共前缀的长度，只知道最长公共前缀的长度大于或等于 p，需要从 p 开始逐一比对求出。

调用函数求出 next 数组和 ex 数组的方法如下。

```
next[0] = 0;
exkmp(s2 + 1, s2, next, next + 1);
exkmp(s1, s2, next, ex);
```

扩展 KMP 算法求出 next 数组比 KMP 算法求出 next 数组更为简单，因为只需要调用 exkmp() 这个函数即可。在主函数中使用如上代码即可求出 next 数组，并求出 ex 数组。

求出 next 数组的过程就相当于用 $s2[1..]$ 和 $s2$ 进行匹配，每次所使用的 next 数组其实就是前一次求出的 ex 数组。

例题讲解

【例题 10.12】Minimum Integer Sequence

题目描述

给定整数 A 和整数 B，将 B 插入 A 中，可以得到一个整数 C，问最小的 C 为多少？例如，A=345，B=478，将 B 插入 A 中可以得到 478 345，347 847，344 785，345 478，其中最小的是 344 785。

输入数据为多组数据，每组仅有一行，该行中有整数 A 和 B，由空格分隔。每个整数的长度不超过 10^5 个数字，且不包含数字 0。

对于每组数据，输出最小的整数 C。

输入输出样例

Input	Output
345 478 12345 678 123 123	344785 12345678 112323

题目来源

HDU 3522 *http://acm.hdu.edu.cn/showproblem.php?pid=3522*

解题思路

题目可以转换为：给定两个字符串 $s1$ 和 $s2$，将第二个字符串插入到第一个字符串的某个位置，求字典序最小的方案。

使用扩展 KMP 求出 $s2$ 的后缀与 $s2$ 的最长公共前缀，$s1$ 的后缀与 $s2$ 的最长公共前缀。之后直接枚举每一种插入方法。对于任意两种插入方法，可以使用扩展 KMP 求出的数组以 $O(1)$ 的复杂度进行比较。插入后的字符串分为三部分，用最长公共前缀快速判断出第一个不同的字符的位置。

参考代码

```
#include <cstdio>
#include <cstring>

//此处调用void exkmp(char s1[], char s2[], int next[], int ex[]) 函数
//与算法实现中代码相同

char s1[100100], s2[100100];
int ex[100100], nxt[100100];
int ls1,ls2;


bool smallerThan(int i, int j) { //判断将s2插入到s1的第i位是否比插入到第j位小
  if (ex[j] < i - j)
    return s1[j + ex[j]] < s2[ex[j]];
  if (nxt[i - j] < ls2 - (i - j))
    return s2[nxt[i - j]] < s2[i - j + nxt[i - j]];
  if (nxt[ls2 - (i - j)] < (i - j))
    return s2[ls2 - (i - j) + nxt[ls2 - (i - j)]] <
      s2[nxt[ls2 - (i - j)]];
  return false;
}

int main() {
```

```
    int ans, i;
    while (scanf("%s%s", s1, s2) != EOF) {
      exkmp(s2 + 1, s2, nxt, nxt + 1);
      exkmp(s1, s2, nxt, ex);
      ls1 = strlen(s1);
      ls2 = strlen(s2);
      ans = 0;
      for (i = 0; i < ls1; i++) {
        if (smallerThan(i + 1, ans))
          ans = i + 1;
      }
      for (i = 0; i < ans; i++)
        printf("%c", s1[i]);
      printf("%s", s2);
      for (i = ans; i < ls1; i++)
        printf("%c", s1[i]);
      printf("\n");
    }
    return 0;
}
```

【例题 10.13】Theme Section

题目描述

使用字符串来表示一首歌曲，每个注音用一个英文小写字母表示。若一首歌曲满足“EAEBE”的形式，就称 E 为该字符串的主旋律，其中，E 的长度不为零，A 和 B 的长度可以为任意值。对于一首给定的歌曲，求出其最长的主旋律的长度。

输入数据为多组数据，第一行为数据的组数，接下来依次是各组数据。每组数据仅有一行，该行为待求字符串，仅由英文小写字母构成，长度不超过 10^6。

对于每组数据，仅输出一行，该行只有一个整数，为最长的主旋律的长度。

输入输出样例

Input	Output
5 xy abc aaa aaaaba aaxoaaaaa	0 0 1 1 2

题目来源

HDU 4763　*http://acm.hdu.edu.cn/showproblem.php?pid=4763*

解题思路

假设歌曲长度为 n，主旋律长度为 i，将歌曲看作一个长度为 n 的字符串 s。主旋律长度 i 一定满足两个条件：next[$n-i$]==i，即该字符串以长度为 i 的前缀为后缀；max{next[i] $\cdots$ next[$n-i-i$]}>i，即 $s[i..n-i-1]$ 的某个长度为 i 的子串等于长度为 i 的前缀。首先求出 next 数组，然后就可依次减少 i 的值，查看能否同时满足这两个条件，判断 i 是否为一个可行解。

参考代码

```
#include <cstdio>
#include <cstring>

int n;
int a[1000100];
char s[1000100];

int main() {
```

```
  int cas, i, j, p, maxl;
  scanf("%d", & cas);
  while (cas--) {
    scanf("%s", s);
    n = strlen(s);
    a[0] = n;
    for (i = 1, j = 0, p = -1; i < n; i++, j++, p--) { //求出nxt数组
      if (p == -1) {
        j = 0;
        do
          p++;
        while (s[i + p] == s[j + p]);
        a[i] = p;
      } else if (a[j] < p) {
        a[i] = a[j];
      } else if (a[j] > p) {
        j = 0;
        a[i] = p;
      } else if (a[j] == p) {
        j = 0;
        while (s[i + p] == s[j + p])
          p++;
        a[i] = p;
      }
    }
    a[n] = 0;
    i = n / 3;
    maxl = a[n - i - i];
    for (j = i; j < n - i - i; j++)
      if (maxl < a[j])
        maxl = a[j];
    while (maxl < i || a[n - i] != i) { //将i从大到小进行比较
      i--;
      if (maxl < a[i]) maxl = a[i];
      if (maxl < a[n - i - i]) maxl = a[n - i - i];
      if (maxl < a[n - i - i - 1]) maxl = a[n - i - i - 1];
    }
    printf("%d\n", i);
  }
  return 0;
}
```

【例题 10.14】Boring counting

题目描述

给定一个字符串，问其有多少个不同的子串满足如下条件：该子串在原字符串中出现不重叠的至少两次。

输入数据为多组数据，以“#”结束。每组数据仅有一行，该行为待求字符串，仅由英文小写字母构成，长度不超过 1000。

对于每组输入数据，输出满足条件的子串个数。

输入输出样例

Input	Output
aaaa ababcabb aaaaaa #	2 3 3

题目来源

HDU 3518 *http://acm.hdu.edu.cn/showproblem.php?pid=3518*

解题思路

用该字符串对自身的每一个后缀进行一次扩展 KMP。由于任意一个子串都是该字符串的后缀的前缀，对于从 i 位置开始的后缀，扫描并且记录一下 $\min(\text{ex}[j], i-j)$ 的最大值，即可计算出 $s[0..i-1]$ 部分与 $s[i..]$ 的最长公共前缀的长度。把所有的合法子串使用 Hash 去重，即可得到解。

注：在 HDOJ 上如果将结构体起名为 Hash 会被判 Wrong Answer。如果在结构体里放过多元素（如 10^5 个 set），用 G++ 提交会被判 Complication Error 并且不会返回编译错误信息，用 C++ 提交则不会有问题。

参考代码

```
#include <cstdio>
#include <cstring>
#include <algorithm>
#include <set>

using namespace std;

char s[1001], s2[1001];
int nxt[1001], ex[1001], maxlen[1001];
int ls;

//此处调用void exkmp(char s1[], char s2[], int nxt[], int ex[]) 函数
//与算法实现中代码相同

struct HashaNode { //记录一个子串，从i开始，长度为l
  int i, l;
  HashaNode() {}
  HashaNode(int ii, int ll) {
    i = ii;
    l = ll;
  }
  friend bool operator < (const HashaNode & a,
    const HashaNode & b) {
    //判断两个子串的大小
    int i = 0;
    while (i < a.l && i < b.l && s[a.i + i] == s[b.i + i])
      i++;
    if (i == a.l && i == b.l)
      return false;
    if (i == a.l)
      return true;
    if (i == b.l)
      return false;
    return s[a.i + i] < s[b.i + i];
  }
};
const int mod = 100003;
int hasha[1001], pw[1001];
struct Hasha { //以Hash的方式存储下所有的子串，去掉重复子串
  set < HashaNode > a[mod];
  void clear() {
    for (int i = 0; i < mod; i++)
      a[i].clear();
  }
  void add(int i, int j) { //添加一个子串
    int t = ((hasha[i + j - 1] - (long long) hasha[i - 1] * pw[j]) %
      mod + mod) % mod;
    a[t].insert(HashaNode(i, j)); //放入对应Hash值的set中
  }
  int size() { //求所有子串的个数
    int ans = 0;
    for (int i = 0; i < mod; i++)
      ans += a[i].size();
```

```
    return ans;
  }
};

Hasha c;

int main() {
  int i, j;
  pw[0] = 1;
  for (i = 1; i < 1001; i++)
    pw[i] = pw[i - 1] * 26 % mod;
  while (scanf("%s", s), s[0] != '#') {
    memset(maxlen, 0, sizeof(maxlen));
    ls = strlen(s);
    hasha[0] = s[0] - 'a' + 1;
    for (i = 1; i < ls; i++) //求出Hash值
      hasha[i] = (hasha[i - 1] * 26 + s[i] - 'a' + 1) % mod;
    for (i = 1; i < ls; i++) { //对每一个后缀进行一次扩展KMP
      strcpy(s2, s + i);
      nxt[0] = 0;
      exkmp(s2 + 1, s2, nxt, nxt + 1);
      exkmp(s, s2, nxt, ex);
      for (j = 0; j < i; j++) //更新最长公共前缀的长度
        maxlen[j] = max(maxlen[j], min(ex[j], i - j));
    }
    c.clear();
    for (i = 0; i < ls; i++) {
      for (j = 1; j <= maxlen[i]; j++) {
        c.add(i, j); //将每一个合法的子串添加进Hash后的列表中
      }
    }
    printf("%d\n", c.size());
  }
  return 0;
}
```

习题推荐

- **HDU 3613** Best Reward *http://acm.hdu.edu.cn/showproblem.php?pid=3613*
- **HDU 4333** Revolving Digits *http://acm.hdu.edu.cn/showproblem.php?pid=4333*
- **HDU 4300** Clairewd’s message *http://acm.hdu.edu.cn/showproblem.php?pid=4300*

10.8 字 典 树

字典树（Trie 树）是一种树型数据结构，其作用是存储多个字符串，并可以自动按照字典序排好。构建字典树算法的时间复杂度为 $O(n)$，空间复杂度为 $O(nk)$，其中，n 为所有字符串的长度的和，k 为所有可能出现的字符的个数。

字典树的实现方法如下：树上的每个节点代表了一个字符串，每个节点最多有 k 个孩子，第 k 个孩子代表的字符串为原节点的字符串后接上第 k 个字符构成。多数情况下需要在每个节点下多开一变量 num 来记录该节点表示的字符串插入了多少次。多数情况下，num 会等于 0，因为该节点表示的字符串为某个被插入了的字符串的前缀。

算法实现

假设所有字母均为小写英文字母，共有 26 种字符，则字典树中节点的结构体的构建的代码如下。

```
struct Node {
  Node *ch[26];
  int num;
};
```

假设 N 为所需要的最多的节点个数。N 不会超过所有字符长度的和再加 1，则可以定义节点内存池为：

```
Node a[N], *root, *ap;
```

初始化一个字典树节点：

```
Node *newNode() {
  memset(ap -> ch, 0, sizeof(ap -> ch));
  ap -> num = 0;
  return ap++;
}
```

使用`void insert(char *s)`函数向字典树中插入一个字符串：

```
void insert(char *s) {
  Node *cur = root;
  cur -> num++;
  while (*s != '\0') {
    int t = *(s++) - 'a';
    if (cur -> ch[t] == NULL)
      cur -> ch[t] = newNode();
    cur = cur -> ch[t];
  }
  cur -> num++;
}
```

在 main() 函数中，最先要初始化和清空字典树。

```
ap = a;
root = newNode();
```

例题讲解

【例题 10.15】统计难题

题目描述

Ignatius 最近遇到一个难题，老师交给他很多单词（只由小写字母组成，不会有重复的单词出现）。现在老师要他统计出以某个字符串为前缀的单词数量（单词本身也是自己的前缀）。

输入数据仅有一组。输入数据的第一部分是单词表，每行仅有一个单词，单词的长度不超过 10。以空行结束。接下来为第二部分，每行代表一个查询。所有字符串均由英文小写字母构成。

输出数据仅有一组。对于每个提问，给出以该字符串为前缀的单词的数量。

输入输出样例

Input	Output
banana band bee absolute acm ba b band abc	2 3 1 0

题目来源

HDU 1251 *http://acm.hdu.edu.cn/showproblem.php?pid=1251*

解题思路

用给出的单词表搭建一棵字典树。直接在搭建时记录以每个节点为根的子树中的有效单词个数，即插入字符串时将其所有前缀上的 num 值同时增加 1。查询时首先查看是否有代表该字符串的节点，如果没有则答案为 0，否则答案为该节点上的 num 值。

参考代码

```
#include <cstdio>
#include <cstring>

using namespace std;
const int N = 500000;

struct Node { //字典树中的节点
  Node * ch[26];
  int num;
};

Node a[N], * root;
char s[11];
int p = 0;

Node * newNode() { //新建一个节点
  memset(a[p].ch, 0, sizeof(a[p].ch));
  a[p].num = 0;
  return &a[p++];
}
void insert(char * s) { //在字典树中插入字符串s
  Node * cur = root;
  cur -> num++;
  while ( * s != '\0') {
    int t = * (s++) - 'a';
    if (cur -> ch[t] == NULL)
      cur -> ch[t] = newNode();
    cur = cur -> ch[t];
    cur -> num++;
  }
}
int getans(char * s) { //返回以s为前缀的单词个数
  Node * cur = root;
  while ( * s != '\0') {
    int t = * (s++) - 'a';
    if (cur -> ch[t] == NULL) return 0;
    cur = cur -> ch[t];
  }
  return cur -> num;
}

int main() {
  root = newNode();
  gets(s);
  while (s[0] != '\0') {
    insert(s);
    gets(s);
  }
  while (scanf("%s", s) != EOF) {
    printf("%d\n", getans(s));
  }
  return 0;
}
```

【例题 10.16】Hat's Words

题目描述

给出若干单词，不超过 50 000 个，求它们中的 hat's words。其中，hat's words 的定义为，存在两个其他的单词，恰好可以拼接得到这个单词。

输入数据仅有一组，每行有一个单词，已经按照字典序给出。最多不超过 50 000 个单词。

对于所有的 hat's words，按照字典序输出它们，每行一个单词。

输入输出样例

Input	Output
a ahat hat hatword hziee word	ahat hatword

题目来源

HDU 1247 *http://acm.hdu.edu.cn/showproblem.php?pid=1247*

解题思路

建立两棵字典树，一棵是由给出的单词构成的，另一棵是由给出的单词的反串构成的。检查每一个单词，对于每一个单词，在两棵字典树中检查是否有两个单词可以拼接成它。

参考代码

```
#include <cstdio>
#include <cstring>

using namespace std;

struct Node { //字典树中的节点
  Node * s[26];
  bool match;
};

bool e[20], f[20];

struct TrieTree { //字典树
  Node a[1000000];
  int p;
  Node * root;
  Node * newNode() { //新建节点
    memset(a[p].s, 0, sizeof(a[p].s));
    a[p].match = false;
    return &a[p++];
  }
  TrieTree() { //初始化字典树
    p = 0;
    root = newNode();
  }
  void insert(char * s) { //在字典树中插入字符串s
    Node * cur = root;
    while ( * s != '\0') {
      int t = * (s++) - 'a';
      if (cur -> s[t] == NULL)
        cur -> s[t] = newNode();
      cur = cur -> s[t];
    }
    cur -> match = true;
  }
  void check(char * s) { //查询s的所有前缀是否出现过，记录在f中
    int l = 0;
    Node * cur = root;
    while ( * s != '\0') {
      int t = * (s++) - 'a';
      if (cur -> s[t] == NULL)
        return;
      cur = cur -> s[t];
      l++;
      if (cur -> match)
        f[l] = true;
    }
  }
```

```
};

TrieTree a, b;
char s1[20], s2[20];
int ls;

void gets2() { //计算s1的反串s2
  ls = strlen(s1);
  for (int i = 0; i < ls; i++)
    s2[i] = s1[ls - i - 1];
  s2[ls] = '\0';
}

bool check() { //查询是否能由两个串构成
  memset(f, 0, sizeof(f));
  b.check(s2);
  for (int i = 1; i < ls; i++) {
    if (e[i] && f[ls - i])
      return true;
  }
  return false;
}

void dfs(Node * from, int i) { //查看每一个字符串
  if (from -> match) {
    s1[i] = '\0';
    gets2();
    if (check())
      printf("%s\n", s1);
    e[i] = true;
  }
  for (int j = 0; j < 26; j++) {
    if (from -> s[j]) {
      s1[i] = j + 'a';
      dfs(from -> s[j], i + 1);
    }
  }
  e[i] = false;
}

int main() {
  int i;
  while (scanf("%s", s1) != EOF) {
    gets2();
    a.insert(s1);
    b.insert(s2);
  }
  dfs(a.root, 0);
  return 0;
}
```

习题推荐

- **HDU 2846** Repository *http://acm.hdu.edu.cn/showproblem.php?pid=2846*

10.9 AC 自动机

自动机又称有限状态机，是从初始状态不断接收输入，根据输入数据和当前状态跳转到下一状态的机器。在字符串处理中，自动机的作用是识别字符串。若一个自动机从初始态接收一个字符串之后得到的状态为一个结束态，则称这个自动机能够识别该字符串。

AC 自动机是进行多串匹配的算法。给定一个字符串 s 和若干字符串 $s1, s2, s3, \cdots$ 求出 s 中所包含的 $s1, s2, s3, \cdots$ 所有字符串的次数的总和，复杂度为 $O(n+m)$，其中，n 为匹配串 s 的长度，m 为 $s1, s2, s3, \cdots$ 模式串的长度的和，就可以使用 AC 自动机求解。

AC 自动机的原理实际上就是将 KMP 算法的思想同字典树结合起来。首先将众多模式串构建出一棵字典树。然后在这棵字典树上构建失配指针。失配指针即相当于 KMP 中的 next 数组，其指向的目标节点满足如下条件：目标节点所代表的字符串是当前节点所代表的字符串的后缀，且字典树中不存在长度更长的当前节点的后缀。

算法实现

AC 自动机算法的实现代码如下。

参考代码

```
const int K = 26; //字符串中仅出现K种字符
const int MAXN = 500100; //所有模式串的长度总和不会达到MAXN
struct Node { //节点结构体定义
  Node * ch[K], * fail;
  int match;
  void clear() {
    memset(this, 0, sizeof(Node));
  }
};
Node * que[MAXN];
Node nodes[MAXN], * root, * superRoot, * cur; //全局变量
Node * newNode() { //从内存池中初始化一个节点
  cur -> clear();
  return cur++;
}
void clear() { //清空整个字典树
  cur = nodes;
  superRoot = newNode();
  root = newNode();
  root -> fail = superRoot;
  for (int i = 0; i < K; i++)
    superRoot -> ch[i] = root;
  superRoot -> match = -1;
} //superRoot为虚拟的超级根节点，所有孩子均指向实际的根节点，减少建立自动机的代码量
void insert(char * s) { //插入一个节点的方法与字典树相同
  Node * t = root;
  for (;* s; s++) {
    int x = * s - 'a';
    if (t -> ch[x] == NULL)
      t -> ch[x] = newNode();
    t = t -> ch[x];
  }
  t -> match++;
}
void build() { //使用自动机前，要先生成失配指针
  int p = 0, q = 0;
  que[q++] = root;
  while (p != q) { //BFS求失配指针
    Node * t = que[p++];
    for (int i = 0; i < K; i++) {
      if (t -> ch[i]) {
        t -> ch[i] -> fail = t -> fail -> ch[i];
        que[q++] = t -> ch[i];
      } else
        t -> ch[i] = t -> fail -> ch[i];
    }
  }
}
int run(char * s) { //在自动机上与匹配串s
  int ans = 0;
  Node * t = root;
  for (;* s; s++) {
    int x = * s - 'a';
    t = t -> ch[x];
    for (Node * u = t; u -> match != -1; u = u -> fail) {
```

```
        ans += u -> match;
        u -> match = -1;
      }
    }
    return ans;
}
```

这里 superRoot 的存在使后面建立自动机时更加方便。虚拟超级根节点的所有孩子均为实际的根节点，可以在建立自动机时节约很多代码量。

在使用自动机前，先要建立自动机，即生成失配指针。这一过程为`void build()`函数，其复杂度为 $O(m)$，其中，m 为所有模式串的长度和，即字典树的规模。

建立自动机时使用 BFS 的方法，保证计算节点 i 的失配指针时，所有代表字符串长度小于节点 i 所代表的字符串长度的失配指针均已计算完毕。建立自动机时不仅记录了失配指针，还将所有的孩子指针都赋值了。这样一棵字典树就变成了一个图（Trie 图）。孩子指针指向的节点，即为这个自动机在这一状态下接收了该孩子指针所代表的字符之后达到的状态节点。对于任意一个节点 i，它的失配指针指向的节点即为它的父亲节点的失配指针的对应孩子指针指向的节点。对于任意一个节点 i，它的孩子指针所指向的节点（如果该孩子指针在建立自动机前为空）即为它失配若干次，直到对应的孩子指针存在的那个孩子节点。

使用 AC 自动机时非常简单，只要直接沿着自动机的状态和状态转移模拟即可。当自动机达到某些状态时，表示匹配成功了某些字符串。这个过程与 KMP 算法的匹配过程非常相似。

AC 自动机与动态规划算法的结合

自动机与动态规划具有极高的相似性，因为它们都具有状态和状态转移方程。实际上，经常需要在自动机上做动态规划。

在 AC 自动机上做动态规划的题目通常具有以下特点：先给出若干个小字符串，用其建立 AC 自动机；接下来并没有一个固定的要匹配的大字符串，而是给定一些约束条件，如必须包含小字符串作为子串，问满足约束条件的大字符串的个数。

对于这种题目，只需要先建立好自动机，然后按照需要在每个节点上创建动态规划的状态数组，沿着自动机的边（即孩子指针）进行状态转移即可。

例题讲解

【例题 10.17】Keywords Search

题目描述

给出一些关键词和一个描述文本，问描述文本中包含多少个关键词（可重叠）。

输入数据为多组数据，输入数据的第一行为数据的组数，接下来依次是各组数据。每组数据的第一行为一个正整数 N，为单词的个数，不超过 10 000。接下来有 N 行，每行为一个单词，仅由英文小写字母构成，每个单词的长度不超过 50。每组数据的最后一行为询问字符串 s，长度不超过 1 000 000。

对于每组输入数据，仅输出一行，该行有一个整数，表示 s 中包含的关键词个数。

输入输出样例

Input	Output
1 5 she he say shr her yasherhs	3

题目来源

HDU 2222　*http://acm.hdu.edu.cn/showproblem.php?pid=2222*

参考代码

```
#include <cstdio>
#include <cstdio>
#include <cstring>

const int K = 26;
const int MAXN = 500100;
struct Node { //AC自动机中的节点
  Node * ch[K], * fail;
  int match;
  void clear() {
    memset(this, 0, sizeof(Node));
  }
};
Node * que[MAXN];
struct ACAutomaton {
  Node nodes[MAXN], * root, * superRoot, * cur;
  Node * newNode() { //从内存池中初始化一个节点
    cur -> clear();
    return cur++;
  }
  void clear() { //初始化字典树
    cur = nodes;
    superRoot = newNode();
    root = newNode();
    root -> fail = superRoot;
    for (int i = 0; i < K; i++)
      superRoot -> ch[i] = root;
    superRoot -> match = -1;
  }
  void insert(char * s) { //向字典树中添加一个字符串
    Node * t = root;
    for (;* s; s++) {
      int x = * s - 'a';
      if (t -> ch[x] == NULL)
        t -> ch[x] = newNode();
      t = t -> ch[x];
    }
    t -> match++;
  }
  void build() { //构建自动机
    int p = 0, q = 0;
    que[q++] = root;
    while (p != q) {
      Node * t = que[p++];
      for (int i = 0; i < K; i++) {
        if (t -> ch[i]) {
          t -> ch[i] -> fail = t -> fail -> ch[i];
          que[q++] = t -> ch[i];
        } else
          t -> ch[i] = t -> fail -> ch[i];
      }
    }
  }
  int run(char * s) { //计算s中模式串出现的次数
    int ans = 0;
    Node * t = root;
    for (;* s; s++) {
      int x = * s - 'a';
      t = t -> ch[x];
      for (Node * u = t; u -> match != -1; u = u -> fail) {
        ans += u -> match;
```

```
        u -> match = -1; //避免重复计数
      }
    }
    return ans;
  }
};

char s[1000100];
ACAutomaton c;
int n;

int main() {
  int cas, i;
  scanf("%d", & cas);
  while (cas--) {
    scanf("%d", & n);
    c.clear();
    for (i = 0; i < n; i++) {
      scanf("%s", s);
      c.insert(s); //将每一个字符串插入字典树中
    }
    c.build(); //建立自动机
    scanf("%s", s);
    printf("%d\n", c.run(s)); //输出匹配结果
  }
  return 0;
}
```

【例题 10.18】GRE Words Revenge

题目描述

庞教练正在准备 GRE 考试。每一天，庞教练可以学会一个单词 w，或者阅读一个段落 p，并记录下这个段落中认识的单词的数量。形式化地说，即记录 p 的所有子串中认识的单词的个数。单词和段落中仅会出现字符'0' 和字符'1'。

输入数据为多组数据，输入数据的第一行为数据的组数，接下来依次是每组数据。每组数据的第一行为总的天数 N，不超过 10^5。接下来有 N 行，每行有一个字符串，表示那一天庞教练做了什么。该字符串的第一个字符为'+' 或'?'，其中，'+' 表示这是一个添加操作，'?' 表示这是一个询问操作。该字符串的其余部分表示待操作的字符串。对于询问操作，输入数据给出的字符为真正查询的字符串循环右移了 L 次之后的结果，其中，L 为上一次询问操作的结果。每组数据的最初，L=0。对于每组输入数据，单词的总长度不超过 10^5，段落的总长度不超过 5×10^6。

对于每组输出数据，首先输出一行"Case #x:"，其中，x 表示这是第几组数据，从 1 开始计数。接下来对于每组询问操作，输出一行，为该询问操作的结果。

输入输出样例

Input	Output
2 3 +01 +01 ?01001 3 +01 ?010 ?011	Case #1: 2 Case #2: 1 0

题目来源

HDU 4787 *http://acm.hdu.edu.cn/showproblem.php?pid=4787*

解题思路

建立两个 AC 自动机，一个规模为 N，称为大自动机，另外一个规模为 $\sqrt{N}$，称为小自动机。

插入一个数据时，先将其插入小自动机中，然后重新构建小自动机。若小自动机规模过大，则将其整个并入大自动机中。

复杂度证明：小自动机最多构建 N 次，每次复杂度为 $\sqrt{N}$，大自动机最多构建 $\sqrt{N}$ 次，每次复杂度为 $O(N)$。总的复杂度为 $O(N^{1.5})$。因为要反复重新构建自动机，所以要保留最初的字典树结构。

参考代码

```
#include <cstdio>
#include <cstring>
#include <string>

using namespace std;

const int K = 2;
const int MAXN = 100100;
struct Node {
  Node * ch[K],* fail,* ch2[K];//ch为字典树中的孩子节点，ch2为自动机中的孩子节点
  int match, match2;
  Node() {
    memset(this, 0, sizeof(Node));
  }
  void * operator new(size_t, void * p) { //新建一个节点
    return p;
  }
};
Node * que[MAXN];
struct ACAutomaton {
  Node nodes[MAXN], * root, * superRoot, * cur;
  void clear() { //清空自动机
    cur = nodes;
    superRoot = new(cur++) Node();
    root = new(cur++) Node();
    root -> fail = superRoot;
    for (int i = 0; i < K; i++)
      superRoot -> ch2[i] = root;
    superRoot -> match = -1;
  }
  bool hasnot(const char * s) { //判断字典树中有无字符串s
    Node * t = root;
    for (;* s; s++) {
      int x = * s - '0';
      if (t -> ch[x] == NULL)
        return true;
      t = t -> ch[x];
    }
    if (t -> match == 0)
      return true;
    return false;
  }
  void insert(const char * s) { //在字典树中插入字符串s
    Node * t = root;
    for (;* s; s++) {
      int x = * s - '0';
      if (t -> ch[x] == NULL)
        t -> ch[x] = new(cur++) Node();
      t = t -> ch[x];
    }
    t -> match = 1;
  }
  void build() { //建立自动机
    int p = 0, q = 0;
    que[q++] = root;
    while (p != q) {
      Node * t = que[p++];
      t -> match2 = t -> match + t -> fail -> match2;
```

```
      for (int i = 0; i < K; i++) {
        if (t -> ch[i]) {
          t -> ch2[i] = t -> ch[i];
          t -> ch[i] -> fail = t -> fail -> ch2[i];
          que[q++] = t -> ch[i];
        } else
          t -> ch2[i] = t -> fail -> ch2[i];
      }
    }
  }
  long long run(const char * s) { //将字符串s放到自动机上进行匹配
    long long ans = 0;
    Node * t = root;
    for (;* s; s++) {
      int x = * s - '0';
      t = t -> ch2[x];
      ans += t -> match2;
    }
    return ans;
  }
};

char s2[10100100];
char s[10100100];
ACAutomaton a, b; //a为小自动机，b为大自动机
string tmp[100100];
int n;
long long l;

int main() {
  int cas, tt, k, ls, i;
  scanf("%d", & cas);
  for (tt = 1; tt <= cas; tt++) {
    printf("Case #%d:\n", tt);
    a.clear();
    b.clear();
    a.build();
    b.build();
    l = 0;
    k = 0;
    scanf("%d", & n);
    while (n--) {
      scanf("%s", s2);
      ls = strlen(s2);
      int p = l % (ls - 1);
      s[0] = s2[0];
      for (i = 1; i <= p; i++)
        s[ls - p - 1 + i] = s2[i];
      for (i = 1; i < ls - p; i++)
        s[i] = s2[i + p];
      s[ls] = '\0';
      if (s[0] == '+') {
        if (b.hasnot(s + 1)) //若不在b中，则插入a中
          a.insert(s + 1);
        a.build(); //重构a的自动机
        tmp[k++] = s + 1; //tmp[]记录了a自动机中的所有单词
        if (a.cur - a.nodes > 233) { //若a自动机规模过大
          a.clear(); //清空a自动机
          a.build(); //清空a自动机
          while (k--) {
            b.insert(tmp[k].c_str()); //将a自动机中的单词都并入b中
          }
          b.build(); //重构b自动机
          k = 0;
        }
```

```
      } else {
        l = a.run(s + 1) + b.run(s + 1);
        printf("%I64d\n", l);
      }
    }
  }
  return 0;
}
```

【例题 10.19】考研路茫茫——单词情结

题目描述

在荒废了三年大学生涯后，Lele 也终于要开始背单词了。Lele 想知道，如果背了 N 个词根，那长度不超过 L，只由小写字母组成的至少包括一个词根的单词，一共可能有多少个呢?

输入数据为多组数据。每组数据的第一行为两个整数 N 和 L，分别表示词根的个数和待求的长度。第二行为 N 个由空格隔开的字符串，仅由英文小写字母构成，长度不超过 5。字符串的个数 N 不超过 6，待求长度 L 小于 2^{31}。

对于每组数据，输出一行，仅有一个整数，结果为包含某个或多个词根的长度不超过 L 的字符串的个数。由于个数可能很大，所以只需要输出其对 2^{64} 取模的余数即可。

输入输出样例

Input	Output
2 3 aa ab 1 2 a	104 52

题目来源

HDU 2243　*http://acm.hdu.edu.cn/showproblem.php?pid=2243*

解题思路

这道题目的考察点为 AC 自动机 +DP+ 矩阵快速幂。首先用这 6 个单词搭建 AC 自动机，然后根据自动机的转移求出 DP 的状态转移矩阵，最后使用矩阵加速快速计算出结果。

参考代码

```
#include <cstdio>
#include <cstring>
#include <iostream>

using namespace std;

const int K = 26;
const int N = 40;
struct Node { //自动机中的节点
  Node * ch[K], * fail;
  int match, count;
  Node() {
    memset(this, 0, sizeof(Node));
  }
  void * operator new(size_t, void * p) {
    return p;
  }
};
Node * que[N];
Node b[N], * root, * superRoot, * bp;
void clear() { //清空字典树
  bp = b;
  superRoot = new(bp++) Node();
  root = new(bp++) Node();
  root -> fail = superRoot;
```

```
  for (int i = 0; i < K; i++)
    superRoot -> ch[i] = root;
  superRoot -> match = -1;
}
void insert(char * s) { //在字典树中插入一个节点
  Node * t = root;
  for (;* s; s++) {
    int x = * s - 'a';
    if (t -> ch[x] == NULL)
      t -> ch[x] = new(bp++) Node();
    t = t -> ch[x];
  }
  t -> match++;
}
void build() { //建立自动机
  int p = 0, q = 0;
  que[q++] = root;
  while (p != q) {
    Node * t = que[p++];
    if (t != root)
      t -> match += t -> fail -> match;
    for (int i = 0; i < K; i++) {
      if (t -> ch[i]) {
        t -> ch[i] -> fail = t -> fail -> ch[i];
        que[q++] = t -> ch[i];
      } else
        t -> ch[i] = t -> fail -> ch[i];
    }
  }
}

struct Matrix { //矩阵类
  int n;
  unsigned long long a[40][40];
  Matrix(int nn = 0) { //默认初始化为零矩阵
    n = nn;
    memset(a, 0, sizeof(a));
  }
  friend Matrix operator * (const Matrix & a,
    const Matrix & b) { //矩阵乘法
    Matrix c;
    int n = c.n = a.n;
    for (int i = 0; i < n; i++)
      for (int j = 0; j < n; j++)
        for (int k = 0; k < n; k++)
          c.a[i][j] += a.a[i][k] * b.a[k][j];
      return c;
  }
};
Matrix pow(const Matrix & x, int n) { //快速幂, n>0
  if (n == 1) return x;
  Matrix ans = pow(x, n >> 1);
  ans = ans * ans;
  if (n & 1) ans = ans * x;
  return ans;
}

int n, l, m;
char s[10];
Matrix c, ans; //c为状态转移矩阵

void constructMatrix() { //根据自动机构造状态转移矩阵
  c = Matrix();
  c.a[0][0] = 1;
```

```
    c.a[0][1] = 1;
    c.a[1][1] = K;
    m = 2;
    for (Node * t = root; t != bp; t++)
      if (!t -> match)
        t -> count = m++;
    for (Node * t = root; t != bp; t++)
      if (!t -> match)
        for (int k = 0; k < K; k++)
          if (t -> ch[k] -> match)
            c.a[1][t -> count]++;
          else
            c.a[t -> ch[k] -> count][t -> count]++;
    c.n = m;
}

int main() {
    int i;
    while (scanf("%d%d", & n, & l) != EOF) {
      clear();
      for (i = 0; i < n; i++) {
        scanf("%s", s);
        insert(s); //在自动机中插入每个单词
      }
      build(); //建立自动机
      constructMatrix(); //构造状态转移矩阵
      ans = pow(c, l); //矩阵快速幂
      printf("%llu\n", ans.a[0][2] + ans.a[1][2]); //计算最终结果
    }
    return 0;
}
```

习题推荐

- **HDU 2896** 病毒侵袭　*http://acm.hdu.edu.cn/showproblem.php?pid=2896*
- **HDU 3065** 病毒侵袭持续中　*http://acm.hdu.edu.cn/showproblem.php?pid=3065*
- **HDU 4117** GRE Words　*http://acm.hdu.edu.cn/showproblem.php?pid=4117*
- **HDU 2296** Ring　*http://acm.hdu.edu.cn/showproblem.php?pid=2296*

10.10　后缀数组

后缀数组的主要目的是求出一个字符串的所有后缀的字典序。

后缀数组：定义一个一维数组 sa 为后缀数组，记录一个后缀的开头位置，它保存 $1 \sim n$ 的某个排列，并且保证任意 $i < j$，以 sa[i] 开头的后缀按字典序排序是小于 sa[j] 的。

名次数组：定义一个一维数组 rank 为名次数组，对于任意一个 i，rank[i] 记录的是以第 i 个位置为起点的后缀在所有后缀中从小到大排列的名次。

算法实现

后缀数组和名次数组实际上是互逆运算。设待求字符串 s 的长度为 n。只要在求出后缀数组或名次数组其中一个之后，便可以在 $O(n)$ 的时间内求出另外一个。求出名次数组后，可以用 $O(1)$ 的时间比较任意两个后缀的大小。

求取后缀数组有两种算法：DC3 算法，倍增算法。

倍增算法的时间复杂度为 $O(n\log n)$，DC3 算法的时间复杂度为 $O(n)$。但是 DC3 算法的常数较大。一般 n>10^6 时 DC3 算法的运行速度快于倍增算法。又由于倍增算法的代码量明显小于 DC3 算法，故倍增算法比较常用。本书只详细介绍倍增算法。

倍增算法利用字符的整型值非负、相对密集、较小等特点，使用桶排序，巧妙地求出后缀数组，算法的核心是两次桶排序。

倍增算法的思路如下。

用倍增的方法，对每个位置开始的长度为 2^k 的子串进行排序，求出 rank 值，k 从 0 开始，每次加 1。当 $2^k \geqslant n$ 以后，每个字符串开始长度为 2^k 的子串便相当于所有的后缀。每次排序都会利用上次长度为 2^{k-1} 的字符串的 rank 值。

如何利用上一次的 rank 值推算出长度翻倍的当前子串的 rank 值呢?

可以得到两个后缀比较的一条性质：如果以 i 作为首位置的后缀比以 j 为首位置的后缀的前缀小，那么它就比以 j 为首位置的后缀小。

使用倍增算法求出 sa 数组的实现代码如下。

参考代码

```
int sa[MAXN], wa[MAXN], wb[MAXN], wv[MAXN], wss[MAXN];
int cmp(int *r, int a, int b, int len) {
  return r[a] == r[b] && r[a + len] == r[b + len];
}
void da(int * r, int * sa, int n, int m) {
  int i, j, p, * x = wa, * y = wb, * t;
  //首先利用计数排序对长度为1的字符串进行排序，利用字符密集且非负而且真值较小的性质，可以
      //使用桶排序，有很高的效率
  //x数组相当于保存的是当前长度子串的rank值，在后面的计算中并没用利用它的值，只是利用它们
      //的大小关系进行比较
  for (i = 0; i < m; i++)
    wss[i] = 0;
  for (i = 0; i < n; i++)
    wss[x[i] = r[i]]++;
  for (i = 0; i < m; i++)
    wss[i] += wss[i - 1];
  for (i = n - 1; i >= 0; i--)
    sa[--wss[x[i]]] = i;
  //每一次对当前长度的字符串进行排序，都要借助上一次长度的结果，将两个子串的rank分别作为第
      //一关键字和第二关键字排序，第二关键字的排序可以由上一次推算出的sa值直接算出。两个
      //关键字分别代表第一个子串在上一次排序后的rank值，要补充在后面的字符串的rank值
  for (j = 1, p = 1; p < n; j *= 2, m = p) {
    for (p = 0, i = n - j; i < n; i++)
      y[p++] = i;
    //因为剩余长度不够，无法构成给定长度的字符串
    for (i = 0; i < n; i++)
      if (sa[i] >= j)
        y[p++] = sa[i] - j;
    //数组y保存的是第二关键字的排序结果，因为sa和rank是互逆运算，所以，sa存的内容就是rank
        //的下标，同样y的值就是rank的下标,所以直接利用sa值就可以得到rank的排序结果，记录
        //拼接后的字符串的首位置
    for (i = 0; i < n; i++)
      wv[i] = x[y[i]];
    //已经根据第二关键字排序，所以再排序，第一关键字相等的，第二关键字小的自然在前面，能够
        //保证计数排序时的正确性
    for (i = 0; i < m; i++)
      wss[i] = 0;
    for (i = 0; i < n; i++)
      wss[wv[i]]++;
    for (i = 1; i < m; i++)
      wss[i] += wss[i - 1];
    for (i = n - 1; i >= 0; i--)
      sa[--wss[wv[i]]] = y[i];
    for (t = x, x = y, y = t, p = 1, x[sa[0]] = 0, i = 1; i < n; i++)
      x[sa[i]] = cmp(y, sa[i - 1], sa[i], j) ? p - 1 : p++;
  }
}
```

后缀数组还经常使用 height 数组，height 数组存放排名在第 i 位和第 i-1 位的后缀的最长公共前缀的长度。

如何快速求取 height 数组呢？

取任意 i，j，不妨设 rank[j]<rank[k]，那么以 j 开头的后缀和以 k 开头的后缀的最长公共前缀就是 height[rank[j]+1] 到 height[rank[k]] 的最小值，height[i] 表示相邻排名的最长公共子串，每次比较相邻公共子串后取最小便能得到所求。

引理 10.1

定义 $h[i]$=height[rank[i]]，那么，$h[i] \geqslant h[i-1]-1$。♡

证明 设 $s[k..]$ 为排在 $s[i-1..]$ 的前一名的后缀，它们的最长公共前缀为 $h[i-1]$，则 $s[k+1..]$ 与 $s[i..]$ 的最长公共前缀显然大于或等于 $h[i-1]-1$。

求出 height 数组的实现代码如下。

参考代码

```
int rank[MAXN], height[MAXN];

void calheight(int * r, int * sa, int n) {
  int i, j, k = 0;
  for (i = 1; i <= n; i++)
    rank[sa[i]] = i; //初始化rank数组
  for (i = 0; i < n; height[rank[i++]] = k)
    for (k ? k-- : 0, j = sa[rank[i] - 1]; r[i + k] == r[j + k]; k++);
    //借用了KMP的思想，每次比较前缀最后一位判断是否相等，因为相邻的前缀只可能与公共前缀差1
}
```

使用 height 数组的时候通常是一个 RMQ 问题，一般使用 ST 表来解决。通过 $O(n\log n)$ 的预处理后，就可以在 $O(1)$ 的时间复杂度内得到任意两个后缀的最长公共前缀了。使用 DC3 算法求解 sa 数组也有一个类似的模板，可以直接使用，本书不再对其算法进行详细讲解。使用 DC3 算法求出 sa 数组的实现代码如下。

参考代码

```
#define F(x) ((x) / 3 + ((x) % 3 == 1 ? 0 : tb))
#define G(x) ((x) < tb ? (x) * 3 + 1 : ((x) - tb) * 3 + 2)
int wa[maxn], wb[maxn], wv[maxn], ws[maxn];

int c0(int * r, int a, int b) {
  return r[a] == r[b] && r[a + 1] == r[b + 1] && r[a + 2] == r[b + 2];
}
int c12(int k, int * r, int a, int b) {
  if (k == 2) return r[a] < r[b] || r[a] == r[b] && c12(1, r, a + 1, b + 1);
  else return r[a] < r[b] || r[a] == r[b] && wv[a + 1] < wv[b + 1];
}
void sort(int * r, int * a, int * b, int n, int m) {
  int i;
  for (i = 0; i < n; i++) wv[i] = r[a[i]];
  for (i = 0; i < m; i++) ws[i] = 0;
  for (i = 0; i < n; i++) ws[wv[i]]++;
  for (i = 1; i < m; i++) ws[i] += ws[i - 1];
  for (i = n - 1; i >= 0; i--) b[--ws[wv[i]]] = a[i];
}
void dc3(int * r, int * sa, int n, int m) {
  int i, j, * rn = r + n, * san = sa + n, ta = 0, tb = (n + 1) / 3, tbc = 0, p;
  r[n] = r[n + 1] = 0;
  for (i = 0; i < n; i++)
    if (i % 3 != 0) wa[tbc++] = i;
  sort(r + 2, wa, wb, tbc, m);
  sort(r + 1, wb, wa, tbc, m);
  sort(r, wa, wb, tbc, m);
  for (p = 1, rn[F(wb[0])] = 0, i = 1; i < tbc; i++)
```

```
      rn[F(wb[i])] = c0(r, wb[i - 1], wb[i]) ? p - 1 : p++;
    if (p < tbc) dc3(rn, san, tbc, p);
    else
      for (i = 0; i < tbc; i++) san[rn[i]] = i;
    for (i = 0; i < tbc; i++)
      if (san[i] < tb) wb[ta++] = san[i] * 3;
    if (n % 3 == 1) wb[ta++] = n - 1;
    sort(r, wb, wa, ta, m);
    for (i = 0; i < tbc; i++) wv[wb[i] = G(san[i])] = i;
    for (i = 0, j = 0, p = 0; i < ta && j < tbc; p++)
      sa[p] = c12(wb[j] % 3, r, wa[i], wb[j]) ? wa[i++] : wb[j++];
    for (; i < ta; p++) sa[p] = wa[i++];
    for (; j < tbc; p++) sa[p] = wb[j++];
}
```

DC3 算法将后缀分为两部分，分别是起始位置模 3 余数为 0 的部分和起始位置模 3 余数不为 0 的部分。先计算出模 3 不为 0 的部分的排序结果，再计算出模 3 为 0 的部分的排序结果，再将两个结果合并。注意使用 DC3 模板时，原字符串必须以一个最小的且前面没有出现过的字符结尾，才能保证结果正确。

后缀数组的使用技巧

(1) 可重叠的最长重复子串问题。若字符串 R 在字符串 L 中至少出现两次，则称 R 是 L 的重复子串。针对这种问题，可以直接遍历 $1 \sim n$，取 height[i] 的最大值即可。

(2) 不可重叠的最长重复子串问题。使用二分法，将问题转换为判断是否存在两个长度为 k 的子串是相同的，且不重叠。将 height 数组分组，最长公共前缀不小于 k 的分为一组，其中如果有一组 sa[i] 的最小值与最大值之差大于 k 时，则成立。

(3) 可重叠的重复 k 次的最长重复子串。与上一种题思路相似，使用二分法，问题转换为判断是否存在 k 个长度为 l 的子串是相同的。将最长公共子串大于 l 的后缀分到一组，查看每一组内的后缀个数是否大于 k。

(4) 最长公共子串。对于多个字符串的问题，通常用一个原字符串中不会出现的字符将两个字符串连接为一个。对于最长公共子串问题，首先将两个字符串用某未出现过的字符连接起来，然后求出它们的最长公共前缀，求解时注意判断是否是在间隔符两端。

(5) 求取长度不小于 k 的公共子串的个数。将两个字符串按照上述方法连接，中间用一个未曾出现过的字符隔开，计算出所有后缀之间的最长公共前缀的长度，用单调栈维护公共前缀的长度。

(6) 在多个字符串中，出现在不小于 k 个字符串中的最长公共子串。按照上述方法连接多个字符串后，使用二分法。对于给定的长度，分组，判断每组后缀是否出现在不同的 k 个字符串中。

(7) 求在每个字符串中至少出现两次且不重叠的最长公共子串。按照上述方法连接多个字符串，使用二分法。对于给定的长度，分组，判断是否有一组包含每个字符串的两个不重叠答案。

例题讲解

【例题 10.20】Musical Theme

题目描述

使用一个长度为 n 的数字序列来描述一段音乐，序列中每个数字均在 1~88，表示钢琴上的按键。音乐的主旋律为音乐序列的长度不小于 5 的子串，且在序列中出现了不重叠的多次。若一个旋律以更高音或更低音重新出现了一次（即所有数字都加上同一个常数），也算作出现了多次。对于给定的音乐，请你求出最长的主旋律的长度。

输入包含多组数据，每组数据的第一行为数字序列的长度 n，接下来是该数字序列，数字之间以空格分隔。长度为 0 时输入结束。长度 n 最多不超过 20 000。

对于每组数据输出一行，仅有一个整数，表示最长的主旋律的长度。若不存在主旋律，则输出 0。

输入输出样例

Input	Output
30 25 27 30 34 39 45 52 60 69 79 69 60 52 45 39 34 30 26 22 18 82 78 74 70 66 67 64 60 65 80 0	5

题目来源

POJ 1743　*http://poj.org/problem?id=1743*

解题思路

首先逐项求差，将问题转换为普通的求子串问题。求出距离不小于 5 的最长重复子串的长度，若长度不小于 5，则有解。求解方法见后缀数组使用技巧。

参考代码

```
#include <cstring>
#include <cstdio>
#include <algorithm>
#include <iostream>

using namespace std;

const int MAXN = 20007;
const int INF = 0xfffffff;

int sa[MAXN], wa[MAXN], wb[MAXN], wv[MAXN], wss[MAXN];
int rank[MAXN], height[MAXN];
//此处调用int cmp(int *r, int a, int b, int len)函数，与算法实现中代码相同
//此处调用void da(int *r, int *sa, int n, int m)函数，与算法实现中代码相同
//此处调用void calheight(int *r, int *sa, int n)函数，与算法实现中代码相同

int n;
int r[MAXN], num[MAXN];

bool okay(int mid) { //判断长度为mid的主旋律是否存在
  int minn = INF, maxn = -INF;
  for (int i = 1; i <= n; i++) {
    if (height[i] < mid) {
      if (maxn - minn >= mid)
        return true;
      minn = INF;
      maxn = -INF;
    }
    minn = min(minn, sa[i]);
    maxn = max(maxn, sa[i]);
    if (i == n && maxn - minn >= mid) //找到了一个主旋律
      return true;
  }
  return false; //未能找到主旋律
}

int main() {
  while (scanf("%d", & n), n) {
    int maxn = 0;
    for (int i = 0; i < n; i++)
      scanf("%d", & num[i]);
    n--;
    for (int i = 0; i < n; i++)
      r[i] = num[i + 1] - num[i] + 90; //逐项求差
    r[n] = 0; //添加一个未出现过的字符
    da(r, sa, n + 1, 200); //求出sa数组
    calheight(r, sa, n); //求出rank数组和height数组
```

```
    int left = 3, right = n, mid, ans;
    while (left <= right) { //二分法
      mid = (left + right) >> 1;
      if (okay(mid)) {
        left = mid + 1;
        ans = mid;
      } else right = mid - 1;
    }
    if (n < 9 || ans < 4)
      printf("0\n"); //不存在主旋律
    else
      printf("%d\n", ans + 1); //进行过求差所以要加1
  }
  return 0;
}
```

【例题 10.21】Milk Partterns

题目描述

农夫约翰发现他养的牛的产奶量每天不同，但是产奶量序列中有一些子串多次出现。现在给你一个产奶量序列，其长度 n 不超过 20 000，求其重复次数不小于 k 次（可重叠）的子串中最长的长度。输入数据保证一定有解，即一定存在子串重复次数不小于 k 次。序列中每个数字不超过 1 000 000。

输入数据的第一行有两个整数 n 和 k，表示序列的长度和重复次数的要求。接下来 n 行，每行有一个整数，表示该数字序列。

仅输出一行，该行仅有一个整数，为重复次数不少于 k 次的最长的子串的长度。

输入输出样例

Input	Output
8 2 1 2 3 2 3 2 3 1	4

题目来源

POJ 3261 *http://poj.org/problem?id=3261*

解题思路

直接计算该数列的后缀数组，然后使用二分法。对于特定的长度1，只要线性扫描一遍，判断有没有长度和次数均符合要求的即可。

参考代码

```
#include <iostream>
#include <cstring>
#include <cstdio>
#include <algorithm>
#define MAXN 20007
#define MAXM 1000007

using namespace std;

int n, k;
int num[MAXN];

int sa[MAXN], wa[MAXN], wb[MAXN], wv[MAXN], wss[MAXM];
int rank[MAXN], height[MAXN];
```

```
//此处调用int cmp(int *r, int a, int b, int len)函数，与算法实现中代码相同
//此处调用void da(int *r, int *sa, int n, int m)函数，与算法实现中代码相同
//此处调用void calheight(int *r, int *sa, int n)函数，与算法实现中代码相同

bool okay(int mid) {
  int cnt = 0;
  for (int i = 1; i <= n; i++) {
    if (height[i] < mid)
      cnt = 1;
    else if (++cnt >= k)
      return true;
  }
  return false;
}
int main() {
  scanf("%d%d", & n, & k);
  for (int i = 0; i < n; i++)
    scanf("%d", & num[i]);
  num[n] = 0; //末尾添加字符
  da(num, sa, n + 1, MAXM); //求出sa数组
  calheight(num, sa, n); //求出rank数组和height数组
  int left = 0, right = n, mid;
  while (left != right) { //使用二分法求出答案
    mid = (left + right + 1) >> 1;
    if (okay(mid)) left = mid;
    else right = mid - 1;
  }
  printf("%d\n", left);
  return 0;
}
```

习题推荐

- **HDU 5008** Boring String Problem *http://acm.hdu.edu.cn/showproblem.php?pid=5008*
- **HDU 3518** Boring counting *http://acm.hdu.edu.cn/showproblem.php?pid=3518*
- **HDU 2459** Maximum repetition substring *http://acm.hdu.edu.cn/showproblem.php?pid=2459*
- **HDU 1403** Longest Common Substring *http://acm.hdu.edu.cn/showproblem.php?pid=1403*
- **HDU 4622** Reincarnation *http://acm.hdu.edu.cn/showproblem.php?pid=4622*

10.11 后缀自动机

后缀树就是一个字符串的所有后缀组成的字典树。对于一般的长度为 n 的字符串 s，其后缀树的规模是 $O(n^2)$ 的。但是后缀树上有很多相似的结构，如果将这些相似的结构合并，就构成了一个点和边的规模均为 $O(n)$ 的有向无环图，这就是后缀自动机。

后缀自动机，可以识别一个字符串的所有后缀。但是其作用不止如此。由于所有的子串都是后缀的前缀，所以它还可以进行关于子串的处理。如果将多个自动机合并，还可以处理多个字符串的公共子串等问题。自动机和动态规划往往有千丝万缕的联系，后缀自动机也可以和 DP 结合来计算符合要求的未知字符串的个数。

由于已经将节点合并，后缀自动机不再是一棵字典树，后缀自动机上的每个节点不止表示一个字符串。任意一个子串可以由从初始态到某个节点的一条路来表示。若该节点为结束态，则这个子串是一个后缀。一个节点所表示的所有字符串（设按照长度递增为 $s1, s2, \cdots, sm$）一定满足如下性质：$s2$ 的长度一定为 $s1$ 的长度加 1，且 $s1$ 为 $s2$ 的后缀，即 $s1 = s2[1..]$。$s3$ 的长度为 $s2$ 的长度加 1，且 s2 为 s3 的后缀，即 $s2 = s3[1..], \cdots$ 以此类推。并且对于在原字符串 s 中，$s1$ 每次出现，$s2, \cdots, sm$ 也一定出现。即在原字符串中不存在一个长度比 $s1$ 多 1 的子串，不等于 $s2$ 且其后缀为 $s1$。

后缀自动机上的节点还要存储以下信息。f 表示该节点的父亲。某节点的父亲节点表示的字

符串为该节点的所不能表示的最长的后缀，即 $s1[1..]$。maxl 表示该节点所能表示的最长字符串的长度。所以可以通过某个节点的 maxl 和其父亲的 maxl 来计算出这个节点所能表示的字符串个数。

对于原字符串中的任意一个子串，在后缀自动机上都有且仅有一个节点与之对应。

使用 init 表示初始态，使用 tail 表示最长的结束态，则其余所有的结束态是 tail 的祖先。

注意，后缀自动机中的父节点概念和祖先节点概念与树中的父节点和祖先没有任何联系。

后缀自动机是一个在线的结构，它可以序列化处理输入，可以以 $O(1)$ 的复杂度将表示字符串 s 的自动机变为表示字符串 s' 的自动机，其中，s 为 s' 的前缀，且 s 的长度比 s' 的长度少 1。

算法实现

下面是自动机节点结构体的声明。其中，K 为字符串中含有的不同字符的个数。

参考代码

```
struct SANode { //自动机中的节点
  SANode * f, * son[K];
  int maxl;
  SANode * clear(int ll = 0) {
    f = NULL;
    for (int i = 0; i < K; i++) son[i] = NULL;
    maxl = ll;
    return this;
  }
};
```

在建立自动机之前，需要声明变量并清空自动机。注意后缀自动机所需要的最大空间为字符串长度的 2 倍。

参考代码

```
SANode b[2 * N];
SANode * bp, * tail, * init;
void clear() { //清空整个自动机
  bp = b;
  init = tail = (bp++) -> clear();
}
```

建立自动机的过程其实就是在现有的自动机后边一步一步添加字符的过程。具体实现代码如下。

参考代码

```
void push_back(char c) {
  int x = c - 'a';
  SANode * i = tail;
  tail = (bp++) -> clear(i -> maxl + 1); //新建节点，表示最长的后缀，作为结束态
  for (; i && !i -> son[x]; i = i -> f)
    i -> son[x] = tail; //原先的结束态均可以添加字符c，构成新的结束态
  if (!i)
    tail -> f = init; //所有结束态均处理完毕
  else if (i -> maxl + 1 == i -> son[x] -> maxl)
    tail -> f = i -> son[x]; //不需要新建新节点
  else {
    SANode * p = (bp++) -> clear(), * q = i -> son[x]; //需要新建节点
    * p = * q; //将节点拆为两个节点，其中较短的是新的结束态
    q -> f = tail -> f = p;
    p -> maxl = i -> maxl + 1;
    for (; i && i -> son[x] == q; i = i -> f)
      i -> son[x] = p; //维护孩子信息
  }
}
```

首先，新建一个节点，表示新出现的最长的后缀。其余较长的后缀可以分成两部分。

第一部分为之前没有作为子串出现过，即原来的结束态后没有表示该字符的指针。那么就从原来的结束态向新建的节点连上边即可。

第二部分为之前作为子串出现过。对于表示最长的作为子串出现过的那个节点，又分为两种情况讨论。第一种情况为该节点所表示的所有字符串均为新的后缀，这种情况下仅需将该节点标记为结束态即可。第二种情况为该节点所表示的字符串并非均为新的后缀，这种情况下需要将该节点拆点，拆成结束态的部分和其余部分。然后维护好父亲节点 f，最长表示长度 maxl 等信息。

后缀自动机 +DP

后缀自动机也可以和 DP 结合。但是后缀自动机与 AC 自动机不同，需要先对后缀自动机进行拓扑排序，求出拓扑序后才可以进行 DP 的状态转移。

求后缀自动机的拓扑序的方法有两种。第一种就是像一般的有向无环图一样进行拓扑排序，这样写代码量较高。第二种方法是按照节点的 maxl 排序。如果使用 STL 里的快速排序，代码量较少，但是时间复杂度会提升为 $O(n\log n)$。使用桶排序是一个不错的方法，因为所有的 maxl 均满足在 0~n 中。

在进行了拓扑排序后，就可以按照后缀自动机的边进行状态转移，使用 DP 求出一些值，如某个子串在原字符串中共出现了多少次等。

例题讲解

【例题 10.22】Reincarnation

题目描述

给一个长为 n 的字符串 s，仅由小写字母构成，求出对于所有的 $0 \leqslant l \leqslant r < n$，$f(s[l..r])$ 的值，其中，$f(s)$ 为 s 的所有不相同子串的个数。

输入为多组数据，输入数据的第一行为样例的组数，接下来依次是每组数据。每组数据的第一行为字符串 s，长度不超过 2000。每组数据的第二行为一个整数 q，表示询问的次数，不超过 10 000。接下来 q 行，每行有两个整数 l 和 r，表示要查询的范围（下标从 1 开始）。

对于每组数据的每个查询，输出一行，该行仅有一个整数，表示 $f(s[l..r])$ 的值。

输入输出样例

Input	Output
2 bbaba 5 3 4 2 2 2 5 2 4 1 4 baaba 5 3 3 3 4 1 4 3 5 5 5	3 1 7 5 8 1 3 8 5 1

题目来源

HDU 4622　*http://acm.hdu.edu.cn/showproblem.php?pid=4622*

解题思路

数据范围较小，枚举每个后缀，直接构建后缀自动机，每插入一个元素的时候，就将结果记录在对应的 ans$[l][r]$ 下即可。

参考代码

```
#include <cstdio>
#include <cstring>

using namespace std;
```

```
struct SuffixAutomaton {
  static
  const int ALPHANUM = 26; //字符串中可能出现的字符种类
  static
  const int LENGTH = 2000; //字符串长度
  struct SANode { //后缀自动机中的节点
    SANode * f;
    SANode * son[ALPHANUM];
    int maxl;
    void clear(int l) {
      f = NULL;
      for (int i = 0; i < ALPHANUM; i++)
        son[i] = NULL;
      maxl = l;
    }
  };
  SANode node[2 * LENGTH];
  int numNode;
  SANode * newNode(int maxl = 0) { //初始化一个新节点
    node[numNode++].clear(maxl);
    return node + numNode - 1;
  }
  SANode * tail, * init;
  int numSubString;
  void clear() { //初始化整个自动机
    numNode = 0;
    init = tail = newNode();
    numSubString = 0;
  }
  void push_back(int x) { //在现有的字符串后添加一个字符，形成新的自动机
    SANode * i = tail;
    tail = newNode(i -> maxl + 1);
    for (; i != NULL && i -> son[x] == NULL; i = i -> f)
      i -> son[x] = tail;
    if (i == NULL)
      tail -> f = init;
    else {
      if (i -> maxl + 1 == i -> son[x] -> maxl)
        tail -> f = i -> son[x];
      else {
        SANode * p = newNode(), * q = i -> son[x];
        * p = * i -> son[x];
        i -> son[x] -> f = tail -> f = p;
        p -> maxl = i -> maxl + 1;
        for (; i != NULL && i -> son[x] == q; i = i -> f)
          i -> son[x] = p;
      }
    }
    numSubString += tail -> maxl - tail -> f -> maxl; //维护总子串个数
  }
  int get() {
    return numSubString;
  }
};

char s[2001];
int ans[2000][2000];
int ls;
SuffixAutomaton c;

int main() {
```

```
  int cas, i, j, m, x, y;
  scanf("%d", & cas);
  while (cas--) {
    scanf("%s", s);
    ls = strlen(s);
    for (i = 0; i < ls; i++) { //处理s的每一个后缀
      c.clear();
      for (j = i; j < ls; j++) { //计算s[i..j]的结果
        c.push_back(s[j] - 'a');
        ans[i][j] = c.get(); //存储在ans[i][j]中
      }
    }
    scanf("%d", & m);
    for (i = 0; i < m; i++) {
      scanf("%d%d", & x, & y);
      printf("%d\n", ans[x - 1][y - 1]);
    }
  }
  return 0;
}
```

【例题 10.23】Longest Common Substring II

题目描述

输入不超过 10 个字符串，每个字符串长度不超过 10^5，均由小写字母构成，求它们的最长公共子串的长度。

输入为每行一个字符串，最多不超过 10 行，每行最多不超过 10^5 个字符。

仅有一行，该行仅有一个数字，为输入数据的全部字符串的最长公共子串的长度。若不存在公共子串，则输出 0。

输入输出样例

Input	Output
alsdfkjfjkdsal fdjskalajfkdsla aaaajfaaaa	2

解题思路

为这多个串建立一个自动机。可以先用一个串建立自动机，然后在这个自动机上处理其他的串，不再新建节点，没有使用过的节点会被删除。所有串都被处理过之后得到的就是仅包含它们公共子串的自动机。也可以像后缀数组一样，将串用特殊字符连接起来，建立一个后缀自动机，然后先统计出每个节点代表的元素出现的所有位置，再计算在每个串中都出现的节点的个数。

题目来源

SPOJ LCS2　*http://www.spoj.com/problems/LCS2/*

参考代码

```
#include <cstdio>
#include <iostream>

using namespace std;

struct SuffixAutomaton {
  static
  const int ALPHANUM = 26;
  static
  const int LENGTH = 100010;
  int toint(char c) {
    return c - 'a';
  }
  struct SANode { //自动机中的节点
```

```
    SANode * f;
    SANode * son[ALPHANUM];
    int maxl, l;
    //若在已有自动机上尝试仅保留与新串的交集，则maxl为原自动机的信息，l为交集的信息
    void clear(int l) {
      f = NULL;
      for (int i = 0; i < ALPHANUM; i++)
        son[i] = NULL;
      maxl = l;
    }
  };
  SANode node[2 * LENGTH + 2];
  int nodeNum;
  SANode * newNode(int maxl = 0) { //初始化一个节点
    node[nodeNum++].clear(maxl);
    return node + nodeNum - 1;
  }
  SANode * tail, * init;
  void clear() { //初始化整个自动机
    nodeNum = 0;
    init = tail = newNode();
  }
  void push_back(char c) { //在现有的字符串后添加一个字符，形成新的自动机
    int x = toint(c);
    SANode * i = tail;
    tail = newNode(i -> maxl + 1);
    for (; i != NULL && i -> son[x] == NULL; i = i -> f)
      i -> son[x] = tail;
    if (i == NULL)
      tail -> f = init;
    else if (i -> maxl + 1 == i -> son[x] -> maxl)
      tail -> f = i -> son[x];
    else {
      SANode * p = newNode(), * q = i -> son[x];
      * p = * q;
      q -> f = tail -> f = p;
      p -> maxl = i -> maxl + 1;
      for (; i != NULL && i -> son[x] == q; i = i -> f)
        i -> son[x] = p;
    }
  }
  void LCS(char * s) { //求自动机与字符串s的自动机的交集
    for (int k = 0; k < nodeNum; k++)
      node[k].l = 0; //初始化交集信息
    int x, l = 0;
    SANode * i = init;
    while ( * s != '\0') { //与新建自动机类似，依次加入每个字符
      x = toint( * s);
      if (i -> son[x] != NULL) { //若原自动机中有该字符，则直接后移即可
        i = i -> son[x];
        l++;
        i -> l = max(i -> l, min(i -> maxl, l));
      } else { //若原自动机中无该字符，也不会新建节点
        while (i != NULL && i -> son[x] == NULL)
          i = i -> f;
        if (i == NULL) {
          i = init;
          l = 0;
        } else {
          l = i -> maxl + 1;
          i = i -> son[x];
          i -> l = max(i -> l, min(i -> maxl, l));
```

```
        }
      }
      for (SANode * j = i -> f; j != NULL && j -> l != j -> maxl; j = j -> f)
        j -> l = j -> maxl;
      s++;
    }
    for (int k = 0; k < nodeNum; k++)
      node[k].maxl = node[k].l; //用交集信息覆盖掉原自动机的信息
  }
  int getLCS() { //最长公共子串的长度，即为所有自动机的交集中最长的字符串长度
    int ans = 0;
    for (int k = 0; k < nodeNum; k++)
      ans = max(ans, node[k].maxl);
    return ans;
  }
};

char s[100100];
SuffixAutomaton c;

int main() {
  scanf("%s", s);
  c.clear();
  for (int i = 0; s[i] != '\0'; i++) //构建最初的自动机
    c.push_back(s[i]);
  while (scanf("%s", s) != EOF) {
    c.LCS(s); //和每一个串求交集
  }
  printf("%d\n", c.getLCS());
  return 0;
}
```

【例题 10.24】Good Article Good Sentence

题目描述

有一些文章，分别是 $A, B_1, B_2, \cdots, B_n$。Zeng Xiao Xian 要从文章 A 中选取一句话，他的 n 个同学要分别从 $B_1, B_2, \cdots, B_n$ 中选取一句话。Zeng Xiao Xian 希望自己选取的话和任何人的都不相同。请问他可以选择的情况有多少种？即询问 A 的子串中有多少个不是 $B_1, B_2, \cdots, B_n$ 的子串？出现在 A 的不同位置的相同子串只计算一次。

输入为多组数据，输入数据的第一行为数据的组数，接下来依次是各组数据。每组数据的第一行为一个整数 n，表示字符串的个数。第二行为一个字符串 A。接下来 n 行，每行有一个字符串 B。A 的长度不超过 100 000，接下来的 n 个字符串 B 的总长度不超过 100 000。字符串仅由英文小写字母构成。

对于每组输出数据，输出一行，该行包括这是第几组数据，以及满足要求的子串有多少个。具体格式见输出样例。

输入输出样例

Input	Output
3 2 abab ab ba 1 aaa bbb 2 aaaa aa aaa	Case 1: 3 Case 2: 3 Case 3: 1

题目来源

HDU 4416 *http://acm.hdu.edu.cn/showproblem.php?pid=4416*

解题思路

先用 A 构建一个后缀自动机，然后在这个自动机上运行 $B_1, B_2, \cdots, B_n$，记录每个节点被 $B_1, B_2, \cdots, B_n$ 访问到的最大长度。用原来的最大长度减去后来被访问到的最大长度，得到的就是不重复的子串个数。

参考代码

```
#include <cstdio>
#include <cstring>
#include <iostream>

using namespace std;

const int K = 26;
const int N = 100000;
inline int toint(char c) {
  return c - 'a';
}
struct SANode { //后缀自动机中的节点
  SANode * f;
  SANode * son[K];
  int maxl, l;
  SANode * clear(int ll = 0) { //初始化一个节点
    f = NULL;
    for (int i = 0; i < K; i++)
      son[i] = NULL;
    maxl = ll;
    return this;
  }
};
SANode b[2 * N + 2];
SANode * bp, * tail, * init;
void clear() { //初始化整个自动机
  bp = b;
  init = tail = (bp++) -> clear();
}
void push_back(char c) { //在自动机中添加节点
  int x = toint(c);
  SANode * i = tail;
  tail = (bp++) -> clear(i -> maxl + 1);
  for (; i && !i -> son[x]; i = i -> f)
    i -> son[x] = tail;
  if (!i)
    tail -> f = init;
  else if (i -> maxl + 1 == i -> son[x] -> maxl)
    tail -> f = i -> son[x];
  else {
    SANode * p = (bp++) -> clear(), * q = i -> son[x];
    * p = * q;
    q -> f = tail -> f = p;
    p -> maxl = i -> maxl + 1;
    for (; i && i -> son[x] == q; i = i -> f)
      i -> son[x] = p;
  }
}
void repair() { //设置每个节点能表示的最小位置，能表示的长度为(l,maxl]
  for (SANode * it = b + 1; it != bp; it++)
    it -> l = it -> f -> maxl;
}
```

```
void add(char * s) { //更新每个节点能表示的最小位置，去掉s的所有子串
  int x, l = 0;
  SANode * i = init;
  while ( * s != '\0') {
    x = toint( * s);
    if (i -> son[x]) { //原自动机中存在该节点
      i = i -> son[x];
      l++;
      i -> l = max(i -> l, l);
    } else { //原自动机中不存在该节点
      while (i && !i -> son[x])
        i = i -> f;
      if (!i) {
        i = init;
        l = 0;
      } else {
        l = i -> maxl + 1;
        i = i -> son[x];
        i -> l = max(i -> l, l);
      }
    }
    for (SANode * j = i -> f; j && j -> l != j -> maxl; j = j -> f)
      j -> l = j -> maxl;
    s++;
  }
}
long long getans() {
  long long ans = 0;
  for (SANode * it = b + 1; it != bp; it++)
    ans += it -> maxl - it -> l;
  return ans;
}

char s[100001];

int main() {
  int t, tt, i, n;
  scanf("%d", & t);
  for (tt = 1; tt <= t; tt++) {
    scanf("%d", & n);
    scanf("%s", s);
    clear(); //初始化自动机
    for (i = 0; s[i] != '\0'; i++)
      push_back(s[i]); //用文章A建立后缀自动机
    repair(); //
    while (n--) {
      scanf("%s", s);
      add(s); //在自动机上添加每一个文章
    }
    printf("Case %d: %lld\n", tt, getans());
  }
  return 0;
}
```

【例题 10.25】str2int

题目描述

给若干个仅由数字构成的字符串，求它们及它们的所有子串所能够表示的数字（去掉前导零，重复数字仅记一次）的和。结果对 2012 取模。

输入为多组数据。每组数据的第一行为一个正整数 n，表示字符串的个数，n 不超过 10 000。接下来 n 行，每行有一个字符串。所有字符串均由数字 0~9 构成，且总长度不超过 100 000。

对于每组数据，输出一行，为所有子串的和对 2012 取模的余数。

输入输出样例

Input	Output
5 101 123 09 000 1234567890	202

题目来源

HDU 4436 *http://acm.hdu.edu.cn/showproblem.php?pid=4436*

解题思路

多串构造自动机。构造出的自动机即可表示所有不同的子串，然后使用 DP 求和。注意以零开头的子串应该忽略。也可以像后缀数组经常做的一样，把所有的字符串连起来，然后构造后缀自动机。

参考代码

```
#include <cstdio>
#include <cstring>

const int A = 10;
const int N = 100010;
int toint(char c) {
  return c - '0';
}
struct Node { //自动机中的节点
  Node * f, * son[A];
  int maxl, in , v, num;
  Node(int l = 0) { //构造函数，初始化一个节点
    memset(this, 0, sizeof(Node));
    maxl = l;
  }
  void * operator new(size_t, void * p) {
    return p;
  }
};
Node node[2 * N], * cur;
Node * tail, * init;
void clear() { //清空整个自动机
  cur = node;
  tail = init = new(cur++) Node();
}
void push_back(char c) { //在自动机末尾添加一个字符
  int x = toint(c);
  Node * i = tail;
  if (i -> son[x] == NULL) { //若原本不存在这个后缀
    tail = new(cur++) Node(i -> maxl + 1); //新建节点
    for (; i != NULL && i -> son[x] == NULL; i = i -> f)
      i -> son[x] = tail;
    if (i == NULL)
      tail -> f = init;
    else if (i -> maxl + 1 == i -> son[x] -> maxl)
      tail -> f = i -> son[x];
    else {
      Node * p = new(cur++) Node(), * q = i -> son[x];
      * p = * q;
      q -> f = tail -> f = p;
      p -> maxl = i -> maxl + 1;
```

```
      for (; i != NULL && i -> son[x] == q; i = i -> f)
        i -> son[x] = p;
    }
  } else { //若原本存在这个后缀，即这个后缀是之前存在的一个子串
    if (i -> maxl + 1 == i -> son[x] -> maxl)
      tail = i -> son[x];
    else {
      Node * p = new(cur++) Node(), * q = i -> son[x];
      * p = * q;
      q -> f = p;
      p -> maxl = i -> maxl + 1;
      for (; i != NULL && i -> son[x] == q; i = i -> f)
        i -> son[x] = p;
      tail = p;
    }
  }
}
void add(char * s) { //在自动机中添加一个字符串
  tail = init;
  while ( * s) {
    push_back( * s);
    s++;
  }
}

int n;
char s[N];
Node * que[2 * N];

int getans() {
  int p = 0, q = 0;
  Node * t;
  for (t = node; t != cur; t++) //此处使用拓扑排序，也可以使用桶排序
    for (int i = 0; i < A; i++)
      if (t -> son[i] != NULL)
        t -> son[i] -> in ++;
  t = init;
  for (int i = 0; i < A; i++)
    if (t -> son[i] != NULL) {
      t -> son[i] -> v = i;
      t -> son[i] -> num = 1;
      if (--t -> son[i] -> in == 0)
        que[q++] = t -> son[i];
    }
  if (t -> son[0] != NULL)
    t -> son[0] -> num = 0;
  while (p != q) {
    t = que[p++];
    for (int i = 0; i < A; i++)
      if (t -> son[i] != NULL) { //计算当前节点表示的子串们的和
        t -> son[i] -> num += t -> num;
        t -> son[i] -> v += t -> v * 10 + (t -> num) * i;
        t -> son[i] -> v %= 2012;
        if (--t -> son[i] -> in == 0)
          que[q++] = t -> son[i];
      }
  }
  int ans = 0;
  for (t = node; t != cur; t++) { //求出解
    ans = (ans + t -> v) % 2012;
  }
  return ans;
```

```
}

int main() {
  while (scanf("%d", & n) != EOF) {
    clear();
    while (n--) {
      scanf("%s", s);
      add(s); //将每一个串添加到自动机中
    }
    printf("%d\n", getans());
  }
  return 0;
}
```

习题推荐

- **HDU 4270** Dynamic Lover *http://acm.hdu.edu.cn/showproblem.php?pid=4270*

第11章 计算几何

本章介绍计算几何的基本概念及几种常用的算法。在程序设计竞赛中，计算几何问题是较难攻克的部分。因为它经常涉及很多特殊情况，导致在解题时需要考虑一些十分琐碎的问题，难以把握。另外，由于计算几何自身的特点，很多题目即使题意简单，思路明确，也会因为代码量大而大费周折。所以，计算几何问题既考察选手的思维能力，又考察其耐性与仔细程度，是一类比较综合的问题。

11.1 计算几何基础

本节主要包含几何元素定义、向量的基本运算以及几何元素间的位置关系三节，涉及的定义、计算模板将在本章中直接使用而不重复给出。

11.1.1 几何元素定义

计算几何是程序设计竞赛中数学性较强的部分，经常需要做一些推导性工作。本节将定义一些常用的几何元素，并且确定它们在程序中的表示形式。

点和向量

计算几何中涉及的点，可以描述为 n 元实数组，实数组中第一个元素代表点的第一维坐标，第二个元素代表第二维坐标，以此类推。例如，二维点可以描述为二元实数组 $<x,y>$。

向量是一个点的二元组 $<s,t>$，s 代表起点，t 代表终点。

```
/* 二维点定义 */
struct point {
    double x, y;
};

/* 二维向量定义 */
struct Vector {
    point s; //向量的起点
    point t; //向量的终点
};
```

事实上，向量是可以平移的。如果把向量的起点平移到坐标原点（或规定该向量的起点为坐标原点），则向量可以只用终点来表示，此时空间中的点与向量是一一对应的。

直线与线段

直线与线段用两点来表示，其表示结构与向量相同，区别只在于问题的具体情况及其所代表的意义。

```
/* 直线定义 */
struct line{
    point a,b;
};
```

直线也可以用参数方程来表示，任一条二维直线对应一个解析式：$y = ax + b$，因此，给定参数 a、b 就可表示一条直线。

多边形

本章中，多边形被描述为点的序列。这些点是依次构成多边形的顶点，相邻两点的连线段是多边形的边。

```
/* 多边形定义 */
struct polygon {
    int n; //多边形的顶点数目
    point p[N]; //多边形顶点的集合，按逆时针或顺时针排列，N为顶点个数的上限
};
```

圆

一个圆由圆心及其半径唯一确定，因此定义代表圆的结构体如下。

```
/* 圆的定义 */
struct circle {
    double r; //半径
    point o; //圆心
};
```

11.1.2 向量的基本运算

向量在计算几何问题中是最常用的结构，也是包含运算较多的结构。本节介绍向量的基本运算，包括加法、减法、乘法、与数作积、点积、叉积等。

向量运算的实现

向量的基本运算可以通过单独写函数来实现，也可以通过重载运算符来实现，通过重载运算符实现的代码如下。

```
struct point {
    double x, y;
    point(){}
    point(double _x, double _y):x(_x), y(_y){}
    point operator + (point a) { //向量加法
        return point(x+a.x, y+a.y);
    }
    point operator - (point a) { //向量减法
        return point(x-a.x, y-a.y);
    }
    double operator * (point a) { //向量叉积
        return x*a.y - a.x*y;
    }
    double operator ^ (point a) { //向量点积
        return x*a.x + y*a.y;
    }
    point operator * (double a) { //向量乘以实数
        return point(a*x, a*y);
    }
    double len() { //向量的模
        return sqrt(x*x + y*y);
    }
};
```

向量点积

两个向量 u、v 的点积定义为 $\boldsymbol{u}\cdot\boldsymbol{v}=\|\boldsymbol{u}\|\cdot\|\boldsymbol{v}\|\cdot\cos\theta$，其中，$\theta$ 为 $\boldsymbol{u}$ 和 $\boldsymbol{v}$ 的夹角。

如果 $\boldsymbol{u}$、$\boldsymbol{v}$ 是用坐标表示，即 $\boldsymbol{u}=(x_1,y_1)$，$\boldsymbol{v}=(x_2,y_2)$，则 $\boldsymbol{u}\cdot\boldsymbol{v}=x_1x_2+y_1y_2$。

结合以上两点，点积常用来求向量的夹角，如式 (11-1)。

$$\theta=\arccos\frac{\boldsymbol{u}\cdot\boldsymbol{v}}{\|\boldsymbol{u}\|\cdot\|\boldsymbol{v}\|} \tag{11-1}$$

点积还可以用来计算向量在另一向量的投影，如式 (11-2)。

$$\frac{\boldsymbol{u}\cdot\boldsymbol{v}}{\|\boldsymbol{v}\|}=\|\boldsymbol{u}\|\cos\theta \tag{11-2}$$

式 (11-2) 表示 $\boldsymbol{u}$ 在 $\boldsymbol{v}$ 方向上的投影，它也是个向量，值为正表示其与 $\boldsymbol{v}$ 同向，否则与 $\boldsymbol{v}$ 反向。

向量叉积

两个向量 $\boldsymbol{u}$、$\boldsymbol{v}$ 的叉积又称为叉乘，定义为 $\boldsymbol{u}\times\boldsymbol{v}=\|\boldsymbol{u}\|\cdot\|\boldsymbol{v}\|\cdot\sin\theta$，其中，$\theta$ 为 $\boldsymbol{u}$ 和 $\boldsymbol{v}$ 的夹角。叉乘的结果还是一个向量，其方向与 $\boldsymbol{u}$、$\boldsymbol{v}$ 垂直且遵循右手定则。

若 $\boldsymbol{u}$、$\boldsymbol{v}$ 用坐标表示，即 $\boldsymbol{u}=(x_1,y_1)$，$\boldsymbol{v}=(x_2,y_2)$，则 $\boldsymbol{u}\cdot\boldsymbol{v}=x_1y_2-x_2y_1$。

向量 $\boldsymbol{u}$、$\boldsymbol{v}$ 叉乘的几何意义为：以 $\boldsymbol{u}$、$\boldsymbol{v}$ 为相邻边的平行四边形面积。

令 $\boldsymbol{I}=\overrightarrow{AB}\times\overrightarrow{BC}$，当 $\boldsymbol{I}$ 为正时，点 C 在 $\overrightarrow{AB}$ 向量所在直线的左侧（沿向量方向看去）；当 $\boldsymbol{I}$ 为负时，C 在 $\overrightarrow{AB}$ 向量所在直线的右侧；当 $\boldsymbol{I}$ 为 0 时，点 C 在直线 AB 上。这是一条常用的性质，常用于判断点与直线的位置关系。

例题讲解

【例题 11.1】TOYS

题目描述

一个矩形的玩具盒子被隔板分隔成很多块，如图11.1所示。每个隔板的两端分别在矩形的上下边界上且任两个隔板不会相交。现给定矩形的左上角和右下角坐标，每个隔板两端点的坐标以及一些玩具坐标。问每个小区域内分布有多少玩具。

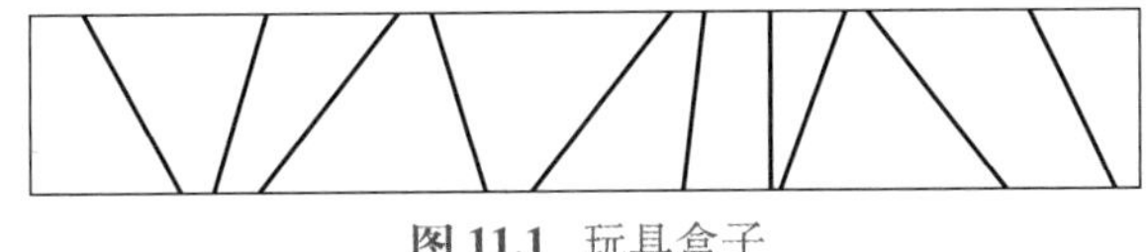

图 11.1 玩具盒子

输入多个 case，每个 case 第一行输入 6 个整数：n、m、x_1、y_1、x_2、y_2，n 是隔板数，m 是玩具个数，$0<n\leqslant 5000$，$0<m\leqslant 5000$，(x_1,y_1)、(x_2,y_2) 分别是矩形的左上角和右下角坐标。接下来 n 行每行输入两个数 U_i、L_i，代表第 i 个隔板的上下端点坐标分别是 (U_i,y_1),(L_i,y_2)。隔板按照从左到右的顺序给出并且任意两隔板不会相交。接下来 m 行给出玩具坐标，玩具不会恰好落在隔板上或者矩形边界上。输入单独一行 0 代表输入结束。

输出每个小块中分布的玩具数目。

题目来源

POJ 2318 *http://poj.org/problem?id=2318*

解题思路

n 个不相交的隔板将矩形分隔成 $n+1$ 块。由于隔板是按从左到右的顺序给出，所以对于一个确定位置的玩具，可以通过二分计算其所在的块编号，二分过程只需要找到第一个在其右侧的隔板即可。此处需要判断点与线的位置关系，方法前面已经介绍过，读者可通过此例题学习其用法。

参考代码

```
#include <cstdio>
#include <cstring>
#include <cmath>
#define N 5010
using namespace std;

int n, m, x1, y1, x2, y2;
int U[N], L[N];
int ans[N];//ans保存每个小区域有多少个玩具，即本题的解

bool ch(int x, int y, int id){//检验编号为id的隔板是否在点(x, y)左侧
    point a = point(L[id], y2), b = point(U[id], y1);
    point c = point(x, y);
    return (c-a)*(b-a) > 0;//此处只需要做叉乘即可，原因在叉积部分已经说明
}

int find(int x, int y){//二分找到点(x,y)所在的区域编号
```

```
    int l = 0, r = n+1, mid;
    while(l < r){
        mid = (l+r) >> 1;
        if(ch(x, y, mid)) l = mid+1;
        else r = mid;
    }
    return l-1;//l是点(x,y)右侧的第一条边，则(x,y)所在的块编号为l-1
}

int main(){
    while(~scanf("%d", &n), n){
        int i, j;
        memset(ans, 0, sizeof(ans));//注意每次都应当初始化ans数组
        scanf("%d %d %d %d %d", &m, &x1, &y1, &x2, &y2);
        U[0] = L[0] = x1, U[n+1] = L[n+1] = x2;
        for(i = 1; i <= n; i++) scanf("%d %d", &U[i], &L[i]);
        int x, y;
        for(i = 0; i < m; i++){//依次输入每个玩具的坐标，并判断其所在区间
            scanf("%d %d", &x, &y);
            ans[find(x, y)] ++;//find(x,y)查询点(x,y)所属的区间编号
        }
        for(i = 0; i <= n; i++)
            printf("%d: %d\n", i, ans[i]);
        puts("");
    }
    return 0;
}
```

【例题 11.2】多边形面积

题目描述

给定多边形的顶点坐标，求多边形面积。

输入一个整数 n，代表多边形的顶点个数（$3 \leqslant n \leqslant 100$）。接下来按逆时针顺序输入 n 个顶点的坐标，坐标均为整数。输入数据中所有的整数都在 32 位整数范围内，n 为 0 时表示数据结束，不做处理。

对于每组样例输出一行，该行只有一个数字，表示多边形的面积，精确到小数点后一位。

输入输出样例

Input	Output
3 0 0 1 0 0 1 4 1 0 0 1 -1 0 0 -1 0	0.5 2.0

题目来源

HDU 2036 *http://acm.hdu.edu.cn/showproblem.php?pid=2036*

解题思路

可以通过拆分三角形的方法计算多边形面积。即任选一个点，从该点出发，连接多边形的每个顶点，这样就将多边形分成了多个三角形，如图11.2所示，计算每个三角形的面积求和即可。两个向量的叉积可以表示以它们为邻边的平行四边形面积，叉积的一半即是三角形面积。另外，考虑到叉积满足右手法则，计算所得的面积为“有向面积”。直接将每个三角形的“有向面积”相加，其绝对值便是需计算的多边形面积。

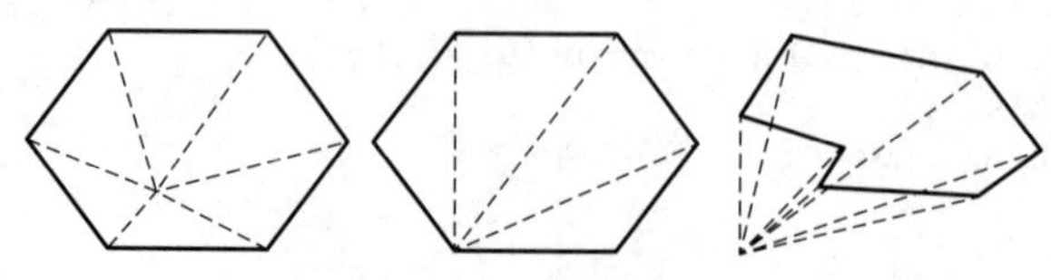

图 11.2 多边形面积

参考代码

```
#include <cstdio>
#include <cmath>
using namespace std;

int main(){
    int n;
    point a, b, c;//计算过程中，按顺序拆分三角形，无须保存所有点
    while(~scanf("%d", &n), n){
    //先读入三个点，构成初始三角形
    scanf("%lf %lf %lf %lf %lf %lf", &a.x, &a.y, &b.x, &b.y, &c.x, &c.y);
        double ans = (b-a)*(c-a);
        for(int i = 3; i < n; i++){
            b = c;
            scanf("%lf %lf", &c.x, &c.y);
            ans += (b-a)*(c-a);//三角形abc的面积的二倍
        }
        ans = fabs(ans/2);
        printf("%.1lf\n", ans);
    }
    return 0;
}
```

11.1.3　几何元素间的位置关系

位置关系是竞赛中常见的题目类型之一。此部分内容数学逻辑严密，需要对具体问题具体分析，认真把握问题的关键所在。举个例子，“两条直线求交点”与“两条线段求交点”是两个相似但不同的概念。把握住细小的差别，才能把握问题的关键，从而很好地解决问题。

解决此类问题的一个常用办法是分类讨论法，尤其是涉及圆的时候。例如，直线与圆求交、圆与圆求交。

直线交点

若两条直线 AB、CD 不平行，则其必有交点。令交点为 P，则 P 必在直线 AB 上。不妨设：

$$P = A + k\overrightarrow{AB} \tag{11-3}$$

又因为 P 也在直线 CD 上，则：

$$\overrightarrow{AB} \times \overrightarrow{CD} = 0 \tag{11-4}$$

联合上式，容易解出：

$$k = -\frac{\overrightarrow{CA} \times \overrightarrow{CD}}{\overrightarrow{AB} \times \overrightarrow{CD}} \tag{11-5}$$

将 k 带入式 (11-3)，即可得到 P 点坐标。

若两直线平行，则其要么重合，要么无交点，需要特殊处理。

参考代码

```
//Line_inter函数只考虑直线不平行的情况，需提前判断是否平行
point Line_inter(point A, point B, point C, point D){
    double k = -((A-C)*(D-C)) / ((B-A)*(D-C));
    return A+(B-A)*k;
}
```

线段交点

若两线段存在交点，则其必为两线段分别所在直线的交点。因此可以先求出两线段所在直线的交点。若求出的交点同时在两条线段上，则该点为两线段的交点，否则线段无交点。

参考代码

```
// 此处的代码只是线段不平行的情况。
// 若线段平行，端点可能恰为交点（两条线段首尾相接），这种情况也需要特判
```

```
bool Line_inter(point A, point B, point C, point D, point& P){
    // 如果交点存在，返回true，并将交点保存在P中，否则返回false
    double k = -((A-C)*(D-C)) / ((B-A)*(D-C));
    P = A+(B-A)*k;
    if(((P-A)^(P-B)) > 0) // 点P不在线段AB上
        return false;
    if(((P-C)*(P-C)) > 0) // 点P不在线段CD上
        return false;
    return true;
}
```

点到线段的最短距离

点到线段的最短距离是一个很常见的问题，可以用于判断圆与线段的关系等。

点到线段的距离，要么是点到线段端点的距离，要么是点到线段所在直线的距离。

如图11.3所示，求点 C 到线段 AB 的距离。过点 C 作直线 AB 的垂线 L，L 与 AB 所在直线交于点 O。如果线段 AB 在 L 的一侧，则点到线段的距离为 $\min(\|AC\|, \|BC\|)$，否则为 $\|CO\|$。

参考代码

```
double dis(point a, point b, point c){
    if(dot(c-a, b-a)*dot(c-b, b-a) < 0) //图右侧所示情况
        return fabs(((c-a)*(b-a))/dis(a, b));
    return min(dis(a,c), dis(b, c)); //图左侧所示情况
}
```

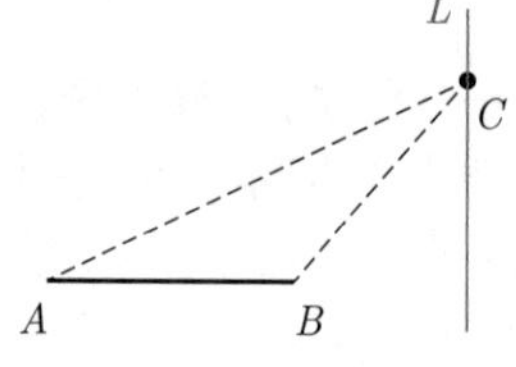

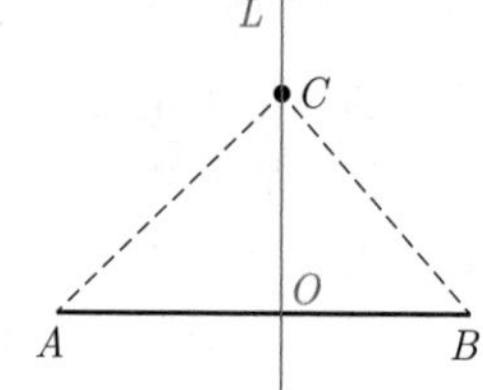

图 11.3 点到线段的距离

直线与圆求交

圆与直线的位置关系较为简单，可以通过圆心到直线的距离来判定。设该距离为 d，圆半径为 r，则：

$d < r$：直线是圆的割线，与圆有两个交点。

$d = r$：直线是圆的切线，与圆有一个交点。

$d > r$：直线与圆无交点。

参考代码

```
int L_CInter(point A, point B, circle C, point &p1, point &p2){
    // 返回值是交点个数
    double d = fabs((B-A)*(C.o-A))/(A-B).len(); // 下面的d是圆心到直线AB的距离
    double r = C.r; // r是圆半径
    // 通过d和r的大小关系确定圆与直线的关系
    if(d > r) return 0; // 直线与圆不相交
    else if(fabs(d-r) < 0.0000001){ // 相切的情况
        double k = ((C.o-A) ^ (B-A))/(A-B).len();
        p1 = A + (B-A)/(A-B).len()*k;
        return 1;
    }
    else { //一般的相交，此时直线与圆有两个交点
        double k = ((C.o-A) ^ (B-A))/(A-B).len();
        point tmp = A + (B-A)*(k/(A-B).len());
        p1 = tmp + ((A-B)/(A-B).len () * sqrt(r*r-d*d));
        p2 = tmp - ((A-B)/(A-B).len () * sqrt(r*r-d*d));
        return 2;
    }
}
```

两圆交面积

两个圆如果相交，则其相交部分是两个弓形。考虑到两圆相交的面积只与其圆心距 d 相关，故可对坐标进行旋转平移。令两圆的圆心分别位于点 $(0,0)$ 和 $(d,0)$，则弓形面积可以直接使用积分计算。

如图11.4所示，左侧圆半径为 r，圆心在坐标原点，右侧圆半径为 R，圆心在点 $(d,0)$，竖直线为两交点所在直线，易知直线方程为 $x=\dfrac{d^2+r^2-R^2}{2d}$。对于两个确定的圆，等式的右边为常数，令其等于 x_0，则阴影部分面积为

$$S=\int_r^{x_0}\sqrt{r^2-x^2}\mathrm{d}x \tag{11-6}$$

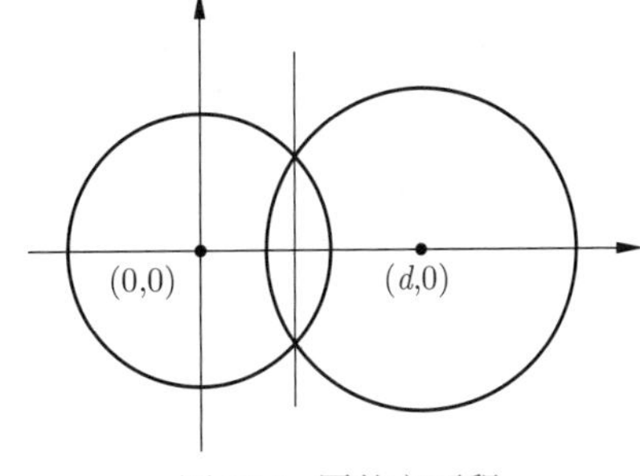

图 11.4　圆的交面积

求积分得到：

$$S=\frac{1}{2}\left(x_0\sqrt{r^2-x_0^2}-r^2\arccos\left(\frac{x_0}{r}\right)\right) \tag{11-7}$$

右侧弓形的面积为 $2S$，左侧部分类似，这样两部分加起来就得到了两个圆相交的面积。

参考代码

```
double cl_inter(circle a, circle b){
    if(a.r > b.r) swap(a, b);
    double r = a.r, R = b.r, d = (a.o-b.o).len();
    if(d <= R-r) return acos(-1.0)*r*r;
    else if(d >= R+r) return 0;
    //将小圆圆心放在原点，大圆圆心放在(d, 0)点，计算一个弓形面积
    //之后，交换两圆位置，再次计算
    double x1 = (d*d+r*r-R*R)/(2*d), x2 = (d*d+R*R-r*r)/(2*d);//交点所在竖直线
        //坐标，对应交换位置前后的两次计算
    double ans = (x1*sqrt(r*r-x1*x1) - r*r*acos(x1/r));//以小圆的弧为弧的弓形
    ans += (x2*sqrt(R*R-x2*x2) - R*R*acos(x2/R));//以大圆的弧为弧的弓形
    return fabs(ans);
}
```

两圆求交点

两个不重合的圆共有相离、外切、相交、内切和内含 5 种位置关系。当两圆内含或相离时没有交点，内切或外切时有一个交点，相交时有两个交点。内切或外切可以认为是相交的极限情况，故在写程序时不用单独考虑。综上所述，对于两个不同的圆，要么无交点，要么有两个交点（可能重合）。

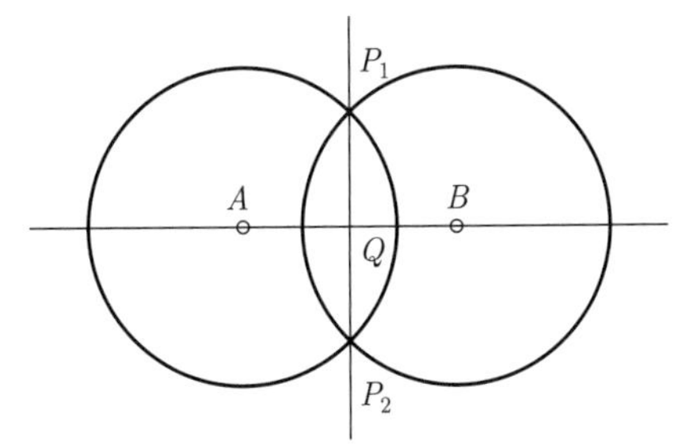

图 11.5　两圆交点

如图11.5所示，如果两圆相交，设圆交点分别为 P_1、P_2，圆交点连线与圆心连线交点为 Q。显然，图中所有线段的长度是很好计算的。此外，由于圆心坐标也已知，容易计算 $\overrightarrow{AB}$ 的法向量，故可以求出 Q 点的坐标，进而求出 P_1、P_2 的坐标。

参考代码

```
int cl_inter(circle a, circle b, point &p1, point &p2){
    //返回值为交点个数
    //重合的两个圆认为无交点
    if(a.r > b.r) swap(a, b); //区分小圆和大圆，方便后面的处理
    double r = a.r, R = b.r, d = (a.o-b.o).len();
```

```
    //r为小圆半径，R为大圆半径，d为两圆圆心之间的距离
    if(fabs(d) < eps && fabs(a.o.x-b.o.x) < eps && fabs(a.o.y-b.o.y) < eps)
        return 0; //重合
    //内含或外离的情况
    if(R > d+r || d > R+r) return 0;
    double cos_ang = (r*r+d*d-R*R)/(2*r*d);
    double sin_ang = sqrt(1.0-cos_ang*cos_ang);
    point o = (b.o-a.o)*(1.0/d); //沿a.o->b.o方向的单位向量
    o = a.o + o*(r*cos_ang); //交点连线与圆心连线的交点
    point pt = point(a.o.y-b.o.y, b.o.x-a.o.x)*(1.0/d);
    p1 = o+pt*(r*sin_ang);
    p2 = o-pt*(r*sin_ang);
    if(fabs(p1.x - p2.x) < eps && fabs(p1.y-p2.y) < eps) return 1;
    return 2;
}
```

例题讲解

【例题 11.3】Intersection

题目描述

给两个相同的圆环，求其相交部分的面积，每个圆环如图11.6所示。

输入第一行为一个整数 T，表示 case 数。每个 case 先给出环的内圆半径 r 和外圆半径 R，然后给出两个圆环的中心坐标。

输出 case 编号和两个圆环的相交部分面积，精确到小数点后 6 位。具体格式参看输出样例。

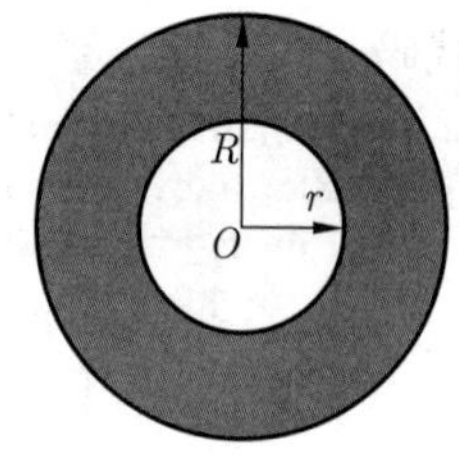

图 11.6 圆环

题目来源

HDU 5120 *http://acm.hdu.edu.cn/showproblem.php?pid=5120*

解题思路

题目要求求两个圆环的交。分析可知，圆环相交面积 = 两个大圆的交面积 $-2\times$ 大圆与小圆的交面积 + 两个小圆的交面积。核心便是求两圆的交面积。

参考代码

```
#include <cstdio>
#include <cmath>
#include <algorithm>
using namespace std;

int main(){
    double r, R;
    point a, b;
    int T;
    scanf("%d", &T);
    for(int cas = 1; cas <= T; cas++){
        scanf("%lf %lf", &r, &R);
        scanf("%lf %lf", &a.x, &a.y);
        scanf("%lf %lf", &b.x, &b.y);
        double ans = cl_inter(circle(R, a), circle(R, b));//大圆交面积
        ans -= 2 * cl_inter(circle(R, a), circle(r, b));//大圆与小圆交面积
        ans += cl_inter(circle(r, a), circle(r, b));//小圆交面积
        printf("Case #%d: %.6lf\n", cas, ans);
    }
    return 0;
}
```

【例题 11.4】How many times

题目描述

给定 n 个圆，求被圆覆盖次数最多的区域的覆盖次数。

输入数据第一行为一个整数 n，表示圆的个数，接下来 n 行每行输入三个整数 x、y、r，表示一个圆的圆心坐标和半径。

输出最大的覆盖次数。

输入输出样例

Input	Output
3 0 0 1 1 0 1 2 0 1	3

题目来源

HDU 3561　*http://acm.hdu.edu.cn/showproblem.php?pid=3561*

解题思路

要求被覆盖最多的区域的覆盖次数，可以先找到所有区域，从每个区域中任选一个点，求其覆盖次数，然后找到最大值。但这么做太复杂，简单的做法是求出所有圆的交点，计算每个交点以及圆心被覆盖的次数，取最大值即是解。

参考代码

```
#include <cstdio>
#include <cmath>
#include <vector>
#include <algorithm>
using namespace std;
#define eps 1e-8

circle cl[110];
int n;
vector<point> pt;//保存圆的交点以及圆心

int ch(point p){
    int ret = 0;
    for(int i = 0; i < n; i++){
        if((p-cl[i].o).len() < cl[i].r+eps) ret++;
    }//ret是p点被覆盖
    return ret;
}

int main(){
    int i, j;
    while(~scanf("%d", &n)){
        for(i = 0; i<n; i++) scanf("%lf %lf %lf", &cl[i].o.x, &cl[i].o.y, &cl[i].r);

        pt.clear();
        point p1, p2;
        for(i = 0; i < n; i++) pt.push_back(cl[i].o);//每个圆的圆心需要考虑
        for(i = 0; i < n; i++){
            for(j = i+1; j < n; j++){
                int tm = cl_inter(cl[i], cl[j], p1, p2);
                if(tm == 0) continue;//交点
                pt.push_back(p1);//有一个或两个交点
                if(tm == 2) pt.push_back(p2);//有两个交点
            }
        }
        int ans = 0, m = pt.size();
```

```
        for(i = 0; i < m; i++) ans = max(ans, ch(pt[i]));
        printf("%d\n", ans);
    }
    return 0;
}
```

习题推荐

- **HDU 1086** You can Solve a Geometry Problem too *http://acm.hdu.edu.cn/showproblem.php?pid=1086*
- **POJ 2826** An Easy Problem?! *http://poj.org/problem?id=2826*
- **HDU 2150** Pipe *http://acm.hdu.edu.cn/showproblem.php?pid=2150*
- **HDU 4007** Dave *http://acm.hdu.edu.cn/showproblem.php?pid=4007*

11.2 凸 包

凸包是计算几何中的一个基本概念。在竞赛中很少单独考察凸包，但求凸包是很多题目求解的一个关键步骤。理解凸包，不应局限于其概念和求法，还应深刻理解凸包的性质，如凸包对顶点的排序等，否则将难以理解旋转卡壳等经典算法。

给定一个点集，凸包是能够包围所有点的最小凸多边形。“在凸包边上的点，称为凸包点，其余点称为凸包内点” [1]。

凸包有一些区别于普通多边形的重要性质。

性质

(1) 所有的顶点均在任何一条凸包边所在直线的一侧。如果逆时针遍历凸包的边，则对每条边，所有点均在其左侧。

(2) 从任一点出发，沿逆时针遍历凸包，总是向左转；沿顺时针遍历凸包，总是向右转。(即叉积的符号在沿同一方向运动时是不变的。)

(3) 凸包对凸包点排序，即选定任一条边，凸包上的点依次与该边所在直线的距离成单峰函数。

算法实现

经常会遇到这样的问题：给定平面上的一些点，求这些点对应的凸包。此处只介绍一种方法。

算法 11.1 凸包的求法

输入: 平面上的 n 个点;

输出: 对应的凸包。

(1) 将点按照 x 坐标排序，x 坐标相同就按照 y 坐标排序。

(2) 第一个点必定是凸包中的点，加入栈 S 中。

(3) 对下一个点进行判断，如果栈中元素小于 2，则直接将该点加入栈中，否则进行叉积判断，只要遇到向右转的情况，就从栈中弹出一个点，直到栈中只剩一个点或者出现左转。重复此步骤，直到 n 个点全部遍历完毕。

(4) 从 n 开始，向前遍历，遍历方法同步骤 (3)，直到遍历到第一个点。

参考代码

```
point s[N];//运行结束时，凸包点按序存于s中，n为凸包顶点的个数
double cp(point a, point b, point o){//定义叉积
    return (a-o)*(b-o);
}
//参数p为输入点，n为输入点个数
```

[1]引自何援军著《几何计算》P189。

```
void Convex(point *p,int &n){ //注意n既为输入参数，又为输出参数
    //求凸包前，应去掉重复点
    sort(p,p+n);//将点按照x坐标排序，x坐标相同就按照y坐标排序
    int i,j,r,top,m;
    s[0] = p[0];s[1] = p[1];top = 1;
    for(i=2;i<n;i++){//从前往后扫描
        while( top>0 && cp(p[i],s[top],s[top-1])>=0 ) top--;
        top++;s[top] = p[i];
    }
    m = top;
    top++;s[top] = p[n-2];
    for(i=n-3;i>=0;i--){//从后往前扫描
        while( top>m && cp(p[i],s[top],s[top-1])>=0 ) top--;
        top++;s[top] = p[i];
    }
    top--;
    n = top+1;
}
```

上面介绍的这种方法称为 Graham 扫描法。求解凸包还有其他方法，此处不再介绍。

例题讲解

【例题 11.5】Surround the Trees

题目描述

平面上有一些树，现在想用绳子把这些树全部围起来，问需要的绳子最短为多长，树可以看作平面上的点。

输入数据有多个案例，每个案例的第一行是一个整数，代表树的棵数。接下来每行输入一棵树的位置的坐标。所有的坐标为正数且小于 32 767。树的棵数为 0 时代表输入结束。

输出最短的绳子长度，精确到两位小数。

题目来源

HDU 1392　*http://acm.hdu.edu.cn/showproblem.php?pid=1392*

解题思路

“把平面上的点用绳子围起来”恰是凸包最直观的几何意义，此题即为求凸包的周长。在计算凸包的过程中，要注意一些细节：首先是存在三点共线的情况，要考虑凸包边上的点算不算凸包顶点；其次，是否存在重复点。重复点可能会影响求解的正确性，在编写代码的时候要格外注意。

参考代码

```
#include <cstdio>
#include <cmath>
#include <algorithm>
#define N 110
#define eps 1e-8
using namespace std;

point s[N], p[N];
double cp(point a, point b, point o){
    return (a-o)*(b-o);
}
void Convex(point *p,int &n){ //注意n既为输入参数，又为输出参数
    //参考前文给出的代码
}

int main(){
    int n, m, i;
    while(~scanf("%d", &n), n){
```

```
        for(i = 0; i < n; i++) scanf("%lf %lf", &p[i].x, &p[i].y);
        sort(p, p+n);
        int j = 0;
        for(i = 1; i < n; i++) {//去掉重复点
            if(fabs(p[i].x-p[j].x) > eps||fabs(p[i].y-p[j].y) > eps) p[++j] = p[i];
        }
        m = j+1;
        if(m == 1){ puts("0.00"); continue;}
        else if(m == 2){//只有两个点的时候，解为两点间距离，特判
            printf("%.2lf\n", (p[1]-p[0]).len());
            continue;
        }
        Convex(p, m);//注意m既作为输入，又作为输出
        double ans = 0;
        s[m] = s[0];
        for(i = 0; i < m; i++) ans += (s[i+1]-s[i]).len();
        printf("%.2lf\n", ans);
    }
    return 0;
}
```

习题推荐

- **HDU 3629** Convex *http://acm.hdu.edu.cn/showproblem.php?pid=3629*
- **HDU 1348** Wall *http://acm.hdu.edu.cn/showproblem.php?pid=1348*

11.3 半平面交

一条直线将平面切分成两半，由此引入半平面的概念。所谓半平面，就是指一条直线一侧的部分。若规定直线的正方向，则沿正方向看去，左侧的部分称为左半平面，右侧的部分称为右半平面。直线上的点属于哪个半平面，需根据实际问题具体判断。如无特殊说明，本章中的半平面均特指左半平面。

半平面交是若干个半平面的交集，一个半平面往往代表问题的一个条件，求解半平面交就类似于线性规划，所得结果便是题目的可行解区域。

从几何层面讲，半平面交所得结果如果封闭，则它一定是一个凸多边形（凸包）。

算法实现

半平面交的朴素求法是，初始化一个很大的四边形来充当无限大平面，称为当前多边形，然后依次用每条代表半平面的直线去切割当前多边形，保留该直线左侧的部分，形成新的当前多边形，显然，这么做的复杂度是 $O(n^2)$ 的。还可以通过对边按极角排序来优化，这种求法类似于凸包求解。

使用一个双端队列来维护参与半平面交构造的直线（即形成结果的边所在直线）之后依次求出相邻边交点即可。

如图11.7所示，当加入半平面 c 后，会从队列中删除半平面 b，当前的交区域为阴影部分。

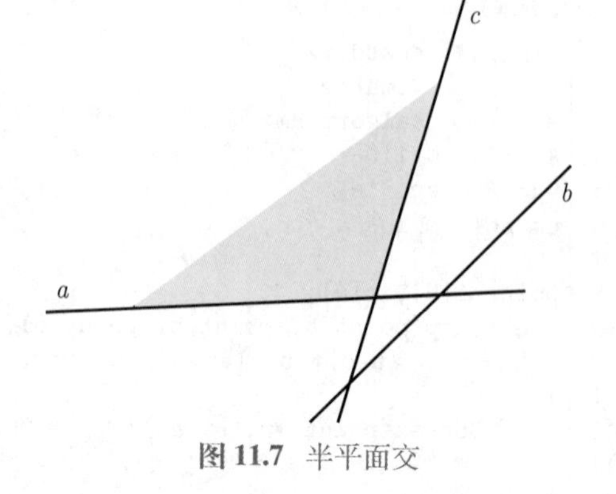

图 11.7 半平面交

参考代码

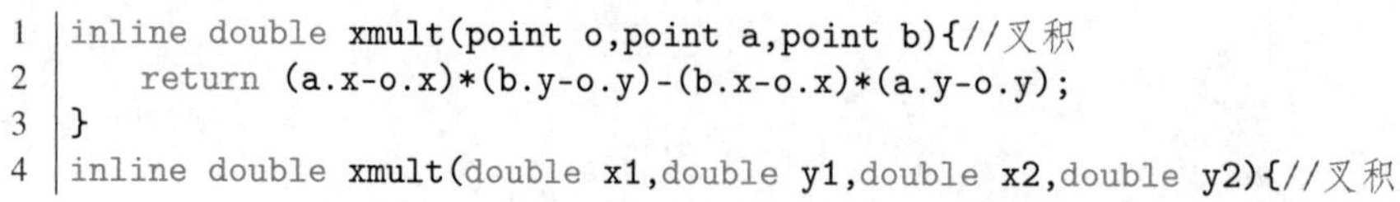

```
inline double xmult(point o,point a,point b){//叉积
    return (a.x-o.x)*(b.y-o.y)-(b.x-o.x)*(a.y-o.y);
}
inline double xmult(double x1,double y1,double x2,double y2){//叉积
```

```
    return x1*y2-x2*y1;
}

point line_intersection(line u,line v){//求直线交点，必须存在交点
    double a1=u.b.y-u.a.y,b1=u.a.x-u.b.x;
    double c1=u.b.y*(-b1)-u.b.x*a1;
    double a2=v.b.y-v.a.y,b2=v.a.x-v.b.x;
    double c2=v.b.y*(-b2)-v.b.x*a2;
    double D=xmult(a1,b1,a2,b2);
    return point(xmult(b1,c1,b2,c2)/D,xmult(c1,a1,c2,a2)/D);
}

double ata2[MAXN];//记录每个半平面的极角
int id[MAXN],numh;//numh记录输入的半平面个数，add前应先清零
line half[MAXN],temp[MAXN];//temp相当于一个双端队列

bool comp(const int i,const int j){//两条直线的极角不同时按照极角排序
    if(sign(ata2[i]-ata2[j])==0)
        return xmult(half[j].a,half[j].b,half[i].a)>-eps;
    else
        return ata2[i]<ata2[j];
}
void Half_Intersection(polygon &pg){
//输入为半平面，依次将半平面ab，用add(a, b)加入到半平面集合中
//然后调用Half_Intersection
    pg.n = 0;
    for(int i=0; i<numh; i++){//计算每条代表半平面直线的极角
        ata2[i]=atan2(half[i].b.y-half[i].a.y,half[i].b.x-half[i].a.x);
        //ata2[i]的值域为(-PI,PI]
        id[i]=i;
    }
    sort(id,id+numh,comp);//按照角度对半平面排序
    int num=1;
    for(int i=1; i<numh; i++){//对于一组平行直线，只能有一条参与半平面交计算，去重复
        while(i<numh&&sign(ata2[id[i-1]]-ata2[id[i]])==0)
            i++;
        if(i<numh)
            id[num++]=id[i];
    }
    int top=1,bot=0;
    temp[0]=half[id[0]];//添加初始边
    temp[1]=half[id[1]];
    for(int i=2; i<num; i++){
        while(top>bot&&xmult(half[id[i]].a,half[id[i]].b,
                              line_intersection(temp[top-1],temp[top]))<-eps)
            top--;//利用每个半平面更新当前凸包，删除无用边
        while(top>bot&&xmult(half[id[i]].a,half[id[i]].b,
                              line_intersection(temp[bot],temp[bot+1]))<-eps)
            bot++;
        temp[++top]=half[id[i]];//加入新的边
        if(bot+1==top&&sign(xmult(temp[top].b.x-temp[top].a.x,temp[top].b.y-temp[top].
            a.y,temp[bot].b.x-temp[bot].a.x,temp[bot].b.y-temp[bot].a.y))==0)
            return;
    }
    while(bot<top&&xmult(temp[bot].a,temp[bot].b,
                 line_intersection(temp[top-1],temp[top]))<-eps)
        top--;//此段代码原理同上一部分
    while(bot<top&&xmult(temp[top].a,temp[top].b,
                 line_intersection(temp[bot+1],temp[bot]))<-eps)
        bot++;
    temp[--bot]=temp[top];
    pg.n=0;//将最终产生的结果保存到pg中，pg是最终半平面交的结果
```

```
    for(int i=bot+1; i<=top; i++){
        pg.p[pg.n++]=line_intersection(temp[i-1],temp[i]);
    }
}

void add(point a,point b){//添加半平面ab
    half[numh].a=a;
    half[numh].b=b;
    numh++;//numh是半平面计数器
}
point p[MAXN];
polygon pg;//保存最终结果
```

例题讲解

【例题 11.6】Draw

题目描述

给定凸多边形图画 A(灰色) 和橡皮擦 B（白色），B 沿一定方向移动，并擦除 A 的部分，问最少移动多少距离，可以使 A 剩余 K-percent 的面积。

B 沿着与 x 轴正向成 a 角度的方向移动，如图 11.8 所示。

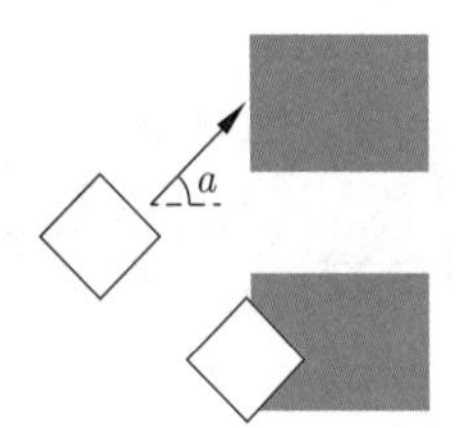

图 11.8 橡皮擦与图画

首先输入 $N(3 \leqslant N \leqslant 100)$，表示图画的顶点数，接下来的 N 行每行输入两个整数，表示画的一个点，按照逆时针顺序给出（坐标值 x_i，y_i 满足 $-10\,000 \leqslant x_i, y_i \leqslant 10\,000$）。

然后输入 $M(3 \leqslant M \leqslant 100)$，表示橡皮擦的顶点数，接下来的 M 行每行输入两个整数，表示橡皮的一个点，按照逆时针顺序给出（坐标值 x_i, y_i 满足 $-10\,000 \leqslant x_i, y_i \leqslant 10\,000$）。

最后一行输入两个实数 a 和 K。a 为橡皮移动方向与 x 轴的夹角。K 如题目中所述，为比率。

每个 case 输出一行，表示满足要求时要移动的距离 D，精确到小数点后 4 位。如果结果不可能达到，输出 -1。

题目来源

HDU 3520 *http://acm.hdu.edu.cn/showproblem.php?pid=3520*

解题思路

此题是一道较为综合的计算几何题目。如图11.9所示，随着 B 移动，A 被擦除的面积单调变化，因此可以二分查找适合题意的位置。剩余部分的面积 = 总面积–被擦除的面积。被擦除的部分是凸多边形，只要能够表示出来，面积就容易求解。

具体的求解过程如下。

(1) 二分 B 移动的距离，计算当前 A 被擦除的面积。

(2) 将 B 的所有端点及其移动后的端点联合求凸包，显然 A 落在凸包中的部分将被擦除。

(3) 利用半平面交计算两个凸包相交的部分。

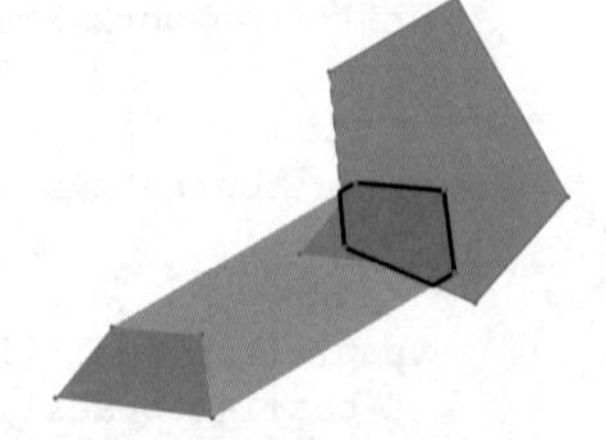

图 11.9 凸多边形相交

参考代码

```
#include<bits/stdc++.h>
#define sign(x) ((x)>eps?1:((x)<-eps?(-1):(0))) //符号函数
using namespace std;
const int MAXN=20010;
const double eps=1e-11;

```

```
polygon XP, FK;//橡皮，方块
double ata2[MAXN];//保存角度，用来在求半平面交时排序
int id[MAXN],numh;
line half[MAXN],temp[MAXN];//half为半平面交函数的输入数据，里面的元素通过add函数添加
point p[MAXN];
polygon pg;

//参考半平面交代码
inline double xmult(point o,point a,point b);
inline double xmult(double x1,double y1,double x2,double y2);
point line_intersection(line u,line v);
bool comp(const int i,const int j);
void Half_Intersection(polygon &pg);
void add(point a,point b);

inline double dist(point a,point b){//定义两点间距离
    return sqrt((a.x-b.x)*(a.x-b.x)+(a.y-b.y)*(a.y-b.y));
}
inline double dist2(point a,point b){//两点间距离的平方
    return (a.x-b.x)*(a.x-b.x)+(a.y-b.y)*(a.y-b.y);
}
//若x坐标不相等，按x从小到大排，否则按y从小到大
//使用sign函数是为了控制精度
bool comp_cod(const point a,const point b){
    return a.x<b.x||((sign(a.x-b.x)==0)&&a.y<b.y);
}
//求凸包
void convex_hull(int n){//输入点集为P数组
    int i,j,top;
    sort(p,p+n,comp_cod);//将平面点集按照坐标排序
    top = 0;
    for(i=top=0;i<n;i++){//从前往后扫描
        while(top>1&&xmult(pg.p[top-2],pg.p[top-1],p[i])<eps) top--;
        pg.p[top++]=p[i];
    }
    j=top;
    for(i=n-2;i>=0;i--){//从后往前扫描
        while(top>j&&xmult(pg.p[top-2],pg.p[top-1],p[i])<eps) top--;
        pg.p[top++]=p[i];
    }
    pg.n=top-1;
}
//计算当橡皮沿着ang方向移动Key距离时所画出的面积
double cal(double Key, double ang) {
    int size = 0;
    int i, j;
    for (i = 0;i < XP.n;i++) {
        p[size++] = XP.p[i];
        p[size].x = XP.p[i].x+Key*cos(ang);
        p[size++].y = XP.p[i].y+Key*sin(ang);//橡皮擦移动后的端点的新坐标
    }//将橡皮擦移动后的坐标加入到p数组中，参与凸包计算
    convex_hull(size);
    numh = 0;
    for (i = 0;i < FK.n;i++) {
        add(FK.p[i], FK.p[i+1]);
    }
    pg.p[pg.n] = pg.p[0];
    for (i = 0;i < pg.n;i++) {
        add(pg.p[i], pg.p[i+1]);//添加参与半平面交计算的半平面
```

```
        //add(a,b)是添加半平面ab
    }
    polygon p2g;
    Half_Intersection(p2g);//先求出如图11.9所示的多边形，然后计算面积

    double ans = 0.0;
    p2g.p[p2g.n]=p2g.p[0];
    for(int i=0; i<p2g.n; i++)//计算面积
        ans+=xmult(p2g.p[i].x,p2g.p[i].y,p2g.p[i+1].x,p2g.p[i+1].y);
    return fabs(ans/2.0);
}

int main() {
    double ang, K;
    while (~scanf("%d", &FK.n)) {
        double Max = -100000, Min = 100000;
        for (int i = 0;i < FK.n;i++) {
            scanf("%lf%lf", &FK.p[i].x, &FK.p[i].y);//Max、Min用来找出坐标的最值，从而缩
                //小二分范围，是一个优化
            Max = max(Max, FK.p[i].x);
            Max = max(Max, FK.p[i].y);
            Min = min(Min, FK.p[i].x);
            Min = min(Min, FK.p[i].y);
        }//加一个优化，找出画的坐标的四个最值，缩小二分的初始范围
        double SFK = 0.0;
        FK.p[FK.n]=FK.p[0];
        int nf=FK.n;
        for(int i=0; i<nf; i++){
            SFK+=xmult(FK.p[i].x,FK.p[i].y,FK.p[i+1].x,FK.p[i+1].y);
            Max = max(Max, FK.p[i].x);
            Max = max(Max, FK.p[i].y);
            Min = min(Min, FK.p[i].x);
            Min = min(Min, FK.p[i].y);
        }
        //图画位于(Min,Min)~(Max,Max)，橡皮擦只能移动到这些范围之间，除此之外的范围无效，
            //可以提高时间性能
        SFK *= 0.5;
        SFK = fabs(SFK);
        scanf("%d", &XP.n);
        for (int i = 0;i < XP.n;i++) {//读入橡皮擦的坐标点
            scanf("%lf%lf", &XP.p[i].x,&XP.p[i].y);
        }
        XP.p[XP.n] = XP.p[0];
        scanf("%lf %lf", &ang, &K);
        if(K > 1 || K < 0){//不合逻辑，不会有解，所以不用计算
            puts("-1");
            continue;
        }

        ang = ang*acos(-1.0)/180.0;//将角度换成弧度
        double mid, F = 0.0, R = 2*(Max - Min);//[F,R]为需要二分的区间
        double tm1, tm2;
        tm1 = cal(F, ang), tm2 = cal(R, ang);//tm1、tm2分别为两个极值
        //如果题目要求不在tm1,tm2范围之间，则不可能找到解
        if (tm1 > (1-K)*SFK || tm2 < (1-K)*SFK) {
            puts("-1");
            continue;
        }
        while (fabs(F-R) > eps) {//二分橡皮移动的距离
```

```
            mid = (F+R)*0.5;
            double tm = cal(mid, ang);
            if (tm > (1-K)*SFK-eps) R = mid;
            else F = mid;
        }
        printf("%.4lf\n", F);
    }
    return 0;
}
```

习题推荐

- **POJ 1274** The Perfect Stall *http://poj.org/problem?id=1274*
- **POJ 3525** Most Distant Point rom the Sea *http://poj.org/problem?id=3525*
- **POJ 3384** Feng Shui *http://poj.org/problem?id=3384*

11.4 旋转卡壳

旋转卡壳是基于凸包的计算，可以认为是一种优化算法，其构思巧妙，但一些理论细节难以理解。本节从旋转卡壳的思想入手，介绍其在竞赛中的应用。

基本界定

本节介绍选择卡壳涉及的一些基本概念，但因为没有严格的定义，暂且称之为界定。

直观地说，所谓旋转卡壳，就是围绕凸包旋转的两条平行直线，且这两条直线在任意时刻恰好“卡住”凸包，如图11.10所示。

任意时刻，旋转卡壳的两边分别接触凸包的一个点或一条边，称为“对踵体对（antipodal pair）”（常见的一种译法为“对踵点对”，但卡壳“卡住”的并不一定是点，故此处称之为“对踵体”，诚请各位读者指正）。

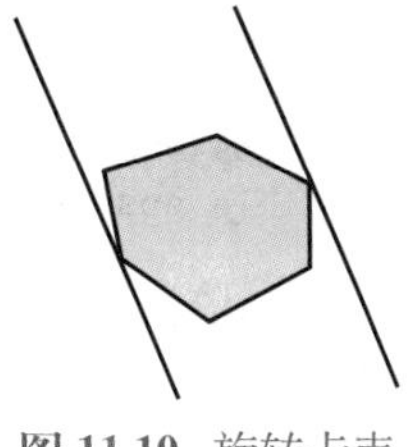

图 11.10 旋转卡壳

旋转卡壳能在 $O(n)$ 的时间复杂度内找到凸包的所有对踵体对，这是一条重要定理，此处不予证明，有兴趣的读者请参阅 M.I. Shamos 博士的论文[1]。该定理是旋转卡壳算法时间复杂度的保证。

旋转卡壳的应用

旋转卡壳最初是为求凸包直径引入的，现在被广泛应用。除了求凸包直径，还可以求两不相交凸包间距离、平面最远点等。这些问题很相似，归为一类，用旋转卡壳都能很好地解决。

在竞赛中，大多数题目需要先利用给定条件构造一个凸包，然后利用旋转卡壳求解。这类问题的难点，往往是判定两个“卡壳”初始应当放置在什么位置，并且怎样旋转。下面将通过例题来具体说明。

例题讲解

【例题 11.7】Beauty Contest

题目描述

给定二维平面上的 $n(2 \leqslant n \leqslant 50\,000)$ 个点，求距离最远的两个点间相距多少。

输入第一行为一个整数 n，接下来 n 行每行输入两个整数代表一个点的坐标。

---

[1]Shamos M I. Computational Geometry[J]. Annual Review of Computerence，1993，3(1).

输出两点之间最远距离的平方。

输入输出样例

Input	Output
4 0 0 0 1 1 1 1 0	2

题目来源

POJ 2187 *http://poj.org/problem?id=2187*

解题思路

此题是用旋转卡壳求平面最远点。

求平面最远点，首先想到依次枚举两个点，求出其距离，然后找出最大值，复杂度是 $O(n^2)$，显然复杂度过大。那么，先用点集求凸包，然后依次枚举凸包上的点，因为最远点对必然在凸包点中产生。这是不错的优化，但是当数据比较严格的时候，例如大部分的点是凸包点，时间性能依然不能满足要求。

本题可用旋转卡壳求解。求出凸包后，利用旋转卡壳可以实现 $O(n)$ 的时间复杂度找出所有对踵点对，最远点对必然产生于对踵点对中。

参考代码

```
#include<cstdio>
#include<cstring>
#include<algorithm>
#include<cmath>
#define sign(x) ((x)>eps?1:((x)<-eps?(-1):(0)))
using namespace std;
const int MAXN=50005;
const double eps=1e-8,PI=acos(-1.0);//eps为精度，PI为圆周率

point p[MAXN];//求凸包时的输入数据
polygon pg;//保存求取的凸包
int n,d;
//参考前文中的代码
inline double xmult(point o,point a,point b);
inline double dist(point a,point b);
inline double dist2(point a,point b);
bool comp_cod(const point a,const point b);
void convex_hull(int n);

//旋转卡壳
int rotating_calipers() {
    int v=1;
    n = pg.n;
    double ans=0;
    pg.p[n]=pg.p[0];
    for(int u=0; u<n; u++) {//旋转的过程
        while(xmult(pg.p[u],pg.p[u+1],pg.p[v+1])>xmult(pg.p[u],pg.p[u+1],pg.p[v]))
            v = (v+1)%n;
        ans=max(ans,max(dist2(pg.p[u], pg.p[v]), dist2(pg.p[u+1], pg.p[v+1])));
        //更新(ch[p+1],ch[q+1])是为了处理凸包上两条边平行的特殊情况
    }
    return ans;
}

int main() {
```

```
    while(~scanf("%d", &n)) {
        for(int i = 0; i < n; i++)
            scanf("%lf %lf", &p[i].x, &p[i].y);
        convex_hull(n);//先求出凸包
        printf("%d\n", rotating_calipers());//再利用选择卡壳计算
    }
    return 0;
}
```

【例题 11.8】Triangle

题目描述

给定平面上的 n 个点，求以这些点为顶点的最大三角形面积。

有多个 case，每个 case 第一行输入 n 表示点的个数，$n=-1$ 表示输入结束；下面的 n 行每行有两个整数 x，y 表示一个点的坐标。

输出每个 case 的最大三角形的面积。

题目来源

POJ 2079　*http://poj.org/problem?id=2079*

解题思路

此题是用旋转卡壳求面积最大三角形。

平面点集中选择三个点，构成面积最大的三角形，那么这三个点一定是凸包顶点，且一定是对踵体对（一条边的两个端点和另一个点），因此可以利用旋转卡壳来求解。

参考代码

```
#include<cstdio>
#include<cstring>
#include<algorithm>
#include<cmath>
#define sign(x) ((x)>eps?1:((x)<-eps?(-1):(0)))
using namespace std;
const int MAXN=50005;
const double eps=1e-8,PI=acos(-1.0);

point p[MAXN];
polygon pg;
int n,d;
//参考前文中的实现
inline double xmult(point o,point a,point b);
inline double dist(point a,point b);
inline double dist2(point a,point b);
bool comp_cod(const point a,const point b);
void convex_hull();

//旋转卡壳
inline double rotating_calipers() {
    int j = 1,k = 0;
    n = pg.n;
    pg.p[n] = pg.p[0];
    double area = 0;
    for (int i = 0; i<n; ++i) {//枚举三角形的第一个顶点
        j = (i + 1)%n;
        k = (j + 1)%n;
        while (xmult(pg.p[i],pg.p[j],pg.p[k+1]) >
                xmult(pg.p[i],pg.p[j],pg.p[k]))
            k = (k + 1)%n;//还不是最大值，继续旋转

        while (j != i && k != i) {
            area = max(area,xmult(pg.p[i],pg.p[j],pg.p[k]));
            while (xmult(pg.p[i],pg.p[j],pg.p[k+1]) >
```

```
                    xmult(pg.p[i],pg.p[j],pg.p[k]))
                k = (k + 1)%n;//求可以使面积最大的第三个点
            j = (j + 1)%n;//j是三角形的第二个点
        }
    }
    return area;
}

int main() {
    while(scanf("%d", &n), n != -1) {
        for(int i = 0; i < n; i++)
            scanf("%lf %lf", &p[i].x, &p[i].y);
        convex_hull();//先求凸包
        printf("%.2lf\n", rotating_calipers()/2);//再用旋转卡壳求解
    }
    return 0;
}
```

【例题 11.9】Bridge Across Islands

题目描述

给定两个凸多边形的顶点，求两个凸多边形间的距离。

输入每个 case，第一行输入整数 n、m 分别表示两个凸多边形的顶点数。接下来 n 行输入属于第一个多边形的顶点坐标，接下来 m 行输入属于第二个多边形的顶点坐标。n，m 输入为 0 时结束。

输出两个凸多边形间的最短距离。

题目来源

POJ 3608 *http://poj.org/problem?id=3608*

解题思路

此题是利用求两不相交凸包间的距离。

求两不相交凸包直径的最短距离是旋转卡壳的又一重要应用。与前两题不同，求最近距离时两条“卡壳”分别在两个凸包上。

参考代码

```
#include <iostream>
#include <cstring>
#include <algorithm>
#include <cstdio>
#include <cmath63>
#define sign(x) ((x) > eps ? 1 : ((x) < -eps ? (-1) : (0)))
using namespace std;
const int N = 10005;
const double eps = 1e-9;
const double INF = 1e99;

point P[N], Q[N];

//参考前文中的实现
double xmult(point A, point B, point C);
double dist(point A, point B);
bool comp_cod(const point a, const point b);
void convex_hull(int n, polygon &pg, point p[]);//p为输入点，n为输入点的个数，
//pg保存求凸包的结果
double mul(point A, point B, point C)
{ //AB, AC的点积
    return (B.x - A.x) * (C.x - A.x) + (B.y - A.y) * (C.y - A.y);
}
//计算C点到直线AB的最短距离
```

```
//根据AB与AC的点积分类，此处推荐读者自行画图分析
double Getdist(point A, point B, point C){
    if (dist(A, B) < eps) return dist(B, C);
    if (mul(A, B, C) < -eps) return dist(A, C);
    if (mul(B, A, C) < -eps) return dist(B, C);
    return fabs(xmult(A, B, C) / dist(A, B));
}

//求一条直线的端点到另外一条直线的距离，反过来一样，共4种情况
double MinDist(point A, point B, point C, point D){
    return min(min(Getdist(A, B, C), Getdist(A, B, D)), min(Getdist(C, D, A), Getdist
        (C, D, B)));
}

double Solve(polygon a, polygon b){
    int n = a.n, m = b.n;
    int yminP = 0, ymaxQ = 0;
    //yminP保存a凸包y坐标最小的端点编号
    //ymaxQ保存b凸包y坐标最大的端点编号
    for (int i = 0; i < n; i++)
        if (a.p[i].y < a.p[yminP].y) yminP = i;
    for (int i = 0; i < m; i++)
        if (Q[i].y > b.p[ymaxQ].y) ymaxQ = i;
    a.p[n] = a.p[0];
    b.p[m] = b.p[0]; //将第一个顶点扩展到最后一个顶点，这是求解凸包问题的常用手法，可以避
        //免一些特殊处理
    double tmp, ans = INF;
    for (int i = 0; i < n; i++) {
        while (tmp = xmult(a.p[yminP + 1], b.p[ymaxQ + 1], a.p[yminP]) -
                    xmult(a.p[yminP + 1], b.p[ymaxQ], a.p[yminP]) > eps)
            ymaxQ = (ymaxQ + 1) % m; //a凸包对应的“卡壳”从最下方水平开始旋转
        if (tmp < -eps)
            ans = min(ans, Getdist(a.p[yminP], a.p[yminP+1], b.p[ymaxQ]));
        else ans = min(ans, MinDist(a.p[yminP], a.p[yminP+1], b.p[ymaxQ], b.p[ymaxQ
            +1]));
        yminP = (yminP + 1) % n; //b凸包对应的“卡壳”从最上方水平开始旋转
    }
    //此例题中，旋转卡壳的初始位置选择是关键
    return ans;
}

int main(){
    int n, m;
    while (scanf("%d %d", &n, &m), n || m){
        for (int i = 0; i < n; i++) scanf("%lf %lf", &P[i].x, &P[i].y);
        for (int i = 0; i < m; i++) scanf("%lf %lf", &Q[i].x, &Q[i].y);
        convex_hull(n, pg1, P); //先分别求凸包
        convex_hull(m, pg2, Q); //求完凸包后利用旋转卡壳求解凸包距离
        printf("%.5lf\n", min(Solve(pg1, pg2), Solve(pg2, pg1)));
    }
    return 0;
}
```

11.5　三维几何

11.5.1　三维几何基础

三维几何问题在竞赛题目中不太常见，但它能很好地训练抽象思维能力。

三维几何和二维几何有很多的相似概念，如向量加法、减法等。三维几何也有区别于二维几何的内容，如多了“平面”的概念。

平面一般用平面上的一个点及平面法向量来表示。就像一条直线将平面分成两个半平面，一个平面将整个空间分为两个“半空间”。本节中规定，一个平面所代表的半空间是与其法向量方向相反的一侧。

三维几何基本运算

定义三维空间中的点或向量及其基本运算如下。

参考代码

```
struct point3 {
    double x, y, z;
    point(){}
    point(double _x, double _y, double _z):x(_x), y(_y), z(_z){}
    point operator + (point a) { //向量加法
        return point(x+a.x, y+a.y, z+a.z);
    }
    point operator - (point a) { //向量减法
        return point(x-a.x, y-a.y, z-a.z);
    }
    point operator * (double a) { //向量乘以实数
        return point(a*x, a*y, a*z);
    }
    double len() { //向量的模
        return sqrt(x*x + y*y + z*z);
    }
};
```

三维点积

三维点积和二维点积很相似，通常用来计算一个向量在另一个向量上的投影，也可以计算向量的长度和向量间的夹角。

点积的函数如下。

参考代码

```
double dot(point a, point b){
    return a.x*b.x + a.y*b.y + a.z*b.z;
}
```

利用点积还可以计算向量的长度。

参考代码

```
double len(point a){
    return sqrt(dot(a*a));
}
```

前面提到三维几何中，平面由一个点和面的法向量来表示，那么对于平面 $p-\overrightarrow{s}$(p 为点，$\overrightarrow{s}$ 为法向量)，计算点 a 到平面的距离，就等价于计算向量 $\overrightarrow{ap}$ 在 $\overrightarrow{s}$ 上的投影。

三维叉积

二维几何中，向量的点积是一个实数，而在三维几何中，向量的叉积也是一个向量。

对于向量 $\overrightarrow{A}$、$\overrightarrow{B}$，叉积定义为 $\left\|\text{cross}(\overrightarrow{A},\overrightarrow{B})\right\| = \left\|\overrightarrow{A}\right\|\cdot\left\|\overrightarrow{B}\right\|\cdot\sin(\text{ang})$，ang 为两向量夹角。叉积结果的方向沿 $\overrightarrow{A}$、$\overrightarrow{B}$ 所形成平面的法向，且遵守右手定则。

叉积的计算方法如下。

参考代码

```
point cross(point a, point b){
    return point(a.y*b.z-a.z*b.y, a.z*b.x-a.x*b.z, a.x*b.y-a.y*b.x;
}
```

二维几何中，叉积常用来计算三角形的有向面积。同样地，在三维几何中，叉积也可以用来表示有向面积，但是要取其长度。即

$$S(A,B,C) = \text{cross}(B-A, C-A).\text{len}() \tag{11.8}$$

三维线段求交

三维直线的交点和二维的原理大致相同，在此直接给出代码，不再证明。

参考代码

```
//三维直线交点,注意事先判断直线是否共面和平行
//线段交点请另外判线段相交(同时还是要判断是否平行)
point3 intersection(point3 u1,point3 u2,point3 v1,point3 v2){
      point3 ret=u1;
      double t=((u1.x-v1.x)*(v1.y-v2.y)-(u1.y-v1.y)*(v1.x-v2.x))
                /((u1.x-u2.x)*(v1.y-v2.y)-(u1.y-u2.y)*(v1.x-v2.x));
      ret.x+=(u2.x-u1.x)*t;
      ret.y+=(u2.y-u1.y)*t;
      ret.z+=(u2.z-u1.z)*t;
      return ret;
}
```

11.5.2 三维凸包

给定一些三维空间中的点，求包围所有点的最小凸多面体，这便是三维凸包问题。

三维凸包的求解思路与二维凸包类似，但要更复杂，这部分内容在竞赛题目中也是比较少见的。

算法流程

求解三维凸包的实现可能略微复杂，但其思路还是清晰易懂的。

算法 11.2 求三维凸包

输入: 三维空间中的点集。

输出: 包围所有点的最小凸多面体。

```
从点集中选出四个不共面的点, 构成一个四面体为当前凸包
遍历剩余的点 p_i
if p_i 在当前凸包内 then
    continue
else
    寻找当前凸包对点 p_i 的可见面
    遍历可见面的每一条边, 判断其另一侧的面是否可见
    if 其另一侧的面不可见 then
        连接该边端点与点 p_i 形成新的面
    end if
    删除可见面, 将新形成的面加入凸包形成新凸包
end if
```

具体的代码实现可参考例题11.10。

例题讲解

【例题 11.10】Ultimate Weapon

题目描述

给定三维空间中的 N 个点，求能覆盖这些点的最小凸包的表面积。

先输入 N，表示点的个数。接下来 N 行每行输入三个整数，代表点的坐标。

输出凸包表面积，精确到三位小数。

题目来源

POJ 3528 *http://poj.org/problem?id=3528*

解题思路

此题求三维凸包的表面积，首先求出凸包，再计算表面积，直接套用模板即可。

参考代码

```
#include<cstdio>
#include<cstring>
#include<cmath>
#include<algorithm>
using namespace std;
#define eps 1e-8
#define N 510
struct point {
    double x,y,z;
    point() {}
    point(double _x,double _y,double _z):x(_x),y(_y),z(_z) {}
    point operator-(const point p)const {
        return point(x-p.x,y-p.y,z-p.z);
    }
    point operator*(const point p)const {
        return point(y*p.z-z*p.y,z*p.x-x*p.z,x*p.y-y*p.x); //叉积
    }
    double operator^(const point p)const {
        return x*p.x+y*p.y+z*p.z; //点积
    }
};
struct face {
    int a,b,c;//凸包一个面上的三个点的编号
    bool flag;//该面是否是最终凸包中的面
};

int n;//初始点数
point pot[N];//初始点
int Tcnt;//凸包上三角形数
face tri[N];//凸包三角形
int vis[N][N];//点i到点j是属于哪个面
double dist(point a) {
    return sqrt(a.x*a.x+a.y*a.y+a.z*a.z); //两点长度
}
double area(point a,point b,point c) {
    return dist((b-a)*(c-a)); //三角形面积*2
}
double project(point &p,face &f) { //正: 点在面同向
    point m=pot[f.b]-pot[f.a],n=pot[f.c]-pot[f.a],t=p-pot[f.a];
    return (m*n)^t;
}
void dfs(int p,int cnt);//维护凸包，如果点p在凸包外更新凸包
void deal(int p,int a,int b) {
    int f=vis[a][b];
    face add;
    if(tri[f].flag) {
        if((project(pot[p],tri[f]))>eps) dfs(p,f);
        else {
            add.a=b,add.b=a,add.c=p,add.flag=1;
            vis[p][b]=vis[a][p]=vis[b][a]=Tcnt;
            tri[Tcnt++]=add;
        }
    }
}
void dfs(int p,int cnt) { //维护凸包，如果点p在凸包外更新凸包
```

```
        tri[cnt].flag=0;
        deal(p,tri[cnt].b,tri[cnt].a);
        deal(p,tri[cnt].c,tri[cnt].b);
        deal(p,tri[cnt].a,tri[cnt].c);
}
void convex_hull3() { //构建凸包
    int i,j;
    Tcnt=0;
    if(n<4) return ;
    bool tmp=true;
    for(i=1; i<n; i++) { //前两点不共点
        if((dist(pot[0]-pot[i]))>eps) {
            swap(pot[1],pot[i]);
            tmp=false;
            break;
        }
    }
    if(tmp) return;
    tmp=true;
    for(i=2; i<n; i++) { //前三点不共线
        if((dist((pot[0]-pot[1])*(pot[1]-pot[i])))>eps) {
            swap(pot[2],pot[i]);
            tmp=false;
            break;
        }
    }
    if(tmp) return ;
    tmp=true;
    for(i=3; i<n; i++) { //前四点不共面
        if(fabs((pot[0]-pot[1])*(pot[1]-pot[2])^(pot[0]-pot[i]))>eps) {
            swap(pot[3],pot[i]);
            tmp=false;
            break;
        }
    }
    if(tmp) return ;
    face add;
    for(i=0; i<4; i++) { //构建初始四面体
        add.a=(i+1)%4,add.b=(i+2)%4,add.c=(i+3)%4,add.flag=1;
        if((project(pot[i],add))>0) swap(add.b,add.c);
        vis[add.a][add.b]=vis[add.b][add.c]=vis[add.c][add.a]=Tcnt;
        tri[Tcnt++]=add;
    }
    for(i=4; i<n; i++) { //构建更新凸包
        for(j=0; j<Tcnt; j++) {
            if(tri[j].flag&&(project(pot[i],tri[j]))>eps) {
                dfs(i,j);
                break;
            }
        }
    }
    int cnt=Tcnt;
    Tcnt=0;
    for(i=0; i<cnt; i++) {
        if(tri[i].flag)
            tri[Tcnt++]=tri[i];
    }
}
double area() { //表面积
    double ret=0;
    for(int i=0; i<Tcnt; i++)
        ret+=area(pot[tri[i].a],pot[tri[i].b],pot[tri[i].c]);
```

```
    return ret/2.0;
}

int main() {
    while(~scanf("%d",&n)) {
        int i;
        for(i=0; i<n; i++)
            scanf("%lf%lf%lf",&pot[i].x,&pot[i].y,&pot[i].z);
        convex_hull3();
        printf("%.3lf\n",area());
    }
    return 0;
}
```

习题推荐

- **HDU 4327** Shooting *http://acm.hdu.edu.cn/showproblem.php?pid=4327*
- **HDU 3662** 3D Convex Hull *http://acm.hdu.edu.cn/showproblem.php?pid=3662*

参考文献

[1] 割肉机. 二叉树、二叉搜索树、平衡二叉树、B 树、B+ 树的精确定义和区别探究[EB/OL]. https://www.cnblogs.com/williamjie/p/11081096.html.

[2] OI-Wiki 项目组. OI-Wiki[EB/OL]. http://oi-wiki.com/.

[3] L.GRAHAM R, KNUTH D E, PATASHNIK O. 具体数学 (第 2 版)[M]. 北京: 人民邮电出版社, 2018.

[4] JOKERJIM. 【算法】震惊!!! 史上最详细的卡特兰数浅谈!!! [EB/OL]. https://blog.csdn.net/qq_30115697/article/details/88906534.

[5] 繁凡さん.【学习笔记】多项式全家桶(包含全套证明)[EB/OL]. https://fanfansann.blog.csdn.net/article/details/111715560.

[6] 喻梅, 于瑞国. ACM/ICPC 算法基础训练教程[M]. 北京: 清华大学出版社, 2015.

[7] H.CORMEN T, E.LEISERSON C, L.RIVEST R, 等. 算法导论 (原书第 3 版)[M]. 北京: 机械工业出版社, 2013.

[8] 周东. 两极相通——浅析最大—最小定理在信息学竞赛中的应用[R]. IOI2007 中国国家候补队论文集, 2007.

[9] SHAMOS M I. Computational geometry[J]. Annual Review of Computerence, 1993, 3(1):14-16.

[10] 菜鸟教程. 排序算法总结[EB/OL]. https://www.runoob.com/w3cnote/sort-algorithm-summary.html.

[11] 王晓珂. 解析一类组合游戏[R]. IOI2007 中国国家候补队论文集, 2007.

[12] 贾志豪. 组合游戏略述——浅谈 SG 游戏的若干拓展及变形[R]. IOI2009 中国国家候补队论文集, 2009.

[13] MATRIX67. 捡石子游戏、Wythoff 数表和一切的 Fibonacci 数列[EB/OL]. http://www.matrix67.com/blog/archives/6784.

[14] ACDREAMERS. 斐波那契博弈[EB/OL]. https://blog.csdn.net/acdreamers/article/details/8586135.

[15] ALESSANDROCHEN. 中国剩余定理[EB/OL]. https://www.cnblogs.com/Alessandro/p/9839521.html.

[16] TRSWNCA. Min_25 筛[EB/OL]. http://blog.trswnca.top/index.php/archives/33/.

[17] ALPC_QLEONARDO. 计蒜客 2019ICPC 徐州网络赛 H function（Min25 筛）[EB/OL]. https://blog.csdn.net/u013534123/article/details/100822845?spm=1001.2014.3001.5501.

[18] FUNCTIONER. 浅谈 manacher 算法[EB/OL]. http://blog.sina.com.cn/s/blog_70811e1a01014esn.html.

[19] 0黄瓜0. C/C++ 程序之 _KMP 字符串模式匹配详解[EB/OL]. http://blog.csdn.net/A_B_C_ABC/article/details/536925, 2005-11-25.

[20] 罗穗骞. 后缀数组——处理字符串的有力工具[R]. IOI2009 中国国家候补队论文集, 2009.

[21] 陈立杰. 后缀自动机[EB/OL]. http://wenku.baidu.com/link?url=cm5vI0XwR0E6PmVS7X4DWFKkwYJpkQIKpRePrjUQtqNma_tEZcVhs6vVe8Zf1StqoHxaWn1fyMW8d9t5KkVLPV4ZWTLuvE9JYGzCCh5Kq-O.

[22] 翁文涛. 回文树及其应用[R]. IOI2017 中国国家候补队论文集, 2017:122-138.

[23] 陈丹琦. 从《Cash》谈一类分治算法的应用[R]. IOI2017 中国国家候补队论文集, 2008.

[24] 许昊然. 浅谈数据结构题的几个非经典解法[R]. IOI2013 中国国家候补队论文集, 2013:71-84.

[25] JOURNEY L C. MOS-Bridges 解析[EB/OL]. https://www.luogu.com.cn/blog/LuckyGlass/solution-p3511.

[26] TEOS. P1084 疫情控制[EB/OL]. https://www.luogu.com.cn/blog/LuckyGlass/solution-p3511.

[27] C 语言中文网. 数据结构-图[EB/OL]. http://c.biancheng.net/cpp/u/shuju8/.

[28] KUANGBIN. Kuhn-Munkres 算法（二分图最大权匹配）[EB/OL]. http://blog.csdn.net/A_B_C_ABC/article/details/536925.

[29] DINGCHAOJIAYOU. 欧拉环、欧拉路径的判定和求法[EB/OL]. http://blog.chinaunix.net/uid-26380419-id-3164913.html.

[30] BYVOID. 有向图强连通分量的 Tarjan 算法[EB/OL]. https://www.byvoid.com/blog/scc-tarjan/.

[31] 赵爽. 2-SAT 解法浅析[EB/OL]. http://www.doc88.com/p-1092962722878.html.

[32] 胡伯涛. 最小割模型在信息学竞赛中的应用[R]. IOI2007 中国国家候补队论文集, 2007.

[33] 冯林, 金博, 于瑞云. 图论及应用[M]. 哈尔滨: 哈尔滨工业大学出版社, 2005.

[34] SHIKITA. 支配树详解[EB/OL]. https://www.luogu.com.cn/blog/214gtx/zhi-pei-shu-yang-xie.

[35] YANG B. 带花树学习笔记[EB/OL]. https://blog.bill.moe/blossom-algorithm-notes/.

图书资源支持

感谢您一直以来对清华版图书的支持和爱护。为了配合本书的使用，本书提供配套的资源，有需求的读者请扫描下方的"书圈"微信公众号二维码，在图书专区下载，也可以拨打电话或发送电子邮件咨询。

如果您在使用本书的过程中遇到了什么问题，或者有相关图书出版计划，也请您发邮件告诉我们，以便我们更好地为您服务。

我们的联系方式：

地　　址：北京市海淀区双清路学研大厦 A 座 714

邮　　编：100084

电　　话：010-83470236　010-83470237

客服邮箱：2301891038@qq.com

QQ：2301891038（请写明您的单位和姓名）

资源下载：关注公众号"书圈"下载配套资源。

资源下载、样书申请

书圈

图书案例

清华计算机学堂

观看课程直播